# MANUEL

## DES

# EAUX MINÉRALES

## NATURELLES,

CONTENANT :

L'EXPOSÉ DES PRÉCAUTIONS QU'ON DOIT PRENDRE AVANT, PENDANT
ET APRÈS L'USAGE DES EAUX MINÉRALES ;
LA DESCRIPTION DES LIEUX ET DES SOURCES;
LES ANALYSES CHIMIQUES LES PLUS RÉCENTES ;
LES PROPRIÉTÉS MÉDICALES ;
LE MODE D'ADMINISTRATION DES EAUX MINÉRALES DE LA FRANCE,
DES EAUX ÉTRANGÈRES LES PLUS CÉLÈBRES, ET DES BAINS DE MER ;

Avec une carte des Eaux Minérales.

## PAR Ph. PATISSIER, D. M. P.,

Membre de l'Académie royale de Médecine, etc., etc.

ET

## A.-F. BOUTRON-CHARLARD,

Pharmacien, Membre de l'Académie royale de Médecine, de la Société
de Pharmacie de Paris ; l'un des rédacteurs du *Journal de Pharmacie*, etc., etc.

DEUXIÈME ÉDITION ENTIÈREMENT REFONDUE.

———❦———

## PARIS.

LOUIS COLAS, LIBRAIRE, RUE DAUPHINE, 32.

—

1837.

$\mathcal{S}$

# MANUEL

DES

# EAUX MINÉRALES

## NATURELLES.

PARIS. — IMPRIMERIE DE CASIMIR,
RUE DE LA VIEILLE-MONNAIE, 12.

# MANUEL

## DES

# EAUX MINÉRALES

## NATURELLES,

CONTENANT :

L'EXPOSÉ DES PRÉCAUTIONS QU'ON DOIT PRENDRE AVANT, PENDANT
ET APRÈS L'USAGE DES EAUX MINÉRALES ;
LA DESCRIPTION DES LIEUX ET DES SOURCES;
LES ANALYSES CHIMIQUES LES PLUS RÉCENTES ;
LES PROPRIÉTÉS MÉDICALES ;
LE MODE D'ADMINISTRATION DES EAUX MINÉRALES DE LA FRANCE,
DES EAUX ÉTRANGÈRES LES PLUS CÉLÈBRES, ET DES BAINS DE MER ;

**Avec une carte des Eaux Minérales.**

### Par Ph. PATISSIER, D. M. P.,

Membre de l'Académie royale de Médecine, etc., etc.

ET

### A.-F. BOUTRON-CHARLARD,

Pharmacien, Membre de l'Académie royale de Médecine, de la Société
de Pharmacie de Paris ; l'un des rédacteurs du *Journal de Pharmacie*, etc., etc.

DEUXIÈME ÉDITION ENTIÈREMENT REFONDUE.

## PARIS.

### LOUIS COLAS, LIBRAIRE, RUE DAUPHINE, 32.

—

1837.

# AVANT-PROPOS.

Présenter l'exposé succinct et fidèle de nos connaissances sur les eaux minérales en général et
sur chaque source en particulier, tel est le but de
cet ouvrage. L'hydrologie minérale se divise en
deux parties distinctes : l'analyse chimique et
l'action thérapeutique des eaux. Ce motif a engagé un chimiste et un médecin à s'associer pour
la publication de ce *Manuel*.

Jusqu'à présent les auteurs qui ont publié des
analyses d'eau minérale n'ont pas adopté une mesure de capacité et des poids uniformes (1); de
sorte qu'il est difficile de saisir au premier coup
d'œil les analogies et les différences qui existent
dans la composition de chaque source. Pour rendre
cette comparaison plus facile, nous avons réduit
la quantité d'eau employée dans chaque analyse à
un litre; nous avons converti les grains en grammes, et exprimé en volume l'acide carbonique et
les autres gaz, qui généralement étaient évalués

---

(1) Nous devons toutefois excepter M. Anglada, et
MM. Guibourt, Soubeiran, qui, dans des articles sur les eaux
minérales, insérés dans différents dictionnaires de médecine, ont réduit à un kilogramme les analyses qu'ils ont citées.

en poids. Pour ceux qui ne se rappelleraient pas la conversion des grains en grammes et *vice versâ,* ainsi que la correspondance du thermomètre de Réaumur avec le thermomètre centigrade, dont nous nous sommes servis de préférence pour signaler la chaleur des eaux, nous avons placé au commencement de cet ouvrage (*voyez* pages xiv et xvi) des tableaux indiquant ces réductions. Nous avons cité, autant que possible, les analyses les plus récentes, sans néanmoins garantir leur exactitude. Si les analyses d'une même source ne présentent pas toujours des résultats identiques, cette différence dépend, sans doute, de ce qu'elles ont été faites souvent par des personnes peu exercées aux opérations chimiques, et à des époques diverses de l'année. En effet, les pluies, la fonte des neiges, qui ont une certaine influence sur la température de plusieurs eaux, doivent aussi modifier leur composition.

Si la chimie n'est pas encore parvenue à nous révéler tous les principes constituants des eaux minérales, la connaissance des effets de cette médication sur l'économie vivante n'est guère plus avancée. En effet, toutes les eaux ont été recommandées si indistinctement dans le plus grand nombre des maladies chroniques, que les médecins qui ne croient pas qu'un médicament quelconque puisse être une panacée accordent aux eaux elles-mêmes peu de vertus, et attribuent les guérisons qu'elles opèrent au voyage, au changement d'air, de climat, etc. Mais les eaux minérales ne sont ni un remède universel, ni un spécifique ; leur emploi doit être dirigé d'après les règles générales de la thérapeutique, et, puisqu'elles présentent des différences dans leurs propriétés physiques et chimiques, il est évident qu'elles doivent être propres au soulagement ou à la guérison de maladies, ou de *périodes* de maladies différentes. C'est ce point essentiel que nous avons cherché à éclaircir, et sur lequel, malgré nos faibles efforts, il reste encore beaucoup à faire. La méthode numérique nous semble fort utile dans cette circonstance; nous ne doutons pas que si les médecins inspecteurs envoyaient chaque année à M. le ministre du commerce des tableaux récapitulatifs de leurs rapports et indiquant, 1° le nom et l'espèce de chaque maladie qu'ils ont traitée ; 2° le nombre des malades guéris ; 3° le nombre des malades soulagés ; 4° le nombre des malades traités sans succès ; 5° le nombre des malades dont la guérison ou le soulagement ne s'est manifesté qu'après le départ des eaux, nous ne doutons pas, disons-nous, que ces tableaux, rédigés avec bonne foi, ne fissent connaître quelles sont les maladies qui sont le plus souvent guéries ou soulagées par chaque source minérale, et dans quels cas telle eau doit être préférée à telle autre. Quelques médecins inspecteurs ont si bien senti l'importance d'un pareil travail, qu'ils l'ont exécuté depuis plusieurs années. (*Voyez* Greoulx, Bourbonne-les-Bains, Bourbon-

l'Archambault.) Au reste, la commission des eaux
minérales créée dans le sein de l'Académie royale de
Médecine a demandé au ministre du commerce
que de pareils tableaux statistiques fussent annexés
aux rapports de tous les médecins inspecteurs.

Les eaux minérales ne doivent pas être seulement un sujet d'études pour les médecins, elles
doivent aussi fixer l'attention du Gouvernement,
des conseils généraux et des conseils municipaux.
Une source minérale est un fonds précieux pour
un pays pauvre. Pendant la saison des eaux, elle
y attire le numéraire (1) et augmente la valeur
des denrées; les sources de Baréges, de Bonnes,
de Cauterets, de Spa, etc., enrichissent les contrées stériles où la nature les a placées. Ces exemples ne doivent-ils pas encourager les habitants des
lieux où sourdent des eaux minérales à réunir dans
ce séjour l'agréable à l'utile; à entretenir les fontaines, à les décorer comme la richesse principale
de leur sol; à embellir le local destiné aux malades,
à créer de vastes salons de réunion, à rendre l'em-
placement et les sites des environs plus accessibles,
à faciliter les moyens de transport des voyageurs, et
à établir partout des promenades spacieuses et ombragées? Sans prétendre donner aux établissements
d'eaux minérales le luxe et la splendeur que leur

---

(1) Nous avons présenté à la fin de cet ouvrage un tableau
indiquant le produit des eaux et le numéraire laissé dans chaque établissement pendant une année (*voyez* page 550).

avaient imprimés les Romains, il est désirable cependant qu'on les approprie aux usages et aux
habitudes des temps modernes; qu'on y organise des
douches de toutes espèces, des bains de vapeurs,
afin que l'on puisse administrer les eaux sous toutes
les formes, et que les diverses classes de la société
puissent en retirer les bienfaits qu'elles ont le
droit d'en attendre. Pour arriver à ce but, il faut
agrandir les hôpitaux près des sources minérales,
leur accorder une dotation plus considérable,
donner un plus grand développement aux établissements pour que le service ne soit pas encom-
bré, réduire le taux des bains et des douches, et
pour cela creuser, à l'instar des Romains, de vastes
bassins communs qui, pour être alimentés, nécessitent un volume d'eau moins considérable qu'un
grand nombre de baignoires, et qui sont à la fois
plus salutaires, plus récréatifs, moins dispendieux
à fonder et à entretenir que les bains privés.

On a écrit vaguement qu'il y avait en France
mille localités où l'on trouve des eaux minérales;
mais le dénombrement n'en a pas été fait depuis
Carrère, qui l'a exécuté en 1785 pour répondre à
l'invitation de la Société royale de Médecine. En
attendant le tableau complet de la richesse hydrologique minérale du royaume, nous avons rangé
par départements (*voyez* page 553) les eaux que
nos recherches nous ont fait connaître. Parmi ces
sources, on en compte environ quatre-vingt-dix
qui possèdent des établissements plus ou moins

bien organisés, et sont assez fréquentées pour avoir un médecin inspecteur (1) nommé par le Gouvernement, et chargé de diriger les malades dans l'emploi des eaux. Quelques-unes de ces sources appartiennent à l'État, sont bien administrées et tenues avec soin; la plupart d'entre elles sont la propriété des communes, des hospices ou des particuliers; toutefois, le plus grand nombre de nos eaux, quoique non dépourvues d'efficacité, mais privées d'établissements, sont peu connues hors du canton où on les voit sourdre, et sont consacrées à une utilité locale, souvent fort circonscrite.

Si nous n'avons donné que peu de détails sur les eaux minérales étrangères, c'est que souvent nous avons manqué à ce sujet de documents positifs, et que nous sommes convaincus qu'elles peuvent être remplacées avec avantage par les sources nombreuses et salutaires qui enrichissent le sol de notre belle patrie.

Quant au plan de cet ouvrage, il suffit pour le connaître de jeter un coup d'œil sur la table analytique des matières qui se trouve ci-après; nous dirons seulement que, laissant de côté les discussions de pure théorie, nous nous sommes appliqués à présenter brièvement et avec clarté ce qui nous a paru intéressant et utile à la pratique médicale.

---

(1) Nous avons donné, page 546, la liste officielle des médecins inspecteurs de chaque établissement.

# TABLE ANALYTIQUE DES MATIÈRES.

-----

## CONVERSION
### Des anciens poids en nouveaux

| Grains. | Grammes. |
|---|---|
| 1 | 0,053 |
| 2 | 0,106 |
| 3 | 0,159 |
| 4 | 0,212 |
| 5 | 0,268 |
| 6 | 0,319 |
| 7 | 0,372 |
| 8 | 0,425 |
| 9 | 0,478 |
| 10 | 0,53 |
| 20 | 1,06 |
| 30 | 1,59 |
| 40 | 2,12 |
| 50 | 2,66 |
| 60 | 3,19 |
| 70 | 3,72 |
| **Gros.** | |
| 1 | 3,82 |
| 2 | 7,65 |
| 3 | 11,47 |
| 4 | 15,30 |
| 5 | 19,12 |
| 6 | 22,94 |
| 7 | 26,77 |
| 8 | 30,59 |
| **Onces.** | |
| 1 | 30,59 |
| 2 | 61,19 |
| 3 | 91,78 |
| 4 | 122,38 |
| 5 | 152,97 |
| 6 | 183,56 |
| 7 | 214,16 |
| 8 | 244,75 |
| 9 | 275,35 |
| 10 | 305,94 |
| 11 | 336,53 |
| 12 | 367,14 |
| 13 | 397,73 |
| 14 | 428,33 |
| 15 | 458,91 |
| 16 | 489,51 |

*Les décimales sont des milligr.*
*Les décimales sont des centigrammes.*

| Livres. | Kilogr. |
|---|---|
| 1 | 0,4895 |
| 2 | 0,9790 |
| 3 | 1,4685 |
| 4 | 1,9580 |
| 5 | 2,4475 |
| 6 | 2,9370 |
| 7 | 3,4265 |
| 8 | 3,9100 |
| 9 | 4,4056 |
| 10 | 4,8951 |
| 20 | 9,7901 |
| 30 | 14,6852 |
| 40 | 19,5802 |
| 50 | 24,4753 |
| 60 | 29,3704 |
| 70 | 34,2654 |
| 80 | 39,1605 |
| 90 | 44,0555 |
| 100 | 48,9506 |
| 200 | 97,9012 |
| 300 | 146,8518 |
| 400 | 195,8023 |
| 500 | 244,7529 |
| 600 | 293,7035 |
| 700 | 342,6541 |
| 800 | 391,6047 |
| 900 | 440,5553 |
| 1000 | 489,5058 |

## CONVERSION
### Des nouveaux poids en anciens.

| Grammes | Livr. | Onc. | Gr. | Gr. |
|---|---|---|---|---|
| 1 | 0· | 0· | 0 | 19 |
| 2 | 0· | 0· | 0 | 38 |
| 3 | 0· | 0· | 0 | 56 |
| 4 | 0· | 0· | 1 | 3 |
| 5 | 0· | 0· | 1 | 22 |
| 6 | 0· | 0· | 1 | 41 |
| 7 | 0· | 0· | 1 | 60 |
| 8 | 0· | 0· | 2 | 7 |
| 9 | 0· | 0· | 2 | 25 |
| 10 | 0· | 0· | 2 | 44 |
| 20 | 0· | 0· | 5 | 17 |
| 30 | 0· | 0· | 7 | 61 |
| 40 | 0· | 1· | 2 | 33 |
| 50 | 0· | 1· | 5 | 5 |
| 60 | 0· | 1· | 7 | 50 |
| 70 | 0· | 2· | 2 | 22 |
| 80 | 0· | 2· | 4 | 66 |
| 90 | 0· | 2· | 7 | 38 |
| 100 | 0· | 3· | 2 | 11 |
| 200 | 0· | 6· | 4 | 21 |
| 300 | 0· | 9· | 6 | 32 |
| 400 | 0· | 13· | 0 | 43 |
| 500 | 1· | 0· | 2 | 53 |
| 600 | 1· | 3· | 4 | 64 |
| 700 | 1· | 6· | 7 | 3 |
| 800 | 1· | 10· | 1 | 13 |
| 900 | 1· | 13· | 3 | 24 |
| 1000 | 2· | 0· | 5 | 35 |

| Kil. | Liv. | Onc. | Gr. | Grains. |
|---|---|---|---|---|
| 1 | 2. | 0. | 5. | 35,15 |
| 2 | 4. | 1. | 2. | 70 |
| 3 | 6. | 2. | 0. | 33 |
| 4 | 8. | 2. | 5. | 09 |
| 5 | 10. | 3. | 3. | 32 |
| 6 | 12. | 4. | 0. | 67 |
| 7 | 14. | 4. | 6. | 30 |
| 8 | 16. | 5. | 3. | 65 |
| 9 | 18. | 6. | 1. | 28 |
| 10 | 20. | 6. | 6. | 64 |
| 20 | 40. | 13. | 5. | 55 |
| 30 | 61. | 4. | 4. | 47 |
| 40 | 81. | 11. | 3. | 38 |
| 50 | 102. | 2. | 2. | 30 |
| 60 | 122. | 9. | 1. | 21 |
| 70 | 143. | 0. | 0. | 13 |
| 80 | 163. | 6. | 7. | 4 |
| 90 | 183. | 13. | 5. | 68 |
| 100 | 204. | 4. | 4. | 59 |

Le kilogramme ou le poids d'un décimètre cube d'eau distillée, considérée au maximum de densité et dans le vide, vaut. . . . . . . . . . 18827,15 grains.
La livre vaut . . . . . . . 9216 grains.
Donc, livre. . . . . . . . 0,489505847 kilogr.
Et kilogramme. . . . . . . 2,042876519 livres.

| RÉDUCTION Des kilogrammes en livres et décimales de la livre. | | RÉDUCTION Des grammes en grains et décimales de grain. | |
|---|---|---|---|
| Kilogrammes. | Livres. | Grammes. | Grains. |
| 1 | 2,0429 | 1 | 18,8 |
| 2 | 4,0858 | 2 | 37,6 |
| 3 | 6,1286 | 3 | 56,5 |
| 4 | 8,1715 | 4 | 75,3 |
| 5 | 10,2144 | 5 | 94,1 |
| 6 | 12,2573 | 6 | 113,0 |
| 7 | 14,3001 | 7 | 131,8 |
| 8 | 16,3430 | 8 | 150,6 |
| 9 | 18,3859 | 9 | 169,4 |
| 10 | 20,4288 | 10 | 188,3 |
| 20 | 40,8575 | 100 | 1882,7 |
| 30 | 61,2803 | | |
| 40 | 81,7151 | RÉDUCTION Des décigrammes en grains et décimales de grains. | |
| 50 | 102,1438 | | |
| 60 | 122,5726 | | |
| 70 | 143,0014 | | |
| 80 | 163,4301 | | |
| 90 | 183,8589 | Décigrammes. | Grains. |
| 100 | 204,2877 | 1 | 1,9 |
| 200 | 408,5753 | 2 | 3,8 |
| 300 | 612,8630 | 3 | 5,6 |
| 400 | 817,1506 | 4 | 7,5 |
| 500 | 1021,4383 | 5 | 9,4 |
| 600 | 1225,7259 | 6 | 11,3 |
| 700 | 1430,0136 | 7 | 13,2 |
| 800 | 1634,3012 | 8 | 15,1 |
| 900 | 1838,5889 | 9 | 16,9 |
| 1000 | 2042,8765 | 10 | 18,8 |

*TABLEAU de correspondance du thermomètre de Réaumur avec le thermomètre centigrade.*

Pour marquer les degrés du thermomètre, on a divisé l'espace compris entre le point de la glace fondante et celui de l'eau bouillante, en 80 ou en 100 parties. La première division constitue le thermomètre de Réaumur, dont on se sert habituellement; la seconde forme le thermomètre centigrade, qui est adopté dans les sciences, et que nous avons préféré. Il est facile de convertir ces deux thermomètres l'un dans l'autre; il suffit d'ajouter aux degrés réaumuriens le quart du nombre qui les représente, pour avoir les degrés correspondants du thermomètre centigrade; ainsi, par exemple, si l'on veut savoir à combien correspondent 28° Réaumur, on prend le quart de 28, qui est de 7, et ces deux nombres additionnés ensemble donnent 35 pour l'échelle centigrade. Si, au contraire, on veut convertir les degrés centigrades en degrés de Réaumur, on retranche le cinquième du nombre donné, et le reste représente les degrés de Réaumur. D'ailleurs, le tableau suivant épargnera ce calcul aux personnes qui ne voudront pas le faire.

| RÉAUMUR. | CENTIG. | RÉAUMUR. | CENTIG. | RÉAUMUR. | CENTIG. | RÉAUMUR. | CENTIG. |
|---|---|---|---|---|---|---|---|
| 1 | 1,25 | 21 | 26,25 | 41 | 51,25 | 61 | 76,25 |
| 2 | 2,50 | 22 | 27,50 | 42 | 52,50 | 62 | 77,50 |
| 3 | 3,75 | 23 | 28,75 | 43 | 53,75 | 63 | 78,75 |
| 4 | 5 | 24 | 30 | 44 | 55 | 64 | 80 |
| 5 | 6,25 | 25 | 31,25 | 45 | 56,25 | 65 | 81,25 |
| 6 | 7,50 | 26 | 32,50 | 46 | 57,50 | 66 | 82,50 |
| 7 | 8,75 | 27 | 33,75 | 47 | 58,75 | 67 | 83,75 |
| 8 | 10 | 28 | 35 | 48 | 60 | 68 | 85 |
| 9 | 11,25 | 29 | 36,25 | 49 | 61,25 | 69 | 86,25 |
| 10 | 12,50 | 30 | 37,50 | 50 | 62,50 | 70 | 87,50 |
| 11 | 13,75 | 31 | 38,75 | 51 | 63,75 | 71 | 88,75 |
| 12 | 15 | 32 | 40 | 52 | 65 | 72 | 90 |
| 13 | 16,25 | 33 | 41,25 | 53 | 66,25 | 73 | 91,25 |
| 14 | 17,50 | 34 | 42,50 | 54 | 67,50 | 74 | 92,50 |
| 15 | 18,75 | 35 | 43,75 | 55 | 68,75 | 75 | 93,75 |
| 16 | 20 | 36 | 45 | 56 | 70 | 76 | 95 |
| 17 | 21,25 | 37 | 46,25 | 57 | 71,25 | 77 | 96,25 |
| 18 | 22,50 | 38 | 47,50 | 58 | 72,50 | 78 | 97,50 |
| 19 | 23,75 | 39 | 48,75 | 59 | 73,75 | 79 | 98,75 |
| 20 | 25 | 40 | 50 | 60 | 75 | 80 | 00 |

# MANUEL

DES

# EAUX MINÉRALES

## NATURELLES.

✦✦✦✦✦✦✦✦✦✦✦✦✦✦✦✦✦✦✦✦✦✦✦✦✦✦✦✦✦✦✦✦✦✦✦✦✦✦✦✦✦✦✦✦✦✦✦✦✦✦✦✦✦✦✦✦✦✦✦✦✦✦✦✦✦✦

### COUP D'OEIL SUR L'HISTOIRE DES EAUX MINÉRALES.

De tous les temps, l'utilité des eaux minérales a été généralement reconnue; répandues sur toute la surface du
globe, elles offrent à l'homme un remède puissant à ses maux.
Leur découverte fut due au hasard. Dans les premiers âges
de la Médecine, la tradition fit seule connaître leur efficacité;
les guérisons qu'elles opéraient engageaient d'autres malades à les aller prendre, et c'est par une suite de succès
qui ne se sont pas démentis qu'elles ont obtenu et mérité la
confiance des médecins de tous les siècles.

Les Grecs, dont les connaissances en médecine furent au-
dessus de celles des nations qui les avaient précédés, hono-
raient les sources d'eaux chaudes comme un bienfait de la
Divinité; elles étaient dédiées à Hercule, le dieu de la Force.
Ils s'en servaient pour boisson, en bains et comme remèdes
topiques. Hippocrate, le père de la médecine, nous parle (1)
d'eaux chaudes imprégnées de cuivre, d'argent, d'or, de
soufre, de bitume, de nitre, et les interdit pour la boisson
ordinaire. Aristote enseigne, quatre cents ans avant l'ère chré-

---

(1) De aere, locis et aquis, lib. 3, cap. 2.

1

tienne, qu'il se mêle avec les eaux des sources minérales des vapeurs de différente nature qui font leur principale vertu. Strabon décrit une source miraculeuse à laquelle il attribue la propriété de diviser la pierre dans la vessie, et d'en évacuer les graviers. Théopompe (1) en indique une qui guérit les blessures. Archigènes (2) conseille les eaux minérales en boisson dans les maladies de vessie, depuis une livre jusqu'à douze ou quinze. Plusieurs médecins grecs employaient encore ce remède contre l'éléphantiasis, la colique, les paralysies, les affections nerveuses; déjà on parlait des eaux soufrées, alumineuses, bitumineuses, nitreuses, ferrugineuses. Galien (3) fait l'éloge d'une eau bitumineuse et martiale dont se servaient ceux qui étaient sujets à la gravelle; il défend la boisson des eaux minérales à ceux qui ont quelque *astriction, acerbité, aridité, acrimonie* dans les humeurs.

Les eaux étaient un remède familier aux Romains, qui faisaient un usage habituel de celles d'Italie. Le golfe de Baïes, où la nature avait prodigué des sources thermales, était un lieu de délices, où se rendaient les premiers personnages de la république. C'est aux sources de Baïes que l'empereur Auguste dut la guérison d'un catarrhe pulmonaire compliqué d'anasarque. Horace (4) a vanté les bains de Saint-Casciano dans ces vers :

> Qui caput et stomachum supponere fontibus audent
> Clusinis. . . . . .

Vitruve (5), qui étudia également l'histoire naturelle et l'architecture, dit que les eaux nitreuses sont purgatives. Sé-

---

(1) Pline, liv. 3, chap. 2.
(2) Aétius, liv. 2, chap. 30.
(3) De facult. simpl., lib. 10.
(4) Epist. 15, lib. 1.
(5) Lib. 8.

nèque le philosophe (1) s'explique davantage : il est, suivant lui, des eaux célèbres par leur saveur, ou l'usage avantageux qu'on en fait ; les unes sont bonnes pour les yeux, les autres ont la vertu de guérir les maladies invétérées et même désespérées ; il en est qui conviennent aux ulcères ; la boisson de quelques-unes est utile aux poumons et aux viscères ; on en trouve qui arrêtent les hémorrhagies : leurs vertus sont aussi variées que leur saveur. Pline, dans son *Histoire naturelle*, traite des eaux acidules, sulfureuses, salées, nitreuses, alumineuses, martiales et bitumineuses, etc. Il dit que l'eau sulfureuse est très-bonne pour les nerfs ; que celle qui est alumineuse convient aux paralytiques, et que celle de mer enlève les tumeurs, surtout les *parotides*. Il décrit ainsi la source de Tongres : *Tungri, civitas Galliæ, fontem habet insignem, multis bullis stillantem, ferruginei saporis, quod ipsum non nisi in fine potûs intelligitur : purgat corpora, tertianas febres discutit, calculorumque vitia. Eadem aqua, igne admoto, turbida fit, ad postremum rubescit.* Oribase, qui vivait sous l'empereur Julien, parle beaucoup des eaux minérales naturelles; il conseille les eaux ferrugineuses dans les affections de l'estomac et du foie, développe quelques aperçus sur les eaux spiritueuses qu'on nomme aujourd'hui acidules, et les juge salutaires dans les maladies des sens. Aétius, né en 455, paraît s'être beaucoup occupé des eaux minérales ; il prescrit les eaux alumineuses, sulfureuses, contre les maladies nerveuses et rhumatismales, et surtout contre la lèpre, la gale, les dartres; il vante les eaux ferrugineuses dans les maladies chroniques du foie et de l'estomac.

Dans tous les pays où les Romains portèrent leurs armes triomphantes, ils recherchaient les eaux minérales, et s'arrêtaient de préférence aux sources d'eaux chaudes, sans doute parce qu'ils avaient remarqué qu'elles étaient propres

---

(1) De natural., lib. 3, cap. 1.

à guérir les blessures. Aix en Provence, Bourbon-l'Archambault, Néris, le Mont-d'Or, les sources des Pyrénées, furent
autant de lieux fréquentés par les vainqueurs du monde, qui
venaient y rétablir leur santé, se délasser des fatigues de la
guerre, et goûter les plaisirs de la Gaule. En reconnaissance
des bienfaits qu'ils avaient éprouvés de l'usage de ces sources,
ils les décorèrent de plusieurs monuments, dont il reste encore
des vestiges qui portent l'empreinte de la grandeur que ce
peuple donnait à ses moindres ouvrages. Chaque fontaine fut
placée sous la protection de quelque divinité tutélaire. Les
prêtres du paganisme, abusant alors de la crédulité des malades, inventèrent certaines cérémonies religieuses, qu'ils
rendirent indispensables, pour obtenir le soulagement ou la
guérison qu'on venait chercher à la source ; et les inscriptions
qu'on lit encore sur les murs de quelques fontaines minérales
attestent que les cures qui s'opéraient dans ces temps étaient
moins attribuées à l'efficacité des eaux qu'aux bienfaits de la
déesse protectrice. La chute de l'empire romain entraîna la
ruine de ces édifices précieux. Les Gaulois, loin de les conserver, les négligèrent, affectèrent même de les laisser dépérir.
Dès lors les sources minérales furent délaissées. « Les chré-
« tiens, dit Bordeu (1), fixant ces objets du côté de la mon-
« danité, et jugeant qu'ils appartenaient aux rêveries du
« paganisme, les trouvaient déplacés : ils se concentraient
« dans leur ménage, et s'occupaient peu de la propreté et de
« la santé du corps ; ils ne pensaient qu'à celle de l'âme. Les
« valétudinaires allaient ensevelir leurs infirmités dans des
« maisons religieuses, devenues l'objet principal des sensa-
« tions dans ces siècles. »

Dans le dixième siècle, où la médecine fut plus particulièrement cultivée par les Arabes, les sources minérales obtinrent

_____

(1) Recherches sur les mal. chron.

quelque crédit ; les médecins se bornèrent à répéter ce qu'en avaient dit Pline et Galien. Avicenne les recommanda dans les obstructions et plusieurs autres maladies internes.

En France, les fontaines minérales restèrent désertes jusqu'au règne de Charlemagne. Convaincu de leur utilité, ce prince fit construire à Aix-la-Chapelle un vaste bassin pour s'y baigner avec tous ses officiers ; les autres sources minérales commençaient à être fréquentées, lorsque la mort de ce grand homme et la division de ses états replongèrent la France dans l'ignorance et la barbarie.

Ce n'est que sur la fin du quinzième siècle que les médecins s'occupèrent des eaux minérales, et les Italiens furent les premiers à faire revivre leur antique célébrité. En 1498, Jean-Michel Savonarola, de Padoue, composa un traité considérable sur les bains en général, et sur toutes les eaux thermales de l'Italie. Dans le deuxième livre, intitulé *de la nature et des propriétés des bains d'eaux minérales*, il recherche la cause de la chaleur de ces eaux, les propriétés du soufre et de l'alun, celles du nitre, de la chaux et du fer qui entrent dans leur composition. André Baccius publia en 1596 un traité sur les eaux thermales les plus célèbres de l'Europe, et indiqua quelques procédés pour reconnaître leurs principes constituants.

Jusqu'alors, les sources minérales étaient le rendez-vous des joueurs et des baladins des provinces ; l'administration des eaux était abandonnée à des charlatans qui en imposaient facilement à l'aveugle et superstitieuse crédulité.

Henri IV, qui, pendant sa jeunesse, avait fréquenté les eaux des Pyrénées, et qui avait reconnu les abus qui s'étaient glissés dans l'emploi d'un remède aussi salutaire, chercha à les réprimer lorsqu'il fut monté sur le trône de France. Il nomma, par ses édits et lettres-patentes du mois de mai 1603, des surintendants et intendants-généraux, qui étaient chargés de la haute surveillance des eaux, bains et fontaines minérales du royaume. Ces édits furent confirmés par les rois Louis XIV,

Louis XV et Louis XVI. De toutes parts, on étudia les propriétés des eaux minérales. Fagon, médecin de Louis XIV, examina avec soin les eaux de Bonnes et de Baréges, pour reconnaître si elles ne seraient pas propres à la guérison de la fistule à l'anus, dont Louis XIV était atteint. Chirac s'occupa des eaux de Balaruc, et chercha si elles pouvaient être utiles à la guérison d'une blessure du régent. Déjà les sources de Spa, d'Aix-la-Chapelle, de Baréges, de Cauterets, de Bagnères, de Bourbon-l'Archambault, attiraient un grand nombre de malades qui venaient y puiser la santé. Dans quelques provinces, certaines fontaines étaient placées sous la protection de quelque saint, et à une époque déterminée de l'année, on y venait en pélerinage pour implorer les secours du ciel, et pour s'y purifier.

Cependant, sur la fin du dix-septième siècle, un grand nombre de physiciens et de médecins parlaient avec enthousiasme des eaux minérales des pays qu'ils habitaient : Conrad Gesner vantait les eaux thermales de la Suisse ; Hoffmann, celles de l'Allemagne ; Allen, Lyster, célébraient les eaux de Bath et de Buxton, tandis que Boyle esquissait un traité complet sur les eaux minérales.

Persuadée que les notions qu'on possédait sur les sources minérales seraient incomplètes, tant qu'on ne connaîtrait pas leurs principes constituants, l'Académie des sciences de Paris chargea deux de ses membres, Duclos et Bourdelin, de faire l'analyse de toutes les eaux minérales de la France. En 1670 et 1671, ces deux académiciens publièrent leur travail ; mais la chimie était encore au berceau, et les procédés analytiques ne pouvaient être qu'imparfaits ; ils reçurent de grandes améliorations dans le dix-huitième siècle.

Geoffroy substitue en 1707 à la distillation l'évaporation des eaux dans des capsules de verre évasées. En 1729, Boulduc présente une nouvelle méthode d'analyser les eaux minérales, et en fait une heureuse application dans l'analyse des

eaux de Passy et de Bourbon-l'Archambault. Leroy de Montpellier découvre le muriate de chaux en 1752 ; Home, le nitrate
calcaire en 1756 ; Margraff, le muriate de magnésie en 1757 ;
et Black fait connaître la véritable nature du sulfate de magnésie. En 1755, Venel présente à l'Académie des sciences
son résultat si remarquable sur l'imitation des eaux de Seltz ;
il découvre dans les eaux minérales l'air fixe ou acide carbonique. Les travaux successifs de Black, de Priestley, Chaul-
nes, Rouelle le cadet, sur la dissolution de ce nouveau gaz
dans l'eau, révélèrent la véritable composition des eaux acidules. En 1766, Bayen analyse les eaux de Bagnères-de-Luchon, et sentant l'insuffisance des procédés analytiques jusqu'alors usités, cet habile chimiste conçoit la nécessité de
s'éloigner du sentier battu et de suivre une route nouvelle :
tout fut changé, instruments, appareils et manière d'opérer.
En 1770, il indique les moyens de séparer le soufre dans les
eaux sulfureuses. Monnet en 1768, Bergman en 1774, dé-
couvrent le gaz hépatique, et Rouelle confirme cette découverte. Le célèbre chimiste d'Upsal donne en 1774, 1775 et
1778, dans ses précieuses dissertations, les plus sages préceptes sur la préparation des eaux froides artificielles, sur
l'acide carbonique et sur l'analyse des eaux en général. Il
prouve que l'analyse d'une eau minérale ne peut être réputée
exacte, que lorsqu'en dissolvant les principes qu'on en a ex-
traits dans de l'eau distillée, on a réussi à reconstituer une
eau minérale semblable dans toutes ses propriétés. Il fait voir
qu'il n'y en a aucune à excepter de cette conclusion générale.
En 1772, Monnet produit au jour une nouvelle hydrologie ;
écrit systématique, dans lequel l'auteur ne juge de l'efficacité
des eaux minérales que d'après les principes que l'analyse lui
a fournis.

La chimie était assez riche en belles découvertes, pour désirer qu'un chimiste habile procédât à l'analyse de toutes les
eaux minérales de la France ; le gouvernement confia, en 1773,

ce travail à Venel, qui s'associa Bayen pour digne collabora-
teur dans ses opérations. Déjà un grand nombre de recherches étaient faites, lorsqu'une mort prématurée vint frapper
le professeur de Montpellier (Venel), et ravir un travail at-
tendu de tous les médecins. En 1779 parut l'ouvrage de
M. Duchanoy, qui offrit le premier ensemble sur la fabrication artificielle de la plupart des eaux minérales connues, et
réduisit en un système suivi cet art dont on avait nié presque
la possibilité vingt années auparavant.

En 1780, la chimie change entièrement de face en France ;
elle est comme posée sur de nouveaux fondements ; la chimie
pneumatique est créée. Cette révolution, opérée par Lavoi-
sier, Berthollet, Guyton-Morveau, etc., jette un grand jour
sur l'analyse des eaux minérales. Fourcroy, dans ses leçons
de chimie, expose les préceptes les plus clairs et les plus précis sur l'art d'analyser les eaux ; et, en 1787, il les met en
pratique dans sa belle analyse de l'eau d'Enghien. Il fait voir
que l'union du soufre et de l'hydrogène est le véritable minéralisateur de cette eau. Pour immortaliser leurs travaux, les
chimistes pneumatiques publient les *Annales de Chimie*, qui
sont le dépôt de leurs grandes découvertes, et qui offrent en
même temps au philosophe la marche qu'a suivie l'esprit humain pour arriver au degré de perfection où cette science est
parvenue. C'est dans cette riche et précieuse collection, et dans
le *Bulletin* et le *Journal de Pharmacie*, que se trouvent consi-
gnées un grand nombre d'analyses d'eaux minérales faites par
MM. Vauquelin, Deyeux, Thénard, et plusieurs autres, qui
tous s'efforcèrent de donner plus de précision à l'analyse des
eaux minérales. En 1811, M. Bouillon-Lagrange réunit dans
un ouvrage toutes les analyses dues aux chimistes modernes.

Depuis cette époque, des expériences faites, d'abord par
Angelini sur les eaux de Sales, en Piémont, puis répétées par
M. Cantu, ont démontré l'existence de l'iode à l'état d'hy-
driodate dans plusieurs eaux minérales ; la présence de l'azote

a été constatée dans la plupart des eaux sulfureuses; on a trouvé du brôme dans les eaux de Bourbonne et de Balaruc. La belle dissertation de M. Berzélius sur les eaux de Carlsbad, et les mémoires non moins intéressants de M. Anglada sur les eaux des Pyrénées, ont contribué à perfectionner l'analyse. Frappé des progrès récents de la chimie, et pensant qu'une connaissance plus exacte des principes constituants des eaux pouvait éclairer la médecine, le gouvernement chargea, en 1820, M. Longchamp d'analyser les principales sources du royaume. Les travaux de ce chimiste habile sur les eaux d'Enghien, de Vichy, font vivement désirer qu'il mette au jour les analyses des autres sources, surtout de celles des Pyrénées. Ils portent à regretter que la chambre des députés, par un motif mesquin d'économie, ait empêché la continuation d'un travail capable d'honorer le gouvernement qui le fait exécuter. De nos jours, MM. Berthier, Boullay, O. Henry, Chevallier, Barruel, Balard, Bérard de Montpellier, et quelques autres chimistes, ont enrichi l'hydrologie minérale de plusieurs analyses.

Tandis que les chimistes cherchaient à révéler les éléments minéralisateurs des eaux, les médecins étudiaient leur action thérapeutique sur le corps humain, et tâchaient d'apprécier et de déterminer les cas où elles peuvent être utiles, et ceux où elles sont dangereuses. Éclairé sur cette nouvelle cause de salubrité publique, le gouvernement fit élever près des sources minérales des hôpitaux, où les soldats et les pauvres sont soignés gratuitement. Senac, premier médecin de Louis XV, fut chargé de la surintendance-générale des eaux minérales du royaume; des médecins furent nommés auprès de chaque source pour veiller à l'administration des eaux et au soulagement des malades. En 1746 et 1748, Théophile Bordeu publia ses lettres sur les eaux du Béarn : la surintendance des eaux de l'Aquitaine devint le prix de cet ouvrage, qui décelait un esprit supérieur. Encouragé par ce succès,

Bordeu mit tout son zèle à constater les vertus des eaux de son pays ; il posa les premiers fondements du journal des eaux de Baréges, qui fut continué pendant trente ans. Cette collection est d'autant plus précieuse qu'on y décrit avec le même soin les maladies qui ont résisté à l'usage des eaux, et celles qu'elles ont guéries, ce qui est d'une très-grande importance pour la thérapeutique. C'est dans cette collection, riche de deux mille observations, que Bordeu a puisé les matériaux de son immortel ouvrage sur les maladies chroniques. —En 1758, Leroy de Montpellier composa sur l'usage des eaux minérales une dissertation latine qui renferme beaucoup de réflexions utiles. Après la mort de Senac, qui avait conçu un grand ouvrage sur les eaux minérales, Louis XV jugea convenable de confier à une commission médicale l'administration des sources du royaume, et le soin de recueillir toutes les observations sur ce point important de la thérapeutique. Raulin obtient une des places d'inspecteur-général, visite les sources de la France et publie un *Traité analytique de quelques eaux minérales*, dans lequel il compare les eaux de notre patrie avec celles des nations voisines : en nous faisant connaître nos propres richesses, il tend à prouver que les eaux fournies par notre sol sont préférables aux eaux minérales étrangères. Buchoz, en 1772, dans son *Dictionnaire hydrologique*, rassemble d'une manière confuse un grand nombre de recherches sur les eaux minérales.

Sentant l'imperfection de tous les travaux connus jusqu'alors sur les eaux minérales, la Société royale de médecine invita, en 1780, un de ses membres, M. Carrère, à composer un catalogue raisonné des ouvrages qui ont été publiés sur les eaux minérales en général, et sur celles de la France en particulier. Elle exprima en même temps le vœu que l'on fît une nouvelle analyse des eaux, et de nouvelles observations sur leurs effets. Un grand nombre de chimistes et plusieurs praticiens distingués s'empressèrent de répondre à cette invitation. A la sollicitation de la Société royale de médecine, M. de Brieude examina, sur les lieux, les sources de Bourbon-l'Archambault, de Vichy et du Mont-d'Or, et publia à ce sujet un mémoire rempli de réflexions judicieuses.

Plusieurs établissements thermaux, particulièrement ceux de Bourbonne, Plombières, Luxeuil, Baréges, Vichy, du Mont-d'Or, reçurent d'utiles améliorations sous les règnes de Louis XV et de Louis XVI; on en projetait de plus importantes, lorsque survint la révolution de 1789. La tourmente révolutionnaire ne permit guère de s'occuper des eaux minérales, qui ne reprirent un peu de faveur que sous l'empire. A cette époque, MM. Martinet, Faye et Bertrand publièrent de bonnes monographies sur les sources de Plombières, Bourbon-l'Archambault et le Mont-d'Or, qu'ils dirigeaient. Depuis la paix générale, les eaux ont été de plus en plus recherchées; pour répondre à l'empressement des populations, le gouvernement fit alors tous ses efforts pour embellir les sources qui appartiennent à l'état, et grâces à des constructions aussi élégantes qu'utiles, plusieurs thermes, entre autres ceux de Vichy, du Mont-d'Or, de Plombières, de Bourbonne, de Luxeuil, peuvent rivaliser pour la splendeur et les agréments avec les plus beaux thermes de l'Allemagne. Voyant que les sources minérales étaient un moyen de richesses pour leurs propriétaires, et une cause puissante de prospérité pour les lieux où elles jaillissent, les conseils-généraux des départements et les capitalistes se sont empressés de rendre les abords plus faciles, de créer des promenades et d'élever des habitations convenables pour les malades : chaque année voit se multiplier les commodités et les agréments près des sources les moins célèbres, et les communications, qui naguère étaient embarrassées de mille entraves, laissent peu à désirer aujourd'hui : aussi la plupart de nos établissements thermaux présentent un aspect tout différent de ce qu'ils étaient il y a vingt-cinq ans. Les eaux minérales sont devenues un besoin du siècle : les souverains, les princes, les riches, les négociants et les hommes de toutes les classes s'empressent, pendant la belle saison, de se rendre dans diverses contrées de l'Europe aux eaux minérales, soit pour raffermir ou réparer une santé chancelante ou délabrée, soit pour s'y livrer à la distraction ou au plaisir. L'importance de ce moyen sanitaire fixa l'attention de l'autorité supérieure; le ministre de l'intérieur, M. Siméon, institua en 1819 une commission des eaux minérales, formée de savants distingués de la capitale, et des principaux médecins inspecteurs : un de ses membres, le docteur Boin, fut nommé inspecteur-général et visita la plupart des sources du royaume. Cette commission (1) fut dissoute lors de la création de l'Académie royale de médecine, qui eut dans ses attributions l'étude des eaux minérales. Cette compagnie savante élut dans son sein une commission composée de médecins et de chimistes chargés de procéder à l'analyse des eaux minérales qui lui sont remises par la voie du ministre du commerce, et de lui rendre compte des rapports adressés annuellement par les médecins inspecteurs. Ces rapports, qui pourraient être plus profitables à la science, contiennent des documents utiles dont l'un de nous, secrétaire de la commission depuis deux ans, a profité dans le cours de cet ouvrage, en citant toutefois le nom des médecins auxquels il les a empruntés. De nos jours, les ouvrages importants de MM. Alibert, Anglada, Isidore Bourdon, Léon Marchant, Longchamp, ont servi à populariser les eaux minérales et à les faire mieux apprécier des praticiens : espérons que, grâces à ces travaux scientifiques, aux embellissements et au *confortable* que l'on trouve près de nos sources, le concours des ma-

---

(1) C'est d'après ses conseils que fut publiée, en 1823, une ordonnance royale destinée à fixer les règles particulières pour l'administration des eaux. Cette ordonnance se trouve à la fin de cet ouvrage.

lades s'accroîtra de plus en plus, et qu'à cet égard nous ne serons plus tributaires des nations voisines.

Ce n'est pas seulement en Europe que les eaux minérales sont recherchées ; les peuples les moins civilisés, les Persans, les Chinois, les Indiens, les Égyptiens, ont des sources où ils vont puiser la santé. Comment tant de populations qui ont des opinions diverses, des préjugés particuliers, des maximes opposées, des manières de vivre contraires, peuvent-elles n'avoir qu'une même opinion sur l'emploi des eaux minérales ? N'est-ce pas une preuve incontestable de leur efficacité thérapeutique ?

# PREMIÈRE PARTIE.

CONSIDÉRATIONS GÉNÉRALES SUR LES EAUX MINÉRALES.

## CHAPITRE PREMIER.

SOMMAIRE. — Définition des eaux minérales. — Leur parallèle avec l'eau commune et leur division admise par les chimistes. — De l'action thérapeutique des eaux ; degré d'utilité des analyses chimiques. — Réflexions sur les maladies qu'on observe le plus fréquemment dans les établissements d'eaux minérales ; indication des cas dans lesquels on doit préférer une eau minérale à une autre. — Dangers des eaux minérales. — Remarques sur l'association des médicaments aux eaux. — De l'époque où l'on peut prendre les eaux. — Précautions à prendre avant l'usage des eaux. — Régime que l'on doit suivre pendant l'usage des eaux. — Hygiène du buveur d'eau minérale. — Hygiène du baigneur. — Accidents qui peuvent survenir pendant l'usage des eaux. — De la durée du séjour aux eaux. — Précautions à prendre après l'usage des eaux. — Précautions à prendre dans le transport des eaux.

Toutes les eaux qui, sortant du sein de la terre, sont naturellement chargées de substances propres à opérer la guérison de quelque maladie, ont été appelées *eaux minérales*. Cette expression semble indiquer qu'elles seules contiennent des principes minéraux, et cependant l'eau commune, celle de pluie, de rivière, renferment plusieurs de ces mêmes substances, l'eau distillée seule étant la plus simple, celle où l'hydrogène et l'oxygène sont isolés le plus possible de toute autre matière. Le terme d'*eaux minérales* est donc inexact, et peut-être devrait-on lui substituer celui d'*eaux médicinales* ou *médicamenteuses*. Pour ne pas être taxés de néologisme,

nous conserverons la dénomination d'*eaux minérales*, consacrée par l'usage.

*Eau commune, pure, ou économique.* On comprend sous ce
nom l'eau de pluie, des rivières, des lacs, des fontaines. Les
substances minérales qu'elle contient ne sont pas en assez
grande quantité pour lui donner une saveur et une odeur
bien tranchées. Considérée en masse, l'eau pure est un corps
diaphane, pesant, sans odeur, sans saveur et sans couleur.
Elle peut exister sous les trois états, liquide, solide et gazeux. L'état solide constitue la glace, qui est employée avec
succès dans certaines maladies; sous forme liquide, l'eau
pure offre à l'homme et aux animaux une boisson douce,
salutaire à l'entretien de leur existence; à l'état de vapeur,
l'eau provoque la transpiration, des sueurs même, et sous
ce rapport, est souvent utile en médecine.

Hoffmann et quelques autres médecins ont présenté l'eau
comme le remède universel convenant à toutes les maladies
et dans toutes les circonstances. Nous ne doutons pas que
les propriétés de l'eau ne soient très-efficaces dans beaucoup
de maladies où on la néglige absolument, et où son unique
usage triompherait souvent des affections qui sont rebelles
aux moyens pharmaceutiques les mieux combinés; mais nous
pensons aussi que son usage a des bornes et des restrictions,
que tout médecin éclairé et exempt de préjugés saura bien
connaître.

*Eaux minérales.* Elles sont composées d'une assez grande
quantité de matières étrangères qui leur donnent de la saveur et des propriétés différentes de celles de l'eau pure. Elles
se chargent de ces principes en traversant des terrains remplis
de minéraux, de sels et de substances pyriteuses.

Les anciens ont divisé les eaux minérales en froides, tièdes,
chaudes ou thermales, selon que leur température égale ou
surpasse celle de l'air environnant.

Lorsque la chimie fut riche de connaissances exactes, on

chercha à imiter la nature dans la composition des eaux minérales, et dès lors celles-ci furent distinguées en naturelles et
en factices.

Monnet range les eaux minérales en trois classes, alcalines,
sulfureuses et ferrugineuses.

Fourcroy en distingue neuf classes : 1° acidules froides;
2° acidules chaudes; 3° sulfuriques salines; 4° muriatiques
salines; 5° sulfureuses simples; 6° sulfureuses gazeuses; 7° ferrugineuses simples; 8° ferrugineuses acidules; 9° sulfuriques
ferrugineuses.

M. Duchanoy en fait dix ordres, qu'il nomme eaux gazeuses, alcalines, terreuses, ferrugineuses, chaudes, simples
thermales, savonneuses, sulfureuses, bitumineuses et salines.

Quelque nombreuses que soient ces divisions, elles ne
peuvent comprendre exactement les variétés des eaux minérales. Il nous semble qu'il vaut mieux les classer d'après leur
principe prédominant, et les diviser, à l'exemple de Bergman, en quatre classes; savoir, en eaux minérales hydro-
sulfureuses, acidules, ferrugineuses acidules, et salines.
Quoique cette division, admise par les chimistes modernes,
soit la plus simple, nous sommes loin de la regarder comme
exacte et à l'abri de tout reproche. En effet, il est plusieurs
eaux minérales qui, par leurs propriétés physiques, appartiennent, par exemple, aux eaux hydro-sulfureuses, et qui,
d'après les principes fournis par l'analyse chimique, sont
exclues de cette classe; de plus, il est des eaux minérales
qui sont à la fois salines et sulfureuses, ferrugineuses et acidules. Malgré ces défauts, nous avons adopté la classification
des chimistes modernes, parce qu'elle nous a paru la plus
avantageuse pour la connaissance des vertus des eaux minérales. Nous n'avons pas fait une classe à part des *eaux iodurées,*
l'iode n'ayant pas été encore découvert dans aucune source
minérale de la France.

Nous avions essayé de classer les eaux minérales d'après

leurs effets thérapeutiques : ainsi, nous les avions divisées en *eaux toniques* (la plupart des eaux sulfureuses, des eaux ferrugineuses, les bains de mer, les eaux salines de Balaruc, de Bourbonne, etc.); en *eaux rafraîchissantes* (les eaux acidules froides); et en *adoucissantes*, *calmantes* (les eaux de Néris, d'Ussat, de Saint-Sauveur, de Bains, d'Ems, etc.); mais considérant que la plupart des eaux thermales peuvent, suivant leur degré de température et leur mode d'administration, être toniques ou relâchantes, stimulantes ou tempérantes, nous avons rejeté cette classification.

*De l'action thérapeutique des eaux minérales. — Degré d'utilité des analyses chimiques.*

Les témoignages de l'antiquité sur l'efficacité des eaux minérales, l'expérience des siècles qui confirme cette efficacité, la faveur unanime dont elles jouissent aujourd'hui chez tous les peuples civilisés, malgré la différence des théories médicales, démontrent suffisamment qu'elles sont, de tous les secours de la médecine, celui dont la réputation est le plus justement établie. Et pourrait-on douter de leur salutaire influence, surtout dans les maladies chroniques, lorsqu'on pense qu'elles offrent un moyen à la fois médicamenteux et hygiénique? C'est à cette heureuse association que l'on doit les succès étonnants qui ont été obtenus quelquefois aux sources minérales. La nature nous donne libéralement ce remède, pour nous inviter à y avoir plus souvent recours dans nos maladies. Elle a épargné, autant que possible, notre délicatesse, notre goût; elle a tempéré la vertu des eaux, leur énergie, et les a proportionnées aux tempéraments divers. Nous tirons des plantes, des minéraux, beaucoup de médicaments; mais ils ont presque tous besoin de certaines préparations pharmaceutiques; les eaux sont un remède qui est toujours à notre disposition. Si, malgré des avantages aussi précieux, les eaux minérales ne sont pas autant estimées qu'elles devraient l'être, si même elles ont été discréditées par quelques médecins, c'est que la plupart des auteurs qui ont écrit sur ce point de la thérapeutique se sont laissé entraîner par un enthousiasme intéressé qui leur a fait voir dans leurs eaux un remède à toutes les infirmités humaines. Combien l'histoire de l'hydrologie minérale ne serait-elle pas avancée, si tous les auteurs, au lieu de ne proclamer que des faits brillants et des guérisons éclatantes, avaient signalé avec le même soin les affections que les eaux peuvent aggraver et celles qu'elles soulagent ou guérissent! Cette probité scientifique, aussi profitable à la science qu'aux établissements d'eaux minérales, dissiperait les préventions des médecins qui, ayant des données certaines sur les effets avantageux, douteux ou nuisibles de chaque source minérale, prescriraient cette médication avec plus de confiance et de discernement.

Les eaux ne sont pas une panacée; la nature a départi à plusieurs sources des propriétés spéciales assez distinctes, qui ne se sont pas démenties depuis des siècles. Ainsi on va à Bourbonne-les-Bains, à Bourbon-l'Archambault, à Balaruc, pour les paralysies; au Mont-d'Or, à Bonnes et à Cauterets, pour les affections chroniques de la poitrine; à Vichy, pour les engorgements du foie, des autres viscères abdominaux, et pour la dissolution des calculs; à Saint-Nectaire et à Contrexeville, pour la gravelle; à Saint-Sauveur, Néris, Ussat, Bains, Bagnères-de-Bigorre, pour les maladies nerveuses; à Baréges, Bagnères-de-Luchon, Molitg, pour les affections cutanées anciennes; et à Baréges, Bourbonne, Bains près d'Arles, Ax, pour les plaies d'armes à feu. Mais on a singulièrement abusé de ces spécialités thérapeutiques, comme nous le prouverons plus loin; c'est ainsi que des praticiens prescrivent à tort les eaux de Vichy dans *tous* les engorgements du foie, les eaux de Baréges dans *toutes* les maladies de la peau, sans faire attention à la période de la maladie, au tempérament du sujet et à la composition des eaux.

Il est des chimistes et même des médecins qui, voulant apprécier avec une exactitude minutieuse les effets des eaux minérales, ont étudié la manière d'agir de chacun de leurs principes constituants et en ont déduit l'action générale du composé. Mais ce n'est pas ainsi que ces principes agissent sur l'économie animale, lorsqu'on fait usage des eaux en boisson : ils sont alors mêlés, combinés et tels que la nature les a réunis ; de leur réaction réciproque doivent nécessairement résulter des propriétés médicales différentes de celles que chacun d'eux possède dans son état distinct et isolé.

La chimie a rendu tant de services à la médecine et aux arts, qu'on a cru pendant longtemps qu'elle jetterait un grand jour sur l'action thérapeutique des eaux minérales. Nous pensons que cet espoir est déçu jusqu'à présent. Quoique nous possédions aujourd'hui des analyses très-exactes de MM. Longchamp et Anglada sur les eaux des Pyrénées, connaissons-nous mieux que Bordeu leurs propriétés médicales ? Nullement, et les ouvrages de cet illustre médecin sont encore le meilleur guide pour diriger leur administration. Ce qui aux yeux des médecins diminue l'importance des analyses chimiques, c'est la disproportion frappante qui existe entre les effets produits par les eaux minérales prises sur les lieux, et la médication que déterminerait l'usage isolé des principes découverts par les chimistes. Par exemple : tous les médecins conviennent de la propriété éminemment ferrugineuse des eaux de Forges (Seine-Inférieure). Eh bien ! d'après l'analyse faite avec soin par Robert, un litre de cette eau ne contient que 5/6 de grain de carbonate de fer ; d'après une si faible quantité de fer, n'est-on pas en droit de contester à ces eaux leur qualité martiale ? La chimie a fait d'immenses progrès, et ceux qu'elle fait chaque jour nous prouvent qu'elle n'est pas arrivée à sa perfection ; nos analyses nous paraissent complètes, et tous les jours on découvre de nouveaux procédés pour saisir, apprécier des substances qui n'avaient pas été aperçues, il y a quelques années, par les plus habiles chimistes : tels sont le brôme, l'iode et l'azote. M. Berzélius n'a-t-il pas découvert récemment dans les eaux de Carlsbad plusieurs principes qui avaient échappé aux recherches d'autres chimistes distingués ? M. Chevallier dit avoir trouvé en 1836, dans les eaux de Vichy, de l'acide hydrosulfurique, qui n'a été signalé ni par M. Berthier, ni par M. Longchamp. S'il est vrai, comme l'assure Guyton-Morveau, qu'un millième de substance, ajouté ou soustrait dans une composition, y produit des changements de propriétés notables, on doit ajouter moins de confiance à l'analyse des eaux transportées loin de leurs sources, analyses qui sont faites quelquefois par des pharmaciens et des médecins peu accoutumés à ces sortes d'opérations ; car, malgré le perfectionnement des procédés analytiques, l'analyse des eaux minérales exige beaucoup d'habitude et d'habileté. Il est évident pour nous que l'action thérapeutique des eaux minérales naturelles n'est pas en rapport avec ce qu'on sait de leurs principes constituants ; que ce n'est pas quelques grains de plus ou de moins de sels minéralisateurs qui déterminent l'effet salutaire des eaux ; que cet effet dépend plutôt de la manière dont ces sels sont combinés, de la chaleur naturelle des eaux, et du principe, en quelque sorte vital, qui semble les animer, et qui jusqu'alors a été insaisissable. C'est donc avec beaucoup de justesse que Chaptal disait que les *chimistes ne peuvent qu'analyser le cadavre des eaux.* La chimie nous apprend à caractériser, à classer les eaux, nous montre les analogies qu'elles ont entre elles, nous fait pressentir quelques-unes de leurs propriétés, en nous indiquant les principes minéralisateurs prédominants ; mais c'est à l'observation clinique, à l'autorité des faits multipliés, à déterminer leur action thérapeutique.

En général, dans les maladies aiguës, et surtout dans les phlegmasies un peu vives, les eaux minérales ne conviennent point : la marche rapide de ces affections réclame des moyens actifs et prompts. Il n'en est pas de même des maladies chro-

niques, dont le traitement réussit d'autant mieux que la médication est plus douce, plus graduée. Les eaux minérales employées à leur source sont, sans contredit, de tous les secours
de la médecine le meilleur pour opérer cette médication.
Elles agissent tantôt en modifiant nos humeurs, comme les
eaux de Vichy ; tantôt en imprimant aux maladies chroniques
un état légèrement aigu qui réveille des organes engourdis,
augmente les sécrétions et favorise des crises salutaires. Cette
excitation, lorsqu'elle est lente et modérée, soulage, guérit
des maladies opiniâtres ; mais, trop forte, elle les exaspère,
ranime les inflammations latentes et hâte les progrès des dégénérescences organiques. C'est donc à maintenir cette excitation dans des limites convenables, à la graduer, à la doser, pour
ainsi dire, suivant la nature, le degré de la lésion morbide,
le tempérament du malade, que consiste le talent du médecin inspecteur (1). Toutefois, les malades qui vont aux eaux doi-

---

(1) Dans ses recherches importantes sur l'*action thérapeutique des eaux
minérales*, M. Léon Marchant démontre que toutes les eaux sont *excitantes*, qu'elles soient chaudes ou froides, qu'elles soient sulfureuses ou acidules, ferrugineuses ou salines ; « que l'excitation minérale réside principalement dans l'assemblage des matières terreuses, salines et gazeuses
qu'elles renferment ; que cette excitation dépend aussi de leur température, lorsqu'elle dépasse celle de la chaleur humaine ; qu'elle se manifeste
par l'abattement des forces, la douleur et la fièvre ; qu'elle se manifeste
dans toutes les maladies par ces caractères symptomatiques, ainsi que par
le rétablissement d'anciens couloirs, soit sanguins, soit humoraux, par
l'activité des foyers en suppuration, par le développement des tumeurs,
par l'apparition d'exanthèmes, par le passage d'un état chronique à un état
aigu ; que l'excitation se transforme facilement en irritation, laquelle dégénère souvent en inflammation avec tous les désordres qui l'accompagnent ; qu'alors des maladies chroniques deviennent aiguës ou font éclater des accidents formidables, de vastes inflammations et la désorganisa-
tion des tissus, qui, selon les localités organiques, est lente ou spon-
tan

vent être avertis que leur maladie ne guérit le plus souvent qu'en passant de l'état chronique à l'état aigu, et que ce changement est signalé par une augmentation, un retour des douleurs ou des éruptions dont ils viennent chercher la guérison; il est fort important qu'ils soient instruits de cette action des eaux, afin qu'ils ne se laissent pas décourager, et qu'ils ne perdent pas le bénéfice d'une cure commencée en apparence sous de fâcheux auspices. Les eaux minérales portent leur action principale sur deux vastes surfaces : 1° en boisson, sur la membrane muqueuse gastro-intestinale et sur les ramifications nerveuses du grand sympathique; 2° en bains, douches, étuves, sur tout l'appareil tégumentaire; elles excitent ces deux membranes, qui à leur tour réagissent sur les autres organes liés avec elles par de nombreuses sympathies, activent leurs fonctions et modifient leur vitalité. Ainsi, quand les eaux sont prises en boisson, l'estomac en reçoit la première impression, à laquelle le tube intestinal participe; de là l'activité qu'elles impriment à ces parties. Si l'impression est plus forte, le vomissement ou la diarrhée se déclare, quand cette impression ne réagit pas sur un autre organe; mais si la peau ou les reins sont influencés secondairement, la transpiration s'établit ou les urines coulent avec abondance; c'est ce qui fait dire que les eaux sont tantôt *purgatives*, tantôt *sudorifiques*, tantôt *diurétiques*. Employées en bains, les eaux agissent de la même manière sur la peau que sur l'estomac; il est évident qu'il s'établit une légère phlogose sur l'organe cutané, dont les fonctions s'exercent avec une activité si remarquable, que la transpiration devient beaucoup plus abondante que dans l'état ordinaire. Considérées d'une manière générale, les eaux minérales raniment la circulation languissante, impriment une nouvelle direction à l'énergie vitale, rétablissent l'action perspiratoire de la peau, rappellent à leur type physiologique les sécrétions viciées ou supprim... provoquent des exanthèmes, des furoncles et des évac...

salutaires par les urines, les selles ou la transpiration; elles produisent dans l'économie une transmutation intime, un changement profond; elles retrempent en quelque sorte le corps malade.

Que de malades abandonnés de tous les médecins ont trouvé la santé à des sources minérales! Que d'individus épuisés par de violentes maladies ont recouvré, par un voyage aux eaux, le ton, la mobilité, l'énergie qu'on aurait peut-être tenté de leur rendre d'une autre manière avec des succès moins assurés! C'est principalement dans ces états de langueur, d'épuisement, de douleurs lentes ou aiguës qui effleurent tous les organes sans constituer une maladie distincte; c'est dans ces cas morbides obscurs, fruits d'une civilisation raffinée et s'aggravant par les remèdes, que les eaux minérales sont avantageuses en provoquant dans l'organisme une réaction favorable. Mais il faut l'avouer, combien cette action médicamenteuse des eaux n'est-elle pas secondée par le voyage, l'éloignement des lieux témoins des maux qu'on a soufferts, l'abandon momentané de toutes les affaires et de tout ce qui peut mettre en jeu une sensibilité trop active, l'espoir d'une guérison prochaine, un air pur, un régime sain, la régularité dans l'emploi méthodique du temps, des eaux, dans les heures du repas, du lever, du coucher, souvent même dans les plaisirs, les divertissements! La vie active que les malades mènent aux eaux intervertit bientôt l'ordre de leurs idées, et les arrache aux affections tristes qui les minent sourdement. « Ils se trouvent tout à coup, dit le docteur Bertrand, lancés dans un monde nouveau, au milieu d'une foule mouvante, inoccupée, exempte de soins, affranchie d'affaires, libre de devoirs, où chacun ne songe qu'à son rétablissement, et travaille, sans s'en douter, au rétablissement des autres. On se voit, on s'encourage mutuellement en s'entretenant de ses maux; il est si doux d'en parler à qui nous écoute! et quel autre nous écouterait avec l'intérêt de celui qui souffre lui-même ? Que les heures qui s'écoulent dans de pareils entretiens se passent doucement! que de douleurs ils calment! que de tristes pensées ils détournent! que de moments d'inquiétude et de découragement ils préviennent!»

Personne ne conteste aux eaux minérales leur efficacité comme moyen hygiénique ; il n'en est pas de même comme moyen médicamenteux. Quelques médecins nient l'action médicamenteuse des eaux, et proclament, avec une sorte d'affectation, que les bons effets qu'elles produisent sont dus uniquement au voyage, à la distraction, au changement d'air, d'habitudes. Sans doute ces causes sont bien puissantes pour la guérison des maladies nerveuses; mais les voyages, les distractions, les charmes d'un beau site sont-ils suffisants pour guérir des rhumatismes chroniques, des paralysies, des engorgements de viscères, des exanthèmes cutanés, des ankyloses fausses, des plaies fistuleuses, suites de coups de feu ? Les eaux minérales contiennent du soufre, de l'acide carbonique, du fer et des sels neutres, dont on fait un fréquent usage en médecine; pourquoi, puisés dans le laboratoire de la nature, n'auraient-ils pas la même vertu que pris dans celui du pharmacien ? La plupart des eaux minérales sont si peu innocentes, qu'on n'en boit pas impunément quand elles sont contre-indiquées, et tous les ans on voit dans les établissements d'eaux minérales des malades victimes de leur imprudence. Loin d'être inertes, les eaux sont parfois si actives, qu'on est obligé, pour modérer leur énergie, de les mêler avec du lait ou tout autre liquide adoucissant. Si l'efficacité des eaux était due au déplacement, à la distraction, elles devraient être sans action lorsqu'on les boit exportées, et cependant, quoique le transport leur enlève une partie de leurs vertus, les praticiens les emploient tous les jours avec succès. Enfin, veut-on une preuve incontestable de l'action puissante que les eaux exercent par elles-mêmes, qu'on examine leurs effets sur les animaux : chaque année, il arrive à Cauterets, Bonnes, Luchon, des chevaux attaqués d'un commencement de *pousse;* toutes les fois que cette maladie n'est pas le produit d'une lésion organique; ces chevaux, après avoir bu trois semaines ou un mois l'eau sulfureuse, sont reconduits parfaitement guéris.

Il en est des eaux minérales comme de tout autre médicament; leur efficacité dépend de plusieurs circonstances accessoires. Elle peut être singulièrement modifiée par les influences atmosphériques. Ainsi, tous les médecins inspecteurs ont remarqué que la température de l'air a une grande influence sur le succès du traitement; que l'action thérapeutique des eaux diminue par les temps froids et humides, et qu'elle s'accroît dans les temps chauds et secs. Ne sait-on pas aussi que la température élevée de l'atmosphère, en rétablissant la transpiration, contribue à la guérison des catarrhes pulmonaires chroniques, des fleurs blanches, des engorgements lymphatiques et des rhumatismes, tandis qu'elle exerce une influence fâcheuse sur les irritations gastro-intestinales, qui sont exaspérées par la chaleur des eaux thermales jointe à celle de l'air ambiant? Il en est de même à l'approche des orages; lorsque l'air est chargé de fluide électrique, les malades éprouvent un malaise insupportable, leurs douleurs augmentent ou se renouvellent; alors les eaux, devenues elles-mêmes plus excitantes, doivent être interrompues et remplacées par des boissons rafraîchissantes et des bains d'eau commune. On voit donc que, pour bien apprécier l'action des eaux, il faut tenir compte de leur composition, du régime, de l'exercice, du climat et des influences atmosphériques.

Les effets *consécutifs* ou *tardifs* des eaux ne sont pas moins dignes d'attention : si l'action salutaire du liquide minéral se fait ordinairement sentir pendant qu'on en fait usage, il arrive fréquemment qu'elle ne se manifeste que quelque temps après;

de pareils résultats se voient tous les ans. Il est essentiel
que les malades en soient avertis; quelques-uns même se
plaignent d'une exaspération de symptômes qui les désole et
les porte à croire que les eaux leur sont nuisibles. Cette
exacerbation, le plus souvent passagère, peut se prolonger
jusqu'après le départ des malades, qui, rentrés dans leurs
foyers, éprouvent un amendement d'autant plus marqué, que
la crise a été plus forte. On explique facilement cet effet consécutif par l'excitation minérale qui, pénétrant tous les
tissus, retentit plus ou moins longtemps dans les organes
souffrants. Cette excitation a besoin de se calmer pour que
le bienfait des eaux se manifeste. Pour cela, il est essentiel
que les malades, en quittant les eaux, continuent pendant
un mois ou deux le régime prescrit pendant qu'ils en faisaient
usage, et qu'ils s'abstiennent de tout remède actif. Aussi, pour
savoir ce que peuvent les eaux, il vaut souvent mieux interroger les malades qui les ont prises que ceux qui les prennent.
La connaissance des effets consécutifs des eaux est indispensable pour compléter les observations recueillies par les médecins inspecteurs; mais il est difficile de les obtenir, à cause
de la négligence que mettent la plupart des malades à les
communiquer.

*Réflexions sur les maladies qu'on observe le plus fréquemment dans les établissements d'eaux minérales.*

Nous venons de voir que les eaux minérales agissent par
leurs principes constituants et comme moyen d'hygiène,
et que leur puissance thérapeutique est incontestable dans
les maladies chroniques. Les établissements d'eaux minérales
sont, sans contredit, une bonne école clinique pour étudier
ce genre d'affections; c'est là que l'on peut bien apprécier
les causes de ces maladies, leurs symptômes et leurs variétés
infinies; c'est là que l'on reconnaît avec Bordeu que leur

guérison a lieu en passant de l'état chronique à l'état aigu, et que leur solution, comme celle des maladies aiguës, s'opère ordinairement par des efforts critiques qui se manifestent par les selles, les urines, les sueurs et l'apparition de furoncles ou d'abcès sous-cutanés. C'est là que l'on peut se convaincre que beaucoup de maladies chroniques sont entretenues par la métastase d'un exanthème ou d'un principe rhumatismal, goutteux, sur les organes internes (1). C'est là que l'on voit cette foule de malades qui, après avoir épuisé toutes les ressources de la pharmacie, viennent demander aux sources minérales le soulagement ou la guérison de leurs souffrances. Si le plus grand nombre des maladies chroniques peuplent indistinctement presque tous les établissements d'eaux minérales, c'est une preuve que nous ne connaissons pas bien les effets de chaque source, car la différence de composition des eaux doit nécessairement les rendre aptes à la guérison de maladies ou de périodes de maladies différentes. De nombreuses observations cliniques, rédigées sans opinion préconçue, peuvent seules jeter quelque lumière sur ce point important de la thérapeutique. En attendant, pour se guider dans la prescription d'une eau minérale, le médecin ne doit jamais oublier que l'activité de la source doit être proportionnée à l'état des organes souffrants, à la cause de la maladie, et surtout au tempérament du malade. C'est à la négligence de ce précepte que doivent être attribuées les erreurs commises par la plupart des praticiens en conseillant l'usage d'une eau minérale. En indiquant les maladies qui sont le plus fréquemment observées dans les établissements ther-

_____

(1) Les médecins allemands qui ont écrit sur les eaux minérales ont, sans contredit, exagéré l'influence de ces causes comme productrices des maladies chroniques; mais il faut avouer aussi que les médecins français n'accordent pas assez d'importance à cette cause de maladies.

maux, tâchons de préciser quelques cas dans lesquels telle eau minérale doit être préférée à telle autre.

*Maladies des voies digestives.* Si l'on considère que les maladies chroniques, comme les aiguës, ont, selon Bordeu et M. Broussais, leur source principale dans les viscères du bas-ventre, on n'est plus étonné de voir affluer aux eaux minérales un grand nombre de malades atteints de lésions des voies digestives, connues sous les noms de gastrite, entérite chronique, gastralgie, dyspepsie, boulimie, pyrosis, coliques, diarrhée ou constipation, maladies qui sont déterminées par différentes causes. Si ces affections sont dues à une dégénérescence squirreuse ou cancéreuse, tout traitement minéral est nuisible ; si elles succèdent à une phlegmasie, ou sont le résultat d'un état nerveux, le changement d'air, une nourriture légère, et surtout l'usage des eaux acidules (Pougues, Châteldon, Bussang, Contrexeville, Seltz, etc.), ont l'avantage de modifier la vitalité de la membrane muqueuse de l'estomac, sans l'irriter ; si on emploie des eaux minérales plus stimulantes, il faut commencer par les administrer à petite dose, les mêler avec du lait ou une infusion adoucissante, et diminuer ensuite graduellement la quantité du mélange. Quand la difficulté de la digestion peut être attribuée à un état bilieux ou muqueux des voies gastro-intestinales, caractérisé par la bouche pâteuse, amère, la langue sale, couverte d'un enduit muqueux, jaunâtre, on doit avoir recours aux eaux salines (Niederbronn, Bagnères-de-Bigorre, Balaruc, Carlsbad, Pullna, etc.). Dans tous les cas, il faut insister sur les bains minéraux, qui, en produisant une excitation à la peau, opèrent une révulsion et appellent le sang du centre à la circonférence. Cette dérivation est d'autant plus utile que beaucoup de ces maladies sont dues à la suppression de la transpiration, ou à la rétrocession d'un principe rhumatismal, goutteux, dartreux, psorique, sur les organes digestifs. Cette dernière complication nécessite les bains un peu chauds et les étuves. En général, les individus lymphatiques ou sanguins qui sont atteints d'irritations gastriques se trouvent bien des bains de mer.

*Engorgements des viscères abdominaux.* Lorsque les lésions gastriques, dont nous venons de parler, sont négligées ou aggravées par un mauvais traitement, il survient ce qu'on appelle vulgairement des *obstructions,* des engorgements des viscères du bas-ventre, maladies qui se développent souvent aussi sous l'influence de miasmes marécageux et de fièvres intermittentes opiniâtres. Les eaux minérales peuvent résoudre ces engorgements, lorsqu'ils sont récents, passifs, et qu'ils sont occasionnés par une congestion sanguine veineuse ou une simple hypertrophie du foie ou de la rate, sans autre altération de tissu ; car elles sont impuissantes si le viscère est affecté d'une dégénérescence tuberculeuse, cancéreuse ou fibreuse. Mais est-il des signes caractéristiques à l'aide desquels on puisse distinguer les tumeurs intérieures susceptibles de résolution, d'avec celles dont la nature ne permet pas d'attendre une terminaison aussi heureuse ? Les auteurs se taisent sur ce point, et les praticiens les plus éclairés se trompent dans le diagnostic et le pronostic de ces tumeurs. On voit en effet souvent un engorgement considérable et dur au tact disparaître par l'usage des eaux, tandis que d'autres fois un engorgement peu volumineux, susceptible en apparence de résolution, passe à l'état squirreux, et dégénère en fonte cancéreuse par la boisson des eaux minérales. Les eaux de Vichy sont à juste titre les plus renommées pour la guérison des engorgements abdominaux, mais on en abuse ; elles ne réussissent qu'autant que les malades sont d'une constitution peu irritable, et qu'il n'existe plus aucune trace d'inflammation. Chez les individus nerveux, chez ceux dont l'irritation des viscères n'est pas complétement détruite, les eaux acidules froides ( Pougues, Châteldon, Contrexeville, etc. ) sont préférables ; s'il y a un état muqueux ou bilieux, les eaux laxatives de Niederbronn, Bagnères-de-Bigorre, Balaruc, les eaux purgatives de Pullna, Sedlitz, en modifiant les sécrétions du foie, du pancréas, des reins, et en expulsant les matières bilieuses et muqueuses du tube alimentaire, déterminent un effet résolutif très-marqué, en vertu duquel les engorgements chroniques de l'abdomen diminuent ou disparaissent. Si ces engorgements sont déterminés par la rétrocession d'un principe rhumatismal ou d'une maladie cutanée, les bains de vapeurs sont alors fort utiles. Lorsque l'engorgement viscéral est de nature scrofuleuse, il faut avoir recours aux eaux ferrugineuses ou sulfureuses.

*Maladies des voies urinaires.* On a vanté beaucoup d'eaux minérales dans les maladies des voies urinaires, telles que le catarrhe vésical, les coliques néphrétiques, la gravelle et même les calculs. Toutes les eaux un peu excitantes sont utiles dans le catarrhe de la vessie, lorsqu'il n'est pas dû à une phlegmasie, à la présence d'un calcul, ou à une lésion organique de cet organe. Mais dans les affections lithiques, les eaux minérales agissent-elles comme un véritable dissolvant, ou bien comme moyen propre à augmenter la sécrétion de l'urine, qui, plus abondante, peut entraîner avec elle des graviers et de petits calculs? Les substances minérales paraissent si parfaitement dissoutes, si intimement unies au principe aqueux, qu'on ne peut se refuser à croire que les eaux sont portées dans tout le système vasculaire; qu'elles charrient, en se mêlant avec le sang, les sels dont elles sont imprégnées, et qu'elles ont une action spéciale sur les reins, la vessie et les pierres qu'ils contiennent. L'eau naturelle de Vichy, dont quelques verres suffisent pour donner aux urines un caractère alcalin, est une preuve convaincante de la pénétration de nos organes par les principes minéralisateurs des eaux. Mais pour que les eaux minérales puissent dissoudre les graviers et les pierres, il faut qu'elles renferment une assez grande quantité de bicarbonate de soude, substance qui a été reconnue par Mascagni, Marcet, Magendie, etc., comme un excellent dissolvant des calculs. « Quoique plusieurs sources minérales, dit M. Magendie (1), contiennent des carbonates terreux ou alcalins, et qu'elles puissent être utilement employées pour combattre la gravelle, il est difficile qu'elles puissent saturer entièrement l'acide urique, à raison de la petite quantité de carbonate qu'elles contiennent. Aussi leur action la plus évidente est-elle d'exciter la sécrétion de l'urine. » Cette réflexion ne s'applique pas aux eaux de Vichy, qui renferment une forte proportion de bicarbonate de soude. Les eaux de Contrexeville, de Bussang, etc., tant vantées dans les affections lithiques, ne dissolvent pas, mais expulsent les graviers en augmentant la faculté contractile de la vessie; elles deviennent même nuisibles, accroissent les douleurs des malades, provoquent quelquefois des hématuries, lorsque le calcul est trop considérable pour traverser le col vésical, parce qu'en enlevant les couches superficielles de la pierre, elles mettent à nu des aspérités qui doublent les souffrances des calculeux; sous l'influence des eaux de Vichy, au contraire, d'après M. Charles Petit, les malades ressentent un soulagement si prompt au bout de quelques jours, qu'ils croient que leur pierre est déjà dissoute. Cette suspension des douleurs paraît due à ce qu'il se forme à la surface du calcul, aussitôt qu'on emploie cette eau minérale, une sorte d'urate alcalin, sel soyeux dont le contact est onctueux et glissant. Les eaux de Vichy *fondent* les graviers, au lieu de les expulser au dehors, et les graveleux qui ont été à Contrexeville sont tout étonnés, lorsqu'ils vont à Vichy, de ne pas rendre de gravelle. Il serait fort intéressant d'analyser les urines de ces malades, pour voir si elles contiennent les éléments des graviers; c'est un sujet d'étude qui mérite de fixer

---

(1) Recherches physiologiques et médicales sur les causes, les signes et le traitement de la gravelle.

l'attention des médecins de Vichy. Les eaux acidules et beaucoup d'autres eaux minérales, par l'action spéciale qu'elles
exercent sur la sécrétion urinaire, peuvent empêcher le développement du gravier dans les reins et en favoriser l'expulsion ; mais pour cela il faut que le malade change son
régime et ses habitudes, qu'il se donne plus de mouvement,
et surtout qu'il se nourrisse de substances moins succulentes,
moins azotées. On sait en effet que plus un individu prend
d'aliments azotés, plus il se forme chez lui d'acide urique,
qui, étant en excès dans la masse sanguine, va se déposer sous
forme de petites concrétions ou de gravier dans les reins.

*Maladies des organes génitaux.* Il est peu d'eaux minérales
qui n'aient été préconisées contre la stérilité. Des auteurs
dignes de foi citent des exemples qui prouvent que plusieurs
femmes, privées jusqu'alors des douceurs de la maternité, ont
vu, par l'usage des eaux, réaliser leurs vœux en devenant fécondes. Les eaux minérales n'agissent pas alors par une propriété spécifique, mais en détruisant la cause de la stérilité.
Ainsi, lorsque celle-ci peut être attribuée à une constitution
faible, à des fleurs blanches trop abondantes, à un défaut
d'excitabilité de la matrice, les eaux sulfureuses, ferrugineuses, les bains de mer, en fortifiant la santé, peuvent
rendre les femmes aptes à devenir fécondes ; si, au contraire,
la stérilité est due à un état nerveux, à un excès de sensibilité
générale ou locale, les eaux de Néris, d'Ussat, de Saint-Sauveur,
Bains, Bourbon-Lancy, Luxeuil, etc., sont alors préférables.
Nous ne parlerons pas de la stérilité produite par l'oblitération
des trompes de Fallope, ou par toute autre lésion organique,
parce que dans ces cas tous les secours de l'art sont inutiles.

On peut prévenir par l'usage des eaux que nous venons
d'indiquer les avortements habituels auxquels sont sujettes
quelques femmes d'une complexion délicate, nerveuse, dont
l'utérus est le siége d'une contractilité anormale. Mais très-
souvent c'est à une pléthore générale ou à un état de turges-

cence de la matrice que les avortements sont dus; ici les émissions sanguines, le repos de tout le corps et de l'appareil génital, les boissons rafraîchissantes, sont les moyens auxquels il faut recourir.

Le relâchement des ligaments de la matrice, les fleurs blanches qui dépendent d'une vie sédentaire et qui occasionnent des tiraillements à l'estomac, des gastralgies, etc., sont combattus efficacement par toutes les eaux minérales excitantes et les bains de mer. Il est inutile de remarquer que si la leucorrhée est entretenue par un ulcère, une affection cancéreuse ou un polype de la matrice, tout traitement minéral est déplacé.

Toutes les eaux minérales, principalement les eaux sulfureuses, ferrugineuses, les bains de mer, à raison de leurs propriétés actives, provoquent facilement les règles et les font ordinairement avancer de plusieurs jours. Aussi sont-elles fort salutaires dans la chlorose, dans l'aménorrhée accompagnée de langueur, de pâleur, de bouffissure des chairs, de spasmes, etc., dans les hémorragies utérines dues à une faiblesse de la matrice, ce qui est commun dans les villes; mais si la suppression des règles ou leur écoulement trop abondant était dû à une pléthore locale ou à un excès de sensibilité de l'organe utérin, il faudrait avoir recours aux eaux douces de Néris, Luxeuil, Bains, Ems, etc.

Aujourd'hui que les inflammations chroniques de la matrice sont, non pas plus fréquentes qu'autrefois, mais mieux étudiées, beaucoup d'eaux minérales sont recommandées contre ces affections; mais le traitement minéral ne réussit qu'autant que l'irritation n'est plus à l'état aigu, qu'il n'y a point d'ulcération, de dégénérescence à l'utérus. Afin de ne pas exciter trop fortement ce viscère, il faut se servir pour les douches vaginales d'ajutages disposés en arrosoir très-fin; le clysopompe, dont l'impulsion est plus douce, est souvent préférable aux douches ascendantes.

3

Les infirmités nombreuses occasionnées par la masturbation et l'abus des plaisirs vénériens, les pertes séminales involontaires, les gonorrhées chroniques, etc., sont dissipées ou diminuées par les eaux actives du Mont-d'Or, de Baréges, de Bagnères-de-Luchon, de Bourbonne, et par les bains de mer.

*Maladies chroniques de la poitrine.* Les eaux minérales sont loin d'être aussi avantageuses dans les maladies de la poitrine que dans celles de l'abdomen. Néanmoins, on emploie avec quelques succès dans les catarrhes pulmonaires, l'asthme essentiel, la phthisie commençante, les eaux du Mont-d'Or, d'Ems, les eaux sulfureuses de Bonnes, de Cauterets, lorsque les malades n'ont pas de fièvre hectique, qu'ils sont d'une constitution lymphatique, et surtout lorsque la maladie dépend de la rétrocession d'un principe morbide. Quand il y a complication de scrofule, les eaux sulfureuses sont préférables à celles du Mont-d'Or. Si le malade est d'un tempérament nerveux, il se trouvera mieux des eaux d'Ems.

*Maladies de la peau.* Malgré les travaux récents des pathologistes, tout le monde sait que les maladies chroniques de la peau sont très-difficiles à guérir : aussi les malades qui sont atteints de ce genre d'affections abondent-ils aux sources minérales. Les eaux sulfureuses sont certainement fort utiles dans ces maladies ; mais on en a abusé. Elles ne conviennent que lorsque les exanthèmes sont anciens, sans inflammation, et qu'ils attaquent des individus lymphatiques. Mais quand ils affectent des personnes irritables, et qu'ils sont accompagnés d'une inflammation plus ou moins vive à la peau, les bains d'eaux légèrement salines d'Avênes, Néris, Plombières, Bagnoles (Orne), Luxeuil, Louësche, Saint-Gervais, etc., sont bien plus salutaires, et ils le sont d'autant plus qu'on prolonge plus longtemps leur durée, que la peau est en quelque sorte macérée dans l'eau thermale. Il ne faut pas oublier dans le traitement des maladies cutanées qu'il est quelquefois dangereux de les guérir ; qu'une fois dissipées, elles sont sujettes à des récidives, et que le régime doit être réglé d'après le genre de vie qu'aura mené le malade. En effet, les dartres ne naissent pas toujours sous l'influence d'une nourriture trop stimulante et d'excès de tout genre ; elles se développent aussi sous l'empire de circonstances malheureuses, de chagrins domestiques et de privations ; le régime devra donc être modifié selon les causes déterminantes de la maladie.

*Scrofules, rachitis.* Les eaux minérales, spécialement les eaux sulfureuses, ferrugineuses, celles qui sont fortement salines, les bains de mer, sont depuis longtemps regardés comme un des principaux moyens pour combattre les scrofules, soit que cette maladie soit déjà développée, ou qu'il n'y ait encore qu'une prédisposition. On sait en effet que, dans le traitement de cette maladie, le but de toutes les médications doit être de faire prédominer le système sanguin sur le système lymphatique ; les eaux minérales, en raison de leur propriété tonique, excitante, remplissent parfaitement cette indication. Les bains sont ici la partie essentielle du traitement : souvent même chez les enfants, on ne peut mettre en usage que ce seul moyen ; le mouvement à l'air libre, au soleil, dans les champs, dans les montagnes, une nourriture succulente, de facile digestion, secondent alors puissamment l'action des eaux. Ces remarques s'appliquent aux ulcères, aux ophthalmies chroniques et aux tumeurs articulaires qui sont de nature scrofuleuse ; cependant il ne faut pas oublier qu'il est dans ces maladies une période inflammatoire qui doit faire préférer des eaux peu actives à celles qui sont trop énergiques ; qu'il en est des maladies du système lymphatique comme de celles de la peau, qu'elles sont opiniâtres, difficiles à guérir, reparaissent quelquefois d'une saison à l'autre et nécessitent souvent plusieurs voyages aux eaux.

Si le vice strumeux affecte de préférence le système lymphatique, le *rachitis* porte son action sur le système osseux, en altère la structure, le ramollit et détermine un grand nombre de déformations, soit de la colonne vertébrale, soit des membres.

Lorsque le mal n'est encore qu'à son début, les bains minéraux, convenablement dirigés, sont sans contredit une des
meilleures médications qu'on puisse lui opposer ; ils exercent
un effet tonique sur tout le corps, fortifient les membres et
donnent à la charpente osseuse un développement et une dureté
suffisants pour qu'elle puisse conserver ses formes naturelles,
ou résister à toute difformité ultérieure ; les bains de mer, les
sources sulfureuses, ferrugineuses, sont alors très-convenables.
Il faut s'abstenir dans ce cas des eaux douces d'Ussat, de
Néris, de Bains, etc., et surtout des eaux de Bourbonne, qui
jouissent de la singulière propriété de ramollir le tissu osseux.
(*Voyez* Bourbonne.)

*Affections rhumatismales, sciatiques,* etc. On sait que toutes
les eaux thermales sont recommandées dans les rhumatismes
chroniques ; ce genre d'affection est si commun que, d'après
les rapports des médecins-inspecteurs, il forme plus du tiers
des maladies qu'on observe dans les établissements thermaux.
Cette fréquence n'a pas lieu d'étonner, lorsqu'on réfléchit que
les rhumatismes sont presque habituels chez les habitants de
la campagne, à cause de l'humidité de leurs logements et des
intempéries des saisons auxquelles ils sont exposés. Il faut
ajouter à cela que les sources thermales, comme au reste toutes
les autres médications, soulagent, pallient le rhumatisme
pendant un temps plus ou moins long, mais ne le guérissent
presque jamais radicalement, et que les malades, se trou-
vant chez eux soumis aux mêmes conditions atmosphériques,
sont sujets à de fréquentes récidives. Aussi voit-on beaucoup de rhumatisants revenir chaque année aux sources
thermales, où ils obtiennent un soulagement à leurs douleurs.
Il est important que ces malades sachent que, sous l'influence des eaux, leurs souffrances augmentent les premiers
jours, et que cet accroissement de douleurs est presque toujours le prélude de leur cessation. On ne doit pas croire que
toutes les eaux thermales conviennent également dans toutes

les espèces de rhumatismes. Ceux qui sont anciens, qui sont le résultat du séjour au bivouac, ceux dont sont atteintes les personnes robustes, peu impressionnables, guérissent assez promptement sous l'influence des eaux du Mont-d'Or, de Baréges, de Bourbonne-les-Bains, de Bourbon-l'Archambault, de Bourbon-Lancy, de Balaruc, etc.; mais ceux qui sont compliqués d'un état nerveux exigent une médication moins énergique, et se trouvent beaucoup mieux des eaux de Néris, Luxeuil, Bains, Plombières, etc. Les bains de mer, qui agissent en excitant vivement la peau, et en soutirant l'excès de chaleur dont le sang peut être pourvu, sont utiles aux rhumatisants doués d'un tempérament sanguin. Les rhumatismes goutteux chroniques, qui sont aggravés par les eaux sulfureuses, sont assez promptement guéris par les eaux du Mont-d'Or.

Nous ne pouvons trop appeler l'attention des médecins sur les rhumatismes *intérieurs*, c'est-à-dire sur ceux qui sont répercutés sur des organes internes. Les métastases rhumatismales sont très-fréquentes et déterminent diverses maladies. Ainsi elles produisent, sur la tête, des névralgies; sur les yeux, des ophthalmies; sur les oreilles, la surdité; sur les fosses nasales, des coryzas opiniâtres; sur les gencives, l'ébranlement et la chute des dents; sur le larynx, l'aphonie; sur les bronches, le catarrhe pulmonaire; sur les poumons, les pneumonies latentes, l'asthme, la phthisie; sur le cœur, des palpitations; sur l'estomac, les intestins, des gastralgies, des coliques; sur le foie, l'hépatite avec ictère; sur la vessie, la cystite; sur l'utérus, le gonflement du col utérin, gonflement qui en impose pour un commencement de squirre, etc. Aujourd'hui qu'on ne cherche que les organes souffrants, on s'occupe peu de l'étiologie des maladies, et cependant dans le traitement des affections chroniques, on ne saurait trop tenir compte de leurs causes. Les eaux thermales, prises en bains, douches, étuves, en favorisant les réactions de l'intérieur à la périphérie, sont

très-utiles pour rappeler au dehors le principe morbide fixé
sur les viscères. Ce que nous venons de dire au sujet du rhumatisme peut s'appliquer également aux maladies cutanées,
à la goutte.

*Goutte.* La nature de cette maladie, quoique très-commune, est encore peu connue ; on sait seulement que la
diathèse goutteuse est souvent héréditaire, qu'elle se développe par les excès vénériens, par l'abus des spiritueux et par
une nourriture succulente, plus copieuse que ne l'exigent
les besoins du corps. La coïncidence fréquente de cette maladie avec la gravelle a fait penser qu'il existait dans les humeurs des goutteux de l'acide urique et certains phosphates
qui se déposent dans les articulations sous forme de *nodus.*
Toutes les eaux minérales sont nuisibles pendant les accès
goutteux ; mais, dans l'intervalle des accès, l'usage de quelques
eaux peut être avantageux pour les prévenir ou en diminuer
la violence. Ainsi les eaux de Néris améliorent l'état des goutt-
teux pendant un an ou deux. Les eaux de Vichy semblent
douées du privilége de guérir la goutte ou au moins d'en éloigner beaucoup les accès, comme le démontrent les observations cliniques de M. Petit. (*Voyez* Vichy.) On doit s'abstenir
des bains sulfureux, qui, presque constamment, rappellent
les accès de goutte.

*Paralysies.* Lorsque les paralysies ont pour cause une métastase rhumatismale ou herpétique, lorsqu'elles sont produites par des émanations métalliques, on peut espérer, par
l'emploi des eaux thermales, sinon une guérison complète, au
moins un soulagement marqué. C'est dans ces cas que les
eaux dont la température est élevée réussissent ; les eaux sulfureuses paraissent avoir une action spéciale sur les paralysies saturnines. Mais quand la paralysie est le résultat d'une
affection encéphalique, le traitement minéral exige beaucoup
de prudence dans son administration. C'est ici que l'excitation
provoquée par les eaux peut devenir très-dangereuse, si on

lui laisse dépasser les bornes dans lesquelles elle doit être contenue pour produire les effets favorables au malade. On doit interdire les bains d'eaux thermales toutes les fois qu'il existe des symptômes de congestion active vers le cerveau. Quelques eaux, telles que celle de Bourbonne-les-Bains, Balaruc, Bourbon-l'Archambault, Bourbon-Lancy, la Bourboule, sont très-renommées contre les différentes espèces de paralysie; c'est probablement à leur grande chaleur qu'elles doivent cette réputation. Cette température élevée, fort utile dans les paralysies rhumatiques, est souvent nuisible dans les paralysies cérébrales; à Bourbon-l'Archambault, à Bourbonne-les-Bains, on ne donne dans ce dernier cas que des bains généraux tempérés et souvent des demi-bains: ce traitement à la vérité diminue lentement la paralysie, mais il prévient les congestions sanguines vers la tête, accident qui a lieu fréquemment à Balaruc, où les paralytiques sont plongés tous les jours pendant une huitaine dans un bain chaud.

*Maladies nerveuses.* Si nous parlons en dernier lieu des affections nerveuses, c'est qu'elles compliquent souvent presque toutes les maladies que nous venons d'indiquer. On est peut-être étonné de la multiplicité d'eaux minérales qui ont été conseillées comme moyen curatif des névroses, telles que l'hypocondrie, l'hystérie, la catalepsie, la migraine, la chorée, les tremblements nerveux, les névroses gastro-intestinales; mais si l'on considère que ces affections se développent le plus ordinairement à la suite d'impressions morales, on conçoit que les eaux minérales sont souvent la seule médication efficace, et qu'elles réunissent toutes les conditions favorables pour le rétablissement des malades, savoir : le changement d'air, d'habitude, de la manière de vivre, l'éloignement des affaires, de toutes les causes de chagrins, et enfin les charmes d'une société nouvelle. Les eaux minérales douces et tempérées, telles que celles de Saint-Sauveur, d'Ussat, d'Ems, de Bains, de Néris (1), Plombières, Luxeuil, doivent être préférées ; il faut les prendre plutôt à l'extérieur qu'en boisson, et les bains doivent être tièdes, un peu frais et prolongés. Les névropathiques, d'une constitution lymphatique, qui peuvent réagir contre l'impression du froid, ceux qui étant d'un tempérament sanguin ont besoin de perdre un excès de chaleur, se trouvent bien des bains de mer de courte durée ; mais, lorsque les maladies nerveuses ont duré pendant quelque temps, elles sont presque toujours accompagnées, surtout l'hypocondrie, d'embarras des viscères du bas-ventre comme le prouvent les flatuosités, la dyspepsie, dont se plaignent les malades : c'est alors qu'il faut avoir recours aux eaux légèrement salines de Plombières, de Bagnères-de-Bigorre, etc. Si les accidents nerveux sont le produit de causes métastatiques, telles que suppression ou irrégularité du flux menstruel ou hémorroïdal, répercussion d'une sueur habituelle ou d'une éruption dartreuse ou psorique, il faut recourir aux bains chauds, aux douches, aux étuves.

*Maladies chirurgicales.* Il nous reste à parler des raideurs d'articulations, des contractures des membres : toutes les eaux thermales jouissent alors à peu près de la même efficacité ; cependant il ne faut pas oublier qu'il ne faut envoyer aux eaux thermales les malades convalescents de fracture que six à huit mois après l'accident, lorsque le cal est parfaitement consolidé, parce que plusieurs de ces eaux, et particulièrement celles de Bourbonne, possèdent la propriété de ramollir le tissu osseux ; ne pourrait-on pas faire une application de cette remarque à la thérapeutique des fractures vi-

---

(1) Saint-Sauveur, Ussat, Bains, Néris, Ems, possèdent si bien cette propriété calmante, que la grande majorité des personnes qui se rendent à ces localités thermales est composée de femmes dont la plupart des maladies, comme l'on sait, se développent sous l'influence du système nerveux.

cieusement consolidées? quant aux blessures par armes à feu, aux ulcères fistuleux, aux caries, ces maladies sont plus sûrement guéries par les eaux de Baréges, d'Aix, de Digne, Bagnères-de-Luchon, Bains près d'Arles, Bourbonne-les-Bains, que par les autres sources thermales.

Les considérations précédentes prouvent qu'il en est des eaux minérales comme de tout autre médicament, c'est-à-dire qu'il faut les approprier à la nature, à la cause de la maladie, à l'état des organes souffrants et surtout au tempérament du malade; elles expliquent pourquoi les médecins préposés à l'administration des eaux minérales les plus différentes par leur composition, n'en préconisent pas moins chacun la sienne dans les mêmes maladies, sans qu'on ait le droit de leur imputer des buts intéressés; c'est au médecin qui envoie un malade aux eaux, à bien étudier l'espèce, la période de l'affection et à juger le degré d'excitation convenable pour opérer la guérison ou le soulagement. Mais il faut avouer que les médecins négligent trop l'étude des eaux minérales pour donner à ce sujet un conseil bien motivé.

### Dangers des Eaux minérales.

En recommandant les eaux minérales dans les maladies chroniques, nous sommes loin de dire qu'on en puisse user indifféremment. Ce n'est pas un remède innocent, comme le pensent quelques médecins qui n'ont jamais visité de sources minérales. Ce dicton populaire, « si les eaux ne font pas de bien, elles ne font du moins pas de mal, » a causé plus d'un accident fâcheux. On devrait dire avec plus de raison que la plupart d'entre elles font beaucoup de bien ou beaucoup de mal. En effet, on a vu souvent des individus qui n'étaient point malades, boire des eaux par curiosité et être frappés d'inflammation gastro-intestinale. Il en est de cette médication comme de toutes celles qui ont quelque énergie; elle a besoin d'être employée avec prudence et discernement : mal appliquée, elle peut occasionner des

désordres funestes. Bien des malades abusent de ce remède
en le prenant avec précipitation et excès, soit en en buvant
trop, soit en se baignant trop longtemps et dans une eau trop
chaude, soit, en un mot, en outrant tous les exercices ; ils doivent
se laisser guider par le médecin habitué à en diriger l'usage.

Les eaux minérales, étant toutes plus ou moins excitantes,
ne conviennent pas dans les maladies aiguës, ni dans celles
qui sont accompagnées d'une irritation un peu vive ou d'un
excès d'irritabilité ; elles sont nuisibles aux personnes d'un
tempérament sanguin et pléthorique, à celles qui sont disposées aux congestions cérébrales et à l'hémoptysie. Il faut les
interdire dans les maladies de l'encéphale, dans l'épilepsie,
les anévrismes du cœur ou des gros vaisseaux, les suppura-
tions internes, les épanchements sanguins ou séreux dans les
cavités, et dans toutes les dégénérescences squirreuses ou can-
céreuses. Dans tous ces cas, les eaux, en activant la circulation, allument la fièvre et accélèrent la mort des malades. Ce
précepte est trop souvent oublié par beaucoup de médecins,
qui, ne considérant dans les eaux que leur effet hygiénique,
y envoient indistinctement tous leurs malades incurables : ces
malheureux périssent ainsi beaucoup plus vite.

*Remarques sur l'association des médicaments aux Eaux minérales.*

Quelle que soit l'efficacité des eaux minérales, leur usage
réclame, dans plusieurs cas, celui de quelques remèdes propres à seconder leur action. Hoffmann donne les plus grands
éloges à la combinaison du lait avec les eaux minérales. Dans
le traitement des scrofules, Théophile Bordeu a obtenu des
avantages signalés de l'union des frictions mercurielles aux
eaux de Baréges. Pour la curation des dartres, on ajoute
avec succès aux eaux, les sucs d'herbes dépuratives, les
laxatifs et quelques pilules de Belloste. Les substances
dites fondantes, les purgatifs salins, associés aux eaux,
peuvent être utiles dans les engorgements des viscères.

C'est au médecin-inspecteur à connaître, à distinguer les cas où la nature n'a besoin que des eaux, de ceux où la combinaison d'autres médicaments devient indispensable ; il faut consulter l'idiosyncrasie du sujet, l'état des organes malades, et se rappeler que, dans le traitement des affections chroniques, on ne doit pas surcharger la nature de remèdes qui, loin de l'aider, ne tendent qu'à l'opprimer dans beaucoup de circonstances. Les malades qui viennent aux sources minérales ont le plus souvent épuisé toutes les ressources de la pharmacie ; leur estomac est fatigué de drogues dégoûtantes dont on l'a accablé, et leur suspension n'est peut-être pas un des moindres avantages que les malades retirent de leurs visites aux fontaines minérales.

Autant que possible, il faut s'abstenir de médicaments et laisser aux eaux, à l'air pur, au régime, toute leur action sur les malades. Les médecins qui savent utiliser les eaux sous toutes les formes leur associent rarement des agents pharmaceutiques. Ils ont plutôt recours à des saignées par les sangsues ou par la lancette, aux ventouses et aux *cornets*. Ce dernier moyen, employé dans quelques établissements d'eaux minérales, et surtout à Bourbon-Lancy, consiste en une petite corne de taureau percée à sa pointe ; l'aspiration de celui qui l'applique opère le vide, comme la combustion sous la ventouse.

Nous ne pouvons trop engager les médecins-inspecteurs à établir auprès de leurs sources un dépôt d'eaux minérales les plus célèbres. Il se présente beaucoup de cas où ils pourront les combiner avec celles qu'ils administrent. Les eaux purgatives peuvent remplacer ce qu'on appelle vulgairement les médecines noires, pour lesquelles les malades ont une répugnance invincible.

*Précautions qu'on doit prendre avant, pendant et après l'usage des Eaux minérales.*

Les eaux minérales n'opèrent de bons effets qu'autant qu'elles sont précédées, accompagnées et suivies des précautions que nous allons exposer. Examinons d'abord l'époque où l'on peut prendre les eaux.

### De l'époque où l'on peut prendre les Eaux.

Il ne suffit pas qu'un remède soit indiqué, il faut, comme l'a dit Hippocrate, que les circonstances favorisent son activité et ses succès. La saison où l'on doit prendre les eaux est donc très-importante à déterminer. Comme la plupart des eaux minérales jouissent des mêmes propriétés dans tous les temps de l'année, quelques auteurs ont pensé qu'on pouvait les prendre indifféremment dans toutes les saisons. Cependant, 1° dans l'hiver le mauvais état des routes, la difficulté de voyager, le froid, la pluie, la neige, les brouillards, qui ne permettent pas aux malades de sortir de leur chambre et de se promener, la crainte bien fondée des affections catarrhales, des rhumatismes, éloignent avec raison les malades du séjour des eaux. On ne doit y avoir recours pendant cette saison que dans certaines circonstances où tout retard est impossible. 2° Autrefois on regardait comme dangereux de boire les eaux pendant l'été, et surtout durant la canicule; on craignait de provoquer alors la nature à de trop grands efforts, en joignant des moyens artificiels d'excitation à ceux qu'elle avait déjà; mais les plus fortes chaleurs se font presque aussi souvent sentir avant et après la canicule, que pendant sa durée. Néanmoins, lorsqu'il fait une chaleur très-ardente, il est prudent de modérer l'emploi des eaux, ainsi que celui des bains et des douches, qu'il faut même suspendre, quand on a lieu de craindre une congestion sanguine vers le cerveau ou la poitrine, chez les malades dis-

posés à l'apoplexie ou à l'hémoptysie. 3° Le commencement
du printemps et la fin de l'automne sont toujours un peu
froids, surtout dans les pays montagneux où sourdent les eaux
minérales. Les saisons les plus favorables à l'usage des eaux
sont la fin du printemps, l'été et le commencement de l'automne. C'est en effet dans ces temps de l'année que les eaux
ont le plus d'activité et que les forces de la vie sont le mieux
disposées à établir un travail qui doit amener la solution d'une
ancienne maladie. C'est alors que les ressources de l'hygiène, si puissantes dans le traitement des maladies chroniques, exercent l'influence la plus avantageuse; qu'on peut
le plus facilement entreprendre un long voyage, si l'on est
éloigné des sources, et qu'on peut le mieux jouir des plaisirs
et des agréments de la campagne.

En général, les sources d'eaux minérales doivent être
fréquentées plus tard dans les pays septentrionaux, et plus
tôt dans les méridionaux. De là résulte la nécessité de choisir
la saison convenable à chaque source.

*Précautions à prendre avant l'usage des Eaux minérales.*

Les eaux minérales ne conviennent ni à toutes les maladies
ni à tous les malades.

Il ne faut se déterminer à boire les eaux, que d'après le
conseil d'un médecin instruit, après lui avoir bien expliqué
son mal, son tempérament, le degré de ses forces, et ses
habitudes.

Le médecin, véritablement ami de l'humanité, ne doit jamais attendre que le malade soit dans un état désespéré pour
l'envoyer aux eaux, comme à son dernier refuge. Il doit chercher à distinguer les cas absolument incurables, de ceux qui
peuvent trouver un secours efficace dans le voyage aux sources
minérales. C'est à lui à choisir la fontaine qui, eu égard à sa
situation, à l'activité, à la température des eaux, à l'affec-

tion morbide et au tempérament du malade, paraît la plus convenable.

Il serait à désirer que chaque médecin donnât à ceux qu'il envoie aux eaux un bulletin exact et détaillé de leur maladie; instruits par lui, les médecins-inspecteurs n'auraient d'autre tâche à remplir que celle de surveiller l'administration du remède, et de le faire concourir au traitement adopté.

Il faut quelquefois se préparer par des remèdes généraux; mais cette règle n'est pas nécessaire, ni avantageuse à tous les malades; c'est au médecin à décider s'il faut être purgé ou saigné auparavant.

L'ignorance a fait naître et la routine a conservé l'emploi des purgatifs avant et pendant l'usage des eaux minérales. L'expérience confirme chaque jour que les purgatifs sont nuisibles, lorsque les fonctions de l'estomac se font dans l'ordre de la nature. Sydenham se plaignait déjà de cet abus. Cependant, lorsqu'il existe des symptômes d'embarras gastrique ou intestinal, il faut, avant de commencer à prendre les eaux, faire disparaître ces accidents par un émétique ou un cathartique, selon l'indication.

La saignée, dont on a fait un précepte général, est le plus souvent inutile et quelquefois même contre-indiquée; c'est seulement dans quelques cas d'une constitution pléthorique, d'une évacuation supprimée, d'une habitude dès longtemps contractée de la saignée, d'un genre de vie livré à la bonne chère, que l'on peut se permettre d'ouvrir la veine.

Avant de commencer le traitement, il faut se reposer pendant deux ou trois jours, prendre quelque boisson rafraîchissante, un bain d'eau commune, afin de calmer l'excitation produite par le voyage.

*Régime que l'on doit suivre pendant l'usage des Eaux minérales.*

C'est à l'aide du régime que l'on parvient à guérir les maladies les plus rebelles, et les eaux minérales n'ont aucune puissance, si l'on n'observe pas en même temps les règles que prescrit l'hygiène.

Il est des personnes qui, dès qu'on leur a ordonné l'usage d'une eau minérale, se rendent arbitres de leur propre conduite, et pensent qu'il n'y a qu'à boire et que tout ira bien; elles n'ont pas besoin d'un homme instruit pour les guider dans la quantité de la boisson, des aliments, dans l'exercice; ou bien elles s'en rapportent aux différents *donneurs d'avis* qui fourmillent auprès des sources minérales, et qui ne connaissent ni la médecine ni les eaux. Pour retirer de son voyage tout le succès qu'on a lieu d'en attendre, il faut consulter fréquemment le médecin-inspecteur, lui faire part des effets des eaux, et suivre ses conseils. Essayons de tracer les préceptes généraux qui doivent servir de base de conduite aux buveurs d'eau et aux baigneurs.

1° Rechercher un air pur; faire renouveler souvent celui de l'appartement que l'on occupe; ne pas s'exposer à la chaleur du soleil ni au serein, qui est pernicieux auprès de quelques sources.

2° Régler ses repas; le matin, après la boisson d'eau minérale, prendre un aliment léger et un peu de vin vieux de bonne qualité; ne faire usage du café et du chocolat, qu'autant qu'on en a contracté depuis longtemps l'habitude.

Au dîner, manger des viandes tendres, rôties, grillées, bouillies, du poisson, des légumes cuits au gras. Au dessert, faire usage de fruits bien mûrs, de confitures, et de café même, si l'estomac y est accoutumé.

Le souper doit être léger; les eaux passent mieux le lendemain, quand l'estomac est dans un état de vacuité. Il doit consister en légumes, en potages, en œufs, ou en quelques compotes de fruit.

S'abstenir de viandes noires, salées, de ragoûts, de salade, de pâtisserie, de fruits crus et acides, de fromages salés, de liqueurs alcooliques. Les eaux minérales provoquent quelquefois un si grand appétit, qu'il est dangereux de s'y abandonner : aussi faut-il être circonspect sur la quantité d'aliments. Lorsque l'estomac est rempli d'un trop grand nombre de substances, la nature ne peut pas s'occuper du rétablissement de la santé.

Dans les maladies graves et de longue durée, ce n'est pas en mangeant beaucoup qu'on reprend des forces; plus de malades les ont perdues en mangeant trop, qu'en ne mangeant pas assez.

3° Les vêtements contribuent beaucoup à la santé des hommes. Sydenham disait que la mode de changer d'habits suivant les saisons avait tué plus de monde que la poudre à canon.

Les vêtements doivent être légers et chauds. Les sources minérales sont presque toutes situées dans des vallons entourés de montagnes, où l'air est froid, humide, et la température atmosphérique très-variable : on ne doit porter que des habits de laine.

4° Il est extrêmement utile que les excrétions se fassent dans leur ordre et leur état physiologique. Aussi doit-on, pour favoriser la transpiration, se vêtir chaudement, surtout pendant l'usage des eaux thermales. Si les selles sont trop fréquentes, il faut les modérer ; on les provoque au contraire, s'il y a constipation.

5° L'exercice est favorable à la guérison des maladies chroniques. Les promenades sont un objet important, et l'exercice à pied, à cheval ou en voiture, est d'une nécessité impérieuse.

Éviter les exercices violents, longs, fatigants du corps et de l'esprit. Les malades doivent régler leurs courses sur leurs forces et leur susceptibilité nerveuse.

Se coucher et se lever de bonne heure, et ne rester que six à sept heures au lit quand on dort tranquillement.

Celse et l'école de Salerne recommandent le repos après le

repas; des auteurs célèbres prétendent au contraire que l'exercice est nécessaire pour hâter la digestion. Sur ce point, la connaissance que chacun peut avoir acquise de son tempérament ou de ses habitudes est le meilleur guide qu'il puisse consulter.

6° Les passions influent puissamment sur la santé. Les malades doivent bien se persuader que ce n'est pas en pensant toujours à leur maladie, en s'occupant sans cesse de son traitement, qu'ils parviennent à guérir d'une manière plus prompte. Ils doivent éloigner de leur esprit les affaires, les inquiétudes, les chagrins de la vie, s'égayer et s'amuser sans application au milieu d'une agréable et paisible société. Ceux qui veulent soigner sérieusement leur santé, et entre autres les personnes atteintes d'engorgements dans les viscères, doivent fuir les plaisirs bruyants et tumultueux, et rechercher le calme et la tranquillité. La plus grande dissipation, les distractions continuelles, les assemblées nombreuses, sont utiles aux individus dont la sensibilité est seule affectée pour rompre la chaîne d'idées tristes et mélancoliques qui les assiégent de toutes parts.

Nous n'insisterons pas davantage sur ces préceptes généraux, qui doivent être modifiés selon une multitude de circonstances, et qui, quoique répandus dans la plupart des ouvrages, n'en sont pas mieux observés par le plus grand nombre des malades.

Après avoir indiqué d'une manière générale le régime qui convient aux personnes qui fréquentent les eaux pour rétablir leur santé, occupons-nous de l'hygiène, ou des soins qu'exigent, chacun en particulier, le buveur d'eau et le baigneur.

### Hygiène du buveur d'Eau minérale.

Nous n'exposerons ici que les règles communes à tous les buveurs; comme il en est de particulières que nécessitent l'âge, le sexe, la force, l'habitude, les circonstances, nous engageons le malade à consulter le médecin auquel il a donné sa confiance.

C'est à la pointe du jour, dans les belles matinées, que l'on va à jeun boire les eaux à la source. On les prend par verre de cinq à six onces ; on en boit d'abord quelques verres, et on augmente chaque jour la dose jusqu'à la quantité que l'on peut supporter sans s'incommoder. On laisse entre chaque verre un intervalle d'un quart d'heure, d'une demi-heure, que l'on consacre le plus souvent à un exercice modéré. Lorsqu'on boit à la source, il faut avaler d'un trait ; il faut que l'eau ne perde, ni son gaz, ni sa chaleur (1).

Si le genre de maladie, ou la pluie, le brouillard, le froid, ne permettent pas de se rendre à la fontaine, il faut envoyer chercher l'eau à la source dans un vase bien fermé, pour prévenir l'évaporation des principes volatils. Si l'eau est chaude, il faut envelopper le vase de grosse laine, afin que le liquide salutaire puisse conserver plus longtemps sa chaleur.

Tantôt on boit les eaux pures, tantôt on les coupe avec le lait ou la décoction de quelques plantes ; quelquefois on ajoute des sels neutres, suivant les circonstances où se trouve le malade.

On peut boire, soit en se promenant, soit dans le bain, soit dans le lit. Ces trois manières sont bonnes, et il ne faut donner la préférence qu'à celle qui permet aux eaux de passer le mieux. Si le malade observe qu'elles passent mieux par l'exercice, il faut qu'il se promène. Quand elles sont digérées également de toutes les manières, on peut en boire une partie en se promenant, et une partie dans le bain.

---

(1) Persuadées que la distraction et la gaîté contribuent au bon effet des eaux, plusieurs administrations locales, celles de Niederbronn, de Carlsbad, de Pyrmont, ont établi une musique agréable, variée ; et c'est au son des instruments que la foule des buveurs se promène chaque matin.

L'eau *passe* bien, lorsqu'elle ne pèse pas sur l'estomac, qu'elle n'excite pas d'envies de vomir, qu'elle ne cause ni gêne, ni douleur de tête, et qu'au bout d'un quart d'heure, une demi-heure, on se sent disposé à boire un second verre.

C'est à tort que des malades se persuadent que les eaux ne *passent pas*, lorsqu'ils n'urinent pas incontinent. On ne les rend quelquefois que six ou huit heures après les avoir bues.

Ceux qui ont une répugnance naturelle pour les eaux minérales, doivent les prendre à faible dose, parce que le dégoût les empêche de passer facilement. Lorsqu'il existe plusieurs sources dans le même endroit, il faut essayer et choisir celle dont l'estomac pourra supporter les eaux. En général, il est prudent d'aller en tâtonnant de la source la moins active à la plus forte; cette méthode est sûre.

Les personnes qui fréquentent les sources minérales pour leur plaisir ne doivent boire les eaux qu'en petite quantité. Il faut se méfier des remèdes les plus simples.

L'excès des meilleures choses nuit; il ne faut donc pas imiter ceux qui, dans l'intention de hâter leur guérison, et d'abréger leur séjour aux eaux, en boivent de grandes doses les premiers jours de leur arrivée. Cette conduite occasionne des pesanteurs d'estomac, des douleurs générales, des gastrites, des fièvres inflammatoire, bilieuse, putride. Les eaux minérales ne sont pas un remède à produire en peu de jours les effets qu'on peut en attendre. Quatre-vingts livres d'eau, prises en trois ou quatre jours, ne feront pas le même effet que cette même quantité, prise en vingt-cinq ou trente jours. C'est par un grand nombre de petits effets, augmentés de jour à autre, qu'on obtient les plus parfaites guérisons.

En général, les femmes qui ont leurs règles doivent suspendre le traitement minéral, qui est souvent trop excitant.

Les eaux minérales peuvent convenir aux enfants, aux vieillards, en variant la quantité selon l'état des forces.

Toutes les eaux froides qui contiennent de l'acide carbonique doivent être bues telles qu'elles coulent à la source. La chaleur hâte leur décomposition, et dès-lors, on ne peut compter sur leur effet. Cependant si l'estomac ne peut supporter celles qui sont très-froides, on en fait chauffer un peu, et on en mêle une cuillerée dans un verre d'eau de la fontaine.

Il ne faut déjeûner qu'une heure ou deux après avoir cessé de boire, lorsque l'on sent l'estomac entièrement libre et le besoin de prendre quelques aliments.

Si les eaux ne produisent pas d'abord tout le bien qu'on en attend, il ne faut pas se décourager; il est des tempéraments difficiles à émouvoir, et des maladies opiniâtres.

Il ne faut pas terminer l'emploi des eaux d'une manière brusque; mais, sur la fin, diminuer progressivement la dose, et revenir à la quantité par laquelle on a commencé. En effet, l'économie animale supporte difficilement les changements subits et intempestifs.

Les buveurs urinent beaucoup. La quantité de l'urine est assez égale à celle des eaux, et rarement moindre, à moins que des sueurs, la diarrhée ou la salivation, ne surviennent.

### *Hygiène du Baigneur.*

On ne doit jamais se baigner lorsque le corps est très-fatigué ou en sueur.

Il ne faut entrer dans aucun bain que quatre ou cinq heures après avoir mangé, et encore est-il nécessaire de ne pas sentir de pesanteur à l'estomac. L'oubli de cette précaution a souvent occasionné l'apoplexie.

Pendant la durée de leurs règles, les femmes doivent s'éloigner du bain.

Il n'est pas indifférent de se plonger dans un grand bassin ou dans une baignoire; l'impression que le poids de l'eau exerce à la surface du corps est en raison directe de la masse du liquide. *Voyez* l'article *Piscine*.

Il est toujours à propos de fixer dans des proportions relatives à l'état des malades, et la chaleur, et le volume d'eau où ils doivent se baigner.

Chaque baignoire devrait être munie d'un thermomètre, afin de ne prendre le bain qu'à la température prescrite par le médecin, comme cela se pratique au Mont-d'Or.

Pour prévenir l'évaporation des principes volatils des eaux, il serait à désirer que toutes les baignoires fussent exactement fermées par un couvercle.

C'est ordinairement le matin à jeun que l'on va au bain; on peut s'y rendre plusieurs fois par jour; cependant, en général, un bain seul suffit.

Lorsque le genre d'affection exige que le malade prenne les bains chauds, il faut les faire précéder par des bains tempérés, dont on augmente chaque jour la chaleur. Les bains chauds seront de courte durée.

On peut se plonger dans le bain, nu ou revêtu d'une chemise qui met à l'abri du froid les parties du corps qui ne sont pas dans l'eau. Il faut se couvrir la tête pour la garantir des vapeurs aqueuses.

Pendant la durée des bains, on peut causer, ou lire un ouvrage amusant; il faut écarter, autant que possible, de son esprit les idées tristes.

On peut boire avec avantage les eaux minérales dans le bain; l'estomac, environné d'une douce chaleur, les digère facilement.

En général, il ne faut pas manger dans le bain; cependant si le malade éprouve de la faiblesse, une défaillance, on peut lui donner un bouillon.

Quelquefois les vapeurs d'eau minérale occasionnent au baigneur la syncope, qui cesse dès qu'il respire un air frais, ou qu'on lui fait boire un peu de vin pur.

Il est utile avant le bain froid (bain de mer) de faire un peu de mouvement, qui ne doit être porté que jusqu'au point où l'on est échauffé. Il est d'observation que si l'on sort d'un repos trop prolongé pour entrer immédiatement dans le bain froid, on en reçoit à un plus haut degré les effets débilitants. Le bain froid doit être de courte durée (cinq à dix minutes), et, en général, d'autant moins long, que la susceptibilité nerveuse est plus grande et que l'eau est plus froide.

En quittant le bain froid, il faut s'essuyer promptement, se faire frotter fortement et vite avec des linges bien secs et non chauffés, s'habiller, et prendre un léger exercice qui n'ira point jusqu'à la sueur.

La durée du bain chaud est de quinze à vingt minutes; il faut en sortir dès qu'on éprouve des anxiétés, des étouffements, un peu de vertige.

La durée du bain tempéré est d'une heure, deux heures, et même davantage, selon l'état des forces du malade.

Avant de sortir du bain chaud et du tempéré, il faut avoir du linge sec et chaud tout prêt, afin qu'aussitôt qu'on est dehors, on soit couvert, et même enveloppé, soit d'un grand peignoir, soit d'un drap. Il faut se faire bien essuyer, bien sécher, et se faire frictionner avec des tissus de laine. Pendant le reste de la journée, on doit se garantir de l'impression du froid.

Faut-il, après le bain tempéré, se mettre dans un lit chaud? En général, le bain n'étant salutaire qu'autant qu'il favorise une sueur douce et aisée, il est de la plus grande utilité de se coucher en sortant du bain. Rien n'est plus préjudiciable aux malades que de les surcharger de couvertures, et de susciter des sueurs violentes et forcées.

Doit-on dormir après le bain? On peut le faire si on n'a pas dormi la nuit; sinon il vaut mieux se livrer au mouvement et à un léger exercice.

Lorsque le baigneur n'est pas trop fatigué, lorsque son

corps n'est plus couvert de sueur, il peut prendre des aliments.

Les baigneurs doivent toujours être chaudement vêtus, et s'abstenir des habits d'été; la transpiration est essentielle pendant le traitement par les eaux thermales.

( Voyez l'article *Douches* et *Étuves* pour les précautions qu'elles nécessitent. )

*Accidents qui peuvent survenir pendant l'usage des Eaux minérales.*

Comme les maladies et les tempéraments offrent de nombreuses variétés impossibles à décrire, le médecin-inspecteur est obligé de diminuer ou d'augmenter l'énergie des eaux, et, dans quelques cas, de les interrompre pour adopter d'autres moyens. C'est ce qui arrive, lorsque, durant la cure, il apparaît quelque accident. Voici les plus fréquents, et les moyens d'y remédier.

La fièvre qui survient durant le traitement ne doit pas toujours inquiéter le médecin et le malade. Elle est souvent un moyen de guérison employé par la nature. Pendant sa durée, il faut garder le repos, manger peu, et suspendre la boisson minérale.

On doit tenir la même conduite lorsque les eaux ne passent pas bien, lorsque l'on ressent du malaise, de la chaleur à la peau, une diminution de l'appétit, la langueur des forces.

Il est très-fréquent de voir des personnes qui font abus des eaux minérales, et qui par là s'irritent l'estomac; elles éprouvent des douleurs à l'épigastre, une anxiété générale; la bouche devient mauvaise, la langue rougit, la peau se sèche, le pouls est petit, fréquent. A la première apparition de ces symptômes, les malades doivent se soumettre à la diète, et prendre des tisanes acidules, telles que de la limonade végétale, de l'orgeat, de l'orangeade, de l'eau oxymellée. L'intensité des symptômes nécessite quelquefois l'application des sangsues à l'anus ou à l'épigastre. Le médecin-inspecteur des eaux ne peut surveiller avec trop d'attention l'action de ce liquide sur l'estomac des malades; c'est en proportionnant la dose de ce remède à la susceptibilité de cet organe très-important, qu'il préviendra des accidents fâcheux.

L'abattement dont se plaignent les malades pendant le traitement minéral n'est pas ordinairement le résultat d'une faiblesse réelle, mais bien de l'excitation des organes, excitation nécessaire pour opérer la guérison.

L'augmentation des douleurs n'est pas toujours un signe dangereux; la plupart des eaux déterminent cet effet, qui cède facilement au repos et aux boissons délayantes; souvent aussi cette exaspération est l'avant-coureur d'une crise favorable par la peau, les urines, les selles : *Dolor amarissimum naturæ remedium*, dit Sydenham.

Les autres accidents les plus fréquents sont : 1° un sentiment de froid dans la région épigastrique; on le fait cesser en se couvrant la région de l'estomac avec des linges chauds, et en buvant une tasse de café, de vin chaud, ou de quelque autre boisson excitante; 2° une pesanteur incommode, accompagnée de tiraillements, de gonflement à l'épigastre : on y remédie par quelques cuillerées d'eau de fleur d'oranger, de menthe, ou quelques gouttes d'éther; 3° la constipation; elle cesse spontanément au bout de quelques jours par une vie active, ou bien on la combat par quelques gros de sel neutre que l'on mêle à la boisson; 4° les vomissements ou la diarrhée; si des symptômes concomitants, tels que la rougeur de la langue, la chaleur et l'aridité de la peau dénotent un état inflammatoire, il faut suspendre l'eau minérale, et se borner aux adoucissants et à la diète; si ces accidents sont purement nerveux, les calmants suffisent.

Il est des bains d'eau thermale qui déterminent au bout de quelques jours une éruption miliaire à la peau; cet exanthème est presque toujours suivi d'un soulagement ou de la guérison.

Les eaux acidules et ferrugineuses produisent quelquefois un léger mal de tête, de l'assoupissement et une sorte d'ivresse. Ces accidents sont de courte durée, et disparaissent par l'exercice. Pour les prévenir, on peut, avant de boire les eaux, laisser dégager à l'air libre une partie des gaz qu'elles contiennent.

Enfin, si pendant le traitement il survient une maladie aiguë, il faut surseoir l'usage des eaux pour combattre, d'après les principes de la médecine, la complication qui se manifeste.

### De la durée du séjour aux Sources minérales.

En général, pour déterminer la durée du séjour aux sources minérales, il faut avoir égard à l'âge, au sexe, au tempérament, à la maladie, à l'état actuel du malade, et à l'action plus ou moins prompte des eaux sur certains sujets. Il est évident que toutes les affections chroniques ne peuvent guérir dans le même espace de temps; plusieurs personnes n'ont recouvré la santé qu'en prenant les eaux pendant six semaines ou deux mois, et même pendant plusieurs années. Cependant l'usage a consacré pour la durée du traitement aux sources minérales un temps déterminé, qu'on appelle communément *saison*, qui est dix, quinze, dix-huit, vingt à trente jours. Cet usage fort ancien ne doit pas être négligé; il nous semble fondé sur l'observation. En effet, quoique beaucoup de maladies chroniques ne puissent pas se dissiper en un si court espace de temps, il n'en est pas moins vrai que si les eaux minérales, après une saison, n'ont pas produit l'effet qu'on désirait, il faut, en général, cesser de les prendre, parce que leur continuation serait plus nuisible qu'utile. De même, si après cette époque, les malades se trouvent guéris ou soulagés, ils doivent suspendre le traitement pour ne pas compromettre le bien qu'ils ont obtenu: une foule d'exemples confirment ces remarques pratiques, dont il est facile de se rendre compte en se rappelant que les

eaux minérales agissent en *avivant* les maladies chroniques,
et qu'il est une mesure d'excitation qu'on ne peut pas dépasser
sans danger. Si les malades s'obstinent à ne pas observer les
bornes prescrites dans l'administration des eaux, ils éprouvent
un malaise général, de la soif, de l'amertume à la bouche,
de la sécheresse à la peau, de l'agitation pendant la nuit,
de la fièvre, enfin tous les signes qui annoncent que l'excitation s'est transformée en inflammation. Ce n'est donc pas
sans motif que l'usage a établi les *saisons*, qui doivent être
d'autant plus courtes que l'action des eaux est plus énergique. Les raisons contre un traitement prolongé s'opposent
également à ce qu'on reprenne les eaux peu de temps après
les avoir cessées, ou que l'on fasse une *seconde saison*. Cependant, quand les eaux sont douces, peu excitantes, on peut
quelquefois, après un repos d'une quinzaine de jours, y recourir de nouveau.

### Précautions à prendre après l'usage des Eaux minérales.

On pensait autrefois que les eaux minérales laissaient dans
les premières voies un sédiment, et on aurait cru faire une
faute essentielle, si on avait manqué de se purger pour chasser
au dehors cette substance nuisible.

Si l'appétit est bon, si les digestions s'exécutent facilement,
si l'on n'a point commis d'excès dans le régime, il faut s'abstenir de purgations, qui, loin d'être utiles alors, sont dans
le cas de détruire le fruit qu'on a pu retirer des eaux minérales.

Il est prudent de ne partir qu'un ou deux jours après avoir
cessé de prendre les eaux, de s'en retourner à petites jour-
nées, et de saisir, en voyageant, les moments où les chaleurs
sont moins fortes.

Après le départ, il faut encore, pendant un mois, suivre le
régime qu'on a observé. L'expérience a prouvé nombre de

fois que l'action des eaux se prolonge même après en avoir interrompu l'emploi, et que la guérison commencée à la source s'achève, se confirme lorsqu'on est de retour dans ses foyers.

Si l'on a éprouvé un soulagement marqué de l'usage des eaux, il faut retourner les prendre quelques mois après qu'on les a quittées, ou l'année suivante. Plusieurs personnes vont par reconnaissance visiter les sources où elles ont puisé la santé.

Avant leur départ, les malades doivent demander au médecin-inspecteur qui les a dirigés un bulletin du traitement pendant le temps des eaux ; ce moyen ne peut que tourner au profit des malades et aux progrès de la science.

*Précautions nécessaires dans le transport des Eaux minérales.*

Pour être réellement utiles, les eaux minérales doivent être bues à la source ; le transport leur fait perdre plus ou moins de leurs propriétés ; cependant comme les malades sont souvent obligés, à raison de l'opiniâtreté du mal, d'en continuer l'emploi dans leurs foyers, nous croyons devoir indiquer les précautions qui nous paraissent les plus sûres pour transporter les eaux avec la moindre perte possible dans leurs vertus.

Il vaut mieux se servir de bouteilles de verre ordinaire que de bouteilles de grès : les premières se nettoient plus facilement, et il est plus aisé de les boucher exactement ; cependant les vases de grès sont préférables pour l'eau gazeuse, qui s'altère par le contact de la lumière. Les bouteilles ne doivent être ni fêlées, ni avoir contenu du vin ou autre liquide ; il faut les rincer avec l'eau minérale, et veiller à ce qu'il n'entre pas dans leur intérieur des parties végétales, telles que des brins de paille, etc., qui pourraient déterminer l'altération de l'eau. Pour exporter les eaux avec avantage pour les malades, il vaut mieux se servir de demi-bouteilles ou même de flacons, contenant un verre d'eau minérale, comme cela se pratique au Mont-d'Or, afin de pouvoir vider chaque matin le vase entier, et de prévenir ainsi la décomposition de l'eau qui est inévitable, si l'eau d'une bouteille n'est bue que successivement.

Il est important de puiser les eaux gazeuses le matin de bonne heure, parce que la chaleur les affaiblit en absorbant beaucoup de gaz.

Il ne faut pas introduire dans les vases des glaires que déposent certaines eaux; l'eau en serait décomposée plus vite; elle doit être emportée telle qu'elle coule à la source.

Pour remplir les bouteilles, il faut les plonger au-dessous du niveau de l'eau, enfoncer dans leur intérieur un petit bâton cylindrique, qui fait sortir assez d'eau pour qu'on puisse introduire dans le goulot un bon bouchon neuf de liége (1), que l'on fait pénétrer avec un petit maillet de bois. Comme les bouchons de liége dépouillent quelquefois les eaux minérales ferrugineuses de tout le fer qu'elles contiennent, il est utile pour prévenir cet effet de faire préalablement tremper les bouchons dans de l'eau ferrugineuse, afin que le tannin de la matière astringente du liége puisse se saturer complètement de fer. Cette précaution est indispensable pour les eaux martiales.

Il faut clore les bouteilles au moment même où l'on vient de puiser l'eau pour prévenir l'évaporation des gaz. Cependant il est des eaux acidules qui sont tellement chargées d'acide carbonique, qu'il est nécessaire de les laisser un moment exposées à l'air, avant de boucher les bouteilles. Si l'on néglige cette précaution, celles-ci se cassent, ou bien le gaz

---

(1) Il faut se servir de préférence des bouchons préparés par la méthode de M. Appert, que M. Payen a exposée dans le *Journal de chimie médicale*, janvier 1825.

fait sauter les bouchons, comme il arrive au vin de Champagne mousseux.

Lorsque les bouteilles sont mal bouchées, les gaz s'évaporent, les carbonates terreux ou ferrugineux se précipitent, et souvent les bouteilles ou les cruches arrivent presqu'à moitié vides.

Les bouteilles étant bouchées, on les plonge renversées dans de la poix liquéfiée ou dans du goudron ; on lie ensuite un morceau de peau par-dessus et on les replonge une seconde fois jusqu'au col dans de la poix. Cette substance est difficile à enlever de la bouteille, elle s'attache aux doigts ; il arrive même que, malgré les précautions qu'on peut prendre, il en tombe des fragments dans le verre ; pour prévenir ces inconvénients, il serait préférable de lui substituer des capsules en plomb.

Les bouteilles doivent être couchées horizontalement dans un lieu tempéré, à l'abri de l'humidité et de la chaleur ; celles qui sont remplies d'eau gazeuse doivent être placées dans la cave, à l'abri de la chaleur et du contact de la lumière.

Il arrive souvent que quelques bouteilles dégagent, après un espace de temps variable, une odeur d'hydrogène sulfuré très-prononcée ; aussi arrive-t-il souvent des plaintes de la part des médecins et des malades. Il paraît que la glairine, un brin de paille, et quelquefois la présence du bouchon, peuvent produire dans les eaux ce changement, qui n'a rien de nuisible ; une simple exposition à l'air pendant quelques heures suffit pour rendre à l'eau ses qualités.

Le long séjour du liquide minéral dans les magasins est une cause puissante de décomposition ; ce serait un acte de bonne administration que de forcer les entreposeurs des eaux transportées, surtout des eaux sulfureuses, à les renouveler au moins tous les deux ou trios mois.

Quand on boit les eaux minérales transportées, faut-il leur donner le même degré de chaleur qu'elles ont à la fontaine ? Il est à craindre que le feu n'altère les principes constituants.

Nous conseillons aux personnes qui peuvent ainsi les digérer, de les boire froides telles qu'on les reçoit ; mais si elles pèsent sur l'estomac, il faut les faire chauffer au bain-marie ; ou bien en faire bouillir une certaine quantité, et, avec quelques cuillerées de celle-ci, échauffer la dose que l'on veut boire.

Il n'y a point de saison affectée pour les personnes qui usent des eaux minérales transportées ; le besoin du malade doit seul décider. Il est indispensable de suivre le même régime et de faire autant d'exercice qu'à la source. On compense un peu par l'augmentation de la dose de l'eau, et par la durée du traitement, ce qu'elle perd par le transport.

Après avoir jeté un coup d'œil général sur l'histoire des eaux minérales, sur leur action thérapeutique, sur les précautions qu'elles exigent avant, pendant et après leur emploi, nous allons nous occuper de leur usage extérieur, c'est-à-dire des bains, des boues minérales, des douches et des étuves.

# CHAPITRE II.

Le bain est l'immersion, le séjour passager et plus ou moins
prolongé du corps ou d'une partie du corps dans un liquide
et spécialement dans l'eau simple, ou dans l'eau minéro-thermale.

L'usage des bains, qui date de l'antiquité la plus reculée, a
pris sans doute son origine dans les climats chauds de l'Asie.
Hippocrate en parle comme d'un remède très-utile dans un
grand nombre de maladies. Rome, qui paraît avoir tiré de la
Grèce et de l'Asie tout ce qui concerne les beaux-arts et le
luxe, semble y avoir pris également l'usage des bains. Ceux-ci
se multiplièrent dans l'Italie, à mesure que le luxe y fit des
progrès. Sous Dioclétien, on en comptait plus de huit cents
en Italie. Les vestiges des Thermes d'Agrippine, de Néron,
Titus, Domitien, Trajan, Caracalla, suffisent pour nous
prouver la magnificence avec laquelle on les élevait. Dans les
Thermes de Caracalla, il y avait mille six cents siéges d'un
superbe marbre, et l'histoire rapporte que trois mille personnes pouvaient s'y baigner.

Les Romains transmirent l'usage des bains à quelques-uns
des peuples qu'ils conquirent ; on voyait encore à Paris, au
XIVe siècle, des bains publics assez semblables aux leurs, c'est-
à-dire des bains d'eau chaude, dont on ne sortait pas sans
d'abondantes onctions.

*Des Bains d'eau commune.*

Pour bien apprécier l'action des bains d'eaux minérales sur l'économie vivante, il est indispensable de connaître celle que produisent les bains d'eau commune. Ceux-ci se divisent en bains entiers et demi-bains; en froids, chauds, et tempérés. Les bains entiers sont ceux où le corps plonge dans l'eau jusqu'au cou; les demi-bains sont ceux où l'eau ne s'élève que jusqu'à l'ombilic; les pédiluves et les manuluves sont ceux dans lesquels on plonge seulement les pieds ou les mains.

Il n'est point indifférent de prendre un bain à tel ou tel degré de chaud ou de froid, et les médecins retireraient bien plus d'avantages des bains, s'ils en faisaient déterminer, le thermomètre à la main, le degré qui convient aux différentes maladies et aux différents tempéraments.

Quoiqu'on prescrive rarement les bains d'eau froide auprès des sources minérales, nous en dirons un mot comme objet de comparaison avec les bains de mer.

*Bain froid.* Un bain est froid au-dessous de 15° Réaumur, 18° 75 therm. centigr.

*Effets immédiats.* Le premier effet de ce bain est le frisson, suivi d'une contraction spasmodique de la peau qui lui donne l'aspect de ce qu'on appelle vulgairement *chair de poule*. On ressent un léger tremblement convulsif et un sentiment de malaise; le pouls se resserre, se concentre; la respiration est irrégulière, et plus ou moins précipitée; on a des envies d'uriner. Peu à peu ces symptômes s'effacent, les forces vitales réagissent, la peau rougit, la vitesse du pouls augmente, et de soixante-dix pulsations, elle peut s'élever à cent vingt. Mais si l'on reste longtemps dans le bain froid, on ressent un nouveau frisson avec tremblement, la peau pâlit; une espèce d'engourdissement se fait sentir dans tout le corps. A la sortie du bain, l'homme robuste, après s'être essuyé, éprouve une sensation agréable de chaleur; cette chaleur s'exalte, et

devient brûlante ; le pouls se développe. Toutefois, dit Marcard, si l'on tient un thermomètre près de la peau, lorsqu'elle
semble être brûlante après le bain froid, il monte plus lentement que dans l'état naturel ; de là il conclut que cette chaleur est une sensation illusoire produite par la transition rapide d'une température très-basse à une autre très-élevée
relativement. Quant à l'homme faible, il a beaucoup de peine
à se réchauffer ; la pesanteur de tête, les crampes des membres, ne se dissipent qu'insensiblement à mesure que la chaleur se rétablit.

*Propriétés médicales.* Le bain froid est un remède très-actif
que l'on doit employer avec beaucoup de circonspection. Il
faut, en général, que les personnes qui prennent ce bain
n'aient pas le système nerveux trop mobile, et que leurs
forces soient suffisantes pour réagir contre l'impression du
froid. Pris à la rivière et non pas dans une baignoire, ces bains
sont un excellent remède tonique ; ils conviennent aux adultes,
et nullement aux vieillards : on les a recommandés pour les
enfants ; mais la délicatesse de la peau, la susceptibilité nerveuse de l'enfance, quelquefois excessive, ne sauraient, en général, s'accommoder du bain froid. Celui-ci est nuisible aux
personnes dont la poitrine est délicate ou malade, à ceux
qui sont sujets aux hémorragies et aux congestions cérébrales. Il est utile dans les affections asthéniques, les scrofules, le rachitis, la faiblesse générale résultant de l'ona-
nisme, de pollutions nocturnes abondantes, ou de l'excès
des plaisirs vénériens ; dans les fièvres intermittentes rebelles,
l'hystérie, l'hypocondrie, la mélancolie, la manie. Marcard
dit avoir vu, à Pyrmont, Zimmermann guérir une mélancolie
profonde avec une douleur irrégulière au bras, à l'aide de
bains froids seulement. Ce traitement avait commencé par
des bains tempérés.

Le demi-bain froid convient dans les incontinences d'urine,
les règles immodérées, les fleurs blanches. Le pédiluve froid,

continué pendant quatre heures, prévient l'inflammation dans les entorses récentes.

*Bain très-chaud.* Un bain est très-chaud à 34° Réaumur, 42° 50 therm. centigr.

*Effets immédiats.* Au moment de l'immersion dans ce bain, la peau se resserre, devient rouge, chaude, se gonfle sensiblement; une bague au doigt y devient trop étroite; la face est rouge, gonflée; le pouls très-fréquent, la respiration accélérée et difficile; on éprouve de l'anxiété, du malaise, de la soif; la sueur découle du visage; les artères du cou et de la face battent avec violence; il y a des palpitations, une oppression forte; et si l'on ne se hâte de sortir d'un tel bain, il survient des vertiges, un affaiblissement général, la syncope, et même l'apoplexie. Après le bain, la sueur continue, même à l'air froid et sans vêtements.

En général, le bain chaud laisse une légère faiblesse. Le jour que l'on a pris un tel bain, l'estomac est moins apte à la digestion; on ne peut faire une longue marche sans fatigue, et les facultés intellectuelles sont languissantes et comme obscurcies. Si l'on a soin de se retirer de l'eau chaude avant une déperdition notable de sueur, ce bain, loin d'être débilitant, devient tonique par la réaction qu'il provoque.

*Propriétés médicales.* C'est à la chaleur très-élevée de ce bain, et non à la pression de l'eau, qu'est due son action excitante, révulsive et sudorifique. Il développe un mouvement de fièvre artificielle qui est très-salutaire dans plusieurs maladies chroniques. On en use avec succès dans les anciens rhumatismes, les paralysies, les tumeurs blanches des articulations, et dans certains cas de sécheresse à la peau, accompagnée de quelques symptômes d'irritation vers les organes pectoraux et abdominaux. Ils sont nuisibles dans les cas de phlegmasies aiguës sous-cutanées, aux personnes pléthoriques sujettes aux hémorrágies, aux étourdissements.

Les demi-bains chauds sont fort efficaces dans les rétentions d'urine, les affections spasmodiques, la suppression des règles. Les pédiluves et les manuluves sont très-avantageux pour opérer une dérivation dans la céphalalgie et la difficulté de respirer.

*Bain tempéré.* Nous préférons l'expression de bain tempéré à celle de bain tiède, parce que l'acception de ce dernier mot est très-vague dans les différents auteurs. Le bain tempéré tient le milieu entre le bain très-froid et le bain très-chaud; sa température est un peu au-dessous de celle du sang, qui, comme l'on sait, est de 30° therm. Réaum., 37° 50 cent.

*Effets immédiats.* On éprouve un sentiment de bien-être, une chaleur douce et agréable à l'extérieur du corps. La peau semble s'y étendre et s'y ramollir ; il y a des envies d'uriner ; si le bain est à la chaleur du sang, le pouls conserve par minute le nombre de pulsations qu'il avait avant le bain ; s'il est un peu au-dessous, les pulsations deviennent moins fréquentes, la respiration se ralentit; sur la fin du bain, on a de la tendance au sommeil. En le quittant, on éprouve une légère sensation de froid, qui cesse dès qu'on a été essuyé et recouvert de vêtements. Falconer porte, d'après ses expériences, jusqu'à quarante-huit onces par heure ce qu'un adulte peut absorber de liquide dans un bain tiède. Le sentiment de bien-être qu'on y a goûté se prolonge encore le reste de la journée; on est délassé, rafraîchi, plus souple.

*Propriétés médicales.* Les bains tempérés sont relâchants et calmants; ils délassent les membres fatigués, et conviennent aux personnes qui ont le système nerveux délicat et mobile, la fibre sèche, et à celles qui sont d'un tempérament bilieux et mélancolique. On les emploie avec succès dans toutes les inflammations du ventre, dans les affections des reins, des uretères et de la vessie, dans les engorgements des viscères de l'abdomen, dans les rhumatismes, les maladies nerveuses, l'hystérie, certaines hypocondries accompagnées d'une chaleur brûlante et d'une insomnie opiniâtre.

Les demi-bains et les pédiluves tempérés ne s'emploient que dans les cas où les bains entiers pourraient être pernicieux.

Après avoir jeté un coup d'œil sur les bains d'eau commune, nous devons actuellement étudier les effets des bains minéraux, qui, renfermant des sels, des gaz et un calorique naturel, ont une énergie bien plus marquée.

### Des Eaux thermales.

Répandues en assez grand nombre sur le globe, les eaux thermales sont situées le plus ordinairement dans le voisinage des montagnes, dans des lieux volcanisés et stériles dont elles font souvent l'unique richesse. Les vallons où elles jaillissent sont en général salubres; l'air léger et pur qu'on y respire est très-convenable aux valétudinaires; mais les matinées et les soirées sont fraîches, humides, et les malades, pour ne pas perdre le bienfait des eaux, doivent, même en été, porter des vêtements de laine : les variations brusques de température qu'on y observe exposent les habitants à contracter des rhumatismes dont ils se guérissent en se baignant dans les eaux thermales, comme si la nature avait placé le remède à côté du mal. On a remarqué depuis longtemps que les localités thermales étaient rarement atteintes par les maladies épidémiques; cependant le choléra, qui a épargné les établissements de Gréoulx (Basses-Alpes), Avêne (Hérault), Balaruc (id.), a fait beaucoup de ravages à Bourbonne-les-Bains, surtout à l'hospice militaire.

Les eaux thermales dont les bassins sont exposés au contact de l'air et de la lumière présentent presque constamment à leur surface des *conferves*, des *trémelles*, genre de plantes cryptogamiques regardées comme des polypiers par quelques naturalistes; cette végétation, qui se reproduit très-facilement, augmente ou diminue avec la température atmosphérique;

elle est composée de matières organiques, d'après l'analyse de M. Vauquelin. Il est probable que c'est à la décomposition de ces espèces de fucus qu'est due l'origine de cette substance extractive signalée dans la plupart des analyses chimiques. Cette matière végéto-animale, que M. Longchamp appelle *barégine*, M. Anglada *glairine*, dont on trouve des traces dans l'eau ordinaire conservée, qui est plus ou moins abondante dans les eaux minérales, principalement dans les sulfureuses, est encore peu connue malgré les travaux récents de MM. Audouin, Turpin et Séguier. En effet, la barégine des eaux sulfureuses ne ressemble pas à celle de Vichy, de Plombières, d'Audinac, au limon de Néris ; nous avons examiné au microscope, avec M. Fontan, plusieurs espèces de barégine, et nous avons été surpris de leurs variétés. Quoi qu'il en soit, la barégine est une substance molle, comme glaireuse, très-variable dans sa couleur et dans sa forme, analogue aux matières d'origine animale, azotée comme elles. Il est bien probable que cette substance a une grande part dans la vertu des eaux thermales, mais l'expérience n'a pas encore prononcé à ce sujet ; pendant longtemps on lui a attribué l'onctuosité des eaux, mais cette propriété est due, selon M. Anglada, en partie au carbonate de soude.

Le phénomène le plus remarquable que les sources thermales offrent à l'observateur, c'est leur chaleur, qui reste à peu près la même depuis plusieurs siècles ; cette température, souvent élevée, est toujours inférieure à celle de l'eau bouillante. Quelques sources paraissent être en ébullition, principalement au moment des orages ; mais cet effet est dû à l'azote, et surtout au gaz acide carbonique, dont le dégagement est d'autant plus considérable que la pression de l'air atmosphérique est moindre. Les sources les plus chaudes sont celles de Chaudes-Aigues, Carlsbad, d'Ax, de Bains près Arles, etc. Il en est qui sont trop chaudes et d'autres trop froides pour servir en bains ; les plus convenables sont celles qui pour être employées, n'ont besoin d'être ni refroidies ni échauffées artificiellement, et qui se rapprochent le plus de la chaleur humaine : telles sont les eaux de Molitg, de Gréoulx, etc.

On a cru pendant longtemps que la température des eaux était invariable, et que les variations qui se faisaient remarquer dans quelques-unes d'entre elles devaient être attribuées à l'imperfection ou au défaut de concordance des thermomètres. Mais aujourd'hui que ces instruments ont acquis un grand degré de précision, il est certain que la chaleur des eaux peut présenter une différence de quelques degrés d'une année à une autre, dans l'espace de quelques mois et même dans un temps beaucoup plus court, comme le démontrent les expériences faites par M. Chevallier (1) à Vichy et au Mont-d'Or, par M. Molin à Luxeuil, par M. Longchamp et M. Fontan aux sources des Pyrénées. Ces variations s'expliquent facilement par le mélange des eaux pluviales avec les eaux thermales. En effet, tous les médecins inspecteurs ont remarqué que pendant l'été, lorsqu'il règne une grande sécheresse, les eaux ont une action plus énergique qu'au printemps, parce qu'alors leurs

---

(1) *Bulletin de l'Académie royale de Médecine*, n° 1. Dans une lettre adressée à ce corps savant, insérée dans le même bulletin, page 604, M. Bertrand, en réponse à la note de M. Chevallier, assure que depuis trente-deux ans la température des eaux du Mont-d'Or n'a point changé. Dans une note lue à l'Académie des Sciences le 14 septembre 1835, M. Legrand déclare s'être assuré par des expériences qu'il n'y a pas eu de changement notable depuis 1754 dans la température des sources des Pyrénées-Orientales. M. Ganderax dit dans son *rapport* pour l'an 1836 que M. Arago, ayant examiné dans l'été de l'année 1826 la température des sources de Bagnères-de-Bigorre, leur a trouvé le même degré de chaleur que celui qui a été signalé par Secondat en 1750, par Darquier en 1760, et par Marcorelle en 1766. Cependant cet inspecteur a remarqué plusieurs fois que la température des sources de la plaine de Bagnères-de-Bigorre diminue pendant l'hiver et les temps pluvieux.

principes sont plus condensés, le mélange des eaux pluviales n'ayant plus lieu (1). Ce fait est facile à constater pour les sources qui sont mal encaissées; telles sont celles de Monestier, d'Évaux. La fonte des neiges (Baréges), le débordement d'un étang (Balaruc) ou d'une rivière (Cambo, Châteauneuf), peuvent servir encore à rendre compte des variations de température qu'on observe dans la même source. Ce mélange ne fait pas seulement varier la chaleur de beaucoup de sources, il altère leur pureté, modifie leur composition chimique (2) et diminue leur action thérapeutique ; ce qui prouve que ce n'est pas sans raison que l'été a été choisi comme la saison la plus favorable pour prendre les eaux. Nous pensons avec M. Freycinet que beaucoup de sources thermales ont leur température d'été et leur température d'hiver.

Quand la chaleur des eaux est assez considérable, on l'utilise pour la préparation des aliments, pour les usages domestiques, pour le chauffage des étuves, des maisons (Chaudes-Aigues), des vestibules, des galeries et des vestiaires des édifices thermaux, ce qui produit une grande économie de combustible. M. d'Arcet avait engagé les fermiers de Vichy à utiliser la chaleur des eaux pour l'incubation artificielle ; cet établissement, qui n'a pas eu lieu à Vichy, a été fondé à Chaudes-Aigues, et a prospéré.

---

(1) Les chaleurs excessives qui eurent lieu pendant l'été de 1832 donnèrent beaucoup d'activité à la plupart des eaux minérales, comme l'ont constaté presque tous les rapports des médecins inspecteurs pour cette année.

(2) Il est fort probable que c'est au mélange, plus ou moins considérable, des eaux étrangères avec les sources minérales, que sont dues les différences dans les analyses d'une même source, faites par des chimistes également habiles. *Voyez* Monestier, Balaruc, Spa, etc. On conçoit que l'analyse faite dans une saison pluvieuse doit présenter moins de principes minéralisateurs que dans les sécheresses de l'été.

Les sources thermales communiquent parfois au terrain qu'elles traversent une chaleur telle, qu'elle favorise le développement d'une espèce particulière de couleuvres (*coluber thermarum*, Hipp. Cloquet). Ces êtres incommodés, mais nullement dangereux, sont très-communs à Bagnères de Luchon, à Aix en Savoie, Saint-Sauveur, Digne, Sylvanès; ils pénètrent quelquefois dans les cabinets des bains, dont on les éloigne facilement.

Pour apprécier les propriétés thérapeutiques des eaux thermales, il faudrait, dit Bordeu, connaître parfaitement la cause, la nature et les effets de leur chaleur, objets importants dont nous allons nous occuper.

*De la Thermalité, ou conjectures sur les causes de la chaleur des Eaux.*

Lorsqu'on voit sortir du sein de la terre des eaux naturelles pourvues d'une grande chaleur, on est porté à rechercher la cause de ce phénomène. On a émis à ce sujet des opinions plus ou moins hypothétiques. Jetons un coup d'œil sur celles qui ont eu le plus de vogue.

La calorification des eaux a été attribuée tantôt à l'action du soleil, tantôt à une fermentation opérée dans le sein de la terre, ou à la combinaison d'un acide et d'un alcali.

On a prétendu que le foyer qui échauffe les eaux est alimenté par la combustion lente d'un immense amas de charbon de terre. Cette opinion n'est pas dénuée de vraisemblance, s'il est vrai que, comme l'annonce le *Journal des Mines*, les eaux de Luxeuil, Plombières, Bourbonne-les-Bains, sont chauffées par des houillières, et que la mine de charbon de Saint-Étienne chauffe les eaux de Vichy. Mais, quelque considérables qu'on suppose ces amas de houille, il est facile de concevoir qu'à la longue ils doivent s'épuiser, et que cet épuisement doit s'annoncer par une diminution graduelle de la température des eaux.

Socquet (1), Martinet (2), Fodéré (3), regardent le fluide électrique comme la cause calorifère des eaux thermales. D'après ce système, on considère les montagnes comme d'énormes piles voltaïques où s'opèrent, entre les deux pôles, positif et négatif, de merveilleuses décompositions et de nouvelles combinaisons. Mais, s'il en était ainsi, les entrailles des montagnes ne devraient fournir que des eaux chaudes, ce qui est contraire à l'observation. Comment d'ailleurs seraient échauffées les eaux qui sont éloignées des montagnes? Si l'on admet avec M. Anglada que les couches terrestres constituent par leur superposition un appareil électro-moteur analogue aux piles voltaïques, la thermalité s'explique très-bien par le fluide électrique.

Pendant longtemps les chimistes et les naturalistes ont fait dépendre la chaleur des eaux de la présence des volcans. « Cela paraît assez probable, dit Nicolas (4) ; nous avons des exemples de ces embrasements qui durent depuis des siècles ; d'ailleurs rien ne répugne à croire que l'eau qui circule dans l'intérieur de la terre, venant à pénétrer dans ces volcans, en reçoit une chaleur proportionnée à la proximité du foyer. » Cette opinion se fonde sur ce que les contrées où l'on a découvert le plus de volcans sont aussi les plus abondantes en sources thermales : tels sont l'Auvergne, le royaume de Naples, le Portugal. On sait, dit M. Berzélius, qu'il existe auprès de plusieurs volcans brûlants des sources chaudes, qui, étant alimentées sans aucun doute, comme toutes les autres sources, par l'eau pluviale qui est froide et pure, doivent recevoir leur chaleur des forges volcaniques près desquelles elles passent. Cette hypothèse ne rend pas compte de la calori-

---

(1) Essai sur le calorique.
(2) Traité des mal. chron.
(3) Journ. compl. du Dict. des sciences médic.
(4) Dissert. sur les eaux de la Lorraine.

fication des eaux éloignées des volcans, à moins qu'on n'attribue, avec les physiciens modernes, ces éruptions ignées au *feu central* de la terre. Ce dernier système, accrédité par Fallope (1), Solenander (2), Kircher (3), Buffon (4), semble revivre aujourd'hui, depuis que des observations faites dans les mines, et particulièrement le forage des puits artésiens, ont appris que la chaleur augmente à mesure que l'on descend dans les profondeurs de la terre; cet accroissement de chaleur est évalué à un degré centigrade pour trente à quarante mètres, de telle sorte qu'à une demi-lieue de profondeur, la chaleur de la terre doit égaler celle de l'eau bouillante (100 degrés centigrades). Un tel résultat suppose une température intérieure très-élevée; il ne peut provenir de l'action des rayons solaires, et s'explique naturellement par la chaleur propre de la terre. Le feu central étant adopté, l'explication de la thermalité des eaux devient très-facile. « Si l'on conçoit, dit M. de Laplace, que les eaux pluviales, en pénétrant dans l'intérieur d'un plateau élevé, rencontrent dans leur mouvement une cavité de trois mille mètres de profondeur, elles la rempliront d'abord; ensuite, acquérant dans cette profondeur une chaleur de cent degrés au moins, redevenues par là plus légères, elles s'élèveront et seront remplacées par les eaux supérieures, en sorte qu'il s'établira deux courants d'eau, l'un montant, l'autre descendant, perpétuellement entretenus par la chaleur intérieure de la terre. Ces eaux, en sortant de la partie inférieure du plateau, auront évidemment une chaleur bien supérieure à celle de l'air, au point de leur sortie. » La température des eaux, à l'endroit où elles sourdent, ne peut pas

---

(1) Tractatus de medicatis aquis, 1564.
(2) De caloris fontium medicatorum causâ.
(3) Mundus subterraneus.
(4) Théorie de la terre.

nous servir à apprécier la chaleur qu'elles ont puisée au foyer, car elles ont pu être obligées de traverser des couches épaisses de terrains auxquels elles ont cédé une partie de leur calorique, ou se mêler dans leur trajet avec quelque courant d'eau froide qui abaisse leur température. C'est par ces deux causes que s'expliquent tout naturellement les variétés et dans la chaleur et dans la proportion des principes des sources d'une même localité, qui ont certainement une même origine.

### De la minéralité des Eaux.

On croit généralement qu'en traversant les différentes couches de la terre, les eaux minérales leur empruntent les principes constituants; car, comme dit Pline, *tales sunt aquæ, qualis terra per quam fluunt.* Cependant, si l'on examine attentivement la composition de plusieurs sources minérales et la nature des terrains d'où elles sortent, on voit que souvent on ne trouve dans ces terrains presque aucun des principes minéralisateurs des eaux. M. Berthier a fait cette remarque dans son analyse (1810) des eaux de Chaudes-Aigues; M. Berzélius dit que les montagnes de Carlsbad ne renferment qu'une faible quantité de substances salines, et que rien n'est aussi inexplicable que la prodigieuse quantité de sulfate et de carbonate de soude qui provient des sources de Carlsbad dans l'espace d'une année. Il est donc évident que, dans la plupart des circonstances, nous n'avons encore, malgré les théories modernes, aucune idée juste, ni sur les causes qui introduisent dans les eaux les matières que la chimie y fait reconnaître, ni sur la nature et la profondeur des couches où les eaux s'emparent de ces matières.

### Le calorique des Eaux thermales est-il identique avec celui de nos foyers?

Quelle que soit l'hypothèse qu'on adopte pour expliquer le

calorique des eaux, qu'il soit le résultat du fluide électrique ou du feu central de la terre, il paraît au premier abord n'être pas identique avec celui que nous développons dans nos foyers. La plupart des médecins qui ont écrit sur les eaux thermales trouvent, entre ces deux caloriques, des différences bien tranchées. Ainsi, ils prétendent que les eaux thermales naturelles se refroidissent plus lentement et s'échauffent plus difficilement que l'eau commune portée au même degré de température; qu'on les supporte en boisson et en bains à un degré de chaleur bien supérieur à celui de l'eau chauffée artificiellement; que l'eau thermale à 60 ou 70° cent. ne cause aucune impression désagréable sur la bouche et le palais, qui seraient douloureusement affectés par un liquide chauffé à la même température; que les sources qui donnent 70 degrés de chaleur au thermomètre centigrade, loin de cuire les végétaux, leur donnent plus de verdure et de fraîcheur. Fodéré (1), dans un mémoire sur les eaux minérales des Vosges, défend vivement cette opinion. « De même, dit-il, que nous avons fait voir qu'il y a gaz et gaz acide carbonique, de même aussi y a-t-il chaleur et chaleur. La chaleur animale est très-différente de celle de nos foyers, et celle des eaux thermales diffère beaucoup de celle des eaux communes chauffées à la même température. Cette chaleur est plus douce et plus agréable, et pour ainsi dire plus en rapport avec notre nature. Je n'aurais certainement pas pu boire de l'eau échauffée à 38° Réaum.; indépendamment de sa température trop élevée, une eau ordinaire ainsi chauffée a une saveur désagréable; au lieu que j'ai bu avec plaisir plusieurs verrées de celle du Crucifix (*source de Plombières*), qui est à la même température, sans éprouver d'autre sensation à la bouche et dans les entrailles qu'une chaleur douce qui se répandait partout. Les bains chauffés artificiellement ne tardent pas à perdre

---

(1) Journ. complém. du Dict. des sciences médic., tome vi, p. 103.

leur chaleur, et l'on a observé, depuis sept siècles que l'on fréquente les eaux de Plombières, que leur température est égale en hiver comme en été, du moins à l'exploration du thermomètre. » La plupart des chimistes et des physiciens modernes déclarent que ces assertions établies par tradition sont de vieux préjugés, et qu'elles sont évidemment contraires à ce que la physique et la chimie nous enseignent sur le calorique. Persuadé que l'on ne peut combattre des résultats de l'expérimentation que par d'autres résultats de l'expérience, M. Longchamp (1) s'est assuré par des épreuves faites sur l'eau de Bourbonne, qu'à densité égale, sous les mêmes conditions de pression et de température atmosphérique, et dans des vases dont la nature, la forme et la capacité étaient semblables, l'eau ordinaire et l'eau thermale, la première élevée artificiellement à la même température que la seconde, perdent dans des temps égaux des quantités de calorique absolument égales. Cette expérience, faite depuis longtemps (1778) par le chimiste Nicolas (2), a été répétée et confirmée par M. Anglada (3) à Escaldas; M. Bertrand (4), au Mont-d'Or; MM. Gendrin et Jacquot (5), à Plombières; et M. Chevallier (6), à Chaudes-Aigues.

C'est à tort qu'on a avancé que l'eau thermale n'entre pas plus vite en ébullition que l'eau commune; en effet, si l'on soumet ces deux sortes d'eau à l'action de la chaleur, la première conserve ses avances et entre toujours en ébullition avant la seconde.

Les eaux thermales contenues dans des vases et exposées

---

(1) Annales de chimie et de physique, an. 1823.
(2) Dissert. chim. sur les eaux minérales de la Lorraine.
(3) Mém. pour servir, etc. t. I, page 75.
(4) Recherches sur les eaux du Mont-d'Or, 2e édition.
(5) Journal général de médecine, cahier d'oct. 1827, page 87.
(6) Essai sur Chaudes-Aigues, etc.

au froid lorsque le thermomètre est au-dessous de glace, se gèlent à peu près dans le même intervalle de temps que l'eau commune.

On s'étonne qu'on puisse boire l'eau thermale à 60° cent. sans inconvénient; mais dans l'usage de la vie, des personnes ont l'habitude de prendre, à ce degré de température, du bouillon ou du café. Enfin, on s'est assuré que les fleurs déjà fanées reprennent leur éclat dans l'eau commune chauffée à la même température que l'eau thermale (1).

Quoique, d'après les physiciens, les phénomènes caloriques soient invariables, nous ne pouvons admettre que la chaleur animale et celle des eaux thermales soient identiques dans leurs effets avec celle que nous développons par les combustibles. Notre opinion est que le calorique des eaux se trouve dans un état de combinaison tout particulier qui imprime certainement à nos organes une action spéciale, laquelle n'existe pas moins, quoiqu'elle échappe aux explications des savants. Quels que soient leurs talents et la précision de leurs instruments, il y a dans les eaux comme dans l'air un *je ne sais quoi* qui se dérobe aux recherches des chimistes. On sait en effet que, d'après leurs travaux, l'air si malfaisant des marais et des hôpitaux ne diffère pas de l'air pur que nous respirons.

### De l'action thérapeutique des Eaux thermales.

Après avoir cherché à déterminer la cause et la nature du calorique des eaux thermales, tâchons d'apprécier leurs effets thérapeutiques sur l'économie animale.

Beaucoup d'eaux thermales contiennent une si faible quan-

---

(1) Madame de Sévigné ne partageait pas cette opinion. « Je mis hier moi-même, dit-elle, une rose dans la fontaine bouillante de Vichy; elle y fut longtemps saucée et ressaucée; je l'en tirai comme de dessus la tige : j'en mis une autre dans une poêlonnée d'eau chaude; elle y fut bouillie en un instant. »

tité de principes minéralisateurs, que Pline, Hoffmann, Leroy, etc., les ont regardées comme non minérales, et prétendent qu'elles n'ont pas d'autres effets que ceux des bains communs chauffés au même degré ; que si elles en produisent d'autres, ils sont dus au déplacement du malade, au changement de climat, à la distraction. Mais, de bonne foi, peut-on attribuer à ces causes la guérison ou le soulagement de ce rhumatisant perclus entièrement de ses membres, dont le corps douloureux lui a permis à peine de se faire transporter, qui a épuisé les secours les plus éclairés de la médecine, qui a fait inutilement usage des bains chauds, des bains minéraux factices ? Comment se fait-il qu'après quelques immersions dans les eaux de Bourbon-Lancy, Bourbon-l'Archambault, Néris, Bagnères-de-Bigorre, etc., ce malade a recouvré l'usage de ses membres et cette faculté locomotrice qu'il croyait avoir perdue pour toujours ? Est-ce le changement de climat qui a pu dissiper en si peu de temps le gonflement des articulations, calmer les douleurs atroces et rappeler le sommeil ? Sans doute, la chimie ne peut pas encore nous rendre compte de cette action spéciale des eaux thermales ; mais l'observation clinique nous apprend que leur chaleur, étant plus douce, rend l'immersion plus agréable ; que le bain, loin d'affaiblir le malade, le fortifie. Ces effets sont dus sans doute à la combinaison des éléments constituants des eaux, à leur calorique particulier, au fluide électrique peut-être, et enfin à des principes fugaces qui échappent à l'analyse.

Les Romains et même nos ancêtres n'employaient les eaux thermales qu'en bains ; ce n'est que depuis deux siècles environ qu'on en fait usage à l'intérieur. Il est bien digne de remarque que, malgré leur température élevée, elles sont bues sans répugnance par les malades et se digèrent facilement, pourvu qu'on ait soin de proportionner la dose à la susceptibilité de l'estomac. Il en est plusieurs qui refroidies servent de boisson aux repas : cette pratique est bonne, parce que l'eau ther-

male refroidie est moins crue que l'eau froide ordinaire et
qu'elle convient mieux dans certains vices de la digestion.
Quant au mode d'action des eaux thermales sur nos organes
intérieurs, il est encore loin d'être bien déterminé; on sait
seulement qu'elles sont un excitant qui agit sur les viscères
avec plus ou moins de force, suivant leur température, leur
composition; qu'elles pénètrent dans le torrent circulatoire
et qu'elles modifient nos humeurs. M. Renard (Athanase) (1)
considère deux agents dans l'eau thermale : 1° les minéraux,
qui agissent d'abord localement comme stimulant la membrane muqueuse gastro-intestinale; 2° le calorique, qui pénètre doucement les tissus, s'étend vers les parties voisines et
se comporte comme tonique diffusible.

En bains, le mode d'action des eaux thermales est plus
manifeste et plus facilement appréciable : sous cette forme,
elles détergent la peau, rétablissent la transpiration et opèrent une révulsion au dehors. L'appareil cutané devient
rouge, injecté, tuméfié, acquiert une chaleur, une moiteur
agréable; il est le siége d'une congestion sanguine modérée,
mais à vaste surface, souvent favorable et toujours exempte
de dangers. Il est facile de pressentir tout ce que cette légère
stimulation de la peau et la nouvelle direction imprimée aux
fluides, qui en résulte, doivent avoir d'influence pour rappeler
au dehors les différentes affections cutanées qui sont portées
à l'intérieur, rétablir les évacuations habituelles déviées, diminuées ou supprimées, déceler les maladies vénériennes
masquées ou mal guéries; de là l'efficacité des bains minéraux
dans les maladies internes qui dépendent de la métastase des
dartres, de la gale, des rhumatismes ou du virus vénérien,
de la diminution ou suppression de la transpiration, des
menstrues ou des hémorroïdes. Les eaux thermales ne sont

---

(1) Bourbonne et ses eaux thermales.

pas moins salutaires dans les affections.rhumatismales, le lumbago, la sciatique, les paralysies, les scrofules, et contre cette foule d'éruptions cutanées qui dépendent des irrégularités de la transpiration, ou d'une sécrétion anormale de la peau. Leur onctuosité réussit parfaitement à assouplir les parties ligamenteuses et tendineuses, à rendre plus libres les mouvements des membres qui ont éprouvé des contusions, des entorses, des fractures, accélère la cicatrisation des plaies d'armes à feu, des ulcères atoniques et fistuleux. Il ne faut cependant pas croire que l'on puisse indifféremment prescrire toutes les eaux thermales dans les maladies que nous venons d'indiquer : les bains étant plus ou moins excitants suivant leurs principes minéralisateurs et leur température, il faut graduer la stimulation d'après le tempérament du malade et l'état des organes. Ainsi les eaux actives de Baréges, Cauterets, Bagnères-de-Luchon, Bourbonne-les-Bains, sont fort utiles dans les affections scrofuleuses et les rhumatismes dont sont atteints des individus lymphatiques ou peu irritables ; tandis que dans les rhumatismes accompagnés d'une grande sensibilité, dans les névroses, les eaux peu excitantes de Néris, Bains, Luxeuil, d'Ussat, de Bagnères-de-Bigorre, sont bien plus salutaires. Les maladies cutanées compliquées d'inflammation et d'éréthisme nerveux se trouvent mieux des eaux légèrement salines d'Avênes, de Néris, de Luxeuil, etc., que des eaux fortement sulfureuses.

Les bains d'eau minéro-thermale n'agissent pas seulement sur le système dermoïde ; il est certain qu'une partie de leurs principes constituants est absorbée par la peau, se mêle avec le sang, et peut modifier d'une manière avantageuse nos humeurs et la vitalité de nos organes. Westrumb a prouvé que la peau de l'homme absorbe différentes substances dissoutes dans un bain tiède ; MM. Darcet et Chevallier ont constaté qu'un seul bain d'eau de Vichy suffit pour rendre les urines alcalines. Aussi l'usage externe des eaux doit être toujours considéré comme un puissant auxiliaire du traitement interne.

La température des bains étant à elle seule un très-puissant modificateur de l'économie, il est essentiel de l'approprier à la nature de l'affection : ainsi les bains *chauds* (42° cent.) doivent être employés avec beaucoup de prudence, parce qu'ils deviennent facilement nuisibles par la surexcitation qu'ils produisent. En entrant dans ce bain, on éprouve une sensation de surprise causée par la chaleur, il semble qu'on ne pourra s'y plonger tout entier; cependant on s'y accoutume bientôt; au bout de dix à quinze minutes, toute l'habitude du corps acquiert plus de volume : les veines se gonflent, la respiration devient difficile, la figure rougit, se couvre de sueur; le pouls est plein, dur et fréquent. C'est alors qu'il faut se hâter de retirer le malade de l'eau; un plus long séjour déterminerait des congestions sanguines vers les principaux viscères, et même des phlegmasies. On a recours à ces bains chaque fois qu'on veut produire une révulsion énergique à la peau; par exemple, dans les rhumatismes froids, les sciatiques et les paralysies locales. On doit s'en abstenir dans les paralysies suites d'apoplexie.

Les bains minéraux *tempérés* (35 à 36° cent.) sont appropriés à un bien plus grand nombre de maladies; ce sont ceux dont on se sert le plus ordinairement dans les établissements thermaux; ils ralentissent le pouls, laissent un sentiment d'agilité, de fraîcheur et d'hilarité, et sont très-salutaires dans la plupart des maladies chroniques en favorisant la répartition plus uniforme du sang, en régularisant l'action des différents organes. On les recommande aux personnes dont le système nerveux est délicat, mobile, et la fibre sèche; à ceux qui sont d'un tempérament bilieux et mélancolique. On peut prendre une grande quantité de ces bains sans éprouver la fatigue et l'affaiblissement que causent souvent ceux d'eau commune. On voit fréquemment des malades s'étonner de pouvoir conserver et même de gagner des forces en se baignant tous les jours pendant plusieurs semaines dans de l'eau minéro-thermale, tandis que quelques bains d'eau douce suffisaient pour les affaiblir à tel point qu'ils étaient obligés d'y renoncer.

En général, sauf les exceptions apportées par les diverses maladies et les idiosyncrasies des sujets (car on rencontre des malades qui ne peuvent supporter que des bains chauds), les individus sanguins et nerveux se trouvent bien des bains frais (30 à 32° cent.). Aux tempéraments lymphatiques, au contraire, conviennent des bains plus chauds (35 à 37° cent.). Le bain frais, qui produit une sédation nerveuse, peut se prolonger avec avantage pendant plusieurs heures; les succès qu'on en obtient dans les maladies nerveuses sont quelquefois surprenants. On sait que dans le siècle dernier Pomme combattait ces maladies par des bains qui duraient six, dix et même douze heures. Dans plusieurs établissements thermaux de la Suisse, on se baigne habituellement de six à douze heures par jour. Berthemin rapporte que de son temps (1609) on restait tout le jour dans les bains de Plombières.

Puisque le calorique des bains exerce une si grande influence, il faut veiller avec soin à leur choix et à la graduation de leur température; c'est en cela que consiste le secret des guérisons obtenues dans les établissements thermaux.

Nous n'avons parlé jusqu'à présent que des bains entiers; les *demi-bains* où le corps est plongé dans l'eau jusqu'à l'ombilic sont recommandés particulièrement aux personnes délicates, qui éprouvent sous l'influence du bain général un sentiment de gêne ou d'oppression vers la région épigastrique ou de trouble dans la respiration, et plus spécialement encore à ceux chez lesquels on a lieu de redouter l'afflux du sang vers le cerveau. Dans ce dernier cas, le demi-bain un peu chaud peut agir avec efficacité comme dérivatif. Il est inutile d'avertir que les parties qui ne plongent pas dans le bain doivent être couvertes avec précaution.

Les bains minéraux produisent souvent un exanthème (*psydracia thermalis*) qui ressemble tantôt à la scarlatine, tantôt à la miliaire ou à d'autres maladies cutanées. C'est ce qu'on appelle *la poussée* à Louesche. Cette éruption, déterminée par un effort salutaire de la nature, peut opérer une dérivation fort utile ; elle est souvent un avant-coureur du rétablissement de la santé : les ouvrages des médecins inspecteurs en fournissent de nombreux exemples. La guérison des catarrhes pulmonaires chroniques, des gastralgies, des entérites, est souvent précédée de rougeurs, d'ébullitions, d'éruption de petits boutons à la peau, de gonflements articulaires, et même de dartres dont les malades ignoraient porter le germe. Ces exanthèmes, loin d'être dangereux, peuvent être considérés comme un bienfait des eaux; ils se dissipent spontanément, même en continuant les bains ; s'il reste des rougeurs isolées ou quelques démangeaisons à la peau, après la fin du traitement, nous engageons les malades à les respecter; c'est un moyen d'assurer leur guérison et de prévenir les rechutes.

*Pédiluves.* Dans plusieurs établissements, on fait prendre avec succès des bains de pieds dans l'eau thermale à la naissance même des sources, afin que la chaleur soit plus élevée. On conseille ces bains dans les gonflements atoniques et la faiblesse des jambes, dans les céphalalgies opiniâtres, la dyspnée, les toux prolongées, et dans tous les cas où il est essentiel de rappeler le sang vers les extrémités inférieures. C'est pour cette raison qu'en sortant d'un bain chaud ou d'un bain de mer qui tend à congestionner les organes internes, il est utile de prendre un pédiluve chaud. On se sert des pédiluves dans l'eau thermale tempérée pour les ulcères atoniques des jambes, etc.

Les bains peuvent être pris dans des baignoires ou dans

des piscines ; ces deux manières ne sont pas indifférentes, ainsi que nous le prouverons dans l'article suivant.

## Des Piscines.

On entend par *piscines*, *bains collectifs* ou *en commun*, des bassins plus ou moins vastes remplis d'eau thermale, où un nombre plus ou moins considérable de personnes peuvent se baigner ensemble. Les Romains en faisaient leurs délices, comme le démontrent les grandes piscines qu'ils avaient fondées auprès de la plupart des sources thermales de la Gaule, et dont on a fait, dans plusieurs localités, des bains privés pour se conformer au goût et à la délicatesse moderne. Ces anciens maîtres du monde avaient reconnu sans doute que le bain dans une eau courante et chaude est beaucoup plus salutaire que dans une baignoire. Un de nos plus grands rois, Charlemagne, avait la même opinion, puisqu'il fit construire à Aix-la-Chapelle une piscine où plus de cent individus pouvaient se baigner à la fois. On voyait autrefois à Plombières un bassin que Camérarius compare à un lac, et dans lequel, au rapport de Toignard (1581), pouvaient tenir à l'aise cinq cents personnes. Plusieurs médecins inspecteurs ont remarqué que les soldats et les indigents qui se baignent dans des piscines guérissent plus vite que les gens riches qui prennent des bains particuliers. M. Bertrand croit que cette différence doit être attribuée à une autre cause. « Les personnes qui se baignent dans les piscines ne sont-elles pas, dit-il, toutes choses égales d'ailleurs, dans des conditions plus favorables à leur rétablissement? C'est l'habitant de la campagne que n'ont énervé ni les travaux du cabinet, ni les tourments de l'ambition, ni les plaisirs, ni les veilles, ni la *douilletterie* des cités; ses affections, ordinairement simples, ne sont pas aggravées par l'imagination, etc. Baignez le riche dans les piscines et le paysan dans les bains particuliers, et c'est ici qu'il y aura le plus de guérisons. » Mais ce ne sont pas seulement des paysans

qui se baignent dans les piscines de Louesche, Luxeuil, Plombières, Bains, Néris, etc. ; on y voit des personnes de toutes
les classes en obtenir des résultats très-avantageux. On conçoit en effet que, dans les bains en commun, la masse d'eau,
étant considérable, exerce sur la surface du corps une pression bien plus grande que dans une baignoire ; elle n'a pas,
comme l'eau de celle-ci, l'inconvénient de se refroidir aussi
vite, étant continuellement renouvelée par des courants d'eau
afférents et déférents ; les principes minéraux de l'eau doivent,
à raison de ce renouvellement continuel, s'y présenter par
conséquent en plus grande abondance, être absorbés en plus
grande quantité, et exciter d'une manière plus soutenue le
système cutané. Dans les piscines, l'eau thermale conserve
une grande partie des gaz qui font sa principale vertu, tandis
que, dans les baignoires, il faut souvent laisser refroidir ce
liquide avant d'y entrer ; pendant ce temps, les gaz s'échappent, et l'eau du bain n'a guère d'autre action que celle des
bains ordinaires. Dans les maladies nerveuses, dans celles de
la peau, où les bains doivent être prolongés et à température
peu élevée, les bains collectifs sont bien préférables ; les
thermes de Louesche, où l'on reste dans l'eau thermale pendant
six heures chaque jour, ne doivent-ils pas une partie de leur
efficacité à ce séjour prolongé ? et quelle est la personne assez
patiente pour demeurer aussi longtemps dans une baignoire,
où l'ennui et les idées tristes assiégent ceux qui n'y font pas
diversion par la lecture (1) ? Dans les piscines, la conversation est ordinairement gaie, amusante et variée ; chaque baigneur a, sur une table flottante, un panier dans lequel il
tient son mouchoir de poche, sa tabatière, le journal ou ses
livres ; il y prend son déjeuner ou son goûter ; souvent ces

---

(1) Pour prévenir cet inconvénient, on peut dans une salle établir plusieurs baignoires, ce qui permet à ceux qui les occupent de jouir de la
société et de se livrer au plaisir de la conversation.

tables sont ornées de fleurs. Les malades guérissent en passant leur temps agréablement. Quant à la décence, la publicité de ces bains, autour desquels tout le monde peut circuler, en est une garantie ; il ne se passe rien de contraire aux bienséances à Luxeuil, Plombières, Néris, Louesche. Avant d'entrer dans le bain, chacun se couvre d'une longue robe en flanelle ou de grosse toile grise qui ne dessine pas trop les formes et qui enveloppe le corps depuis le cou jusqu'aux pieds. On peut d'ailleurs fixer des heures différentes pour les bains de chaque sexe, ou bien établir des piscines séparées et à différents degrés de température, comme cela se pratique à Plombières. Que les riches surmontent donc un vain préjugé ; qu'ils se plongent dans les piscines ; ils sont assurés de guérir plus vite et plus agréablement que dans des baignoires.

D'après ce qui précède, il nous paraît essentiel que, dans toutes les localités où les eaux thermales sont très-abondantes, comme à Chaudes-Aigues, Bagnère-de-Bigorre, Néris, Bourbon-Lancy, Bains-près-Arles, etc., on creuse de vastes bassins où les malades pourront se baigner, se promener, à l'aide de cordes tendues d'un côté à l'autre des bassins, et même s'exercer à la natation, comme on le fait à Aix en Savoie. Nous avons vu des jeunes gens scrofuleux se féliciter de cet exercice agréable et salutaire ; si le bain de rivière ou de mer doit une partie de ses bons effets à la succussion qu'exerce l'eau sur la surface du corps, il n'est pas douteux que la faculté de nager dans une eau thermale doit ajouter à son efficacité. Nous sommes convaincus que les thermes où seront établis de semblables bassins attireront un grand concours de visiteurs.

Si les piscines rendent de grands services dans les localités riches en eau thermale, elles sont indispensables dans les établissements dont l'eau minérale n'est pas assez abondante pour fournir à un grand nombre de bains ; il faut en effet un volume d'eau moins considérable pour alimenter une piscine, qui peut contenir à la fois vingt à trente baigneurs, que pour fournir l'eau nécessaire à un même nombre de baignoires. Il est encore un autre motif pour créer partout des piscines ; c'est que le prix élevé des bains isolés empêche beaucoup de malades de prolonger leur séjour aux eaux, et probablement d'y aller. En voyant que les bains d'eau thermale, lesquels n'ont pour toute dépense que les premiers frais d'établissement, se paient plus cher qu'à Paris, où il y a en plus l'achat de l'eau, du combustible, les malades, même les plus aisés, se récrient avec raison sur une différence qui devrait être tout entière en faveur des eaux naturellement chaudes, tandis que c'est le contraire. L'intérêt bien entendu des localités thermales étant d'y voir affluer un grand nombre d'étrangers pour faciliter la consommation de leurs produits, il est utile de fonder, à l'instar des Romains, de vastes bassins communs qui sont à la fois plus salutaires, plus récréatifs, et moins chers que les bains privés.

### Refroidissement des eaux trop chaudes.

Il y a des eaux thermales dont la température est si élevée, qu'il serait dangereux d'en faire usage en bains sans opérer leur refroidissement. Pour obtenir ce résultat, on suit dans les établissements thermaux différents procédés. 1° On mélange l'eau thermale avec de l'eau commune ; ce moyen, qui diminue l'énergie de l'eau minérale, est cependant le moins défectueux. 2° On expose à l'air libre le bassin ou la baignoire pendant un espace de temps déterminé ; ce procédé prive les eaux de leurs gaz, qui sont souvent les principes les plus actifs. Les malades ne prennent alors qu'un bain presque sans action médicamenteuse. 3° Pour prévenir le dégagement des gaz, on peut laisser refroidir les eaux thermales dans un réservoir couvert, à l'abri du contact de l'air, ou bien laisser refroidir une portion d'eau thermale, dont on se sert ensuite pour tempérer la chaleur du bain. 4° Enfin on peut refroidir l'eau thermale en la conduisant par des canaux bien fermés, à travers l'eau froide, pendant un trajet calculé, de manière à la faire arriver dans les baignoires ou les piscines à la température fixée par le médecin. L'eau thermale ainsi refroidie conserve avec elle toutes ses substances fixes et volatiles, et par conséquent son efficacité thérapeutique.

### Caléfaction artificielle des Eaux minérales.

S'il est beaucoup de sources thermales dont on est obligé d'opérer le refroidissement, il existe plusieurs eaux minérales dont la température trop basse a besoin d'être élevée pour les employer en bains. Pour augmenter la température, on a l'habitude dans quelques établissements de faire chauffer dans un vase découvert l'eau minérale, qui alors laisse dégager promptement ses gaz sous l'influence de la chaleur, et perd ainsi une grande partie de ses propriétés. Pour éviter ce grave inconvénient, on peut chauffer l'eau minérale à l'aide de la vapeur, qu'on distribue par le moyen de canaux conducteurs qu'on fait serpenter à travers la masse du liquide contenu dans un grand cuvier en bois; c'est ce qu'on fait à Enghien et à Uriage.

### Des Boues minérales.

Les boues minérales sont des substances épaisses, formées de terres molles, argileuses et imprégnées de matières minérales, que les eaux entraînent avec elles. Elles forment des espèces de bains qui ne diffèrent des bains minéro-thermaux que par la consistance et les matières qui les composent. Leurs propriétés sont en général plus actives, probablement parce que les principes minéralisateurs des eaux sont plus concentrés avec les matières terreuses, et que la terre molle exerce une pression plus-considérable, en raison de sa consistance, sur le corps ou la partie du corps qu'on y plonge. C'est pour cela qu'on obtient des effets souvent plus marqués des boues de Saint-Amand et de Barbotan que des eaux minérales; on les recommande comme toniques dans les tumeurs indolentes, les rhumatismes froids, les ulcères atoniques, la faiblesse des membres, la sciatique, l'ankylose fausse. On les emploie sous forme de cataplasme sur la partie malade, et en y plongeant un membre ou le corps tout entier. On y reste aussi longtemps que dans un bain ordinaire; en sortant des boues, on se lave dans un bain thermal, et on se repose ensuite dans un lit.

On se sert aussi en topique, 1° de la *glairine*, de cette matière végéto-animale que déposent en grande quantité les eaux sulfureuses; 2° du sédiment des eaux, et du limon qui, formé par les conferves, est si abondant à Néris.

### *Des Douches. — Des Injections.*

La douche est une colonne d'eau qui vient frapper avec une vitesse déterminée une partie quelconque du corps. Le réservoir qui contient le liquide de la douche peut être la source miné-rale, ou bien peut être construit par l'art; dans ce dernier cas, l'eau y est élevée au moyen d'une pompe, ce qui a lieu dans la plupart des établissements thermaux.

Lorsque la colonne du liquide tombe verticalement et arrive directement dans ce sens à la partie sur laquelle elle doit agir, la douche se nomme *descendante*; si la colonne du liquide est dirigée horizontalement, elle constitue la douche *latérale*; enfin, lorsque l'eau jaillit de bas en haut, c'est la douche *ascendante*.

L'eau qui sert à la douche peut être chaude, tempérée ou froide, et à tous les degrés de température intermédiaires; la hauteur du réservoir varie depuis quatre pieds jusqu'à soixante (Enghien) au-dessus du sol. L'action de la douche est en raison directe de la hauteur de la chute, du diamètre du tuyau,

de sa direction, de la charge qu'on donne au réservoir, du
degré de chaleur ou de froid de l'eau, et de l'énergie des
substances qui la minéralisent. On conçoit dès lors qu'une
douche indiquée pour un malade pourra ne pas convenir pour
un autre. Il se trouve beaucoup de cas où cette remarque ne
doit pas être négligée, si l'on veut prévenir de fâcheux accidents que l'on impute aux eaux, tandis qu'ils ne sont dus qu'à
leur administration inconsidérée. Il est donc nécessaire que
dans chaque établissement thermal il y ait des douches dont
on puisse varier le calibre des tuyaux, la hauteur de la chute,
et la chaleur du liquide. Pour graduer l'épaisseur de la colonne
du liquide, il faut avoir des tubes d'ajutage, dont la lumière
varie depuis une jusqu'à quatre et six lignes de diamètre;
on se sert souvent d'ajutages en pomme d'arrosoir, lorsqu'on veut éparpiller, sous forme de pluie, le liquide minéral.
Les tuyaux doivent être flexibles et convenablement disposés,
pour qu'on puisse à volonté diriger la douche avec la main.
Les douches devraient être disposées de telle sorte, qu'elles
aillent en augmentant de force, comme à Luxeuil; ainsi la
première a neuf pieds d'élévation, la seconde douze, etc.,
jusqu'à la dernière, dont la hauteur est d'environ trente pieds.
On conçoit l'avantage que les malades peuvent retirer d'un
moyen dont l'énergie peut être augmentée ou diminuée à
volonté.

On fait un fréquent usage de cette médication dans les établissements d'eaux minérales; on n'y a recours ordinairement
qu'après avoir pris des bains pendant quelques jours. On peut
recevoir la douche avant, pendant ou après le bain; ces trois
manières sont également bonnes; néanmoins nous la préférons
avant le bain, parce que l'immersion dans l'eau thermale après
la douche calme l'excitation cutanée. En général, il faut que
la partie que l'on douche soit solidement affermie, qu'elle ne
vacille point, qu'elle soit à nu; on la frictionne légèrement;
pour préserver les parties voisines de l'impulsion du liquide,

on peut se servir de ces diaphragmes en bois qui ne laissent d'accessible à la douche que la partie malade. Lorsqu'on fait jouer la douche, il faut que le tuyau ne soit pas éloigné de plus de deux pieds de l'organe qu'on veut frapper, afin que la percussion soit moins pénible. L'impression des douches doit être graduée ; on commencera par un jet d'eau modéré, qu'on rendra de jour en jour plus fort.

La douche augmente l'action vitale de la partie sur laquelle elle frappe ; elle rougit la peau, la couvre de petits boutons qui formeraient de véritables ampoules, si son action était de longue durée. On ne doit pas la prolonger au delà d'un quart d'heure, si on la reçoit sur un seul point. Les douches pro-longées, au lieu de produire une excitation modérée, salu-taire, peuvent déterminer des inflammations graves ; on a vu des douches violentes dirigées sur la tête, la colonne vertébrale, l'abdomen, produire des arachnitis, des myélites, des coliques, des vomissements, etc. Administrées avec pré-caution, les douches sont un des moyens les plus énergiques que l'art possède contre une foule d'affections locales ; prises sur toute la surface du corps, elles sont un sudorifique plus puissant que les bains. La percussion et l'ébranlement qu'elles occasionnent se propagent dans la profondeur des tissus, en changent le mode de vitalité, y réveillent une activité nou-velle qui se transmet aux organes internes et suscite en eux des réactions favorables. Toutes les fois que dans un point quelconque on veut stimuler l'action vitale, ou faire passer une inflammation chronique à l'état aigu, on est certain d'ob-tenir cet effet en faisant frapper la douche sur cette partie. On y a recours avec succès dans les cas d'atonie et de relâ-chement partiel, dans les ankyloses incomplètes, les contrac-tures des membres, la gêne, la raideur des articulations, les rhumatismes chroniques, la sciatique, le lumbago, la faiblesse et les paralysies locales, les engorgements indolents, les tu-meurs blanches sans complication inflammatoire, les dartres

circonscrites et rebelles, etc. On dirige les douches sur le rachis dans la paralysie des membres, dans quelques névroses
des parties génitales, et principalement dans la faiblesse générale, l'épuisement, qui sont la suite de la masturbation ou de
l'excès des plaisirs vénériens; dans ce dernier cas, la douche
restitue souvent une vigueur dissipée avant l'âge. Dirigée sur les
lombes, l'hypogastre, les cuisses, le périnée, elle est un des
moyens les plus puissants pour rétablir les flux menstruel ou
hémorroïdal. Appliquée avec ménagement sur les parois du
ventre, elle est utile dans les engorgements chroniques des
viscères contenus dans cette cavité. C'est avec beaucoup de
réserve qu'on doit l'administrer sur la tête, dans la crainte
de donner un ébranlement dangereux au cerveau : il faut alors
se servir d'une eau tempérée, 32 à 33° cent. On emploie la
douche par un jet très-mince dans les dartres de la face et
dans les inflammations chroniques des paupières.

Après la douche, il est avantageux de se coucher dans un
lit un peu chaud pour maintenir la transpiration qui a été
excitée; on peut prendre un consommé, une tasse de chocolat ou un peu de vin. Les douches doivent être interrompues durant l'époque menstruelle et le flux hémorroïdal.
Elles sont contre-indiquées toutes les fois qu'apparaissent des
indices de pléthore, d'éréthisme nerveux, de tendance à une
phlegmasie, ou de congestions sanguines. Ce n'est qu'avec
prudence qu'on doit les employer dans les engorgements
articulaires déterminés par la goutte ou le rhumatisme goutteux; une seule douche suffit quelquefois pour rendre à un
impotent la faculté de marcher, mais cette guérison est souvent suivie d'une métastase du principe morbide sur un organe important.

*Douche ascendante.* Les détails précédents concernent les
douches descendantes et latérales, qui sont en usage pour
toutes les parties du corps; la douche *ascendante* s'applique
spécialement au rectum, au vagin ou au périnée. Le tuyau

conducteur de cette espèce de douche est terminé par un
ajutage dont l'extrémité présente une ou plusieurs ouvertures.
On se sert fréquemment de ces douches pour vaincre des
constipations opiniâtres; dans ce cas, le malade étant assis
sur un siége convenablement disposé, on ouvre l'ajutage à
une très-petite distance de l'orifice du rectum; la colonne du
liquide surmonte la résistance que lui offre le sphincter de
l'anus; cet orifice cède et s'ouvre, la colonne admise est soutenue par le jet continu qui s'oppose à sa sortie; l'eau ainsi
projetée pénètre très-avant; les contractions des intestins, pro-
voquées plus fortement, chassent les matières fécales. Il est à
désirer que tous les établissements thermaux soient pourvus
de douches ascendantes, qui peuvent remplacer avec avantage les purgatifs dans l'état de constipation. Elles ne sont pas
moins utiles comme toniques et détersives dans les fleurs
blanches, le relâchement de l'utérus ou du vagin, dans l'inflammation chronique du côl de la matrice. L'extrémité de la
canule en gomme élastique dont on se sert dans ces circonstances doit être terminée par un trou d'une ou deux lignes
au plus de diamètre, pour obtenir une véritable douche,
tandis que les canules à olive ordinaire ne produisent presque
qu'un arrosement du vagin. L'eau qui sert à la douche doit
être tempérée ou froide, suivant l'indication; on peut prendre
la douche ascendante plusieurs fois par jour pendant dix à
quinze minutes.

*Injections.* Les injections, qui sont de petites douches, sont
souvent mises en usage dans les localités thermales, particulièrement pour les plaies fistuleuses, la carie des os, les écoulements chroniques de l'urètre, les hémorragies passives de
la matrice, les fleurs blanches; dans ces derniers cas, on peut
rendre l'eau thermale astringente en y ajoutant un peu de
sulfate d'alumine.

On retire quelquefois de très-bons effets des eaux minérales
en lavement, soit pour exciter les selles, soit pour agir locale-

ment sur les gros intestins malades. Ce mode d'administration des eaux est trop négligé.

## Des Étuves ou Bains de vapeurs.

Les étuves ont été distinguées en sèches et en humides : les premières doivent exclusivement leurs effets au calorique ; les étuves humides agissent par le calorique combiné avec l'eau en vapeur. Les unes et les autres excitent vivement la surface de la peau et déterminent une transpiration abondante.

Dans la plupart des établissements thermaux, l'étuve est formée par des vapeurs qui, se dégageant de sources très-chaudes, sont coercées et retenues dans un cabinet construit en maçonnerie et bien voûté. Cette vapeur qui s'élève de la source pénètre à travers les ouvertures laissées à dessein dans le plancher du cabinet, et le remplit d'une espèce de fumée chaude et aqueuse. C'est dans ce cabinet que le malade reste nu, le corps entier étant exposé à l'action de cette vapeur chaude ; il peut se tenir debout, s'asseoir sur une chaise, etc. En entrant, il éprouve d'abord une impression pénible, un resserrement vers la poitrine ; mais bientôt il s'habitue à la vapeur, il sent une douce chaleur, ses veines se gonflent, la face devient rouge, vultueuse. Une température de 37 à 42° cent. suffit pour provoquer promptement une sueur universelle. On ne doit pas séjourner plus de dix à quinze minutes dans l'étuve ; un séjour plus prolongé cause de la céphalalgie, des vertiges et même la syncope. Le malade sort de là bien essuyé, habillé chaudement, et va lui-même ou se fait transporter dans un lit chaud, où il boit un bouillon ou quelques tasses d'une infusion de tilleul, afin de favoriser et d'entretenir la transpiration, que l'on doit continuer pendant une demi-heure ou une heure. C'est dans le lit seulement que la sueur est abondante, car dans l'étuve l'eau qui ruisselle de tout le corps provient en grande partie de la condensation de la vapeur sur la peau. Il est à désirer que les étuves soient disposées de telle sorte que la tête soit soustraite à la vapeur ; ce serait le moyen de prolonger plus longtemps le séjour dans l'étuve et d'éviter la céphalalgie ; on obtiendrait ce résultat en fermant la paroi supérieure de l'étuve avec des planches parfaitement jointes où l'on pratiquerait des ouvertures pour le passage de la tête des malades ; on pourrait entourer le cou avec une serviette pour intercepter la sortie de la vapeur.

Les étuves sont préférables dans plusieurs circonstances aux bains d'immersion, parce qu'il est démontré par l'expérience que l'eau vaporisée pénètre le système cutané d'une manière bien plus active que lorsque la force de cohésion la maintient dans l'état liquide. Elles sont en général très-utiles pour rétablir les fonctions de la peau, pour combattre les douleurs rhumatismales, les sciatiques, les maladies cutanées, les douleurs vagues qu'éprouvent souvent les femmes à la suite des couches, et qu'on attribue à la déviation du lait ; on en a obtenu de bons effets dans les rhumes de cerveau, de poitrine, et on a vu des personnes enrouées recouvrer le timbre de leur voix après être restées quelques minutes dans une étuve. Cette médication est nuisible aux femmes enceintes, aux individus sujets aux crachements de sang, et à ceux qui ont une constitution trop faible, une fibre trop délicate.

Les étuves seraient encore bien plus efficaces si elles étaient construites à l'instar des bains de vapeur russes, et si on pouvait y administrer des douches à divers degrés de température, des douches froides et chaudes alternativement ou simultanément. Cette dernière combinaison, qui constitue la *douche écossaise*, est très-salutaire dans les névralgies de la tête, le tic douloureux et le rhumatisme fixé sur le cuir chevelu. Si on ajoutait à ces moyens le *massage*, qui consiste à presser, pétrir les membres, à faire craquer les articulations ; les *onctions* de tout le corps avec du savon et les *affusions d'eau froide*, la peau étant couverte de sueurs, nous ne doutons pas que ces agents énergiques, employés par des médecins instruits, ne triomphent de maladies opiniâtres. C'est à l'aide de ces moyens perturbateurs que les médecins d'Aix en Savoie, de Néris, augmentent ou raniment l'action des vaisseaux et des fibres, débarrassent le tissu cellulaire souscutané du superflu de sérosité qui l'empâte dans quelques maladies par relâchement des tissus, et qu'ils obtiennent des succès inespérés dans la chlorose, la leucorrhée, les hémorrhagies et les sueurs passives, les palpitations nerveuses prises pour des anévrismes du cœur, la déformation commençante de la taille chez les jeunes personnes, la débilité générale, l'apathie, l'abattement, enfin dans tous ces cas pathologiques obscurs qui effleurent tous les organes sans constituer une maladie caractérisée et qui s'aggravent sous l'influence des médicaments.

Quelques médecins prétendent que les douches et les étuves qu'on administre aux sources thermales n'ont pas d'autres effets que ceux qui sont produits par les douches et les bains de vapeurs d'eau commune. Nous n'invoquerons ici que l'expérience, qui apprend que des malades qui avaient pris sans succès chez eux des douches et des bains de vapeur, ont été assez promptement guéris par les douches et les étuves d'eau thermale.

### CONCLUSION.

Les eaux minérales en boisson, en bains, en boues, en douches et en étuves, tel est l'ensemble des moyens dont se compose le traitement des maladies chroniques dans les établissements thermaux. Quoique peu nombreux, ces agents, dirigés par des mains habiles, donnent lieu à un grand nombre de médications différentes suivant la température, la durée des bains, des douches, des étuves, et suivant qu'on les administre isolés ou combinés entre eux. Ainsi, par exemple, dans les névroses, les bains seront tempérés, prolongés, les douches seront tièdes, courtes et en arrosoir; dans les rhumatismes, les paralysies locales, les raideurs des articulations, il faut avoir recours aux bains chauds, aux douches chaudes, aux bains et douches de vapeur et en général à tous les moyens énergiques. Si l'on veut opérer une perturbation plus forte, on mettra en jeu simultanément des moyens opposés; on donnera des bains à diverses températures, des douches plus ou moins froides dans les étuves, des douches froides et chaudes alternativement au même individu. (*Voyez* Néris.) Employées sous ces différentes formes, les eaux minérales peuvent donc remplir une foule d'indications, et remplacer beaucoup de médicaments, quand elles sont administrées par des médecins prudents et expérimentés. C'est ici le lieu de rappeler que les bons médecins font les bonnes eaux.

Il nous reste maintenant à faire l'application des principes que nous venons d'exposer, à l'étude de chaque source minérale; c'est ce qui va faire le sujet de la deuxième partie de cet ouvrage.

# DEUXIÈME PARTIE.

## CLASSE PREMIÈRE.

### EAUX MINÉRALES SULFUREUSES

(SYNON. HYDRO-SULFUREUSES, SULFURÉES, HÉPATIQUES).

## Considérations générales.

Les eaux minérales sulfureuses tirent leur nom du gaz hydrogène sulfuré ou de l'hydro-sulfate de soude qu'elles contiennent; elles sont très-nombreuses dans les Pyrénées et ne se montrent ordinairement que dans les terrains granitiques, ou du moins dans les terrains primordiaux. Avant d'examiner chaque source en particulier, jetons un coup d'œil sur leurs propriétés en général.

*Propriétés physiques.* L'odeur de ces eaux est plus ou moins fétide; elle a beaucoup de rapport tantôt avec celle des œufs gâtés, tantôt avec un œuf récemment cuit. Plusieurs sources, celles de Saint-Amand, de Barbotan, d'Évaux, de Bagnoles (Orne), etc., répandent une odeur analogue sans avoir cependant fourni aux chimistes la plus petite proportion de gaz hydrogène sulfuré; la cause de ce phénomène dépend sans doute de l'extrême volatilité de ce gaz, dont une faible quantité suffit pour communiquer une odeur hépatique à un volume d'eau considérable. Quelquefois aussi cette odeur est accidentelle, et tient à la décomposition de matières animales ou végétales qui sont dans les bassins ou près des sources : c'est ainsi que des eaux qui paraissaient au premier abord sulfureuses ont cessé de l'être, lorsqu'on a nettoyé les bassins ; il suffit qu'une eau soit chargée de sulfate de soude ou de sulfate de chaux, et qu'elle soit en contact avec des matières organiques, pour qu'elle dégage l'odeur hépatique. Ainsi à Bilazay (*voyez* ce mot) une source saline devient sulfureuse en se mêlant avec les détritus d'un lavoir ; la source de Pinac, à Bagnères-de-Bigorre, acquiert les propriétés hépatiques en traversant une couche très-épaisse de tourbe.

Toutes les eaux sulfureuses contiennent en plus ou moins grande quantité une matière pseudo-organique encore peu connue, désignée sous les noms de *matière grasse*, *barégine*, *glairine*. Cette matière, qui a l'apparence muqueuse, est douce au toucher, se présente sous diverses formes : tantôt elle est fibreuse, floconneuse, tantôt zonaire, compacte et membraneuse ; sa couleur est blanche, brune, verte ou rouge (1).

---

(1) Un élève distingué de M. Barruel, M. Fontan, qui prépare un travail sur l'analyse des eaux des Pyrénées, a bien voulu nous montrer la barégine qu'il a recueillie dans ces différentes sources. Il admet deux espèces de barégine ; l'une *vraie*, l'autre *fausse*. La première ressemble beaucoup à de la gelée : elle est inodore, ne paraît pas susceptible de décomposition, puisque nous en avons vu une assez grande quantité qui était déposée dans un flacon depuis deux ans et qui s'était conservée sans altération ; la *fausse*, au contraire, se décompose assez promptement et dégage une forte odeur d'hydrogène sulfuré ; elle consiste en filaments blanchâtres, brunâtres, noirâtres ; elle est constamment blanche quand elle n'est pas exposée à la lumière ; le contact de l'air favorise son développement, tandis que la vraie barégine, indépendante de cette cause semble inhérente à la constitution des eaux sulfureuses. La fausse ba-

On a attribué pendant longtemps à cette substance l'onctuosité des eaux sulfureuses ; M. Anglada croit que cette précieuse propriété dépend du sous-carbonate de soude : il suffit en effet d'introduire une quantité déterminée de ce sel dans de l'eau pour la rendre onctueuse ; mais l'action chimique de ce sel alcalin sur le tissu de la peau ne nous paraît pas identique avec l'onctuosité produite par la présence d'un corps muqueux, tel que la barégine.

Les eaux sulfureuses perdent leur odeur, leur goût et leurs propriétés par l'exposition à l'air, ou par une chaleur douce et continue. Elles sont presque toutes thermales ; il en est cependant quelques-unes de froides.

*Propriétés chimiques.* Les eaux sulfureuses brunissent ou noircissent les métaux blancs, tels que l'argent, le plomb, le bismuth, le mercure ; elles précipitent en noir l'acétate de plomb, et déposent souvent du soufre par l'exposition à l'air. Le soufre se trouve dans ces eaux à l'état d'hydrogène sulfuré ou d'hydro-sulfate. M. Anglada a remarqué avec raison qu'on a trop généralisé l'existence de l'acide hydro-sulfurique libre, et que dans les eaux sulfureuses le soufre se présente presque constamment à l'état d'hydro-sulfate : telle est du moins l'idée qu'il a émise relativement à la constitution des eaux sulfureuses du département des Pyrénées-Orientales. Ce chimiste admet des eaux sulfureuses *hydro-sulfuriquées*, des *sulfureuses hydro-sulfatées* et des *sulfureuses hydro-sulfatées sulfurées* ; enfin il appelle *sulfureuses dégénérées* celles qui perdent une partie de leurs principes sulfureux par un assez long contact avec l'air, avant d'arriver à leur issue.

Les eaux qui nous occupent renferment une très-petite proportion de matières fixes : car celles qui en offrent le plus

ne laissent après l'évaporation à siccité qu'un résidu qui est à peine, d'après M. Longchamp, la trois mille quatre centième partie de l'eau évaporée; selon M. Anglada, le rapport des matières fixes n'est le plus souvent que de 15000ᵉ, et va rarement à 1/2000. Les médecins qui accordent une grande influence au sulfure de sodium dans l'action thérapeutique des eaux pourront juger, à l'inspection du tableau suivant, quelles sont celles qui, dans cette manière de voir, doivent être les plus actives. Les sources sont présentées dans l'ordre de la plus grande quantité de sulfure de sodium qu'elles contiennent.

*TABLEAU de la quantité de sulfure de sodium que* MM. Anglada, Longchamp *et* Fontan *ont trouvée dans* 44 *sources.*

| SOURCES. | ÉTABLISSEMENTS THERMAUX. | QUANTITÉ de SULFURE DE SODIUM. |
|---|---|---|
| | | gr. |
| Grotte Inférieure. | Bagnères-de-Luchon. | 0,0868 |
| Richard. | Ibid. | 0,0720 |
| Grotte Supérieure. | Ibid. | 0,0717 |
| La Reine. | Ibid. | 0,0631 |
| Grande Douche. | Baréges. | 0,0498 |
| Reine Nouvelle. | Bagnères-de-Luchon. | 0,0455 |
| Labassère. | Bagnères-de-Bigorre. | 0,0455 |
| Buvette. | Baréges. | 0,0421 |
| Bain de l'Entrée. | Ibid. | 0,0393 |
| Bruzaud. | Cauterets. | 0,0385 |
| Source forte Soulerat. | Bagnères-de-Luchon. | 0,0364 |
| Espagnols. | Cauterets. | 0,0334 |
| César. | Ibid. | 0,0303 |
| Pause. | Ibid. | 0,0303 |
| Bain du Fond. | Baréges. | 0,0270 |
| Polard. | Ibid. | 0,0270 |
| Saint-Sauveur. | Saint-Sauveur. | 0,0253 |

| SOURCES. | ÉTABLISSEMENTS THERMAUX. | QUANTITÉ de SULFURE DE SODIUM. |
|---|---|---|
| | | gr. |
| Buvette. | Eaux-Bonnes. | 0,0251 |
| La Douche. | Ibid. | 0,0251 |
| Source tempérée. | Baréges. | 0,0245 |
| Vernet. | Vernet. | 0,0195 |
| La Raillère. | Cauterets. | 0,0194 |
| Le Pré. | Ibid. | 0,0159 |
| Bain du Breil. | Ax. | 0,0152 |
| Molitg. | Molitg. | 0,0148 |
| Le Bois. | Cauterets. | 0,0140 |
| Arles. | Arles. | 0,0138 |
| Les Canons. | Ax. | 0,0132 |
| Maouhourat. | Cauterets. | 0,0124 |
| Petit-Saint-Sauveur. | Ibid. | 0,0121 |
| Escaldas. | Escaldas. | 0,0115 |
| Pyramide-du-Teich. | Ax. | 0,0109 |
| Manjolet. | Arles. | 0,0106 |
| L'Esquirette. | Eaux-Chaudes. | 0,0090 |
| L'Arressecq. | Ibid. | 0,0090 |
| Vinça. | Vinça. | 0,0087 |
| Baudot. | Eaux-Chaudes. | 0,0086 |
| Le Clot. | Ibid. | 0,0063 |
| Le Rey. | Ibid. | 0,0063 |
| Couloubret (bain fort au robinet.) | Ax. | 0,0051 |
| La Preste. | La Preste. | 0,0042 |
| Source Blanche. | Bagnères-de-Luchon. | 0,0023 |
| Source faible Soulerat. | Ibid. | 0,0012 |
| Mainvielle (1) | Eaux-Chaudes. | 0,0007 |

(1) Ce n'est pas sans étonnement que l'on voit dans ce tableau, placée en dernière ligne, la source Mainvielle des *Eaux-Chaudes*, dont l'eau est si énergique et irrite tellement l'estomac que le médecin inspecteur a été obligé de la faire condamner, nouvelle preuve du peu de concordance qui existe entre l'analyse chimique et l'observation clinique.

Les substances salines contenues dans les eaux sulfureuses sont généralement en si petite quantité, qu'on ne peut en espérer des effets thérapeutiques bien prononcés; il n'en est pas de même des principes volatils, qui sont en proportion beaucoup plus considérable; mais l'ingrédient sulfureux s'altère si promptement, qu'après un certain temps d'exposition à l'air, une eau sulfureuse cesse de l'être, d'où il suit qu'il est important de boire cette eau à la source. Pour obvier à la perte constante de gaz que ces eaux éprouvent même à leur source, nous pensons qu'il faudrait les soustraire au contact de l'air en les renfermant dans un réservoir étroit, cylindrique, surmonté d'un dôme en forme de chapiteau, entouré d'une double muraille, à la base de laquelle sortirait un tube conducteur qui servirait à l'écoulement de l'eau, et procurerait aux malades l'avantage précieux de boire le liquide minéral avec une grande partie de ses principes gazeux.

Un des attributs des eaux sulfureuses est de contenir de l'azote pur et même de l'acide carbonique, gaz dont M. Anglada a l'un des premiers démontré l'existence dans la composition de ces eaux. M. Longchamp prétend que, dans les sources des Hautes-Pyrénées, cet acide n'existe pas, et que la soude y est à l'état caustique; mais MM. Anglada et Orfila persistent à croire que dans les eaux des Pyrénées la soude est à l'état de carbonate.

*Propriétés médicales.* Les eaux sulfureuses sont très-excitantes : elles stimulent la membrane muqueuse gastro-intestinale; et suivant qu'elles sont plus ou moins bien digérées, elles déterminent l'augmentation de l'appétit ou l'inappétence, la constipation ou la diarrhée; elles accélèrent le pouls, produisent un sentiment d'ardeur intérieure, l'insomnie, une agitation que Bordeu compare à celle du café; quelquefois elles portent leur action sur le cerveau, causent une ivresse passagère; elles finissent par amener une sueur abondante, des exanthèmes, ou un écoulement considérable d'urines, qui servent de crises dans la plupart des maladies chroniques. L'énergie de ces eaux ne permet de les administrer que dans les maladies où il est nécessaire de réveiller l'action vitale, et lorsque les malades sont d'un tempérament plutôt lymphatique que sanguin.

Prises à l'intérieur et à l'extérieur, elles sont recommandées spécialement contre les *maladies chroniques de la peau*, la couperose, les éphélides ou taches hépatiques, dans la disposition aux érysipèles, aux furoncles, et surtout dans les affections herpétiques et psoriques anciennes, sans phlegmasie locale et indépendantes du virus vénérien ; elles ne sont alors salutaires qu'autant qu'il y a inertie des propriétés vitales de la peau, et que les malades ne sont pas trop irritables. On a souvent abusé des bains sulfureux ; M. Biett ne les prescrit qu'aux individus mous et lymphatiques, dont la peau est sèche et rude, dans l'*eczema* et l'*impetigo chroniques*, dans le *psoriasis*, la *lepra vulgaris*, la *pithyriasis versicolor* et dans le *prurigo*. Pendant le traitement minéral, il faut surveiller l'état de l'organe cutané ; s'il survient de la phlogose, il faut suspendre les bains sulfureux, donner du petit lait, saigner le malade, et appliquer des ventouses scarifiées sur la partie souffrante. La température des bains doit varier suivant l'irritation locale ; les bains chauds ne conviennent que lorsque la peau est dans un état de torpeur et d'atonie ; autrement les bains tempérés et un peu frais, qui calment les démangeaisons, sont plus avantageux. Les dartres étant souvent le reflet d'une affection interne, il ne faut pas négliger la boisson de l'eau sulfureuse.

Les sources sulfureuses ont été beaucoup vantées pour les belles cures qu'elles ont opérées dans les *maladies chroniques de la poitrine*, telles que le catarrhe pulmonaire, la pneumonie, la pleurésie, l'asthme et la phthisie ; mais le bruit de ces guérisons a souvent attiré à ces sources des malades auxquels elles ne convenaient pas. Lorsque ces affections ne sont pas accompagnées d'une irritation trop vive, qu'il n'y a point de fièvre hectique, lorsque surtout leur cause est due à la rétrocession des principes rhumatismal, goutteux, dartreux ou psorique, on peut

espérer que les eaux sulfureuses seront utiles en produisant
une révulsion à la peau, en ramenant les sécrétions cutanées
à leur état normal, et en rappelant les fluides du centre à la
circonférence; la guérison sera d'autant plus certaine que
pendant le traitement ou à sa suite, il se manifestera une crise
par les sueurs ou les selles, que des flux supprimés se réta-
bliront, et qu'il apparaîtra des exanthèmes, des furoncles à la
peau, ou des abcès dans le tissu cellulaire sous-cutané. On a
recours avec quelque succès à cette médication dans la phthisie
au premier degré, et si les tubercules sont récents et peu
nombreux, on peut espérer de les résoudre; mais si l'auscul-
tation a fait découvrir des cavernes pulmonaires, s'il y a éma-
ciation, fièvre intense, crachats purulents, les eaux minérales
accélèrent la mort des malades.

Le triomphe des sources sulfureuses réside dans le traitement
des *blessures*, et surtout des *plaies par armes à feu*. C'est là
que les cicatrices vicieuses se relâchent, que les balles retenues
dans l'épaisseur des muscles ou du tissu cellulaire tendent à se
faire jour au dehors; que les ankyloses incomplètes, la raideur,
la rétraction des tendons et des fibres musculaires diminuent
ou cessent; c'est là que l'on voit quelquefois les boiteux se
redresser, les estropiés de tout genre recouvrer l'usage de
leurs membres et s'en retourner gais et dispos, après y avoir
été tristement et douloureusement apportés. Personne n'ignore
combien les douches sulfureuses sont renommées pour la
guérison des ulcères calleux, fistuleux et invétérés. Les effets
admirables qu'elles produisent alors dépendent de la nature
des eaux et de leur haut degré de chaleur. Elles excitent une
fièvre locale, augmentent la suppuration, favorisent la déter-
sion de l'ulcère, en fondent les callosités; en un mot, elles le
renouvellent pour ainsi dire, et le ramènent à l'état d'une plaie
simple. On sait que l'opiniâtreté des ulcères fistuleux, suite
de coups de feu, dépend souvent de quelque morceau de
chemise, de drap, qui y est retenu. La nouvelle inflammation,

l'augmentation de la suppuration que provoque la douche, déterminent ordinairement l'expulsion de ces corps étrangers. Les habiles médecins et chirurgiens qui dirigent aux eaux le traitement de tels ulcères, ne négligent pas de faire en même temps les injections, les dilatations, les contr'ouvertures nécessaires pour remédier à la stagnation du pus, et même si l'ulcère est entretenu par une carie, il est quelquefois nécessaire de découvrir l'os affecté pour enlever la partie d'os cariée. Dans ces cas, pour seconder le bon effet de la douche, il faut boire, le matin à jeun, quelques verres d'eau minérale, et prendre des bains tempérés.

On a plusieurs fois employé avec avantage les eaux sulfureuses dans le traitement des *écrouelles*, du *rachitis* et des engorgements lents des ganglions lymphatiques. Les enfants scrofuleux en obtiennent d'excellents résultats; ils prennent un teint plus animé, leurs digestions se font mieux, leurs forces se développent, et leur ventre, s'il est gros et empâté, acquiert de la souplesse et revient à son état normal. Les plaies et les trajets fistuleux, qui succèdent à l'ouverture des abcès, deviennent vermeils, et prennent tous les caractères de plaies de bonne nature. Chez les enfants cependant il ne faut pas employer indistinctement toutes les sources sulfureuses : celles de Baréges, par exemple, sont quelquefois trop énergiques; celles de Saint-Sauveur conviennent mieux aux enfants irritables. Bordeu avait coutume d'associer aux eaux les frictions mercurielles sur les glandes engorgées, et les plaies : aujourd'hui que l'on a reconnu l'efficacité de l'iode contre les scrofules, on pourrait le substituer au mercure.

On croyait autrefois que les eaux sulfureuses étaient nuisibles aux *maladies vénériennes;* elles contribuent au contraire à les développer lorsqu'elles sont encore cachées, ou qu'on ne fait que les soupçonner. Combien de malades, souffrant depuis longtemps sans reconnaître la cause de leurs douleurs, ont eu le bonheur, par l'emploi de ces eaux, de la découvrir et

d'obtenir leur guérison ! Les bains sulfureux aident beaucoup
le traitement mercuriel, et l'on voit tous les ans des personnes
atteintes d'exostoses, de syphilides, accourir aux sources de
Baréges, de Bagnères-de-Luchon, d'Aix en Savoie, etc., pour
y laisser, sous le prétexte d'autre incommodité, le virus dont
elles sont infectées. Enfin les eaux sulfureuses réparent les
ravages du mercure administré sans ménagement ; prises en
boisson et en gargarisme, elles cicatrisent les ulcères de la
bouche et du voile du palais, raffermissent les dents, et en
redonnant à l'estomac et aux intestins l'énergie qu'ils ont
perdue, elles dissipent la maigreur, rendent aux malades les
forces et l'embonpoint. « Il nous est souvent arrivé, dit Delpech (1), qu'ayant envoyé à Baréges des militaires pénétrés de
rhumatismes et couverts de symptômes syphilitiques que des
traitements fort étendus n'avaient pu effacer, quelques-uns
en sont revenus entièrement délivrés et rendus à la santé ;
les autres, guéris par ce moyen de rhumatismes seulement, ont
mieux supporté ensuite les moyens propres à les guérir totalement de la syphilis. »

De même que toutes les eaux thermales, celles qui nous
occupent ont une grande efficacité contre les rhumatismes, la
sciatique, le lumbago ; mais elles ne réussissent qu'autant que
ces maladies sont anciennes et dépourvues de tout caractère
inflammatoire. Les bains sulfureux sont très-salutaires dans les
rhumatismes musculaires et sont nuisibles dans les cas de
rhumatismes nerveux et goutteux.

Les eaux sulfureuses sont encore utiles dans l'inappétence,
les aigreurs rebelles et opiniâtres de l'estomac, lorsqu'on a
lieu de soupçonner par les causes qui ont précédé que ces accidents sont dus à l'atonie des viscères digestifs ; dans les

---

(1) Chirurgie clinique de Montpellier, tome I.

pâles couleurs, la débilité générale, les gonorrhées invétérées, les fleurs blanches, les pollutions nocturnes, les tremblements et les paralysies dus aux préparations saturnines, les
engorgements vasculaires des viscères du bas-ventre, les catarrhes chroniques de la vessie et la gravelle. En 1736, un
médecin de Bordeaux, Dessault, a proposé l'usage des eaux
de Baréges à l'intérieur et en injections dans la vessie comme
un dissolvant de la pierre; mais les observations cliniques
n'ont pas confirmé cette prétention.

En injections, les eaux sulfureuses ont réussi dans la surdité
entretenue par une humeur dartreuse ou scrofuleuse.

On retire de bons effets des étuves sulfureuses dans les maladies qui proviennent de la suppression de la transpiration;
elles dissipent les œdématies locales et rendent aux membres
leur souplesse.

L'inspiration du gaz hydrogène sulfuré a été conseillée aux
phthisiques; Galien envoyait ces malades en Sicile pour respirer auprès des volcans la vapeur hépatique qui s'en exhale.
L'air qu'on respire à Ax, dit M. Pilhes (1), est un remède pour
les personnes menacées ou attaquées d'asthme ou de phthisie
pulmonaire; le soufre tenu en suspension dans les eaux d'Ax
et de Bagnères-de-Luchon lui semble un vrai préservatif
contre la phthisie : car on ne voit jamais, ajoute-t-il, de phthisiques dans ces deux endroits. Sans adopter complètement
cette opinion, nous pensons avec M. Anglada que l'acide
hydro-sulfurique gazeux agit sur la poitrine avec une puissance de sidération tellement prononcée qu'il n'est pas douteux qu'il ne conserve un effet dépressif, lorsqu'il n'existe dans
l'air que suivant de faibles proportions. Il serait donc essentiel
de s'assurer par l'expérience ce que pourrait l'habitation,
pendant une partie de la journée, d'une chambre close dans

(1) Traité des eaux d'Ax, 1787.

laquelle on tiendrait un vase d'eau chaude que l'addition convenable d'hydro-sulfate alcalin aurait transformé en eau sulfureuse.

Les boues sulfureuses jouissent d'une vertu résolutive qui les rend propres à faire disparaître les engorgements œdémateux des membres et à donner aux parties le ressort qu'elles ont perdu.

Les eaux minérales hépatiques sont nuisibles aux individus d'un tempérament sanguin, pléthorique, aux personnes disposées aux congestions cérébrales, à l'épilepsie, aux anévrismes, dans toutes les maladies qui ont un caractère un peu aigu, et de plus dans le cancer, le scorbut et la goutte, dont les accès sont quelquefois rappelés par un bain sulfureux.

*Mode d'administration.* On prend les eaux sulfureuses sous toutes les formes. En boisson, ces eaux sont tellement excitantes qu'on doit commencer par en faire usage à petite dose. Deux à trois verres suffisent pendant les premiers jours, et leur plus grande dose ne doit pas être portée au-delà d'un litre et demi. Le médecin doit avoir l'attention de bien examiner les organes de la digestion pour se guider sur la quantité d'eau que peuvent prendre les malades. Chaudes, ces eaux sont moins désagréables à boire que refroidies ; on les coupe souvent avec du lait ou une tisane adoucissante, afin de les faire supporter à quelques personnes d'une constitution délicate ; mais il faut, autant que possible, que les malades s'habituent peu à peu à les boire pures, parce que leur effet est beaucoup plus certain. On peut en faire usage aux repas sans inconvénient.

Les bains sulfureux excitent le tissu cutané, favorisent la transpiration, ravivent les chairs tombées dans l'atonie, facilitent la cicatrisation des plaies, rétablissent la souplesse des tendons, des jointures, et dissipent la raideur, la contracture des muscles.

La glairine que les eaux sulfureuses contiennent en assez

grande quantité ne permet pas de les conserver longtemps ; elle hâte leur décomposition. Aussi ces eaux transportées doivent-être fréquemment renouvelées, et sous ce rapport, les dépôts d'eaux minérales exigent une surveillance particulière.

### BARÉGES ( département des Hautes-Pyrénées ) (1).

Village à une lieue de Saint-Sauveur, 4 de Cauterets, 6 de Bagnères-de-Bigorre, 10 de Tarbes, 210 de Paris ; son élévation au-dessus du niveau de la mer est de 652 toises ; une belle route, admirablement tracée et bien entretenue, conduit de Tarbes à Baréges. L'aspect de ce lieu est si triste et si sauvage, que sans ses eaux merveilleuses personne ne voudrait y séjourner trois semaines. Baréges n'était, il y a cinq cents ans, qu'un cloaque impur où croupissaient des eaux minérales sous un amas de débris granitiques ; sa renommée, toute moderne, ne date que depuis le voyage de madame de Maintenon, qui accompagnait le jeune duc du Maine. Placé presque au sommet d'une vallée étroite, ce village est abrité au nord et au midi par de très-hautes montagnes, au milieu desquelles coule un torrent impétueux connu sous le nom de *Gave* ou *Bastan*. Il consiste en une seule rue longue et spacieuse, qui, à ses extrémités, présente les maisons destinées aux étrangers, et au milieu l'établissement thermal, entouré de baraques couvertes de planches ou de toile cirée, qui élevées au mois de mai disparaissent au mois d'octobre. Pendant l'hiver, les avalanches, la neige, le froid, n'en permettent le séjour qu'à trois ou quatre pasteurs préposés à la

---

(1) C'est généralement à Tarbes que l'on se rend pour se diriger ensuite sur les différents établissements d'eaux minérales des Hautes-Pyrénées. On trouve dans cette ville des diligences qui transportent les voyageurs à Baréges, Saint-Sauveur, Cauterets, etc.

garde des maisons et des meubles. Baréges ne devient habitable qu'à la fin d'avril ; pendant l'été, les variations atmosphériques sont si brusques, qu'il faut bien se vêtir en tout temps. Six à sept cents étrangers, sans compter les militaires, peuvent s'y loger ; le voyageur est étonné d'y trouver des maisons propres, bien distribuées, des restaurants et des cafés bien servis, une pharmacie, une société brillante et nombreuse, en un mot, tout ce qui peut servir aux nécessités et aux agréments de la vie. Louis XV rendit Baréges commode aux militaires, en y élevant un hôpital renommé dans toute l'Europe par les guérisons qui s'opèrent chaque année sur un grand nombre de soldats et d'officiers. La saison des eaux dure depuis le 1er juin jusqu'au 15 septembre. Il y a un médecin inspecteur.

*Sources et Bains.* On remarque trois sources principales désignées d'après la plus ou moins grande intensité de leur chaleur : 1° la plus abondante est nommée *source chaude ;* 2° celle qui lui est inférieure est appelée la *tempérée ;* 3° enfin la moins copieuse et la moins élevée en température prend le nom de source *tiède.* Ces trois sources alimentent dix-sept baignoires, deux douches, et deux piscines dont l'une est destinée aux militaires, l'autre aux indigents ; il y a une source consacrée à l'usage des buveurs.

Les principaux bains sont le bain de l'*Entrée*, le *grand bain* ou *bain royal*, le bain du *Fond*, le bain de *Polard*, le bain de la *Chapelle* ou de la *Grotte.*

*Propriétés physiques.* Les eaux de toutes les sources de Baréges sont claires, limpides, exhalent une odeur d'œufs pourris ; leur saveur est douce, fade, nauséabonde, oléagineuse, dit Bordeu. Leur surface est recouverte d'une pellicule qui leur donne un aspect onctueux ; elles charrient des glaires qui se déposent sur les bords des bassins, enduisent les cuves et les pavés des bains, sur lesquels on trouve un dépôt sulfureux et calcaire uni à une substance végéto-animale ; il se dégage des bulles de gaz au griffon (1) de chaque source. Ces bulles, que M. Longchamp a recueillies, sont de l'azote parfaitement pur. La quantité d'eau que produisent les sources en vingt-quatre heures est de cent soixante-dix à cent quatre-vingts mètres cubes ; elle peut alimenter au plus trois cents bains et cinquante douches. Voici la température des sources : Polard, 38°,20 centigrades ; la tempérée, 33°,00 ; le fond, 36°,25 ; la douche, 44°,38 ; l'entrée, 42°,00 ; la Chapelle, 28°,45 ; la Buvette, 42°,5 ; les piscines, 35° à 36°,2. Une longue expérience a démontré que ces sources étaient sensiblement moins chaudes durant le printemps et jusqu'après le solstice d'été ; ce refroidissement est dû à l'infiltration des eaux froides que produit la fonte des neiges.

*Analyse chimique.* Lemonnier, Thierry, Campmartin, Poumier, ont analysé ces eaux ; mais c'est à M. Longchamp que l'on doit l'analyse la plus exacte ; l'eau de la Buvette a été le sujet de ses expériences.

Eau ( 1 litre ).

|  | litre. |
|---|---|
| Azote. . . . . . . . . . . . . | 0,004 |

|  | gr. |
|---|---|
| Sulfure de sodium. . . . . . | 0,042100 |
| Sulfate de soude. . . . . . . | 0,050042 |
| Chlorure de sodium. . . . . . | 0,040050 |
| Silice. . . . . . . . . . . . . | 0,067826 |
| Chaux. . . . . . . . . . . . . | 0,002902 |
| Magnésie. . . . . . . . . . . | 0,000344 |
| Soude caustique. . . . . . . | 0,005100 |
| Potasse caustique. . . . . . | traces. |
| Ammoniaque. . . . . . . . | *Id.* |
| Barégine. . . . . . . . . . . | *Id.* |
|  | 0,208364 |

---

(1) On appelle ainsi l'endroit où la source sort de la terre ; quelques auteurs le nomment point d'émergence.

Voici la quantité de *sulfure de sodium* que M. Longchamp a trouvée dans les autres sources :

Eau ( 1 litre ).

| | |
|---|---|
| Grande douche. . . . . . . . | 0,0498 |
| Bain de l'entrée. . . . . . . | 0,0393 |
| Bain du fond. . . . . . . . | 0,0270 |
|   — Polard. . . . . . . . . | 0,0270 |
| Source tempérée. . . . . . . | 0,0245 |

*Propriétés médicales.* C'est à Bordeu que les eaux de Baréges doivent en partie leur réputation aussi étendue que méritée. Elles excitent tous les systèmes, particulièrement les circulations sanguine et lymphatique, activent les sécrétions, augmentent la transpiration, les urines, et agissent en produisant un mouvement fébrile. « Si l'on prend les bains de Baréges dans l'état de santé, dit M. Gasc (1), on n'en éprouve pas le bien-être qui d'ordinaire accompagne l'usage des bains communs. On ressent à la peau comme quelque chose de styptique, et au lieu d'une douce transpiration, on n'éprouve ordinairement que de la sécheresse ou de l'aridité. Il se manifeste une sorte d'agitation, qui trouble le sommeil comme si on avait fait abus du café. La tête devient lourde, pesante, surtout chez les personnes pléthoriques; le pouls devient plus fréquent. » Cette excitation puissante des eaux de Baréges ne permet de les prescrire avec avantage qu'aux per-

---

(1) Nous empruntons la plupar des remarques sur l'action thérapeutique des eaux de Baréges à Bordeu et à M. Gasc, qui, ayant été chargé, en 1829, par le ministre de la guerre, de traiter les militaires de l'hôpital de Baréges, a publié à ce sujet un ouvrage rempli d'observations. Sur 349 malades, 149 sont partis guéris, 117 ont été plus ou moins soulagés, 74 n'ont éprouvé aucun soulagement. Cependant ces résultats doivent être considérés comme d'autant plus avantageux que la pluie et la température froide qui ont régné pendant la saison des eaux n'a pas secondé les effets de la médication.

sonnes d'un tempérament lymphatique et dans les affections chroniques sans complication inflammatoire. Ces eaux sont en général d'autant plus efficaces que les maladies sont plus anciennes; ainsi, dans le rhumatisme articulaire, si on fait prendre les bains à une époque trop voisine de l'état aigu, on risque d'en renouveler les accès, ou d'en retarder la guérison, tandis qu'à une époque plus éloignée on a beaucoup plus de chances de succès. Il en est de même des affections dartreuses : ce ne sont pas toujours les plus récentes qui cèdent le plus vite aux eaux dont nous parlons. Nous allons indiquer les maladies dans lesquelles les eaux de Baréges ont été spécialement recommandées.

*Affections dartreuses.* Cent onze militaires atteints de maladies dartreuses de différente nature sont venus en 1829 à Baréges. Dans les affections herpétiques simples, la proportion des hommes guéris sur ceux qui ont été traités a été de trente et un sur cinquante et un ; dans les dartres pustuleuses, la proportion a été de moitié, c'est-à-dire de dix sur vingt ; dans les dartres furfuracées, elle a été de quatorze sur dix-huit ; dans les dartres squammeuses, de sept sur dix ; dans les dartres vives, d'un sur trois ; dans les syphilitiques, d'un sur cinq ; dans la mentagre, d'un sur deux ; le cas unique de dartre psorique a guéri. Enfin une dartre répercutée n'a obtenu qu'un faible soulagement. (M. Gasc.)

*Plaies d'armes à feu, plaies fistuleuses, etc.* Huit malades ont été traités en 1829 à Baréges de ce genre d'affections. Le premier était atteint d'une *plaie fistuleuse* à l'épaule droite par suite d'un coup de feu ; les eaux, dont il s'était bien trouvé à d'autres époques pour le même mal, améliorèrent son état sans lui procurer une guérison complète. Le second était porteur d'un *sinus fistuleux* avec carie des os de l'articulation tibio-tarsienne gauche par suite d'une entorse; il éprouva de l'amélioration, mais point de guérison. Le troisième présentait une *plaie ancienne* au genou gauche rouverte par accident;

Il guérit par l'usage des eaux. Le quatrième avait un *coup de feu* à la cuisse gauche avec complication de dartres à la face et au thorax; les eaux produisirent un grand soulagement sur l'une et l'autre affection. Le cinquième portait une plaie à la jambe droite par suite d'un coup de feu; cette plaie prit bientôt un aspect plus favorable par l'effet des eaux de Baréges. Le sixième avait reçu un *coup de feu* à la main gauche avec fracture des os du métacarpe; cette blessure ne reçut aucun soulagement de la part des eaux. Le septième présentait une *plaie fistuleuse* avec carie du tarse du pied droit, que les eaux ont un peu soulagée. Le huitième enfin avait un *ulcère fistuleux* entretenu par une *carie du tibia gauche* qui fut guéri après l'emploi des eaux pendant deux saisons. (M. Gasc.)

*Carie des os.* Bordeu rapporte l'histoire de plusieurs malades qui, étant atteints de caries du fémur, des vertèbres, des côtes, de la clavicule, de l'omoplate, de l'humérus, ont trouvé leur guérison à Baréges.

Les eaux procurent souvent l'expulsion de corps étrangers cachés dans le tissu des chairs. On a vu beaucoup de balles de plomb et de morceaux de vêtements que des militaires blessés en combattant pour leur patrie ont laissés à Baréges, et qui sont autant de monuments de leur valeur et de la vertu des eaux. Un soldat reçut au côté droit de la poitrine une balle qui atteignit seulement les muscles sans endommager la cavité de la poitrine ni les côtes. On voyait deux cicatrices, l'une antérieure, l'autre postérieure; des douleurs étant survenues au côté blessé, ce soldat vint à Baréges; les bains et les douches rouvrirent l'une des cicatrices et en firent sortir la balle, ce qui rendit la santé au malade. (Bordeu.)

*Ulcères.* Les ulcères atoniques, variqueux, se trouvent bien de l'emploi des eaux de Baréges. « Ces eaux ont de tout temps été regardées comme spécifiques pour la guérison des ulcères ; j'en ai vu de toute espèce et dans toutes les parties, invétérés ou récents, céder à leur usage. Quand les ulcères ne sont pas entretenus par une cause intense, indestructible, la manière ordinaire d'y appliquer nos eaux est en lotions, en douches, en bains et en boisson. Un Espagnol qui avait les jambes fort enflées et couvertes de vieux ulcères dont on comptait vingt-quatre à une seule jambe, fut guéri dans soixante jours par les eaux de Baréges auxquelles il eut recours, après avoir fait inutilement usage de beaucoup d'autres remèdes. » *( Id. )*

*Cicatrices.* Les eaux de Baréges, en général fort bonnes pour favoriser la formation des cicatrices, jouissent de la merveilleuse propriété de fortifier celles qui sont encore tendres. *(Id.)*

*Exostoses, douleurs ostéocopes.* Ces maladies se sont présentées chez cinq malades en 1829 à l'hôpital de Baréges. Le premier malade était un officier du 53ᵉ régiment, âgé de cinquante ans, atteint de douleurs qui occupaient les os des extrémités inférieures, et qui se trouva soulagé au bout de deux mois de traitement, par les eaux, prises en bain et en boisson. Le deuxième malade éprouvait des douleurs ostéocopes vagues, provenant de syphilis ; au bout de six semaines de l'emploi des eaux minérales, il se trouva considérablement soulagé. Enfin les autres sujets atteints de périostose à divers degrés furent plus ou moins soulagés par les eaux de Baréges ; mais aucun ne fut complétement guéri. (M. Gasc.) Un homme du commun, qui avait vécu sagement, dit Bordeu, fut vers l'âge de trente ans atteint de douleurs cruelles dans les bras et dans les jambes. Il s'éleva sur celles-ci une tumeur qui s'enflamma et suppura par l'usage des eaux de Baréges ; il en sortit une esquille d'os, et le malade fut guéri dans l'espace de soixante jours.

*Engorgements articulaires.* Sur douze malades traités de cette affection à l'hôpital de Baréges, trois seulement ont été guéris, trois soulagés; les six autres n'ont obtenu aucune amélioration. (M. Gasc.)

*Ankylose.* Sur neuf malades atteints d'ankyloses, dont six fausses et trois vraies, cinq ont éprouvé une grande amélioration; le sixième et les trois malades attaqués d'ankylose vraie n'ont obtenu aucun avantage des eaux. *(Id.)*

*Rétraction des muscles et des tendons.* Trois cas se sont présentés en 1829 à l'hôpital de Baréges; le premier, chez un tambour âgé de vingt-sept ans, dont les doigts de la main gauche étaient retirés, avec un amaigrissement du bras du même côté, par suite d'un rhumatisme. Les eaux de Baréges, prises en bain, en boisson et en douches pendant cinquante jours, ont calmé les douleurs; la rétraction tendineuse a disparu, mais l'atrophie est restée la même. Le second cas a été observé chez un grenadier qui, à la suite d'une saignée du bras, fut atteint d'une phlébite et ensuite d'une rétraction des muscles fléchisseurs de la main de ce côté, telle que le poing était fermé et que les ongles étaient comme implantés dans la paume de la main. Les eaux ont produit une amélioration sensible, mais pas de guérison complète. Enfin le troisième cas est celui d'un fusilier qui, par suite d'un rhumatisme musculaire, fut pris de rétraction des doigts de la main gauche; les eaux de Baréges, dont il fit usage pendant deux mois, ne produisirent chez lui aucun bon effet. *(Id.)*

*Rhumatisme.* Les eaux de Baréges, comme toutes les eaux minérales chaudes, jouissent plus ou moins de la faculté de guérir ou de soulager les affections *rhumatismales* chroniques. Celles de ces maladies qui ont leur siège dans les muscles guérissent plus facilement avec ces eaux que les rhumatismes qui attaquent le *système fibreux* des articulations; sur quatre-vingt-dix-huit malades de la première espèce que nous eûmes à traiter, plus de la moitié (cinquante-six) parurent guéris complétement; une trentaine furent soulagés, et le reste n'éprouva aucune amélioration. Sur vingt-deux sujets atteints de *rhumatisme articulaire*, au contraire, huit seulement guérirent, neuf furent peu ou point soulagés, et quelques-uns devinrent plus malades. Enfin les mêmes résultats furent obtenus à peu près dans le *rhumatisme fibreux musculaire*, c'est-à-dire que sur onze individus atteints de cette affection, quatre seulement furent guéris, et les autres soulagés. Il est des douleurs musculaires qui semblent appartenir au rhumatisme, et qui surviennent à la suite de blessures, de coups, de chutes, etc., et que l'on peut désigner sous le nom de *rhumatisme traumatique*. Onze malades se sont présentés à l'hôpital avec ce genre d'affection; cinq ont été guéris et six soulagés. *(Id.)*

*Goutte; rhumatisme articulaire.* Les eaux de Baréges renouvellent quelquefois les accès de goutte; dans le rhumatisme articulaire, qui a tant d'analogie avec la goutte, il ne faut recourir aux eaux de Baréges qu'avec la plus grande précaution, et à une époque la plus éloignée possible de l'état aigu. Un gendarme qui avait eu plusieurs attaques de rhumatisme goutteux fut pris, après le quinzième bain d'eau de Baréges, de douleurs atroces dans les articulations, douleurs qui ne cédèrent à la longue qu'aux adoucissants, au repos et à la chaleur du lit. « J'ai été menacé moi-même, dit M. Gasc, d'une attaque nouvelle d'un rhumatisme articulaire auquel j'avais été en proie auparavant, pour avoir voulu essayer les eaux de Baréges, dans la vue de bien apprécier leur action. Après le cinquième ou le sixième bain, il me survint au pouce de la main gauche une douleur très-vive qui cessa en abandonnant promptement l'usage des eaux. »

*Lumbago.* Sur six individus atteints de lumbago, trois ont été guéris par les eaux de Baréges et trois soulagés. (M. Gasc.)

*Sciatique.* Sur douze malades atteints de sciatique, *névralgie fémoro-poplitée*, cinq sont partis dans un état apparent de guérison, sept ont été plus ou moins soulagés. *(Id.)*

*Scrofules.* Il n'est personne, dit Bordeu, qui révoque en doute que les eaux de Baréges peuvent être salutaires aux écrouelleux; l'événement confirme cette idée à bien des égards; mais l'expérience nous ayant appris qu'il y a des écrouelles qui résistent à ces eaux, et que celles qu'elles guérissent sont sujettes à des récidives, nous avons cru qu'il fallait leur joindre un autre remède, les frictions mercurielles. Bordeu ne témoigne pas beaucoup de confiance dans l'action de l'eau thermale seule. « Je ne sais, dit-il, par quelle fatalité je n'ai vu que rarement des tumeurs et des glandes que nos eaux aient parfaitement et complétement fondues et résoutes. C'est là ce qu'une observation exacte m'a pu faire découvrir. Sur douze tumeurs vraies ou bien formées, il n'y en a pas seulement deux qu'on puisse se flatter de résoudre parfaitement avec nos eaux. » M. Gasc partage cette opinion; sur treize scrofuleux, il en a vu guérir un seul qui présentait un engorgement des glandes du cou et une ophthalmie chronique.

*Catarrhe pulmonaire.* Les eaux de Baréges sont plutôt nuisibles qu'utiles dans cette maladie; les eaux de Cauterets sont alors bien préférables.

*Catarrhe auriculaire.* Dans l'otorrhée, l'otite chronique, les eaux de Baréges sont d'un faible secours, si elles ne sont pas contraires. M. le marquis de V ***, atteint d'une surdité ancienne avec écoulement purulent des oreilles, me fut adressé à Baréges par M. Marjolin. Les eaux minérales, qu'il prit en bains et en injections, déterminèrent dès les premiers jours des accidens fort graves; il survint une otite aigüe très-intense qu'il fallut combattre par les saignées. ( M. Gasc. )

*Paralysies partielles.* Celles qui sont la suite de coups, de chutes ou de quelque maladie longue, sont guéries par les eaux de Baréges. Sur trois cas de névralgie rachidienne avec paralysie des extrémités inférieures, M. Gasc a vu deux guérisons. Bordeu rapporte deux observations semblables; l'une d'elles concerne un jeune homme, dont les deux jambes étaient restées paralysées après une chute, au point qu'il était obligé de marcher sur ses genoux ; l'autre appartient à un homme qui avait une paralysie du bras causée par un coup à la tête. Tous deux guérirent par les eaux de Baréges.

Ces eaux peuvent être encore utiles dans les gastralgies, l'ophthalmie, l'hépatite et la splénite chroniques, comme le démontrent plusieurs faits cités par Bordeu. Elles sont nuisibles aux personnes atteintes de paralysie cérébrale, d'épilepsie, à ceux qui sont pléthoriques, sujets à des palpitations, ou qui ont une hypertrophie du cœur. Les jeunes gens, les enfants qui ne sont pas malades et dont la constitution est nerveuse, irritable, doivent s'abstenir des eaux de Baréges ; une jeune fille de quatre ans, qui avait toujours joui d'une bonne santé, dit M. Gasc, fut prise tout à coup de convulsions violentes dont elle faillit être la victime, après avoir pris deux ou trois bains qu'on lui avait conseillés par propreté.

*Mode d'administration.* On croyait autrefois qu'on ne pouvait pas boire les eaux de Baréges ; maintenant on les boit dans plusieurs maladies à la dose de trois ou quatre verres par jour. Ces eaux, douceâtres au goût, paraissent d'abord révoltantes à cause de leur odeur, mais bientôt on s'y accoutume ; elles passent facilement. Bues en trop grande quantité, elles irritent la membrane muqueuse gastro-intestinale, ôtent l'appétit et provoquent la diarrhée ; pour tempérer leur action, on les mêle au lait, au petit-lait ou à toute autre boisson adoucissante : pour remplir certaines indications, on les unit quelquefois au sirop antiscorbutique, au vin amer, etc.

Les bains et les douches, qu'on associe presque toujours à la boisson, déplacent les douleurs avant de les guérir, agrandissent les plaies avant de les cicatriser, excitent quelquefois un léger mouvement de fièvre ; cette excitation peut se prolonger pendant plusieurs mois : les malades doivent passer successivement des bains les plus tempérés aux plus chauds, et de la plus faible douche à la plus forte. Avec ces précautions, et surtout en proportionnant le degré d'activité des eaux à la susceptibilité nerveuse du malade et aux indications de la maladie, on évite des accidents fâcheux. Bordeu père avait bien remarqué cette grande énergie des eaux, puisqu'il envoyait ses malades boire les eaux de plusieurs sources des Pyrénées avant de leur permettre de prendre celles de Baréges.

On a recommandé ces eaux en injections dans les fleurs blanches, les engorgements du col de l'utérus; en lavement, dans quelques diarrhées chroniques, et les ulcères non vénériens du rectum.

Les eaux de Baréges doivent être bues à la source; le transport enlève leur chaleur naturelle, et altère leurs propriétés sans les leur faire perdre entièrement, pourvu qu'elles soient à l'abri de l'air et de la lumière.

Les sources appartiennent à la commune; le prix de la ferme est de 14,500 fr. On peut évaluer à 116,000 fr. le revenu des bains et de la piscine.

*Lettres contenant des essais sur les eaux minérales du Béarn*, par Théophile Bordeu; 1746, in-12. La 23ᵉ lettre et la suivante concernent les eaux de Baréges.

*Parallèle des Eaux-Bonnes, des Eaux-Chaudes, des eaux de Cauterets et de celles de Baréges*, par M. Labaig; 1750, in-8.

*Aquitaniæ minerales aquæ*; Parisiis, 1754, in-4 : thèse soutenue par Théophile Bordeu. On trouve dans les deux, trois, quatre premiers chapitres un grand nombre d'observations pratiques sur les eaux de Baréges.

*Recherches sur les maladies chroniques*, par Théophile Bordeu; nouvelle édition publiée par M. Roussel, an IX.

*Mémoire sur les eaux minérales et les monuments des Pyrénées*, par M. Lomet, *ingénieur*; Paris, an III, in-8.

*Analyse et propriétés médicales des eaux des Pyrénées*, par Poumier; Paris, 1813, in-8.

*Nouvelles observations sur les propriétés médicales des eaux de Baréges*, par J.-C. Gasc; Paris, 1832, 250 pages.

*Recherches sur l'action thérapeutique des eaux minérales*, par M. Léon Marchant; Paris, 1832, in-8. On trouve page 160 un article sur Baréges. Cet ouvrage, plein de vues ingénieuses, quelquefois subtiles, est une application de la doctrine de M. Broussais à l'étude des eaux minérales.

*Annuaire des eaux minérales de France*, par M. Longchamp ; 1830, 1831, 1832, 1 vol. in-18. Cet annuaire, rédigé avec soin, contient beaucoup de renseignements utiles.

### SAINT-SAUVEUR ( département des Hautes-Pyrénées ).

Village élevé de 770 mètres au-dessus du niveau de la mer, à une lieue de Baréges, et à un quart de lieue de Luz, petite ville très-ancienne qui communique avec Saint-Sauveur par un pont jeté sur le Gave. Il est situé dans la vallée de Lavedan et dans une position très-pittoresque sur le bord du Gave de Gavarnie, qui coule au bas de la terrasse des bains, mais à 250 pieds environ au-dessous. Le site est agréable, l'air salubre : l'établissement thermal est un des plus jolis des Pyrénées ; il est entouré d'une immense quantité de tilleuls ; dix-huit belles maisons bien meublées peuvent recevoir environ trois cents étrangers. Les eaux thermales de Saint-Sauveur n'étaient pas anciennement connues. On raconte qu'un évêque de Tarbes, exilé à Luz, construisit au voisinage des sources une petite chapelle portant pour inscription : *Vos haurietis aquas de fontibus Salvatoris*, et c'est, dit-on, à cette inscription que ce lieu doit son nom. On prend les eaux depuis le mois de mai jusqu'au mois d'octobre. Médecin inspecteur, M. Fabas.

*Source.* Elle est unique ; elle produit en vingt-quatre heures cent quarante-quatre mètres cubes d'eau. Divisée en plusieurs embranchements qui ont reçu des noms particuliers, *la Châtaigneraie, Bezegua, la Terrasse, la Chapelle,* cette source entretient la douche, la buvette et seize baignoires en marbre poli.

*Propriétés physiques.* L'eau de Saint-Sauveur est claire, limpide, excessivement grasse, onctueuse au goût et au toucher ; elle a l'odeur et la saveur de l'eau de Baréges. En la puisant le plus près possible de la source, et en l'exposant à l'air, on voit s'opérer un dégagement considérable de gaz. Sa température prise au robinet de la douche, qui est plus près de la source que les autres, est, d'après M. Longchamp, de 34°,50 cent. Voici la température des bains : ceux de la Chapelle, au nombre de trois, 30°; ceux de la Terrasse, pareillement au nombre de trois, 32°,5; les trois de Bezegua, 33°,7; ceux de la Châtaigneraie, 35°; deux du milieu ont aussi 35° cent.

*Analyse chimique.* M. Anglada regarde l'eau de Saint-Sauveur comme moins sulfureuse que celle de Baréges; il y admet, comme dans cette dernière, du sous-carbonate alcalin, mais en moindre quantité. D'après l'analyse de M. Longchamp, il résulte que l'eau de Saint-Sauveur contient :

Eau ( 1 litre ).

|  |  |
|---|---|
|  | lit. |
| Azote.............. | 0,004 |
|  | gr. |
| Sulfure de sodium........ | 0,025360 |
| Sulfate de soude......... | 0,038680 |
| Chlorure de sodium........ | 0,073598 |
| Silice............... | 0,050710 |
| Chaux.............. | 0,001847 |
| Magnésie............ | 0,000242 |
| Soude caustique........ | 0,005201 |
| Potasse caustique...... | |
| Barégine............ | traces |
| Ammoniaque.......... | |
|  | 0,195638 |

*Propriétés médicales.* Les eaux de Saint-Sauveur, étant faiblement sulfureuses et thermales, peuvent être considérées comme auxiliaires et comme préparatoires de celles de Baréges; plus douces que ces dernières, elles conviennent mieux aux femmes, aux enfants, aux malades d'une constitution faible et délicate, et à ceux qui ont un tempérament sec et irritable. Aussi sont-elles particulièrement fréquentées par les femmes nerveuses, fatiguées par le séjour des grandes villes. On les recommande spécialement dans les affections spasmodiques, hypocondriaques, dans les toux commençantes, les légers engorgements des viscères du bas-ventre, les céphalalgies, les migraines, et pour réparer les désordres de la menstruation. Les fleurs blanches, qui sont une des maladies les plus fréquentes qu'on observe à Saint-Sauveur, résistent fort rarement, dit M. Fabas, à l'emploi des douches et à l'injection des eaux.

*Mode d'administration.* Il existe un préjugé qui fait dire à beaucoup de médecins qu'on ne doit pas boire les eaux de Saint-Sauveur, parce que leur onctuosité les rend très-difficiles à digérer; mais une expérience de dix-huit ans a prouvé à M. Fabas qu'elles jouissent en boisson d'une assez grande efficacité dans les catarrhes vésicaux, les bronchites chroniques, les asthmes secs et humides, les affections graveleuses, les gastralgies, les entéralgies. Dans ces cas, M. Fabas fait commencer la boisson à la quantité d'un demi-verre, seule ou coupée avec un tiers de lait frais, d'eau d'orge, d'eau de chiendent avec du sirop de gomme; il augmente progressivement la dose de l'eau minérale, et diminue proportionnellement celle du mélange. On associe souvent aux bains, qu'on mitige avec de l'eau sulfureuse refroidie, l'eau de Bonnes, qu'on apporte trois ou quatre fois par semaine, et l'eau ferrugineuse de Viscos, dont M. Fabas se loue beaucoup. Saint-Sauveur possède deux douches, l'une descendante, l'autre ascendante.

La source appartient à la commune; elle est affermée 6,900 f., outre 900 francs environ de frais qui restent à la charge du fermier; les étrangers laissent dans le pays, chaque année, environ 200,000 francs.

*Observations faites sur les eaux minérales de Saint-Sauveur,* par M. Campmartin (Nature considérée, 1772, tome 1, page 203).

*Parallèle des eaux minérales d'Allemagne,* etc., par M. Raulin;

Paris, 1777. Un chapitre de la septième section traite des eaux de Saint-Sauveur.

*Précis d'observations sur les eaux thermales de Saint-Sauveur*, par Fabas ; Tarbes, an VI, in-8. On trouve dans cet ouvrage plusieurs observations pratiques.

*Analyse des eaux des Pyrénées*, par M. Poumier ; 1813, in-8. On trouve page 7 l'analyse des eaux de Saint-Sauveur.

*Recherches sur l'action thérapeutique des eaux minérales*, par M. Léon Marchant ; Paris, 1832. On trouve page 168 un article sur Saint-Sauveur.

### CAUTERETS ( département des Hautes-Pyrénées ).

Bourg charmant, à 7 lieues de Baréges, 200 de Paris, situé à 992 mètres au-dessus du niveau de la mer, dans la jolie vallée de Lavedan, qui se dirige du nord au midi. Les hautes montagnes granitiques qui l'entourent au couchant et au levant ne permettaient que difficilement d'y aborder ; l'immortel intendant Detigny a fait établir dans le siècle dernier une belle route qui rend désormais impossible le retour des accidents dont fut témoin et presque victime Marguerite, reine de Navarre. Cauterets, naguère désert et pauvre, est aujourd'hui un des plus jolis villages de France, composé d'une centaine de maisons en marbre, propres, élégantes et bien distribuées, où l'on se procure aisément tout ce qui est nécessaire aux besoins et aux agréments de la vie ; la beauté de l'établissement thermal, la douceur du climat, la variété des sites, le grand nombre de sources dont la différence de température et de composition permet de remplir diverses indications thérapeutiques, la jolie promenade du parc, le voisinage du Monné, de la cascade du Cerisé, du fameux pont d'Espagne, du lac de Gaube, attirent chaque année à Cauterets un grand nombre de malades et de voyageurs appartenant à la classe aisée de la société, depuis le mois de juin jusqu'au 1er octobre, mais surtout en juillet et août. Médecin inspecteur, M. Buron.

*Sources.* Il y en a onze, dont cinq à l'orient de la commune, savoir : les Espagnols ou la Reine, Pause et César, Bruzaud et Rieumiset; six au midi, savoir : la Raillère, le Petit Saint-Sauveur, le Pré, Maouhourat, celle dite des Œufs et les Bains du Bois.

*César.* Établissement ancien, contenant trois baignoires, une douche peu usitée à cause de sa mauvaise organisation, une buvette où l'on puise toute l'eau minérale qu'on exporte de Cauterets.

*Pause.* Établissement très-fréquenté, contenant onze cabinets à bains, dont deux à deux baignoires, une buvette, une douche. Large péristyle dans lequel s'ouvrent les cabinets.

*Espagnols.* Établissement provisoire, contenant quatre cabinets de bains, une douche très-puissante par son élévation et sa température, une buvette très-fréquentée.

*Bruzaud.* Cet établissement comprend douze cabinets à bains, dont deux à deux baignoires, tous très-propres; une douche bien graduée, une buvette peu fréquentée; même ordre de construction que Pause.

*Rieumiset.* Construction simple et élégante; dix cabinets de bains fort propres, une buvette peu usitée, point de douche.

*Raillère.* Monument thermal moderne, contenant vingt-trois cabinets à bains, une buvette dont la réputation est européenne, une douche descendante et une ascendante; large péristyle en arcades de marbre, vaste terrasse à l'entrée.

*Petit Saint-Sauveur.* Établissement simple, propre; douze cabinets à bains; point de buvette ni de douche.

*Le Pré.* Établissement ancien; source fort abondante, alimentant seize cabinets à bains et une douche très-énergique; point usitée en boisson.

*Maouhourat.* Ces eaux ne sont employées qu'en boisson, point d'établissement.

*Les Œufs.* Source non encore utilisée.

*Le Bois.* Construction moderne, commode, élégante, bien appropriée à l'usage qu'on doit faire des eaux ; cet établissement contient deux piscines en marbre, ayant chacune une belle douche, quatre cabinets à bains avec une douche dans chaque ; un large pérystile en arcades de marbre ; un premier étage où se trouvent des lits pour les malades qui les désirent. Les eaux du Bois ne sont point employées en boisson.

L'établissement thermal de Cauterets comprend cent onze baignoires, deux piscines et quatorze douches plus ou moins bien organisées, mais toutes susceptibles de perfectionnements ; toutes les sources de Cauterets fournissent trois cents mètres cubes d'eau par vingt-quatre heures.

*Propriétés physiques.* Elles diffèrent un peu dans chaque source ; l'eau de *la Raillère* est abondante, limpide, très-onctueuse au toucher ; d'une odeur forte et éminemment sulfureuse, d'une saveur désagréable ; elle entraîne beaucoup de filaments glaireux et blanchâtres, qui, desséchés et calcinés, donnent lieu à une odeur de soufre et de substances animales : température, d'après M. Buron, 38°,5 cent. L'eau de *César* est toujours claire, rude au toucher, répand une odeur d'œufs pourris, et dépose un limon blanchâtre ; température, 48°,5. L'eau des *Espagnols* est bien limpide, douce au toucher, et contient beaucoup de limon glaireux et blanc ; elle a une odeur sulfureuse piquante ; sa saveur est plus désagréable que celle des autres sources : température, 48°,5. L'eau des bains de *Bruzaud* est limpide et sans odeur ; quoique douce et onctueuse au toucher, elle semble causer à la peau une espèce de resserrement qui a quelque rapport avec celui que produisent les styptiques ; le limon qu'elle charrie est abondant, grumelé et de couleur brunâtre ; température, 40°. L'eau de *Pause* est très-limpide, douce au tact ; sa saveur est désagréable ; elle charrie un limon blanc et glaireux : température, 45°. L'eau du *Pré* est limpide, rude au toucher, et dépose des flocons glaireux ; elle a une odeur sulfureuse forte, une saveur âpre :

température 47°,5. L'eau du *Bois* est toujours limpide, extrêmement douce au toucher, laissant des flocons blancs et gras; sa saveur est comme amère, son odeur sulfureuse est très-forte: température, 43°,8. L'eau du *Petit Saint-Sauveur* est glaireuse, onctueuse au toucher, charriant des matières blanchâtres; son goût est douceâtre, et comme sucré: température, 32°,5. L'eau de *Maouhourat* est limpide, peu mucilagineuse au toucher, peu chargée de flocons blancs; elle est âpre au goût, son odeur est sulfureuse: température, 50°. L'eau de *Rieumiset* est claire, onctueuse, sans odeur; sa saveur est douceâtre; elle dépose un limon verdâtre: température, 30°.

*Analyse chimique.* Analysée par M. Longchamp, l'eau de la Raillère a fourni:

Eau ( 1 litre ).

|  | litre. |
|---|---|
| Azote.. | 0,004. |

|  | gr. |
|---|---|
| Sulfure de sodium. | 0,019400 |
| Sulfate de soude. | 0,044347 |
| Chlorure de sodium. | 0,049576 |
| Silice. | 0,061097 |
| Chaux. | 0,004487 |
| Magnésie. | 0,000445 |
| Soude caustique. | 0,003396 |
| Barégine. | |
| Potasse caustique. | traces. |
| Ammoniaque. | |

0,182748

Voici les quantités de sulfure de sodium que contiennent les autres sources de Cauterets ( d'après M. Longchamp ):

| | |
|---|---|
| Source des Espagnols. | 0,0334 |
| — de Bruzaud. | 0,0385 |
| — de César. | 0,0303 |
| — de Pause. | 0,0303 |
| — du Pré. | 0,0159 |
| — du Bois. | 0,0140 |
| — Maouhourat. | 0,0124 |

9

D'après M. Orfila, les eaux de Bruzaud et celles de Rieumiset ne contiennent pas de sulfure de sodium. Elles sont
riches en sulfate de soude; aussi ce chimiste regarde ces
deux sources comme des eaux *sulfureuses dégénérées.*

*Propriétés médicales.* Quoique les eaux de Cauterets ne soient
pas aussi renommées que celles de Baréges, elles sont cependant très=fréquentées : elles sont en général fort excitantes et
réclament beaucoup de précautions dans leur emploi. Chez
*l'homme sain,* dit M. Buron (*rapport* 1834), les bains du
Petit Saint-Sauveur, de Rieumiset, exercent une légère action
tonique qui s'adapte bien à l'état de santé ; la boisson modérée
de là Raillère et de Maouhourat développe l'appétit, active les fonctions digestives, augmente la sécrétion des
urines ; les bains de Pause, de César, des Espagnols, du Bois,
du Pré, de la Raillère et même de Bruzaud, déterminent le
plus souvent une irritation trop vive qui s'annonce par des
lassitudes générales, la perte d'appétit et du sommeil : chez
*l'homme malade,* ils produisent au contraire d'heureux résultats
dans la plupart des affections chroniques, soit en provoquant
l'expectoration par la boisson, soit d'abondantes sueurs, en
combinant celle-ci avec les bains. M. Orfila (1), qui pour sa santé
a visité plusieurs fois Cauterets, ayant indiqué d'une manière
précise les propriétés médicales de chaque source, nous lui
empruntons les détails suivants. Les eaux de la Raillère sont
administrées dans les catarrhes bronchiques, dans la première
période de la phthisie tuberculeuse, dans certaines hémo-
ptysies, dans les névroses pulmonaires et dans les gastralgies.
Cet établissement est le plus fréquenté, et celui qui rend le plus
de services aux malades.

Les eaux de Pause, employées en boisson, bains et douches,
sont particulièrement utiles dans les affections rhumatismales
chroniques, dans les maladies cutanées, notamment dans les

---

(1) *Diction. de Médec.*, 2 édition. Béchet, t. VII, p. 39.

dartres, dans les catarrhes anciens, dans l'asthme dit humide, dans certains cas de syphilis dégénérée, et dans plusieurs affections lymphatiques.

Les eaux de César et des Espagnols remplissent à peu près les mêmes indications que les précédentes; toutefois elles sont plus énergiques, et ne doivent être employées que chez des individus peu irritables : on s'en sert aussi avec succès dans certaines paralysies, dans des douleurs ostéocopes, et dans quelques affections lymphatiques invétérées. Ces eaux, sans contredit les plus actives de Cauterets par leur température et par la proportion de leurs principes sulfureux, ne sont pas malheureusement utilisées, parce que les établissements sont petits, incommodes, mal tenus, et *situés à pic à une trop grande hauteur.* Il est indispensable de descendre les eaux de ces deux sources, de les réunir et de construire au bas de la montagne, et dans le village même de Cauterets, un vaste établissement, où les malades se rendraient sans peine, et ne seraient pas exposés aux dangers d'un air trop vif.

Les eaux du Bois sont particulièrement en usage dans les rhumatismes goutteux, et dans plusieurs affections cutanées ; on les prend en bains et en douches.

Les eaux du Pré jouissent des mêmes propriétés que celles du Bois.

Les eaux du Petit Saint-Sauveur sont administrées avec succès dans diverses affections nerveuses et hémorroïdales, dans certaines irritations de l'utérus, dans les engorgements du col de la matrice accompagnés de sensibilité : ordinairement, dans ces dernières affections, on ne fait usage de ces eaux que jusqu'à ce que les symptômes d'irritation aient disparu ; alors on envoie les malades à la Raillère pour hâter la résolution et compléter le traitement.

Les eaux de Maouhourat sont surtout avantageuses dans les maladies chroniques des voies digestives sans irritation marquée ; la gastralgie, la dyspepsie, ne résistent pas longtemps à l'usage de ces eaux, que l'on ne prend qu'en boisson. La réputation des eaux de cette source est tellement justifiée par de nombreux succès, que l'on conçoit l'empressement des malades à s'y transporter, quoiqu'il soit pénible de l'aborder, en raison de la hauteur à laquelle elle est placée.

On emploie l'eau de Bruzaud surtout pour dissiper des engorgements abdominaux et comme tonique; on la prend en bains, en douches et en boisson. Sous cette dernière forme, elle provoque souvent des déjections alvines.

On se sert des eaux de Rieumiset pour calmer l'irritation produite par les autres sources et pour combattre certaines affections nerveuses.

*Mode d'administration.* On boit les eaux de la Raillère depuis deux jusqu'à quatre verres par jour, pures ou coupées avec du lait, de l'eau de chiendent, de l'eau de gomme, etc., et on en fait un fréquent usage sous forme de bains et de demi-bains. En général, ceux-ci doivent être préférés dans les maladies de poitrine aux bains entiers, qui augmentent souvent l'oppression et la toux, inconvénients que non-seulement les demi-bains ne présentent pas, mais auxquels ils remédient presque toujours. Cauterets offre des bains à tous les degrés de chaleur; il convient de passer graduellement des bains tempérés aux bains chauds. On trouve également des douches de différentes espèces.

En lotions, les eaux de Rieumiset sont employées dans les ophthalmies chroniques, et on se sert en injections des eaux de la Raillère contre les fleurs blanches et les engorgements de la matrice.

*Action des eaux de Cauterets sur les animaux.* Les étalons du dépôt de Tarbes qui sont atteints d'un commencement de pousse, boivent avec beaucoup de succès l'eau de la Raillère; il ne faut guère plus de trois semaines pour que tous les accidents disparaissent complétement.

*Transport des eaux.* On transporte dans les départements

l'eau de César, qui se conserve longtemps intacte ; celle de la Raillère, au contraire, perd beaucoup de ses vertus.

*Produit des eaux.* Les sources appartiennent à la commune ; le produit de la ferme a été en 1834 de 18,800 francs ; les étrangers ont laissé à Cauterets environ 400,000 francs.

*La recherche des eaux minérales de Cauterets*, par Jean-François Borie ; 1714, in-8.

*Lettres contenant des essais sur les eaux du Béarn*, etc., par Théophile Bordeu ; 1746, in-12. La vingt-deuxième lettre concerne les eaux de Cauterets.

*Aquitaniæ minerales aquæ* ; Parisiis, 1754, in-4°. Thèse soutenue par Théophile Bordeu. Les deuxième, troisième et quatrième chapitres contiennent plusieurs observations pratiques sur les eaux de Cauterets.

*Analyse et propriétés médicales des eaux des Pyrénées*, par Poumier ; 1813, in-8. On trouve, page 77, l'analyse des eaux de Cauterets.

*Opuscule sur Cauterets et ses eaux minérales*, par Cyprien Camus ; Auch, 1817, in-8. Le même auteur a publié le premier *cahier d'un journal pratique*, ou recueil des cures les plus piquantes obtenues à Cauterets, 1818.

Labaig, Thierry, de Secondat, Montaut, Campmartin, Laplagne, ont encore écrit sur les eaux de Cauterets.

## BONNES ou AIGUES-BONNES (département des Basses-Pyrénées).

Village situé dans la vallée d'Ossau, à un quart de lieue de la commune d'Aas, une de Laruns, et 7 de Pau ; il doit son origine et son nom aux eaux thermales justement célèbres qu'il possède, et qui sont connues depuis longtemps ; elles acquirent une grande célébrité par les bons effets qu'elles produisirent sur les soldats béarnais blessés à la bataille de Pavie, et qui y avaient été conduits par Jean d'Albret, grand-père de Henri IV. On leur donna à cette époque le nom d'*Arquebusades*.

On arrive à Bonnes par une belle route que l'on doit à M. de Castellane, ancien préfet du département ; il s'y rend chaque année cinq à six cents malades qui trouvent toutes les commodités désirables dans plusieurs hôtels meublés avec goût. A Bonnes, l'air est pur et frais ; aussi faut-il avoir le soin de porter des habits d'hiver. — La saison des eaux dure depuis la fin de mai jusqu'à la mi-septembre. — Médecin inspecteur, M. Daralde.

*Sources.* L'établissement actuel renferme trois sources désignées sous les noms de source *Vieille*, source d'*En Bas*, source *Nouvelle ;* séparées l'une de l'autre par quelques toises de distance, ces trois fontaines sourdent à des hauteurs différentes de la montagne du *Trésor*, à travers des roches calcaires. La source Vieille alimente la buvette et trois baignoires, la source d'En Bas fournit de l'eau à quatre baignoires, et la source Nouvelle est consacrée exclusivement à la chaudière dans laquelle on fait chauffer l'eau pour les bains des malades.

A quelque distance de l'établissement thermal, on trouve deux autres sources sulfureuses, appelées, l'une source *Froide*, située près du ruisseau de la Sonde ; l'autre, source d'*Ortech :* cette dernière est abandonnée.

*Propriétés physiques.* A la sortie des sources, l'eau est limpide, charriant pourtant quelques flocons blanchâtres qui se déposent par le repos. Elle pétille dans le verre et forme de petites bulles qui éclatent à sa surface ; elle est onctueuse au toucher, exhale une odeur d'œufs couvis ; sa saveur est douceâtre, un peu amère. La température de la source d'En Bas est de $31°,60$ cent. ; celle de la Vieille, de $33°,20$ c. On ne sait pas quel est le produit des sources.

*Analyse chimique.* Bayen, Venel, Monnet, Pagès, Montaut, Poumier, ont analysé l'eau de Bonnes ; mais leurs travaux sont trop imparfaits pour les rapporter ici. D'après M. Longchamp, l'eau de Bonnes contient de l'azote, du sulfure de sodium, de la soude caustique, du sulfate de chaux et de la silice. Mais il est probable qu'elle contient en outre du gaz acide carbonique libre et du gaz hydrogène sulfuré. M. O. Henry a obtenu les résultats suivants de l'eau transportée à Paris :

Eau ( 1 itre ).

|  |  | litre. |
|---|---|---|
| Azote. | | traces. |
| Acide carbonique. | | 0,0064 |
| Acide hydro-sulfurique. | | 0,0055 |

|  |  | gr. |
|---|---|---|
| Chlorure de sodium. | | 0,3423 |
| — de magnesium. | | 0,0044 |
| — de potassium. | | traces |
| Sulfate de chaux. | | 0,1180 |
| — de magnésie. | | 0,0125 |
| Carbonate de chaux. | | 0,0048 |
| Soufre. | | traces |
| Silice et oxyde de fer. | | 0,0160 |
| Matière organique contenant du soufre. | | 0,1065 |
|  | | 0,6045 |

Voici la quantité de sulfure de sodium que M. Longchamp a trouvée dans les sources de Bonnes :

Eau ( 1 litre ).

|  |  | gr. |
|---|---|---|
| La Buvette. | | 0,0251 |
| La Douche. | | 0,0251 |

*Propriétés médicales.* Les eaux de Bonnes sont les moins excitantes des Pyrénées, et sous ce rapport elles réussissent aux enfants, aux personnes faibles, délicates et irritables. Leur premier effet est d'accélérer le pouls ; si l'excitation est légère, elle augmente la force du malade, le rend plus gai, plus léger, plus dispos ; si elle est plus forte, elle produit de la céphalalgie et de l'assoupissement, mais moins que les autres sources sulfureuses des Pyrénées. L'effet secondaire des eaux de Bonnes est d'accroître les sécrétions naturelles et anormales, et en particulier, celles des reins et de la peau. Ces eaux ne sont purgatives qu'à haute dose. « C'est à nous, dit Bordeu (1), que sont dus l'usage intérieur des eaux de Bonnes, « leur application aux maladies de la poitrine et l'heureuse « célébrité qu'elles ont acquise : elles ont guéri quelques pul-« moniques et elles en ont soulagé un grand nombre. Incon-« nues jusqu'ici à la France, leur fortune vient de s'étendre « depuis la capitale jusqu'aux provinces les plus reculées et jus-« que chez l'étranger. » Le temps a justifié les éloges de Bordeu, et aujourd'hui on se rend à Bonnes presque uniquement pour les maladies chroniques de la poitrine, telles que le catarrhe pulmonaire, l'asthme humide, la pneumonie, la pleurésie, la phthisie laryngée et la phthisie pulmonaire. Quant à cette dernière maladie, c'est dans son premier degré seulement que les eaux de Bonnes sont réellement utiles ; elles soulagent, améliorent l'état des malades dans le deuxième degré, et dans le troisième elles accélèrent la mort : c'est ce que Bordeu avait déjà constaté. « J'ai vu, dit cet illustre mé-« decin, six sujets attaqués d'ulcères aux poumons que les « eaux de Bonnes ne purent garantir de la mort ; chez les uns, « elles augmentèrent les crachats et les diminuèrent dans les « autres. Certains éprouvèrent, les premiers jours du traitement, « un soulagement funeste, un mieux suivi d'accidents plus gra-« ves. » Dans son *rapport* pour l'an 1835, M. Daralde cite dix-sept observations qui démontrent que dans la phthisie pulmonaire parvenue au troisième degré, les eaux de Bonnes ne tardent pas au bout de quelques jours à aggraver les symptômes, et les malades succombent. Dans trente-trois observations de phthisie au premier et au deuxième degré, on voit l'état des malades s'améliorer et la toux disparaître entière-

---

(1) Recherches sur les maladies chroniques.

ment. Sur dix-sept cas de laryngite chronique avec ou sans aphonie, l'inspecteur de Bonnes compte quatre guérisons parfaites; les autres malades ont éprouvé un soulagement marqué. Sur dix-sept malades atteints de catarrhes pulmonaires chroniques, quatre ont guéri, les autres ont été soulagés et ont repris de l'embonpoint.

Les eaux de Bonnes sont avantageuses aux jeunes filles chlorotiques et aux enfants prédisposés aux scrofules. On les a recommandées dans les maladies cutanées, les blessures qui sont la suite de coups de feu, les ulcères anciens, les plaies fistuleuses; mais dans ces cas, les eaux de Baréges sont préférables.

La source *Froide* est employée exclusivement et avec succès contre les affections atoniques du tube digestif, la chlorose et l'aménorrhée.

*Mode d'administration.* On boit les eaux de la *Vieille* depuis une jusqu'à trois ou quatre livres, soit le matin à jeun, soit avant, pendant et après le repas. Les sueurs que les malades éprouvent le matin et les mucosités qu'ils expectorent ne doivent pas les empêcher de prendre les eaux, qui sont *béchiques*, suivant l'expression de Bordeu; elles excitent une petite fièvre très-propre à mûrir promptement les affections catarrhales et à favoriser l'expectoration. Elles sont bien préférables à l'usage des calmants, des opiacés, à celui des adoucissants, des sirops pectoraux et du laitage. On emploie peu l'eau de Bonnes sous forme de bains, parce que, peu abondante, elle ne peut alimenter qu'un petit nombre de baignoires et qu'on est obligé de la faire chauffer.

Les eaux de Bonnes réussissent aux chevaux atteints de la pousse.

Ces eaux, se décomposant par une douce chaleur et le contact de l'air, perdent une partie de leurs vertus par le transport.

Les sources appartiennent à la commune.

Le produit de la ferme est de 8,100 fr.; le nombre des malades et des personnes qui les accompagnaient a été, en 1835, de neuf cents, qui ont laissé dans le pays à peu près 300,000 francs.

*Parallèle des eaux de Bonnes, des Eaux Chaudes*, etc. Par M. Labaig ; 1750, in-8. L'auteur dit que les eaux de Bonnes sont plus balsamiques que les Eaux Chaudes et que celles de Cauterets.

*Aquitaniæ minerales aquæ* ; Parisiis, 1754, in-4°. Thèse soutenue à Paris par Théophile Bordeu. Il y est question des eaux de Bonnes.

*Analyse et propriétés des eaux des Pyrénées*, par Poumier ; 1813, in-8. L'auteur traite des eaux de Bonnes page 12.

### EAUX-CHAUDES ( département des Basses-Pyrénées ).

Placées dans les vallées d'Ossau, elles sont à 2 lieues de Bonnes, une de la commune de Laruns, sur la rive droite du Gave. L'établissement thermal désigné sous le nom d'*Eaux Chaudes* ( bien qu'elles soient les plus tempérées des Pyrénées) est situé dans une gorge assez profonde, dirigée du nord au midi ; le Gave d'un côté, une montagne très-élevée de l'autre, semblent resserrer les maisons bâties dans ce triste lieu : on n'y voit point de prairie, point d'autre verdure que celle du buis. Il est essentiel de réparer l'établissement thermal pour rendre à ces eaux leur antique célébrité ; c'étaient, dit Bordeu, les eaux les plus brillantes à la cour de Navarre ; on les nommait alors *empregnadères* ou *engrosseuses*, parce qu'elles passaient pour avoir la vertu de favoriser la fécondité. Malgré l'aspect sauvage du site, les Eaux Chaudes n'en sont pas moins fréquentées par les habitants du département à cause des nombreuses guérisons qui s'y opèrent chaque année. On les prend depuis le 1ᵉʳ juillet jusqu'au 1ᵉʳ novembre. Médecin inspecteur, M. Samonzet.

*Sources.* Il y en a six qui diffèrent par leur volume, leur chaleur et leurs principes constituants. 1° *Le Clot ;* il alimente six baignoires, deux douches et une buvette. 2° *L'Esquirette ;* c'est la source la plus minéralisée de l'établissement et la plus recherchée par les malades ; elle fournit à sept baignoires et à une buvette ; elle n'a point de douches. 3° *Le Rey* ou la source du Roi ; elle alimente sept baignoires et cinq douches ; on prétend que sa température s'est affaiblie depuis plusieurs années. 4° La nouvelle fontaine, désignée sous le nom de *fontaine Baudot*, ne sert qu'à la boisson ; elle a besoin d'embellissement. 5° *Laressecq* offre deux jets séparés ; le plus gros des robinets est recherché pour la boisson, et le second est employé contre les ophthalmies rebelles. 6° *Mainvielle*, source froide ; M. Samonzet conseille de la fermer, parce qu'elle fait souvent beaucoup de mal aux personnes dont l'estomac est irritable, et cependant c'est la source qui contient le moins de sulfure de sodium.

Ainsi, à l'établissement des Eaux Chaudes, il y a six sources, dont trois seulement sont employées en bains, et trois uniquement à l'intérieur.

*Propriétés physiques.* L'eau de toutes les sources est parfaitement limpide et incolore ; elle répand une odeur d'œufs couvis ; sa saveur est fade, désagréable. Voici la température des sources indiquées par M. Longchamp : Le Clot, 35°,25 cent. ; l'Esquirette, 34°,00 ; le Rey, 33°,60 ; Baudot, 27°,25 ; Laressecq, 25°,10 ; Mainvielle, 11°,10.

Toutes ces sources déposent une matière glaireuse. Les sources du Clot, de l'Esquirette et du Rey produisent ensemble, d'après MM. Samonzet et Pailhasson, cent neuf mètres cubes d'eau par vingt-quatre heures.

*Analyse chimique.* Elle a été faite récemment par M. Longchamp et par M. Pailhasson, qui n'ont pas encore fait connaître la quantité de chaque substance constituante. M. Longchamp, dans son *Annuaire*, dit que les Eaux Chaudes contiennent du sulfure de sodium, quelques traces d'alcali libre, du sulfate de chaux et de la silice. Les plus sulfureuses des sources, qui sont l'Esquirette et Laressecq, ne contiennent guère que le tiers du sulfure de sodium qui se trouve dans les eaux de Bonnes, et celles-ci n'en contiennent pas les deux cinquièmes de la grande douche de Baréges.

Voici au reste la quantité de sulfure de sodium que M. Long-champ a trouvé dans les différentes sources :

Eau ( 1 litre ).

|  |  | gr. |
|---|---|---|
| L'Esquirette. | . . . . . . . . . | 0,0090 |
| Laressecq. | . . . . . . . . . . | 0,0090 |
| Baudot. | . . . . . . . . : . . | 0,0086 |
| Le Clot. | . . . . . . . . . . | 0,0063 |
| Le Rey. | . . . . . . . . . . | 0,0063 |
| Mainvielle. | . . . . . . . . . | 0,0007 |

*Propriétés médicales.* « L'établissement des Eaux Chaudes, dit M. Samonzet (*rapport* 1834), a été vanté avec d'autant plus de raison par le célèbre Bordeu, qu'il n'est personne dans notre département qui ne veuille se transporter sur les lieux aux approches d'une maladie quelle qu'elle soit. Ces eaux guérissent souvent sans qu'on observe la plus légère crise; s'il en advient, les plus fréquentes sont la diarrhée, l'augmentation des urines, les sueurs, et enfin une éruption à la peau très-incommode, ayant la forme de la scarlatine. » Elles sont efficaces contre les dartres, les gales dégénérées, les fièvres quartes rebelles, la chlorose, la suppression des flux menstruel et hémorroïdal, la sciatique et les douleurs articulaires. On voit souvent des malades accablés de rhumatismes, arrivés sur des brancards ou soutenus par des béquilles, s'en retourner à pied. La source Baudot est reconnue excellente, et peut être comparée aux eaux de Bonnes dans les catarrhes pulmonaires chroniques et la phthisie commençante. Les Eaux Chaudes sont nuisibles aux personnes nerveuses et dans les maladies où l'irritation prédomine.

*Mode d'administration.* On boit les Eaux Chaudes à la dose de cinq à six verres, le matin à jeun ; Bordeu engageait les malades à boire dans le commencement du traitement les eaux de l'Esquirette, et à faire de celles de Laressecq la boisson ordinaire.

On emploie les bains et les douches avec succès dans les engorgements articulaires.

Le transport dénature beaucoup les Eaux Chaudes.

Toutes les sources appartiennent à la commune et sont affermées 6,500 fr., outre 700 fr. de frais qui restent à la charge du fermier ; 1640 malades sont venus en 1834 aux Eaux Chaudes ; on évalue à 72,800 fr. l'argent laissé dans le pays.

*Lettres contenant des essais sur les eaux minérales du Béarn*, par Théophile Bordeu ; 1746. La douzième lettre et les trois suivantes concernent les Eaux Chaudes.

*Analyse et propriétés médicales des eaux des Pyrénées*, par Poumier ; 1813, in-8. On trouve page 30 l'analyse des Eaux Chaudes.

*Recherches sur l'action thérapeutique des eaux*, par Léon Marchant ; Paris, 1832. On trouve page 192 un article sur les Eaux Chaudes.

## LUCHON ou BAGNÈRES-DE-LUCHON (département de la Haute-Garonne).

Petite ville à 2 lieues de la frontière d'Espagne, 3 de Saint-Béat, 8 de Saint-Gaudens, située dans une riante et fertile vallée, à 313 toises au-dessus du niveau de la mer. Les communications sont très-faciles : le courrier et deux diligences de Toulouse y arrivent trois fois par semaine. Les eaux thermales de Bagnères ont été célèbres dans l'antiquité, et plusieurs inscriptions latines attestent qu'elles ont été connues des Romains ; aujourd'hui elles sont de plus en plus fréquentées. L'édifice thermal est vaste, élégant, commode, pourvu de baignoires en marbre, de douches et d'étuves ; mais il ne suffit plus aux malades, et l'on s'occupe de son agrandissement. A Luchon, le climat est doux, l'hiver n'est jamais rigoureux ; les étrangers se logent dans la ville ou dans les hôtels de la grande promenade. On y trouve des tables d'hôte, des restaurants, un beau café, un cabinet de lecture et un Vauxhall où se donnent deux bals par semaine. Les promenades sont nombreuses ; il en est une surtout, appelée *la Grande Allée*,

qui offre de magnifiques plantations : on ne manque pas d'aller
visiter le beau lac de Sculejo, qui est situé à trois lieues de
Luchon, et le village de Saint-Aventin, qui est dans une position
fort singulière. La saison des eaux dure depuis la fin de mai
jusqu'au mois d'octobre; mais la plus grande affluence des
étrangers est depuis le mois de juillet jusqu'à la mi-septembre.
Médecin-inspecteur, M. Barrié.

*Sources.* Il sort d'une montagne voisine un grand nombre de
sources ; pendant longtemps on en a distingué huit ; mais des
fouilles faites en 1835 ont fait découvrir le griffon de trois
nouvelles fontaines qui diffèrent par leur volume, leur température et la quantité de principes sulfureux qu'elles contiennent. Le peu de distance qu'a chaque source à parcourir pour
entrer dans le réservoir lui conserve sa température naturelle
et toute son action thérapeutique ; on a eu la précaution de
mettre ces sources à l'abri du contact de l'air atmosphérique,
qui est si prompt à les décomposer.

Voici la désignation des sources de Luchon et leur température, d'après M. Fontan, en octobre 1836, l'air ambiant
étant à 17° cent.

SOURCES ANCIENNES.

| | |
|---|---|
| Grotte Inférieure, au robinet du cabinet n° 15, le plus près de la source. . . . . . | 56°,30 c. |
| Grotte Supérieure. . . . . . . . . . . . . | 47 |
| Ferras. . . . . . . . . . . . . . . . . . . | 36,70 |
| Reine ancienne. . . . . . . . . . . . . . | 25 |
| Source aux Yeux. . . . . . . . . . . . . | 23 |
| Source Blanche, a disparu. | |
| Source Froide. . . . . . . . . . . . . . . | 17 |
| Établissement Soulerat. Source forte. . | 34 |
| —                      Source faible. . | 32 |

SOURCES NOUVELLES.

| | |
|---|---|
| Reine nouvelle au griffon. . . . . . . . | 52 |
| Source du Chauffoir. . . . . . . . . . . | 46,70 |
| Richard nouvelle. . . . . . . . . . . . . | 38,50 |

De grands réservoirs, couverts et voûtés en bonne maçonnerie, reçoivent ces eaux, qui sont ensuite distribuées dans l'établissement. Chaque cabinet de bain du grand établissement a une douche de près de deux mètres d'élévation. Les sources sont si abondantes, qu'on peut donner sept à huit cents bains par jour. Chaque baignoire est pourvue de trois robinets qui fournissent de l'eau sulfureuse à des températures différentes.

On compte à Richard dix baignoires ; au grand établissement, trente-cinq ; pour les indigents, quatre ; au bâtiment Ferras, six. Toutes les baignoires sont en marbre, excepté celles du petit bâtiment Ferras. On trouve dix-huit baignoires dans l'établissement Soulerat.

*Propriétés physiques.* Les eaux de Luchon sont limpides, excepté celle de la Blanche, qui est louche ; elles paraissent souvent noires à cause des petites pierres d'ardoise qui garnissent le fond des réservoirs ; elles exhalent une odeur d'œufs couvis qui frappe l'odorat à plus de cent pas avant d'arriver aux sources ; leur saveur est fade et douceâtre ; leur pesanteur spécifique est supérieure à celle de l'eau distillée. Il est un phénomène particulier aux eaux de Luchon ; c'est que, par un temps orageux, on voit passer à la couleur laiteuse un bain composé avec de l'eau des sources de la *Grotte Supérieure* et de la *Reine* d'une part, et de l'autre des sources *Froide* et *Blanche ;* ce changement s'opère dans l'intervalle de deux heures, et par l'addition de la *Grotte Supérieure,* la transparence du bain est rétablie.

On remarque sur les parois de la Grotte Supérieure et de la Reine une assez grande quantité de soufre. On y voit aussi beaucoup de matière glaireuse (barégine) qui se présente sous deux formes : dans les conduits qui livrent passage aux eaux les plus chaudes, elle est noirâtre et ressemble à des lits de grenouille ; dans les eaux qui s'échappent par un suintement lent, cette matière offre un aspect blanchâtre, filamenteux, ayant la plus grande analogie avec de la charpie fine et déliée.

*Analyse chimique.* Bayen, qui a fait en 1766 l'analyse des eaux de Bagnères-de-Luchon, y avait reconnu la présence de l'hydro-sulfate de soude, des sulfate, carbonate et hydro-chlorate de la même base, d'un peu de silice et de matière organique. Bien que ces eaux aient été examinées depuis par MM. Save et le docteur Poumier, nous croyons devoir rapporter ici l'analyse de Bayen, comme présentant des résultats plus exacts. Toutefois il est à désirer que les eaux de Bagnères-de-Luchon, qui par leur importance et leur fréquentation acquièrent chaque jour de l'intérêt, deviennent l'objet d'une nouvelle analyse.

### ANALYSE DE BAYEN.

Eau (1 litre).

|  | gr. |
|---|---|
| Chlorure de sodium. . . . . | 0,0784 |
| Sulfate de soude cristallisé. . | 0,1126 |
| Carbonate de soude sec. . . | 0,0322 |
| Silice dissoute. . . . . . . . | 0,0762 |
| Soufre dissous. . . . . . . . | quantité indéterminée. |
| Matière grasse organique. . . | *id.* |
|  | 0,2994 |

Voici la quantité de sulfure de sodium que M. Longchamp indique pour chaque source :

Eau ( 1 litre ).

|  | gr. |
|---|---|
| Source de la Grotte Inférieure. | 0,0868 |
| Richard. . . . . . . . . . . | 0,0720 |
| Grotte Supérieure. . . . . . | 0,0717 |
| La Reine. . . . . . . . . . | 0,0631 |
| Blanche. . . . . . . . . . . | 0,0023 |

Les nouvelles sources découvertes en 1836 exigent un travail analytique pour apprécier leur composition.

Voici la quantité de *sulfure de sodium* que M. Fontan a trouvée dans la Reine nouvelle et dans les sources Soulerat :

Eau (1 litre).

| | | |
|---|---|---|
| Reine nouvelle. . . . . . . . . . . . . . . | | 0,0455 |
| Sources Soulerat { source forte. . . . . . | | 0,0364 |
| { source faible. . . . . . | | 0,0012 |

*Propriétés médicales.* Nous empruntons à M. Barrié ( *rapport* 1836.) ses remarques intéressantes sur l'action des eaux
de Luchon chez l'homme sain et chez l'homme malade. *Chez
l'homme sain*, l'eau de Luchon prise en boisson excite le système cutané, détermine une transpiration plus ou moins
abondante et facilite la sécrétion urinaire. Elle est pesante
sur l'estomac, nauséeuse, et l'odeur d'œufs couvis qui la ca-
ractérise revient sans cesse à la bouche. Son action est plus
étendue, plus énergique, quand on la prend en bains : un
quart d'heure après l'immersion, la peau rougit, le pouls acquiert plus de fréquence, plus de développement; la tête devient lourde, pesante ; il y a de l'oppression. Si on continue
les bains, ils peuvent occasionner des congestions cérébrales,
des gastrites, des entérites, des colites, et le plus souvent des
constipations opiniâtres. Ils exaltent beaucoup les organes
génitaux chez les deux sexes. *Chez l'homme malade*, le mode
d'action des eaux de Luchon est encore mieux caractérisé, leur
influence sur l'économie bien plus prononcée, soit en bains,
soit en boisson : leurs propriétés excitantes se manifestent sur
les organes de la respiration, sur l'estomac et ses dépendances,
la vessie et la surface cutanée. Il est bien important de surveiller leur action, parce que leur usage ranime les points
de phlegmasie chronique qui peuvent exister. Avec quelle
prudence ne faut-il pas les prescrire aux personnes qui ont
une disposition aux maladies tuberculeuses ! Le tube digestif
est aussi facilement excité, mais avec moins de danger que les
organes respiratoires. Pour utiliser avec avantage les diverses

propriétés des eaux sulfureuses de Luchon, il faut bien connaître le tempérament des malades, leur susceptibilité, l'espèce et le degré d'affection dont ils sont atteints ; c'est lorsque le médecin est fixé sur ces points essentiels qu'il ordonne les eaux pures ou coupées, les bains Richard ou ceux de la Reine mêlés avec la Grotte et la Blanche.

Il résulte des nombreux faits cliniques publiés par Campardon, qui administra les eaux de Luchon pendant plus de trente ans, et de ceux qui sont insérés dans les rapports de M. Barrié, que ces eaux sont efficaces contre les dartres et les autres maladies de la peau, les raideurs des tendons et des ligaments à la suite des luxations et des fractures, les engorgements lymphatiques des articulations, les ankyloses fausses, les suites de plaies d'armes à feu, les ulcères simples ou compliqués de fistule et de carie, les écrouelles et les ulcères scrofuleux, les catarrhes pulmonaires chroniques, l'asthme et la phthisie muqueuse, la chlorose, les fleurs blanches, les rhumatismes, les paralysies, la sciatique, les maladies des paupières et des yeux de nature dartreuse ou scrofuleuse. Campardon signale encore l'utilité de ces eaux dans les *obstructions* du foie, de la rate ; dans plusieurs maladies de l'estomac, et surtout contre les digestions lentes, difficiles, accompagnées de flatuosités ; dans les maladies nerveuses, telles que l'hypocondrie, l'hystérie ; dans les coliques néphrétiques et les autres maladies des voies urinaires.

Il est inutile de rappeler que les eaux de Luchon, étant très-excitantes, sont nuisibles aux personnes irritables et dans tous les cas où il existe des signes de pléthore ou d'inflammation.

*Mode d'administration.* On fait usage des eaux de Luchon en boisson, bains entiers, demi-bains, douches, vapeurs, collyres, injections et lotions ; la dose en boisson est de deux ou trois verres que l'on coupe souvent avec du lait qui s'associe fort bien avec elles. Les bains sont d'autant plus avantageux qu'on peut varier à volonté leur température ; dans les maladies cutanées rebelles, on ajoute aux bains des sulfures alcalins, pour les rendre plus actifs. A côté des sources, on trouve des étuves qui reçoivent la chaleur de l'eau qui les traverse.

Luchon présente un avantage inappréciable dans la réunion de toutes les eaux que la nature s'est plu à prodiguer à ce lieu charmant, et dont elle a si bien nuancé les vertus, en distribuant inégalement les éléments minéralisateurs, que l'on peut avec facilité en assortir la force aux besoins des diverses maladies. La méthode qu'on y suit dans le traitement minéral, et qui consiste à faire passer graduellement les malades d'une source à une autre, opère des effets qu'on attendrait en vain d'une source unique; aussi plusieurs médecins pensent que les eaux de Luchon peuvent remplacer les eaux de Baréges, de Cauterets, de Saint-Sauveur, et qu'elles leur sont préférables à cause de la beauté du lieu et de la douceur du climat.

Les *bœufs* et les *chevaux* aiment assez se désaltérer au courant des sources sulfureuses de Luchon; cette boisson les préserve ordinairement de la *pousse*. On voit chaque année arriver à Luchon des chevaux étrangers qui sont attaqués soit d'un commencement de pousse, soit de fourbure ou d'engorgements aux jambes : on les fait boire deux fois par jour dans un réservoir particulier, où se réunissent les eaux de toutes les sources du grand établissement. Il est bien rare, dit M. Barrié, qu'après trois ou quatre semaines ces animaux n'éprouvent pas ou la guérison ou un soulagement marqué.

Le *transport* altère beaucoup les eaux de Luchon.

L'établissement de Bagnères-de-Luchon est affermé pour trois ans à raison de 22,100 francs chaque année, sans compter dans cette somme la patente et les impositions.

On peut évaluer le numéraire laissé par les étrangers en 1836 à 361,600 francs; on ne comprend pas dans cette somme l'argent dépensé par 383 indigents qui sont venus à Luchon prendre les bains.

*Mémoire sur les eaux minérales et sur les bains de Bagnères-de-Luchon*, par M. Campardon (*Journal de Médecine*, juin 1763, page 520; juillet, août, septembre, octobre, novembre, décembre 1763, pages 48, 160, 240, 315, 425 et 520). Ce mémoire est très-bien fait; plusieurs des observations qu'il contient sont intéressantes et bien présentées. Le rédacteur du journal a ajouté, à la suite de chaque article de ce mémoire, des réflexions qui présentent un tableau de comparaison des effets des eaux de Bagnères avec ceux des eaux de Baréges dans les mêmes maladies.

*Analyse des eaux de Bagnères-de-Luchon*, par MM. Richard et Bayen. (*Recueil d'observations de médecine des hôpitaux militaires*, tome II, page 642.) Ce mémoire est très-intéressant.

*Analyse et propriétés médicales des eaux des Pyrénées*, par Poumier; 1818, in-8. Un article, page 89, est consacré à la topographie de Bagnères et à l'analyse de ses eaux.

*Nouvelles observations sur les eaux thermales de Bagnères-de-Luchon*, par Arnaud Soulerat; Toulouse, 1817, brochure de 54 pages.


## ESCALDAS (département des Pyrénées-Orientales) (1).

Village à une lieue de Llivia et de Puycerda, 3 de Mont-Louis et 22 de Perpignan, qui doit son nom (*Aguas Caldas*) et probablement son existence aux sources thermales qu'il possède : il a des communications faciles avec Llivia et Puycerda. On y trouve deux établissements pour l'administration des eaux ; le plus ancien et le plus considérable est connu sous le nom de *bains Colomer*, l'autre sous le nom de *bains de Merlat* ; tous deux offrent aux étrangers, des logements commodes, entourés de jardins et de promenades. Ces thermes ne sont pas seule-

---

(1) Ce département est très-riche en eaux minérales, comme le prouve l'ouvrage de M. Anglada. Outre les sources dont nous allons parler, on remarque les eaux sulfureuses de Dorres, de Quez, de Llo, de Saint-Thomas, de Canavelles, de Nyer, qui n'offrent point d'établissement. Perpignan, chef-lieu du département, est le point central avec lequel communiquent les divers établissements thermaux de cette contrée.

ment fréquentés par les habitants du département et des contrées voisines ; les cantons les plus populeux de la Catalogne, et même Barcelone, leur envoient un grand nombre de malades. Le docteur François Piguillem, qui pratiqua longtemps dans cette ville, contribua beaucoup à les accréditer. Malgré l'élévation du lieu, le climat est assez doux à Escaldas ; la saison des bains a lieu depuis le mois de juin jusque vers le 15 septembre.

*Sources.* Il y en a trois. 1° La *Grande source*, qui alimente les thermes Colomer ; elle surgit au milieu du village du sein du granit ; elle est bien encaissée ; un grand réservoir construit en pierres de taille reçoit les eaux, qui sont ensuite distribuées dans l'édifice thermal, garni de huit baignoires dans six cabinets ; deux sont appropriées à l'administration des douches. Près du bouillon de la source, on a ménagé l'issue à un filet d'eau pour la buvette, et une grande piscine a été établie pour les bains gratuits.

2° La *source Merlat* surgit au sud et à douze cents pas de la grande source ; ses eaux, recueillies dans un bassin couvert, alimentent quatre baignoires.

3° Au nord du village, et dans un endroit connu dans le pays sous le nom de *Tartère de Margail*, surgit la troisième source, qui n'est point utilisée.

*Propriétés physiques.* L'eau est limpide, incolore, onctueuse au toucher ; son odeur est légèrement sulfureuse, sa saveur semblable à celle d'un œuf récemment cuit. Sa pesanteur spécifique diffère peu de celle de l'eau distillée. La Grande source fournit en vingt-quatre heures 795,541 mètres cubes d'eau ; la seconde source est beaucoup moins abondante. Toutes deux déposent dans leurs conduits beaucoup de glaires blanches. La température de la Grande source à son bouillon est de 42°,5 cent., et de 41°,9 dans le bassin ; celle de la source de Merlat est de 33°,75.

*Analyse chimique.* Elle est due à M. Anglada.

Eau ( 1 litre ).

| GRANDE SOURCE OU SOURCE COLOMER. | | SOURCE MERLAT. | |
|---|---|---|---|
| Glairine. | 0,0075 | Glairine. | 0,0261 |
| Hydrosulfate de soude. | 0,0333 | Hydrosulfate de sou- ) | quantité |
| Carbonate de soude. | 0,0274 | de. ) | indét. |
| Carbonate de potasse. | 0,0117 | Carbonate de soude. | 0,0479 |
| Sulfate de soude. | 0,0181 | Sulfate de soude. | 0,0945 |
| Chlorure de sodium. | 0,0064 | Chlorure de sodium. | 0,0218 |
| Silice. | 0,0390 | Silice. | 0,0261 |
| Carbonate de chaux. | 0,0003 | Carbonate de chaux. | 0,0064 |
| Carbonate de magnésie. | 0,0005 | Perte. | 0,0070 |
| Sulfate de chaux. | 0,0003 | | |
| | | | 0,2298 |
| | 0,1445 | | |

*Propriétés médicales.* Le docteur Piguillem de Barcelone, qui a étudié avec soin les effets des eaux d'Escaldas, les regarde comme fort utiles dans le traitement des affections dartreuses, des rhumatismes chroniques, des paralysies, des engorgements scrofuleux et des phthisies muqueuses.

On administre ces eaux en boisson et en bains.

*Traité des eaux minérales du Roussillon,* par Carrère, 1756; un article est consacré aux eaux d'Escaldas.

*Traité des eaux minérales du département des Pyrénées-Orientales,* par J. Anglada; Paris, 1833. On trouve, tome I, page 73, un article sur les eaux d'Escaldas. Cet ouvrage, complet sous les rapports topographiques et chimiques, est moins intéressant pour l'action thérapeutique des eaux. Nous lui avons emprunté tout ce qui concerne les eaux du département des Pyrénées-Orientales.

## VERNET ( département des Pyrénées–Orientales ).

Village situé au pied du mont Canigou, à une lieue de Villefranche, et 8 de Perpignan; une belle route conduit de
Villefranche à Vernet. L'établissement thermal, assez bien distribué, est garni de quatorze cabinets à baignoires et de deux
cabinets à douches; il offre des logements commodes et des
facilités pour la nourriture. Vernet est un séjour admirable
pour le naturaliste; tous les voyageurs vont visiter les ruines
de l'antique monastère de Saint-Martin du Canigou, et la
fameuse montagne qui porte ce nom.

*Sources.* On en compte quatre qui fournissent leurs eaux à
l'établissement thermal; on les distingue par les numéros 1,
2, 3 et 4. Elles s'échappent toutes directement du mont Canigou, et transmettent leurs eaux par des conduits dans un vaste
réservoir, où elles se refroidissent à l'abri de l'air, et fournissent ainsi aux baignoires un liquide propre à tempérer au
degré convenable la chaleur des bains. Il y a une source destinée à la boisson.

M. Anglada signale encore trois sources surgissant très-près
les unes des autres, dont les propriétés physiques et chimiques sont identiques avec celles de Vernet.

*Propriétés physiques.* Les eaux thermales de Vernet sont
très-limpides, onctueuses et sans couleur; leur odeur et leur
saveur sont comparables à celles d'un jaune d'œuf récemment
durci par la cuisson. Leur pesanteur spécifique diffère peu de
celle de l'eau distillée. Les quatre sources donnent par jour
68,213 mètres cubes d'eau qui peuvent fournir à trois cents
bains par jour. En arrivant dans le réservoir, les eaux ont
encore une chaleur de 47°,50 cent., tandis qu'aux robinets des
baignoires, elle n'est plus que de 39°,06. C'est donc un refroidissement d'environ 8°. La matière glaireuse est peu abondante dans les conduits et le réservoir.

*Analyse chimique.* Elle est due à M. Anglada.

Eau ( 1 litre ).

|  |  | gr. |
|---|---|---|
| Glairine. | | 0,0090 |
| Hydrosulfate de soude cristallisé. | | 0,0593 |
| Carbonate de soude. | | 0,0571 |
| Sulfate de soude. | | 0,0291 |
| Chlorure de sodium. | | 0,0121 |
| Silice. | | 0,0496 |
| Carbonate de chaux. | | 0,0008 |
| Sulfate de chaux. | | 0,0037 |
| Carbonate de magnésie. | | traces. |
| Perte. | | 0,0051 |
| | | 0,2258 |

*Propriétés médicales.* Les eaux de Vernet diffèrent peu de celles des Bains d'Arles ; M. Barrère les préconise contre les dartres, la gale, la teigne, les paralysies, les ankyloses incomplètes et les ulcères fistuleux.

Les eaux sont utilisées en boisson et en bains.

*Traité des eaux minérales du Roussillon*, par Carrère; 1756.

*Mémoire analytique et pratique sur les eaux minérales de Vernet*, par M. Barrère, an VII.

*Traité des eaux minérales du département des Pyrénées-Orientales*, par J. Anglada ; 1833. On trouve dans le tome I, page 165, un article sur les eaux de Vernet.

## MOLITG ( département des Pyrénées-Orientales ).

Village à 3 lieues de Prades, 4 de Villefranche, 7 de Perpignan. Grâce au conseil général du département, on vient de construire une bonne route qui conduit de Prades à Molitg ; des diligences partent chaque jour de Prades à Perpignan. On voit à Molitg deux établissements thermaux qui appartiennent au marquis de Llupia : le plus ancien des deux, appelé *Bains Llupia*, le plus riche en eau sulfureuse, offre dix baignoires et deux buvettes ; le second, appelé *Bains Mamet*, contient huit baignoires en marbre blanc et une douche. Le vieux château de Paracols a été restauré et approprié au logement des étrangers, qui se rendent chaque année aux bains de Molitg au nombre de trois à quatre cents, depuis le 15 juillet jusqu'au 15 septembre. La nourriture est abondante et à bon marché. Il y a un médecin inspecteur.

*Sources.* Quatre sources appartiennent aux thermes de Llupia ; trois d'entre elles seulement sont utilisées. La plus importante par sa chaleur et le volume de ses eaux surgit d'un rocher dans l'intérieur même de l'établissement ; les deux autres se trouvent à l'extérieur. Les bains Mamet sont alimentés par onze sources disséminées sur une petite surface.

*Propriétés physiques.* Elles sont les mêmes pour les sources des deux établissements. Les eaux sont limpides, incolores, très-onctueuses ; leur odeur et leur saveur se confondent avec celles du blanc d'œuf cuit récemment ; elles sont légères et diffèrent très-peu de l'eau distillée. Elles déposent beaucoup de glairine sous forme d'une couche de glaires filandreuses, très-blanches. La première source de l'établissement Llupia fournit par heure 4,684 litres ; la seconde, 371 litres ; la troisième, 142 litres. La température de l'eau de la grande source est de 37°,50 cent. à la sortie du réservoir, et de 37°,25 dans la plupart des baignoires.

*Analyse chimique.* Toutes les sources de Molitg ont donné à M. Anglada les mêmes principes.

Eau (1 litre).

| | gr. |
|---|---|
| Glairine. . . . . . . . . . . . | 0,0073 |
| Hydrosulfate de soude cristallisé. . | 0,0436 |
| Carbonate de soude. . . . . . . | 0,0715 |
| Carbonate de potasse. . . . . . | 0,0119 |
| Sulfate de soude. . . . . . . . . | 0,0111 |
| Chlorure de sodium. . . . . . . | 0,0168 |
| Silice. . . . . . . . . . . . . . | 0,0411 |
| Sulfate de chaux. . . . . . . . | 0,0013 |
| Carbonate de chaux. . . . . . . | 0,0023 |
| Carbonate de magnésie. . . . . | 0,0002 |
| Perte. . . . . . . . . . . . . . | 0,0030 |
| | 0,2101 |

*Propriétés médicales.* Les eaux de Molitg sont plutôt recommandées par leur efficacité que par l'agrément qu'elles offrent à ceux qui les fréquentent. Elles provoquent les urines, exercent une action stimulante sur les membranes muqueuses, accélèrent le pouls, causent la constipation, augmentent la transpiration, à laquelle elles communiquent l'odeur d'hydrogène sulfuré; en bains, elles font éprouver un bien-être très-marqué, adoucissent et calment les irritations. Elles ont une action spéciale dans les maladies de la peau; elles sont encore utiles dans les catarrhes pulmonaires, vésicaux, utérins, dans l'atonie de l'appareil digestif, les pâles couleurs, les irrégularités de la menstruation, les douleurs nerveuses, et dans la gravelle.

*Mode d'administration.* On boit les eaux de Molitg; mais on s'en sert principalement en bains à cause de leur température très-douce et analogue à celle du corps humain. Ces eaux produisent sur le corps des baigneurs une impression d'onctuosité comme savonneuse qui est très-agréable. La peau est douce et glisse sous la main, comme si elle était ointe d'une substance huileuse. C'est ce genre d'impression qui a surtout contribué à faire donner à ces bains la qualification de *Bains de Délices ;* cette qualité des eaux n'est pas seulement un agrément, elle semble annoncer une plus grande efficacité pour déterger la surface du corps et rendre la transpiration plus facile.

Le produit de la régie a été en 1835 de 2,178 fr. ; l'argent laissé dans le pays par les personnes venues aux eaux peut être estimé à 15,000 fr.

*Traité des eaux minérales du Roussillon*, par Carrère ; 1756.

*Analyse chimique des eaux de Molitg*, par Julia Fontenelle (*Journal Universel des sciences*, mars 1821). Cette analyse diffère de celle de M. Anglada.

*Traité des eaux minérales du département des Pyrénées-Orientales*, par J. Anglada. On trouve un article sur les eaux de Molitg, tome I, page 227.

### VINÇA (département des Pyrénées-Orientales).

Petite ville, chef-lieu de canton, à 3 lieues de Prades, 7 de Perpignan. Sur la rive gauche de la Tet, à un quart de lieue de Vinça, il existe un établissement thermal dont l'abord est facile, qui sert à l'administration des bains, et offre quelques logements aux baigneurs. Ces thermes sont peu fréquentés, sans doute à cause du voisinage de ceux de Molitg et de Vernet.

*Sources.* Il y en a deux très-rapprochées l'une de l'autre ; elles s'échappent à travers la fente d'un rocher, fournissent en sortant un filet d'eau pour la buvette ; celle qui est destinée aux bains est reçue dans un vaste bassin couvert.

*Propriétés physiques.* L'eau est limpide, onctueuse, mais moins que celle de Molitg ; elle laisse dégager beaucoup de bulles gazeuses, exhale une odeur sulfureuse très-sensible ; sa saveur est à la fois piquante, saline et douceâtre. Le volume d'eau peut être évalué à environ 19 mètres cubes par jour. La température prise à la sortie du rocher est de 23°,50 cent. Peu de glairine.

*Analyse chimique.* Elle a été faite par M. Anglada.

Eau (1 litre).

|  | gr. |
|---|---|
| Glairine. | 0,00660 |
| Hydrosulfate de soude. | 0,02590 |
| Carbonate de soude. | 0,07880 |
| Sulfate de soude. | 0,04430 |
| Chlorure de sodium. | 0,03310 |
| Silice. | 0,04480 |
| Sulfate de chaux. | 0,00305 |
| Carbonate de chaux. | 0,00395 |
| Carbonate de magnésie. | 0,00035 |
|  | 0,24085 |

*Propriétés médicales.* Les eaux de Vinça sont recommandées par Carrère dans les maladies cutanées, les catarrhes pulmonaires, la gravelle, la bronchite chronique, l'asthme nerveux, la phthisie commençante. M. Anglada les compare aux eaux de Bonnes. M. Massot aîné, de Perpignan, les conseille aux personnes dont la poitrine est délicate et aux enfants menacés d'engorgement mésentérique.

*Mode d'administration.* C'est particulièrement en boisson que les eaux de Vinça sont employées. On les boit assez chargées de principes sulfureux, parce que la huvette est près de l'origine de la source. Pour que ces eaux puissent servir aux bains, on est obligé de les faire chauffer dans une chaudière couverte; mais cette caléfaction ne s'effectue qu'au détriment du principe sulfureux.

*Traité des eaux minérales du Roussillon*, par Carrère, 1756.

*Traité des eaux minérales*, par J. Anglada, 1833. On trouve un article sur les eaux de Vinça, tome I, page 307.

**THUEZ** ( département des Pyrénées–Orientales ).

Village à 3 lieues de Mont-Louis, 2 d'Olette, sur la route de ces deux villes. Ce lieu est d'un aspect triste, sauvage, et d'un abord difficile; il est remarquable par le grand nombre d'eaux thermales disséminées dans son territoire. Nous parlerons seulement d'une source qui est utilisée par les habitants : elle est située à un quart de lieue au-dessous de Thuez, sur la rive droite de la rivière, au milieu d'un terrain cultivé ; ses eaux sortent de terre par deux filets de médiocre volume ; l'un d'eux est reçu immédiatement dans une espèce de petit bassin disposé pour s'y baigner.

*Propriétés physiques.* Eau limpide ; odeur et saveur sulfureuses ; dépôt glaireux peu abondant ; température des deux ramifications, 45° cent.

*Analyse chimique.* Cette eau a fourni à M. Anglada :

Eau (1 litre).

| | gr. |
|---|---|
| Glairine. . . . . . . . . . | 0,0393 |
| Hydrosulfate de soude. . . | quantité indéterminée. |
| Carbonate de soude. . . . . | 0,0874 |
| Carbonate de potasse. . . . | traces. |
| Sulfate de soude. . . . . . | 0,0726 |
| Chlorure de sodium. . . . . | 0,0174 |
| Silice. . . . . . . . . . . | 0,0796 |
| Carbonate de magnésie. . . | 0,0219 |
| | 0,3182 |

*Propriétés médicales.* Les malades de la vallée, dit M. Anglada, viennent faire usage du bain de Thuez aux saisons propices, et chaque année voit reproduire les bons effets de ces eaux, soit pour combattre les affections dartreuses et les rhumatismes chroniques, soit pour provoquer la cicatrisation des vieilles plaies ou des ulcères atoniques.

C'est en plein air que l'on prend le bain ; le malade se réfugie en sortant du bain dans une excavation creusée dans la montagne.

*Traité des eaux minérales des Pyrénées-Orientales*, par J. Anglada, 1833. On trouve, dans le tome I, page 339, un article sur le bain de Thuez.

## BAINS PRÈS ARLES (département des Pyrénées-Orientales).

Petit village sur la rive gauche du Tech, au pied d'une montagne sur laquelle Louis XIV fit construire un fort qu'on appelle *Fort-les-Bains*, à une demi-lieue d'Arles, 8 de Perpignan. Les communications entre cette ville et les Bains d'Arles sont des plus faciles; des diligences en poste parcourent chaque jour ce trajet. Le village des Bains d'Arles offre un bâtiment thermal qui se fait remarquer par ses formes colossales, par les dimensions de ses piscines, et par l'antiquité de son origine; on s'accorde généralement à le regarder comme un ouvrage des Romains. Ces thermes sont actuellement la propriété d'un particulier qui, pour satisfaire le goût du public, a substitué le bain privé à l'usage des piscines; vingt cabinets à bain ont été distribués dans le contour intérieur du grand bâtiment: quatre de ces cabinets sont destinés aux douches; deux bassins ont été établis pour opérer à des degrés différents la réfrigération du liquide thermal, et l'approprier ainsi aux divers besoins du service. On a conservé deux piscines, l'une pour les soldats, l'autre pour les indigents. M. Anglada engage beaucoup le gouvernement à fonder un hôpital militaire aux Bains d'Arles, dont les eaux, beaucoup plus abondantes, ne sont pas moins salutaires que celles de Baréges.

Le climat du village des Bains est très-doux; les eaux sont fréquentées depuis le 15 mai jusqu'au 15 octobre; quelques personnes en font usage même l'hiver. Trois à quatre cents personnes, sans compter les militaires et les indigents, affluent chaque année à ces thermes, et viennent des départements voisins et même de la Catalogne. Le village des Bains offre des logements pour plus de trois cents personnes ; une vaste maison, attenant à l'établissement thermal, offre l'avantage d'être plus à portée du bain. La nourriture est bonne, abondante et à bon marché. Il y a un médecin inspecteur.

*Sources.* M. Anglada en décrit quatorze qui surgissent dans un vallon, au pied d'une montagne. Nous n'en citerons que trois, parce que les autres ne sont pas employées au traitement des malades. 1° La *Grande source* ou *Gros Escaldadou;* c'est la plus importante et la plus abondante des sources, celle qui fournit ses eaux à l'établissement, dont elle n'est distante que de cent pas, et où elle se rend par un canal couvert. 2° La source du *Réservoir de réfrigération* surgit non loin de la précédente ; ses eaux sont amenées à travers un canal découvert dans le bassin de réfrigération, pour tempérer la chaleur des eaux de la Grande source. 3° La *fontaine Manjolet* surgit à cent cinquante pas, et à l'ouest de la Grande source ; ses eaux sont encaissées dans un réservoir à leur sortie de la montagne, et s'épanchent dans un bassin, sous forme de fontaine, en un filet d'eau : c'est la buvette des bains d'Arles. Elle est abritée sous un pavillon construit pour l'agrément et la commodité des buveurs d'eau.

Les autres sources thermales, quoique très-abondantes et riches en principes sulfureux, ne servent qu'aux usages domestiques. M. Anglada propose de les utiliser en les dirigeant dans une vaste piscine, de telle sorte qu'on y puisse prendre le bain en nageant.

*Propriétés physiques.* Elles sont identiques dans toutes les sources ; l'eau est limpide, incolore, d'une odeur d'eau chaude légèrement sulfureuse, semblable à celle des œufs durcis, sapide à l'instar des autres eaux sulfureuses, avec arrière-goût douceâtre ; elle fait sur la peau une impression d'onctuosité savonneuse très-prononcée ; elle est riche en glairine ; tous les conduits en sont couverts.

La Grande source fournit par jour un écoulement de 1,029,888 litres d'eau, quantité très-considérable, comme on voit. A sa sortie du rocher, l'eau a une température de 61°,25 cent. La source Manjolet est d'un faible volume et fournit par jour 6,422 litres. A la suite des grandes pluies, l'eau se trouble et coule avec plus d'abondance; sa température est de 43°,25 cent., celle de l'air étant de 21°,25.

*Analyse chimique.* Soumises à l'analyse par M. Anglada, la source du Gros Escaldadou et celle de Manjolet ont donné :

Eau ( 1 litre ).

| SOURCE DU GROS ESCALDADOU. | | SOURCE DE MANJOLET. | |
|---|---|---|---|
| | gr. | | gr. |
| Glairine. . . . . . . . . | 0,0109 | Glairine. . . . . . . . . | 0,01580 |
| Hydrosulfate de soude. . | 0,0396 | Hydrosulfate de soude. . . | 0,03177 |
| Carbonate de soude. . . . | 0,0750 | Carbonate de soude. . . . | 0,06230 |
| Carbonate de potasse. . . | 0,0026 | Carbonate de potasse. . . | traces. |
| Chlorure de sodium. . . . | 0,0418 | Sulfate de soude. . . . . | 0,05040 |
| Sulfate de soude. . . . . | 0,0421 | Chlorure de sodium. . . | 0,01643 |
| Silice. . . . . . . . . . | 0,0902 | Silice. . . . . . . . . . | 0,03780 |
| Carbonate de chaux. . . . | 0,0008 | Carbonate de chaux. . . | 0,00121 |
| Sulfate de chaux. . . . . | 0,0007 | Sulfate de chaux. . . . . | 0,00105 |
| Carbonate de magnésie. . | 0,0002 | Carbonate de magnésie. . | 0,00047 |
| | 0,3039 | | 0,21723 |

*Propriétés médicales.* Les bains d'Arles jouissent d'une grande efficacité contre les rhumatismes chroniques, les maladies de la peau de nature dartreuse ou psorique, les accidents, suites de blessure, tels que rétraction des muscles, engorgement des articulations, adhérences des cicatrices, ulcères fistuleux ou atoniques; ils accélèrent l'expulsion des esquilles, en même temps qu'ils facilitent les exfoliations. En boisson, la source de Manjolet est conseillée dans les affections chroniques de la poitrine, les engorgements des viscères, les tumeurs scrofu-

leuses, et dans toutes les maladies accompagnées de relâchement et d'inertie des organes.

*Mode d'administration.* On prend les bains d'Arles sous toutes
les formes; pour les bains, l'eau thermale a besoin d'être
refroidie. La température de la fontaine Manjolet est assez
modérée pour qu'on puisse la boire telle que la nature l'a
donnée.

M. Anglada engage les médecins à combiner avec les bains
d'Arles la boisson des eaux ferrugineuses de Saint-Martin de
Fenouilla et du Boulou, situées à trois lieues du village de
Bains.

On exporte l'eau de la source Manjolet, laquelle peut se
conserver sans altération pendant deux ou trois mois.

*Traité des eaux minérales du Roussillon*, par Carrère; 1756, in-8.

*Eau de Manjolet* ( *Histoire de la Société royale de Médecine*, tome Iᵉʳ,
page 337 ). On trouve l'extrait d'un mémoire de M. Bonafos sur les eaux de
Manjolet.

*Traité des eaux minérales du département des Pyrénées-Orientales*,
par J. Anglada; 1833. L'article sur Bains près Arles se trouve dans le
tome II, page 11 et suivantes.

## LA PRESTE (département des Pyrénées-Orientales ).

Village à 2 lieues de Prats de Mollo, 5 d'Arles et 14 de
Perpignan. Un chemin tracé sur la rive gauche du Tech entretient de faciles communications entre Prats de Mollo et les
bains de La Preste. Ceux-ci sont à une demi-lieue du village;
on y trouve un établissement thermal bien organisé et une
maison d'habitation où les baigneurs se logent et se procurent
facilement les ressources nécessaires à la vie. Le docteur
Hortet, propriétaire de ces thermes, les a entourés de diverses
terrasses ombragées par de belles plantations. La saison des
bains dure depuis le mois de mai jusqu'à la fin de septembre.
Les malades qui fréquentent les bains de La Preste viennent

des départements de l'Aude et de l'Hérault et des diverses parties de la Catalogne.

*Sources.* Il y en a quatre ; mais une seule fournit ses eaux à l'établissement thermal, qui offre une buvette, huit baignoires en marbre blanc et des douches. Cette source est appelée *Grande source* ou *source d'Apollon* ; elle sort d'une montagne voisine. Les autres sources, désignées sous les noms de *Bain des Lépreux*, *Fontaine de la Fargasse*, ne sont pas utilisées.

*Propriétés physiques.* Les sources de La Preste ont l'odeur et la saveur des eaux sulfureuses ; elles offrent une traînée de glaires blanches semblables à de la pâte de papier. La Grande source a 44° cent. de température, celle de l'atmosphère étant à 20° ; quant à son volume, elle donne par jour 308,448 lit.

*Analyse chimique.* Elle a été faite par M. Anglada.

Eau ( 1 litre ).

|  | gr. |
|---|---|
| Glairine. . . . . . . . . . . . | 0,0103 |
| Hydrosulfate de soude. . . . | 0,0127 |
| Carbonate de soude. . . . . . | 0,0397 |
| Carbonate de potasse. . . . . | traces. |
| Sulfate de soude. . . . . . . | 0,0206 |
| Chlorure de sodium. . . . . . | 0,0014 |
| Silice. . . . . . . . . . . . | 0,0421 |
| Carbonate de chaux. . . . . . | 0,0009 |
| Sulfate de chaux. . . . . . . | 0,0007 |
| Carbonate de magnésie. . . . | 0,0002 |
| Perte. . . . . . . . . . . . | 0,0051 |
|  | 0,1337 |

*Propriétés médicales.* D'après Carrère, les eaux de La Preste rétablissent les sécrétions, facilitent l'expectoration, rendent le cours des urines plus libre et excitent les sueurs. On les boit avec succès dans les dérangements de l'estomac, dans les catarrhes pulmonaires négligés, l'asthme, la phthisie commençante, et surtout dans les coliques néphrétiques, la gravelle. On les prend en bains pour combattre les rhumatismes anciens, les maladies cutanées, les ankyloses fausses et la carie des os.

*Traité des eaux minérales du Roussillon*, par Carrère, 1756. L'auteur cite un grand nombre d'observations pratiques.

*Traité des eaux minérales du département des Pyrénées-Orientales*, par J. Anglada, 1833. On trouve, dans le tome II, page 125, un article sur les eaux de La Preste.

## AX ( département de l'Arriége ).

Petite ville sur l'Arriége, à 710 mètres au-dessus du niveau de la mer, à 3 lieues de Tarascon, 3 d'Ussat, située dans une vallée agréable entourée de montagnes granitiques ; elle abonde en sources thermales qui ont été connues dans les temps les plus reculés : on voit encore à Ax un bassin qui conserve le nom de *Bain des Ladres* ou *Bain des Lépreux ;* les sources sont si abondantes et pourvues d'une si grande énergie que M. Boin et M. Longchamp engagent beaucoup le Gouvernement à fonder à Ax un hôpital militaire qui serait mieux placé qu'à Baréges, où la petite quantité d'eau thermale est un motif continuel de contestations. La ville contient deux cent soixante maisons et peut recevoir mille étrangers. On prend les eaux depuis le mois de mai jusqu'au mois d'octobre. Il y a un médecin inspecteur.

*Sources.* Elles sont très-nombreuses ; on en a compté jusqu'à cinquante-trois ; elles fournissent aux bains et aux douches de trois établissements. Le nouvel édifice construit par M. Sicre au fond de son jardin est très-élégant : c'est le rendez-vous de tous les malades riches ; il offre douze baignoires en ardoise noire, deux douches et un bain de vapeur. Le Teix est celui des trois établissements qui donne le plus de bains, parce qu'il possède un plus grand nombre de sources et de baignoires. L'établissement du *Couloubret*, qui avait été fondé par M. Pilhes, est actuellement négligé.

*Propriétés physiques.* Les eaux d'Ax sont constamment claires : les orages et les pluies ne les troublent pas ; jamais elles n'ont gelé ; elles ont l'odeur et la saveur d'œufs couvis ; les eaux du Couloubret charrient beaucoup de glaires, qui paraissent quelquefois en flocons noirs ou blancs, ou mêlés de blanc et de noir, d'autres fois en filaments très-blancs (Pilhes). Voici la désignation et la température des sources les plus usitées en médecine, d'après M. Fontan (oct. 1835).

|  | cént. |
|---|---|
| Les Canons. . . . . . . . . . . | 75° 50 |
| Sicre-Fontan. . . . . . . . . . | 59° 50 |
| Bains du Teix de l'Étuve. . . . | 70° 15 |
| Teix (Pyramide). . . . . . . . | 62° 5 |
| Bain fort du Couloubret. . . . . | 45° 50 |
| Bain fort du Teix (Étuve). . . . | 70° |

*Analyse chimique.* M. Magnes-Lahens, pharmacien à Toulouse, a publié, en 1823, l'analyse des eaux d'Ax ; il a trouvé les principes suivants dans les eaux du *Breil* et du *Teix* :

Eau ( 1 litre ).

| | EAU DU BREIL. | EAU DU TEIX. |
|---|---|---|
| Acide hydrosulfurique. . | quantité indéterminée. | quantité indéterminée. |
| | gr. | gr. |
| Chlorure de sodium. . . . | 0,0354 | 0,0163 |
| Carbonate de soude sec. | 0,0814 | 0,1090 |
| Matière organique azotée. | 0,0387 | 0,0052 |
| Silice dissoute. . . . . . | 0,0387 | 0,1090 |
| Silice non dissoute. . . | » » » | 0,0509 |
| Carbonate de chaux. . . | » » » | 0,0068 |
| Oxide de manganèse. . . | 0,0035 | » » » |
| Alumine. . . . . . . . . | 0,0017 | » » » |
| Fer et alumine. . . . . | » » » | 0,0044 |
| Magnésie. . . . . . . . | » » » | une trace. |
| Eau et perte. . . . . . | 0,0372 | 0,0510 |
| | 0,2366 | 0,3524 |

M. Fontan a trouvé dans les sources d'Ax la quantité suivante de sulfure de sodium :

Eau (1 litre).

| | gr. |
|---|---|
| Pyramide du Teix. . . . . . . . . | 0,0109 |
| Couloubret, bain fort, au robinet. . . | 0,0051 |
| Bain du Breil (source Sicre-Fontan). | 0,0152 |
| Les Canons. . . . . . . . . . . . | 0,0132 |

*Propriétés médicales.* Les eaux d'Ax sont loin d'avoir une réputation aussi étendue que celles de Baréges ou de Luchon ; néanmoins elles ont beaucoup d'efficacité : le grand nombre de sources, la quantité inégale de soufre qu'elles tiennent en dissolution, offrent un avantage inappréciable aux médecins qui peuvent proportionner la force des eaux aux besoins des divers malades. On recommande l'eau des Canons dans l'asthme humide, les affections catarrhales chroniques, les engorgements du foie, l'ictère, les dartres rebelles. La source dite la Canalette est utile dans les maladies cutanées récentes et dans les engorgements commençants des viscères abdominaux. L'eau du Breil est savonneuse et sert en boisson aux personnes qui ont la poitrine faible. Les eaux du bain fort jouissent de vertus énergiques et sont très-appropriées pour les maladies des articulations, les ankyloses fausses, les tumeurs articulaires, les rhumatismes chroniques, les paralysies, les écrouelles, les anciens ulcères fistuleux, les engorgements de la matrice.

*Mode d'administration.* On emploie les eaux sous toutes les formes ; on en boit le matin deux à trois verres, et on augmente jusqu'à un litre. On fait sa boisson ordinaire de l'eau du Breil. Les eaux du bain fort et de l'étuve sont recommandées dans les affections chroniques de la poitrine ; on les boit pures ou mêlées avec du lait, de l'eau de gruau, etc. — Les bains sont gradués pour la force et la chaleur, de manière que les personnes d'une frêle constitution peuvent les prendre moins chauds et moins chargés de principes minéralisateurs. C'est le médecin inspecteur qui peut seul indiquer au malade le bain qui peut lui être utile. On trouve à Ax des douches et une étuve.

Les sources du Couloubret appartiennent à la commune; les autres sont des propriétés particulières; il s'y rend annuellement 1,200 malades.

*Mémoire sur les eaux minérales d'Ax*, par M. Sicre, 1758; in-8. On trouve dans cet ouvrage vingt-quatre observations pratiques sur les effets des eaux minérales d'Ax.

*Traité analytique et pratique des eaux thermales d'Ax et d'Ussat*, par M. Pilhes, 1787, in-8. Cet ouvrage contient un grand nombre d'observations particulières.

*Observations et réflexions sur les bains d'Ax*, par M. Mandinat. (*Journal de médecine*, 1788.)

### GREOULX ( département des Basses-Alpes ).

Village près de la rivière de Verdon, à 2 lieues de Manosque, 8 de Digne et d'Aix, 12 de Marseille et 20 de Toulon. Les routes pour y arriver sont faciles; une diligence en poste part tous les jours d'Aix et de Marseille pour Greoulx. Les eaux thermales qui jaillissent dans ce lieu agréable paraissent avoir été connues des Romains; on y a fondé un établissement très-vaste, bâti commodément, qui vient d'être restauré par les soins du propriétaire, M. Gravier, et offre des appartements bien décorés, des jardins spacieux et ombragés, des baignoires en marbre blanc, des étuves et des douches diversement disposées. Un vaste salon de réunion, où se trouvent un billard et un cabinet de lecture, est à la disposition des étrangers. La douceur du climat, les sites pittoresques de Greoulx, y attirent depuis le mois de mai jusqu'à la fin de septembre beaucoup de personnes qui s'y rendent autant pour leur santé que pour leur plaisir. — La durée du traitement est de 20 à 30 jours. — Il y a un médecin inspecteur.

*Sources.* Il y en a deux : 1° la source *ancienne*, ou source *Gravier*, est située au pied d'une colline, à deux cents pas du village ; ses eaux bouillonnent dans un puits de construction

romaine et sont ensuite portées par divers canaux pour alimenter des baignoires, et une piscine récemment construite,
pouvant contenir vingt baigneurs à la fois. Cette source est
très-abondante et son volume ne diminue jamais, même dans
les plus grandes sécheresses. La source *nouvelle* ne fournit
que 600 litres par 24 heures.

*Propriétés physiques.* L'eau de l'ancienne source est claire,
limpide, répand une forte odeur d'hydrogène sulfuré ; sa saveur est légèrement salée, quand elle est refroidie. Cette eau
est douce, onctueuse au toucher et dépose beaucoup de glaires ;
sa température est de 38°,75. Cette température n'est pas
constante ; elle n'a donné au mois d'avril 1836 que 34°,9
à M. Freycinet, qui ne doute pas cependant que dans la saison des bains elle n'atteigne le degré que nous avons annoncé.
La chaleur de la nouvelle source est de 20 à 23,7 cent.

*Analyse chimique.* L'ancienne source a été analysée en 1812
par M. Laurens ; la nouvelle a été analysée en 1836 par
MM. Boullay et O. Henry sur de l'eau envoyée à Paris.

Eau ( 1 litre ).

| SOURCE ANCIENNE. | | SOURCE NOUVELLE. | |
|---|---|---|---|
| | lit. | Azote. . . . . . . . . . . | traces. |
| Acide carbonique. . . . | 0,68 | Acide carbonique. . . . | |
| Acide hydrosulfurique. | q. inappr. | Acide hydrosulfurique. | q. ind. |
| | gr. | | |
| Chlorure de sodium. . . . | 3,190 | | gr. |
| — de magnésium. . | 0,200 | Bicarbonate de chaux. . . | 0,206 |
| Sulfate de chaux. . . . . | 0,180 | — de magnésie. | 0,053 |
| Carbonate de chaux. . . . | 0,330 | Hydrosulfate de chaux. . | 0,044 |
| Matière floconneuse. . . . | 0,080 | Sulfate de chaux. . . . . | 0,218 |
| Perte. . . . . . . . . . . | 0,050 | — de soude. . . | 0,148 |
| | ——— | Chlorure de sodium. . . | 1,290 |
| | 4,030 | — de magnésium. | 0,180 |
| | | Silice et alumine. . . . . | 0,040 |
| | | Oxide et sulfure de fer. . | 0,011 |
| | | Matière organique analogue | |
| | | à la glairine. . . . . . | 0,020 |
| | | | ——— |
| | | | 2,210 |

*Propriétés médicales.* Il résulte des rapports rédigés avec soin par M. Doux, médecin inspecteur, que les eaux de Greoülx sont un agent thérapeutique puissant contre les rhumatismes chroniques, les sciatiques, les dartres, les suites de luxations et des entorses, les ankyloses incomplètes, les ulcères atoniques et quelques irritations des organes digestifs lorsqu'il y a langueur de la digestion, aigreurs et flatuosités. Ce médecin a retiré aussi des eaux qu'il dirige quelque succès dans l'hypocondrie, l'hystérie, la chlorose, l'engorgement du col utérin, les pollutions involontaires, suite de la masturbation ou de l'excès des plaisirs vénériens, la gravelle, le catarrhe chronique de la vessie et les engorgements articulaires; il a remarqué que le mercure employé en même temps que les eaux acquiert un degré d'énergie qu'il n'a pas seul; pour expliquer cet effet avantageux, il faut tenir compte non-seulement des eaux, mais du climat, qui est un des plus beaux de la France.

*TABLEAU statistique des malades traités à Greoulx, pendant l'été de l'an 1834.*

| NOMS des MALADIES. | Nombre de chaque espèce de maladie. | Nombre des malades guéris. | Nombre des malades soulagés. | Nombre des malades qui n'ont été ni guéris ni soulagés. | Nombre des malades dont l'état a été exaspéré. |
|---|---|---|---|---|---|
| Rhumatismes. . . | 68 | 7 | 37 | 20 | 4 |
| Lumbago. . . . | 32 | 3 | 18 | 9 | 2 |
| Sciatique. . . . | 43 | 7 | 19 | 15 | 2 |
| Dartres. . . . . | 52 | 12 | 31 | 7 | 2 |
| Paralysies. . . . | 21 | 1 | 10 | 10 | 0 |
| Tumeurs blanches. . . . . | 10 | 0 | 7 | 3 | 0 |
| Coxalgies. . . . | 4 | 0 | 1 | 3 | 0 |
| Entorses. . . . | 11 | 3 | 7 | 1 | 0 |
| Ankyloses fausses. . . . . | 15 | 0 | 7 | 8 | 0 |

| NOMS des MALADIES. | Nombre de chaque espèce de maladie. | Nombre des malades guéris. | Nombre des malades soulagés. | Nombre des malades qui n'ont été ni guéris ni soulagés. | Nombre des malades dont l'état a été exaspéré. |
|---|---|---|---|---|---|
| Engorgemens de divers organes du bas-ventre. | 19 | 0 | 7 | 10 | 2 |
| Gastrites, gastro-entérites. . | 15 | 1 | 10 | 2 | 2 |
| Maladies de la matrice et du vagin. . . . . | 5 | 0 | 1 | 3 | 1 |
| Tumeurs scrofuleuses. . . . . | 6 | 0 | 5 | 1 | 0 |
| Contractions musculaires. . | 1 | 0 | 0 | 1 | 0 |

*Mode d'administration.* On administre les eaux de Greoulx sous toutes les formes. En commençant le traitement, M. Doux prescrit la boisson des eaux en très-petite quantité, afin que l'estomac ne répugne pas à l'impression qu'elle détermine, et graduellement les malades en prennent le nombre de verres qu'ils peuvent boire sans éprouver trop d'excitation, ce qui amènerait le vomissement ou une diarrhée trop forte. Lorsqu'une irritation se manifeste dans les organes digestifs, il a le soin de faire mitiger l'eau thermale avec du lait ou une tisane adoucissante, ou d'en suspendre entièrement l'usage. Les malades prennent rarement deux bains par jour; un seul suffit ordinairement. La température de l'eau thermale qui est celle du corps humain rend le bain plus efficace et plus agréable; l'abondance de la source permet de renouveler sans cesse l'eau de la baignoire : peu d'établissements thermaux présentent cet avantage, ainsi que celui de pouvoir passer du bain dans son appartement, sans être frappé par l'air extérieur.

On trouve à Greoulx des douches descendantes, ascen-

dantes et latérales dont on varie la force à volonté ; une douche en pluie pour les maladies de la peau, et des appareils
pour diriger la colonne d'eau vers la matrice, le rectum et
les oreilles. Quant aux bains de vapeur, ils sont établis
dans une pièce voûtée ; les vapeurs minérales se dégagent
au travers d'un plancher percé à jour ; le malade, assis sur un
fauteuil, y demeure exposé le temps prescrit et passe de là
dans un lit chaud où s'achève la transpiration excitée par les
vapeurs minérales.

On se sert des boues comme cataplasmes sur les tumeurs
indolentes.

La source principale appartient à M. Gravier ; cet établissement est fréquenté annuellement par deux à trois cents étrangers qui laissent dans le pays environ 50 à 60,000 francs.

*Traité des eaux minérales de Greoulx en Provence*, etc., par M. Es-
parrou ; Aix, 1753, in-8.

*Nouveau traité des eaux minérales de Greoulx*, etc., par M. Dar-
luc ; Aix, 1777.

*Notice sur les eaux de Greoulx*, par M. Valentin (*Journal de médecine* de MM. Corvisart, Boyer, etc., tome XXI, page 195.)

### DIGNE ( département des Basses-Alpes ).

Petite ville très-ancienne, située dans une vallée, à 32
lieues de Marseille, 7 de Sisteron, 174 de Paris. Les eaux
minérales, qui sont à une demi-lieue de la ville, sont connues depuis très-longtemps : elles sont placées dans un
établissement thermal où peuvent se loger cinquante à
soixante baigneurs. Le climat est délicieux ; les montagnes
voisines et la route servent de promenades. Cette partie des
Basses-Alpes présente quelques attraits au naturaliste. Les
eaux se prennent depuis le 1er mai jusqu'au 1er septembre. Il
y a un médecin inspecteur.

*Sources et bains.* On y arrive par une assez belle route le long d'une vallée très-riche en verdure. Il y a six sources, qu'on nomme : 1° *Saint-Henri*, 2° *Saint-Martin*, 3° *Sainte-Sophie*, 4° *Saint-Jean*, 5° *Saint-Gilles*, 6° *des Vertus*. Elles alimentent sept baignoires, dont quatre en marbre, trois grandes piscines pouvant contenir chacune vingt malades, neuf douches, dont une ascendante, et une étuve qui a besoin de réparation.

*Propriétés physiques.* L'eau de toutes ces sources est limpide, répand au loin une odeur d'hydrogène sulfuré ; elle imprime à la bouche un goût d'œuf couvi, et procure quelquefois des éructations de même nature ; elle dépose dans les bassins une matière grasse, douce, onctueuse au toucher, et des concrétions calcaires qui s'attachent aux murs. Les pluies, la sécheresse, la chaleur et le froid n'ont aucune influence sur la quantité de l'eau thermale, ni sur la nature de ses principes constituants. Voici la température des sources : Saint-Henri, 36° cent. ; Saint-Martin, 42° ; Sainte-Sophie, 40° ; Saint-Jean, 42° ; Saint-Gilles, 41° ; des Vertus, 33°.

*Analyse chimique.* M. Laurens a fait en 1812 l'analyse des eaux de Digne ; voici les résultats qu'elles lui ont fournis :

Eau (1 litre).

| | gr. |
|---|---|
| Acide hydrosulfurique. | } quantité indéterminée. |
| Acide carbonique. | |
| Chlorure de sodium. | 1,785 |
| — de magnésium. | 0,990 |
| Sulfate de magnésie. | 0,250 |
| — de soude. | 0,925 |
| — de chaux. | 0,320 |
| Carbonate de chaux. | 0,170 |
| — de magnésie. | 0,090 |
| | 4,530 |

*Propriétés médicales.* Les eaux de Digne sont recommandées dans les affections cutanées, les rhumatismes chroniques, les

paralysies, les tremblements, les gonflements et rigidités articulaires, les anciennes blessures suivies de rétractions des muscles. M. Valentin fait mention de trois officiers qui ont été guéris
à Digne de plaies considérables produites par des armes à feu.
On a beaucoup vanté ces eaux pour les affections des reins et
de la vessie, pour les dépôts laiteux, la phthisie pituiteuse,
l'asthme, les fleurs blanches, les engorgements des viscères de
l'abdomen ; mais leur efficacité dans ces maladies est douteuse.

Elles ne conviennent pas aux individus nerveux et pléthoriques, aux hémorroïdaires et à tous ceux qui ont la poitrine
irritable ou qui sont sujets au crachement de sang.

*Mode d'administration.* On boit les eaux de Digne à la dose
de trois ou quatre verres chaque matin ; elles sont laxatives
pour quelques malades : pour favoriser cet effet, on a l'habitude d'ajouter à l'eau thermale du sel d'Epsom, de Glauber
ou de la manne. On se baigne dans des baignoires ou dans les
piscines. Le bain des *Vertus* étant plus grand, plus commode
et moins chaud que les autres, est le plus fréquenté ; la hauteur des douches et le volume d'eau varient de manière qu'on
peut remplir à volonté toutes les indications. Le lieu qui sert
aux étuves est taillé dans le roc.

Ces sources appartiennent à un particulier. En 1836, le produit de la ferme a été de 3,500 fr. ; les malades, au nombre
de 83, ont laissé dans le pays 7 à 8,000 francs.

*Les bains de Digne en Provence,* par Sébastien Richard ; 1617, in-8.

*Les merveilles des bains naturels et des étuves naturelles de la ville
de Digne,* par de Lautaret ; 1620, in-8. Cet ouvrage ne contient rien
d'utile.

*Topographie médicale de la Provence,* par M. Buret (*Journal de
médecine militaire,* tome II, page 13). M. Buret présente les eaux de
Digne comme ayant de l'analogie avec celles de Bourbonne.

*Notice sur les eaux de Digne,* par M. Valentin (*Journal de médecine* de MM. Corvisart et Boyer, tome XXI, page 186).

*Mémoire sur la topographie de Digne,* par Jacques Bardol (*Mémoires de médecine militaire,* tome IV).

BAGNOLS ( département de la Lozère ).

Village sur le penchant d'une montagne , à 2 lieues de Mende
et 141 de Paris. On y trouve deux établissements , l'un public,
l'autre particulier : le premier se compose de six piscines,
trois pour les hommes et trois pour les femmes , d'une étuve,
de plusieurs douches et d'une buvette. L'établissement particulier présente neuf baignoires en plomb , une douche descendante , une ascendante et une latérale. A Bagnols, l'air est
en général froid et les changements de température sont fréquents ; deux hôtels assez bien tenus peuvent recevoir près de
deux cents baigneurs. Chaque année , le nombre des hommes
est plus considérable que celui des femmes. La saison la plus
favorable pour se rendre aux eaux est depuis le 1.er juillet jusqu'au 1er septembre. Il y a un médecin inspecteur.

*Source.* Elle jaillit au bas du village ; ses eaux traversent des
voûtes qui paraissent être un ouvrage des Romains, et sont
reçues dans un bassin assez vaste pour se rendre ensuite dans
les deux établissements ; la source fournit cent treize litres
par minute. Elle présente un phénomène singulier : on entend
toutes les minutes un bruit souterrain prolongé, et de grosses
bulles de gaz viennent crever à la surface de l'eau pendant
douze à vingt secondes.

*Propriétés physiques.* Les eaux de Bagnols sont dans toutes
les saisons également abondantes , chaudes, claires et limpides ; elles sont grasses et onctueuses au toucher ; leur odeur
est celle d'œufs pourris : elles laissent un goût semblable à la
bouche ; leur chaleur à la source est de 45° cent. et de 43°
dans les réservoirs. Ces eaux charrient par intervalle des flocons de matière albumineuse , insipide et inodore , qui ressemble tantôt à une éponge à larges trous, tantôt à du frai de
grenouille ou à du mucus intestinal.

*Analyse chimique.* L'eau de Bagnols a été analysée par deux chimistes, M. Plagnol et M. O. Henry ; voici le résultat de leurs expériences :

Eau ( 1 litre ).

| ANALYSE DE M. PLAGNOL. | | ANALYSE DE M. HENRY fils. | |
|---|---|---|---|
| Acide hydrosulfurique. | } quant. indét. | Acide hydrosulfurique. | } quant. indét. |
| Azote. | | Azote. | |
| Acide carbonique. | | Acide carbonique. | |
| | gr. | | gr. |
| Carbonate de soude. | 0,1836 | Bi-carbonate de chaux. | 0,0684 |
| Sulfate de soude. | 0,1727 | — de magnésie. | traces. |
| Chlorure de sodium. | 0,0239 | — de soude anhydre. | 0,2265 |
| Silice. | 0,0438 | Sulfate de chaux. | 0,0148 |
| Carbonate de chaux. | } 0,0053 | — de soude anhydre. | 0,0890 |
| Silice et glairine. | | Chlorure de sodium. | 0,1428 |
| | 0,4293 | — de potassium. | 0,0030 |
| | | Silice, alumine et oxide de fer. | 0,0329 |
| | | Matière organique azotée, soluble et insoluble ( glairine ? ). | } 0,0358 |
| | | | 0,6132 |

*Propriétés médicales.* Prises en boisson, les eaux de Bagnols accélèrent le pouls, augmentent la transpiration, l'appétit, et excitent en quelque sorte un mouvement fébrile. Elles provoquent le flux menstruel et facilitent l'expectoration. En bains et en douches, elles produisent une éruption psoriforme accompagnée de démangeaisons, laquelle est toujours salutaire. M. Blanquet a obtenu des effets avantageux des eaux de Bagnols dans les affections rhumatismales, les maladies scrofuleuses, les dartres, la teigne, la gale, les paralysies par relâchement, les accidents qui suivent la mauvaise administration du mercure, la raideur des articulations, les contractures des membres qui succèdent aux entorses, aux fractures, et dans les plaies d'armes à feu.

Les individus atteints d'hémoptysie, d'asthme sec, ne doivent faire usage des eaux de Bagnols qu'à petite dose; il est même utile dans ces circonstances de les couper avec un tiers, un quart, un cinquième de lait de vache. Ce mélange est d'autant plus précieux que le lait des montagnes de Bagnols est excellent.

On doit interdire ces eaux toutes les fois qu'il existe de la fièvre ou quelque phlegmasie; elles sont nuisibles aux scorbutiques, aux phthisiques, aux femmes enceintes et aux personnes affectées de vice vénérien. Elles sont également pernicieuses dans les paralysies cérébrales et toutes les fois qu'il existe une tendance aux congestions vers la tête.

*Mode d'administration.* On boit les eaux depuis deux à trois verres jusqu'à un litre. Les bains, les douches, et surtout les étuves, produisent d'excellents résultats dans les affections du foie, de l'estomac, des intestins, de la poitrine, lorsqu'elles dépendent de la rétrocession d'un principe rhumatismal. M. Blanquet cite l'histoire d'un curé qui, après la disparition d'un rhumatisme de la tête, fut atteint d'une hypertrophie du foie avec ictère; ce malade était sur le point de se rendre à Vichy, lorsque, réfléchissant aux antécédents, M. Blanquet conseilla à ce curé l'usage des bains, des douches et des étuves de Bagnols, qui triomphèrent complètement de cette maladie.

La source appartient au Gouvernement, qui l'a achetée, en 1826, 11,889 fr. Elle a produit en 1835 8,059 fr. : le nombre des malades a été de 1,497, qui ont laissé dans le pays environ 80,000 francs.

*L'hydro-thermopotie de Bagnols en Gévaudan*, ou *les Merveilles des eaux et bains de Bagnols*, par Michel Baldit, 1651, in-8.

*Examen de la nature et des vertus des eaux minérales qui se trouvent dans le Gévaudan*, par Samuel Blanquet, 1718, in-8.

*Dissertation sur la nature, l'usage et l'abus des eaux thermales de*

*Bagnols*, par M. Bonnel de la Brageresse, 1774, in-8. L'auteur rapporte onze observations.

*Traité analytique des eaux minérales*, par M. Raulin, 1774, in-12. Le chapitre IX, du second volume, concerne les eaux de Bagnols.

### CAMBO (département des Basses-Pyrénées).

Village sur la Nive, à 3 lieues de Bayonne, dans un paysage riant et champêtre; les chemins qui y aboutissent ne sont pas faciles, et les habitants réclament depuis longtemps une route sur Bayonne. A Cambo l'air est pur, le climat doux; on y trouve des logements commodes, une nourriture saine et des promenades agréables. On prend les eaux depuis le mois de mai jusqu'au 15 octobre; mais au 1er septembre, le concours d'étrangers est immense : on y vient des différents cantons du département, et même de quelques provinces d'Espagne. Il y a un médecin inspecteur.

*Sources.* Il y en a deux, l'une sulfureuse, l'autre ferrugineuse. La première jaillit sur la rive gauche de la Nive dans un petit vallon au sud-est de Cambo; elle est entourée d'une grande galerie qui peut mettre agréablement à couvert une société nombreuse; les pluies et les débordements de la rivière lui font éprouver quelques altérations.

La source *ferrugineuse*, située près de la précédente, a le même inconvénient. Une allée fort agréable, plantée d'arbres, unit les deux sources.

*Propriétés physiques.* La source *sulfureuse* répand une odeur d'hydrogène sulfuré; elle est claire, transparente; on trouve dans le bassin un dépôt composé d'un mélange de soufre et de carbonate calcaire. Sa température est de 22 à 23 degrés centig., celle de l'atmosphère étant de 10 à 20 degrés.

L'eau *ferrugineuse* est claire, a une saveur sensiblement astringente et nullement acidule; sa température est de 15 à 16 degrés centig. Exposée à l'air libre et à la lumière, cette eau se décompose, se trouble et dépose un précipité ocreux.

*Analyse chimique.* Elle a été faite en 1827 par M. Salaignac.

Eau (1 litre).

| SOURCE SULFUREUSE. | | SOURCE FERRUGINEUSE. | |
|---|---|---|---|
| | lit. | | lit. |
| Azote mêlé de traces d'oxygène. | 0,170 | Azote mêlé d'oxygène. | 0,021 |
| Acide hydro-sulfurique. | 0,004 | Acide carbonique. | 0,010 |
| Acide carbonique libre. | 0,002 | | gr. |
| | gr. | Carbonate de fer. | 0,0500 |
| Sulfate de magnésie. | 0,4960 | — de chaux. | 0,0133 |
| — de chaux. | 0,9300 | Sulfate de chaux. | 0,0200 |
| Chlorure de magnésium. | 0,1250 | Chlorure de calcium. | 0,0266 |
| Carbonate de magnésie. | 0,1256 | Matières végétales. | traces. |
| — de chaux. | 0,3159 | Silice. | traces. |
| Alumine. | 0,0160 | | 0,1099 |
| Oxyde de fer. | 0,0006 | | |
| Matière végétale grasse, soluble dans l'éther. | 0,0260 | | |
| — insoluble. | 0,0060 | | |
| Silice. | 0,0120 | | |
| | 2,5310 | | |

*Propriétés médicales.* On prescrit l'eau sulfureuse de Cambo dans les affections catarrhales, les engorgements des viscères abdominaux, dans les maladies cutanées, les scrofules et les ulcères atoniques.

L'eau ferrugineuse est recommandée dans la débilité du canal digestif, les vomissements, la chlorose, les affections hypocondriaques.

*Mode d'administration.* On boit l'eau des deux sources ; mais

12

on ne fait usage en bains que de l'eau sulfureuse, qu'il faut chauffer. M. Salaignac s'est assuré par des expériences que cette eau, chauffée jusqu'à 35° cent., conserve ses qualités sulfureuses, mais à un degré moins énergique qu'à la source. La partie d'eau destinée aux bains est attirée par une pompe dans une chaudière de cuivre étamé où elle est chauffée au point convenable, et d'où elle est dirigée dans les baignoires. Le bassin et la chaudière sont toujours exactement fermés. Il y a onze cabinets de bains, treize baignoires et une douche descendante. On essaie d'établir des bains de boues.

Les sources appartiennent à la commune ; en 1835 elles ont produit 5,362 fr. ; on évalue à 46,485 fr. l'argent laissé dans le pays.

*Analyse des eaux de Cambo*, par M. Salaignac (*Journal de pharmacie*, tome 2.)

Bordeu, Laborde et Poumier ont traité des eaux de Cambo.

### CASTÉRA-VERDUZAN ( département du Gers).

Joli village sur la grande route d'Auch à Condom, à 3 lieues de chacune de ces villes, à 30 lieues de Bordeaux. On y trouve un établissement thermal d'une architecture fort élégante, et garni de vingt-huit baignoires en marbre blanc et d'une douche ; deux baignoires sont destinées aux pauvres, qui s'y baignent sans rétribution ; un salon et de nombreux appartements composent la partie supérieure de l'établissement : on s'y procure facilement tout ce qui est nécessaire aux besoins et aux agréments de la vie. Les eaux minérales sont fréquentées par les habitants des départements du Gers et de Lot-et-Garonne, depuis le mois de mai jusqu'au mois d'octobre. Il y a un médecin inspecteur.

*Sources.* Il y en a deux situées à un quart de lieue du village ; réunies dans l'établissement thermal, elles sont éloignées de 14 mètres l'une de l'autre ; elles sont distinguées en *grande fontaine* ou *fontaine sulfureuse*, et en *petite fontaine* ou *fontaine ferrugineuse*. Les eaux de la fontaine sulfureuse sont très-abondantes.

*Propriétés physiques.* Elles diffèrent dans les deux sources. L'eau sulfureuse est limpide, répand au loin une odeur d'hydrogène sulfuré; son goût est fade, nauséabond; elle dépose dans les canaux des matières glaireuses; sa température est de 25° cent.

La source *ferrugineuse* est froide; sa saveur est légèrement métallique; elle dépose un sédiment ocracé.

*Analyse chimique.* Cortade, Sintex, Raulin et Costel examinèrent tour à tour les eaux de Castéra-Verduzan, mais ces analyses se ressentent de l'imperfection des procédés en usage aux époques où elles furent faites. Depuis, M. Vauquelin analysa deux résidus provenant de l'évaporation d'une quantité connue d'eau de la source sulfureuse et de la source ferrugineuse. C'est ce travail de M. Vauquelin qui nous a servi à établir la composition de chacune de ces sources.

Eau (1 litre).

| SOURCE SULFUREUSE. | | SOURCE FERRUGINEUSE. | |
|---|---|---|---|
| Acide hydro-sulfurique. . | q. indét. | Acide carbonique. . . . | q. indét. |
| | gr. | | gr. |
| Chlorure de calcium. . . . | 0,128 | Chlorure de calcium. . . . | 0,187 |
| — de sodium, et traces de carbonate de soude. | } 0,033 | — de sodium et traces de carbonate de soude. | } 0,027 |
| Sulfate de chaux. . . . . | 0,424 | Sulfate de chaux. . . . . | 0,347 |
| — de soude. . . . . . | 0,278 | — de soude. . . . . | 0,387 |
| Carbonate de chaux. . . . | 0,207 | Carbonate de chaux. . . | 0,221 |
| Matière animale. . . . . . | 0,076 | Oxyde de fer. . . . . . . | 0,053 |
| | | Matière animale. . . . . . | 0,053 |
| | 1,146 | | 1,275 |

*Propriétés médicales.* On recommande les eaux de la source sulfureuse dans les rhumatismes chroniques, les engorgements lymphatiques, les maladies cutanées, les catarrhes de la vessie, la gravelle, les gastralgies, les pâles couleurs, et surtout dans les tumeurs scrofuleuses et les ulcères de même nature. — M. Bazin regarde l'eau de la source ferrugineuse comme le meilleur antispasmodique, et en conséquence la préconise dans toutes les maladies du système nerveux.

On associe ordinairement la boisson aux bains et à la douche; pour l'usage extérieur, on est obligé de chauffer l'eau minérale. La douche est d'une grande force et peut être dirigée à volonté et dans tous les sens; on la reçoit dans un bassin de marbre assez considérable.

L'établissement de Castéra-Verduzan appartient à M. le marquis de Pins; le nombre des malades qui fréquentent annuellement les eaux est de quinze cents à deux mille. On peut estimer à 80,000 francs l'argent laissé dans le pays.

*Traité des eaux minérales de Verduzan*, par Raulin, 1772. L'auteur se montre enthousiaste de ces eaux.

*Une saison aux eaux de Castéra-Verduzan*, en 1824, par M. le comte de B***, Auch, 1825.

*Notice sur les eaux de Castéra-Verduzan*, par MM. Capuron et Bazin, 1 vol. in-18. Paris, 1830.

## SAINT-ANTOINE DE GUAGNO (département de la Corse) (1).

Commune du canton de Soccia, arrondissement d'Ajaccio, à 14 lieues de cette ville, à une lieue de Soccia, et une demi-lieue de Pogiolo. On y arrive d'Ajaccio par deux routes principales. La découverte des eaux thermales de cet endroit est très-ancienne. En 1821, le département fit ériger l'établissement actuel, qui offre six baignoires et différentes piscines, dont plusieurs sont destinées aux soldats et aux indigents. Il existe un hôpital militaire qui peut recevoir soixante malades. — Les étrangers trouvent près des sources des maisons où ils peuvent se procurer les choses nécessaires à la vie. On prend les eaux pendant sept à dix jours, depuis le mois de juin jusqu'au mois de septembre. Il y a un médecin inspecteur.

*Sources.* Il y en a deux : 1° la *grande* source est placée dans une niche en pierre granitique. Elle fournit en vingt-quatre heures 74,880 litres; 2° à quelques toises de l'hôpital militaire, existe la *petite* source, renfermée dans un bâtiment où l'on trouve une douche pour les yeux, les oreilles et la face. Cette source donne 9,360 litres en vingt-quatre heures.

*Propriétés physiques.* L'eau de la grande source est claire, transparente, légèrement onctueuse au toucher; elle répand une faible odeur d'hydrogène sulfuré; sa saveur est fade, nauséabonde. Sa température varie entre 50 et 52° cent. Exposée à l'air libre, cette eau perd son odeur et laisse déposer une matière blanche, floconneuse. La petite source présente

---

(1) La Corse est riche en sources minérales de toutes espèces, qui seraient très-fréquentées par les habitants et les Italiens, s'il y avait des routes faciles pour y arriver et des logements commodes pour abriter les malades.

les mêmes caractères physiques; sa température cependant n'est que de 35 à 37° cent.

*Analyse chimique.* On doit à MM. Thiriaux et Poggiale l'analyse de l'eau sulfureuse de Saint-Antoine de Guagno; nous les rapportons ici toutes deux :

Eau (1 litre).

| ANALYSE DE M. THIRIAUX. | | ANALYSE DE M. POGGIALE. | |
|---|---|---|---|
| | lit. | | lit. |
| Acide hydro-sulfurique. | 0,021 | Acide carbonique libre. . | 0,033 |
| —    carbonique. . . . | 0,094 | | |
| | | | gr. |
| | gr. | Sulfure de sodium. . . . | 0,1060 |
| Carbonate de soude. . . . | 0,0250 | Carbonate de soude. . . | 0,0870 |
| —        de chaux. . . | 0,0200 | Chlorure de sodium. . . | 0,2420 |
| —        de magnésie. | 0,0170 | Nitrate de potasse. . . . | 0,0190 |
| Chlorure de sodium. . . . | 0,0990 | Carbonate de chaux. . . | 0,0430 |
| Sulfate de soude. . . . | 0,0440 | —        de magnésie. . | 0,0330 |
| —    de chaux. . . . . | 0,0410 | Sulfate de soude. . . . . | 0,1130 |
| Silice. . . . . . . . . . | 0,0280 | —     de chaux. . . . . | 0,1480 |
| Matière extractive anima- | | —     d'alumine. . . . . | 0,0230 |
| lisée. . . . . . . . . | 0,0320 | Silice. . . . . . . . . . | 0,0480 |
| | | Glairine. . . . . . . . . | 0,0720 |
| | 0,3060 | Perte. . . . . . . . . . | 0,0270 |
| | | | 0,9610 |

*Propriétés médicales.* Les eaux de Guagno conviennent, dit M. Thiriaux, dans les maladies cutanées, les rhumatismes anciens, les engorgements des viscères abdominaux, le catarrhe de la vessie, le gonflement et la raideur des articulations, les contractures des muscles, les ankyloses incomplètes et les accidents, suites de blessures par armes à feu. M. Deframchi, qui dirige ces eaux depuis vingt ans, les recommande aux personnes chlorotiques et aux femmes parvenues à l'âge critique.

*Mode d'administration.* On boit les eaux de Guagno à la dose de trois ou quatre verres le matin ; le médecin leur associe rarement des médicaments. On prend les bains dans des baignoires ou dans les piscines.

M. Deframchi estime à 16,000 francs l'argent laissé dans le pays pendant l'été de 1835.

*Essai sur la topographie physique et médicale de Saint-Antoine de Guagno*, par M. Thiriaux. (Thèse, Strasbourg, 1829.)

## PIETRA-POLA ( département de la Corse ).

Les eaux thermales de Pietra-Pola sont situées dans la commune d'Isolaccio, arrondissement de Corte, sur le bord d'une petite rivière. Quoiqu'il n'y ait point dans cette localité d'établissement thermal, et que l'on ne trouve qu'une maison capable de contenir quarante à cinquante personnes, ces eaux sont fréquentées chaque année par un grand concours de malades, depuis le mois de mai jusqu'à la fin de juin ; à cette époque, la chaleur excessive oblige les baigneurs à quitter les eaux. La saison dure dix à douze jours. Il y a un médecin inspecteur.

*Sources.* Il y en a quatre : la première, très-abondante, alimente deux piscines où trente individus peuvent se baigner à la fois ; la seconde, dite *la Luccia,* fournit à un bain commun qui peut recevoir six à sept personnes ; la troisième, plus chaude, est appelée bain *Spiritato,* et présente deux baignoires particulières ; la quatrième, nommée l'*Occhiera,* moins abondante, n'a qu'une baignoire. Toutes les piscines sont construites sur les ruines d'anciens bains romains.

*Propriétés physiques.* L'eau de la première source a 55° cent. de chaleur ; la seconde a quelques degrés de plus ; la troisième n'a que 42°,5, ce qu'on attribue à de l'eau fraîche qui tombe dans le bassin.

*Analyse chimique.* En 1776, M. Vacher, médecin, et M. Castagnoux, pharmacien, ont trouvé dans les eaux de Pietra-Pola du muriate de soude, de la soude, du sulfate de chaux, de la magnésie, de la silice, une matière grasse, et une certaine quantité d'hydrogène sulfuré. Cette analyse a besoin d'être répétée.

*Propriétés médicales.* La plupart des malades qui se rendent à Pietra-Pola sont atteints de rhumatismes, de paralysies, de sciatiques, d'ankyloses fausses, de dartres, de gale ou d'hémorroïdes, maladie qui paraît très-commune en Corse, d'après le rapport du médecin inspecteur.

Les bains de Pietra Pola ont l'inconvénient grave de n'être pas tempérés et d'agir avec trop de violence sur les hommes sains et malades. Les baigneurs ne peuvent pas supporter la température de la grande piscine au delà de quinze à vingt minutes. Il n'existe aucun appareil pour les douches.

Les bains ne sont pas affermés; chaque baigneur donne seulement après la saison trente centimes à celui qui est chargé de la police des bassins. Onze cents personnes sont venues en 1836 à Pietra-Pola, et ont laissé dans le pays environ 24,000 fr.

## GUITERA (Corse).

Commune du canton de Licavo, arrondissement d'Ajaccio : les routes pour y parvenir sont en mauvais état; il n'y a point d'établissement thermal. Depuis quelque temps, on a fait bâtir cinq petites maisons pour loger les malades. Les eaux thermales sont peu éloignées de marais qui déterminent fréquemment chez les étrangers des fièvres intermittentes; aussi ne sont-elles fréquentées que depuis le 26 mai jusqu'au 7 juillet, et depuis le 10 septembre jusqu'au 7 octobre. Il y a un médecin inspecteur.

Les eaux sont reçues dans un bassin; elles sont limpides et ne se troublent que par les orages et les pluies; leur odeur et leur saveur sont sulfureuses; leur température est de 45° à

47°,5 cent. Une espèce de lichen recouvre les parois du bassin.

Il n'existe point d'analyse des eaux de Guitera. Elles sont particulièrement employées en bains pour les maladies de la peau; elles sont utiles aussi contre les rhumatismes chroniques, la sciatique, et facilitent le flux menstruel chez les jeunes filles chlorotiques.

## CALDANICCIA (Corse).

Les eaux thermales de Caldaniccia ne sont connues que depuis quelques années; elles se trouvent dans une vallée à une lieue environ d'Ajaccio, près de la grande route qui va de cette ville à Bastia; il n'existe point d'habitation près des eaux, et les malades qui viennent les prendre sont obligés de retourner le soir à Ajaccio.

*Propriétés physiques.* L'eau est limpide, incolore, répand l'odeur d'œufs couvis, et dégage par intervalles des bulles d'un gaz qui a présenté à M. Poggiale tous les caractères du gaz azote; sa température est de 40° cent. Au fond du bassin, on trouve de la glairine.

*Analyse chimique.* Elle a été faite par M. Poggiale.

Eau (1 litre).

|  | gr. |
|---|---|
| Hydrosulfate de soude..... | 0,071 |
| Glairine............. | 0,039 |
| Chlorure de sodium....... | 0,223 |
| Sulfate de soude........ | 0,084 |
| — de chaux........ | 0,107 |
| Carbonate de chaux....... | 0,038 |
| — de soude...... | 0,097 |
| — de magnésie.... | 0,028 |
| Silice............. | 0,129 |
| Perte............. | 0,057 |
|  | 0,873 |

*Propriétés médicales.* MM. Versini et Casile recommandent les eaux de Caldaniccia dans les engorgements du foie, de la rate, suite de fièvres intermittentes, la chlorose, les maladies cutanées anciennes, et les ulcères scrofuleux.

Ces eaux sont administrées en boisson, bains et lotions.

### AIX-LA-CHAPELLE ( Prusse ).

Ville considérable à 12 lieues de Cologne, 9 de Liége, 7 de Spa, et 80 de Paris. Elle se trouve dans un vallon fertile et riant, entouré de montagnes couvertes de bois. Elle offre des eaux thermales qui paraissent avoir été connues des Romains, et qui doivent leur restauration, et pour ainsi dire leur existence, à Charlemagne. On peut prendre les eaux dans toutes les saisons. M. Reumont assure qu'au milieu de l'hiver il a obtenu des eaux d'Aix-la-Chapelle la guérison de plusieurs maladies graves.

*Sources et bains.* On distingue les bains en hautes sources et en basses sources; voici les principaux établissements : les bains des hautes sources sont les bains de l'*Empereur*, le bain *Neuf*, le bain de l'*Hôtel de la Reine de Hongrie*, le bain de *Quirinus*. Les bains des basses sources sont le bain des *Seigneurs*, le *Rosenbad*, le bain des *Pauvres*; le plus beau de tous est le *Herrenbad*, bâti en 1710. Dans les hautes sources, il y a des bains de vapeurs, et dans les autres il existe des douches.

*Propriétés physiques.* Les eaux sont claires, transparentes, ont une odeur sulfureuse et une saveur alcaline, salée et hépatique; si on les laisse refroidir, elles perdent leur odeur, leur goût et leur transparence, et acquièrent une couleur laiteuse et trouble; la température du bain de l'*Empereur* est de 57°,5 cent.

*Analyse chimique.* C'est à MM. Reumont et Monheim que l'on doit l'analyse la plus exacte de ces eaux. D'après leur travail, l'eau du bain de l'Empereur contient :

Eau ( 1 litre ).

gr.

| | |
|---|---|
| Carbonate de soude. . . . . | 0,5444 |
| Chlorure de sodium. . . . . | 2,9697 |
| Sulfate de soude. . . . . . . | 0,2637 |
| Carbonate de chaux. . . . . . | 0,1304 |
| — de magnésie. . . . | 0,0440 |
| Silice. . . . . . . . . . . . | 0,0705 |

4,0227

D'après des expériences de M. Monheim, il résulte que le gaz qui se dégage des eaux est composé de :

| | |
|---|---|
| Azote. . . . . . . . . . . . | 51,25 |
| Acide carbonique. . . . . . . | 28,26 |
| Acide hydro-sulfurique. . . . | 20,49 |

100,00

*Propriétés médicales.* Les eaux d'Aix-la-Chapelle jouissent d'une grande célébrité ; leurs vertus sont énergiques, et ont beaucoup d'analogie avec celles de Baréges, de Bagnères-de-Luchon. Elles conviennent dans les maladies cutanées chroniques, les dartres, la gale, les affections scrofuleuses, les rhumatismes chroniques, la dyspepsie, les engorgements du foie, les coliques métalliques, les fleurs blanches, l'ankylose incomplète, la faiblesse, la raideur et la contracture des membres, à la suite des plaies d'armes à feu, etc. Le docteur Hufeland recommande ces eaux contre l'hypocondrie ; il faut s'en servir avec beaucoup de précautions dans les paralysies produites par une affection cérébrale.

Ces eaux sont nuisibles dans tous les cas où il existe une congestion sanguine vers la tête ou la poitrine, ou une disposition aux hémorragies.

*Mode d'administration.* Les eaux d'Aix-la-Chapelle sont administrées sous toutes les formes ; on doit les boire à petite dose ; elles ne deviennent purgatives que lorsqu'on en boit un ou deux litres. Elles sont désagréables à boire dans le commencement, mais on s'y habitue peu à peu. On peut les mêler avec du lait d'ânesse ou de vache ; si elles causent des nausées, des vertiges, il faut les boire refroidies. On trouve à Aix-la-Chapelle des bains, des douches et des étuves très-bien disposées.

*Hydro-analyse des eaux minérales chaudes et froides d'Aix-la-Chapelle*, par J.-F. Bremelle; Liége, 1703.

*Essai sur les eaux thermales d'Aix-la-Chapelle et de Borcette*, par Lucas; Liége, 1762.

*Analyse des eaux sulfureuses d'Aix-la-Chapelle*, par MM. G. Reumont et J.-P.-J. Monheim ; Aix-la-Chapelle, 1810, in-8, 52 pages. Beaucoup d'autres auteurs ont encore écrit sur les eaux d'Aix-la-Chapelle.

## ACQUI ( Piémont ).

Ville à 6 lieues d'Alexandrie, 10 de Gênes. On y trouve plusieurs sources d'eaux sulfureuses froides et thermales. L'une d'elles, connue sous le nom d'*Eau bouillante*, est située au centre de la ville; sa saveur est saline, amère et sulfureuse ; sa température est de 75° cent.; cette source contient, d'après M. Mojon :

Eau (1 litre).

|  | gr. |
|---|---|
| Chlorure de sodium. | 1,420 |
| — de calcium. | 0,314 |
| Hydrosulfate de chaux. | 0,303 |
|  | 2,037 |

A un quart de lieue d'Acqui, on trouve l'établissement thermal très-fréquenté de *Montestregone*, qui est alimenté par des sources moins chaudes (38 à 50°) que la précédente ; leur composition est semblable. Toutes les eaux minérales d'Acqui sont recommandées dans les maladies cutanées, les rhumatismes et les affections articulaires.

*Idrologia minerale, storia di tutte le sorgenti d'acque minerali negli stati di Sardegna.* Turin, 1822.

### BADEN (Autriche).

Charmante petite ville, à 4 lieues de Vienne, située dans un vallon fertile, entre plusieurs montagnes escarpées. On y compte deux mille habitants, mais on y voit dans la belle saison une foule d'étrangers qui viennent aux eaux minérales, que les Romains nommaient *Aquæ Pannonicæ*. Une salle de spectacle, une grande salle de bal et un beau jardin, planté par Marie-Thérèse, réunissent le soir les baigneurs. Les environs de Baden ressemblent à la Suisse. En juin, juillet et août, beaucoup de gens riches se rendent dans cette ville pour y prendre les eaux.

*Sources.* Sur les bords de la Schwecha, petite rivière qui traverse un des faubourgs de la ville, on voit seize sources d'eau thermale. Chaque propriétaire a fait construire sur la source des bains publics ou particuliers ; ces bains sont de vastes cuviers en sapin, garnis intérieurement d'un banc circulaire ; on y descend par un petit escalier de bois, et l'eau minérale monte par le fond jusqu'à la hauteur convenable. Chaque baignoire contient quinze à vingt personnes ; les femmes et les jeunes filles les plus honnêtes ne font pas de difficulté de se baigner avec les hommes, quoique l'eau soit très-limpide et que leur linge mouillé accuse souvent leurs formes.

*Propriétés physiques.* Les eaux de Baden sont un peu laiteuses, répandent l'odeur d'œufs couvis ; leur saveur est salée, acide et désagréable. Leur température varie de 31 à 35° centigrades.

*Analyse chimique.* Les analyses que l'on a faites de ces eaux et qui nous sont connues sont trop inexactes pour les citer ici ;

nous dirons seulement que les eaux de Baden semblent contenir de l'acide hydro-sulfurique, de l'acide carbonique et plusieurs sels, tels que chlorure de magnésium, sulfates de
soude, de magnésie, carbonates de magnésie et de chaux, et
matières terreuses.

*Propriétés médicales.* Les eaux de Baden jouissent en Autriche d'une grande renommée. On les emploie fréquemment en
bains, dans les rhumatismes chroniques, les paralysies, les
affections chroniques de la peau, les catarrhes pulmonaires
et les engorgements scrofuleux. Elles sont nuisibles dans les
cas de grande débilité et dans ceux où il y a pléthore sanguine.

Les bains excitent vivement la peau et produisent souvent
des exanthèmes.

*Lettera del D. Gasp. Barzelotti al profess. Giacomo Barzelotti,
intorno ai bagni di Baden in Austria.* Pise, 1829.

## AIX ( Savoie ).

Petite ville à 12 lieues de Genève, 18 de Lyon, 40 de
Turin, 12 de Grenoble et 2 et demie de Chambéry. Une
belle route de poste y conduit, et les voyageurs se procurent à peu de frais des voitures publiques pour y arriver;
surtout pendant la saison des eaux. Les eaux thermales
que l'on y trouve étaient déjà célèbres du temps des Romains; l'empereur Gratien fit réparer les bains. — Aix offre
aux voyageurs des sites variés et pittoresques, des promenades charmantes, un air pur et tempéré, et toute espèce de ressources pour la vie domestique. On a établi dans un très-beau
local un cercle où s'assemble une société choisie pour faire
de la musique, jouer au billard et lire les journaux. — On
prend les eaux depuis le mois de mai jusqu'à la fin de septembre; les mois de juillet et d'août sont les plus favorables.
Il existe un hospice militaire, qui n'est ouvert que pendant
quatre mois de l'année, durant la saison des eaux; il est dirigé
par M. Despine, médecin des eaux d'Aix.

*Sources.* On en distingue deux principales, qui jaillissent des rochers, à 45 toises l'une de l'autre, avec une abondance extraordinaire : 1° celle *d'Alun* ou *de Saint-Paul;* 2° celle dite *de Soufre.* La première est située dans une partie élevée de la ville ; comme il n'y a pas de traces d'alun dans cette eau, on a changé cette fausse dénomination en celle de *Thermes Berthollet,* en l'honneur du chimiste célèbre qui était né dans ces contrées. Cette source sert à la boisson, aux bains, et alimente un *vaporarium,* ainsi qu'une piscine à grande eau ; elle s'écoule dans un conduit qui traverse une petite place, et se jette dans le bain royal, autre bassin destiné à baigner les animaux domestiques.

C'est la source d'*eau de soufre* qui fournit les douches et les bains de vapeur du *bâtiment royal;* cet édifice, élevé en 1779 par les ordres du roi de Sardaigne, est construit en forme circulaire. Il règne autour une suite de cabinets destinés aux douches et aux *bouillons;* ceux-ci consistent en une sorte d'enceinte fort resserrée et fermée de toutes parts, où l'eau arrive au fond d'une cuve carrée en pierre ; on se plonge une ou deux minutes dans cette eau pour recevoir par tous les points du corps l'action de l'eau et de sa haute température. Le côté droit du bâtiment est destiné aux femmes, le gauche aux hommes.

L'eau froide des fontaines publiques vient de la haute montagne ; elle est limpide, légère et fort agréable à boire. Comme l'aqueduc qui l'amène d'un village nommé Mouxi se dirige entre les deux sources chaudes, l'eau froide semble jaillir du milieu des eaux thermales. Ce fait, qui surprend les voyageurs, n'a rien que de très-simple, puisque c'est un effet de l'art.

Il existe trois autres sources minérales : l'une chaude, qui jaillit dans le jardin du docteur Fleury ; l'autre froide et savonneuse, découverte récemment dans la propriété de M. Chevillard ; la troisième, appelée eau ferrugineuse de Saint-Simond, est placée sur la route de Genève. Quoique analysées par M. Thibaud, ces sources ne sont pas encore utilisées.

*Propriétés physiques.* Les sources thermales d'Aix présentent la même température et le même volume d'eau dans toutes les saisons, excepté à l'époque de la fonte des neiges et de la chute des pluies équinoxiales ; les variations qu'elles éprouvent alors durent peu de temps. L'eau est parfaitement transparente, un peu onctueuse au toucher ; au moment même de son éruption à travers les canaux, elle exhale une forte odeur d'hydrogène sulfuré, odeur qui disparaît par son exposition à l'air. Elle a une saveur douceâtre, terreuse ; encore tiède, elle laisse dans l'arrière-bouche un goût sensible d'hydrogène sulfuré. Le goût des eaux d'alun est moins terreux ; il fait éprouver quelque chose de styptique, d'amer, qu'on ne distingue point dans les eaux soufrées. — La température des eaux dans les piscines appelées *bouillons* est de 45° cent. ; celle de l'atmosphère des cabinets est de 28°,7. La chaleur des eaux d'alun est de 38°,2, celle des eaux soufrées est de 43°,7. — Le grand réceptacle des eaux soufrées est tapissé vers son fond et sur ses bords, même à plusieurs pouces d'épaisseur, lorsqu'il n'a pas été nettoyé depuis quelques semaines, d'une espèce de *nostoc* ou *ulva* ; on a observé dans quelques endroits des *oscillatoires* ou *tremelles*. La source d'eau de soufre fournit douze hectolitres par minute.

M. Gimbernat a remarqué que lorsque la température de l'air descend à 10 ou 12° cent. ou plus bas encore, il se forme dans les eaux de soufre des flocons d'une matière assez semblable à la gélatine, substance organisée fort singulière et dont on a pu faire une sorte de bouillon ; elle a l'apparence de la fibre musculaire de veau. Les vapeurs qui se dégagent de la source vont corroder les murs, qui se recouvrent de cristaux, ainsi que les fers et les cuivres ; ces cristaux sont des sulfates, sulfites et sulfures : les premiers sont fortement acides et on a eu des preuves que l'acide sulfurique existe dans ces vapeurs, probablement par suite de la décomposition du gaz hydrogène sulfuré à l'aide du contact de l'air ; on y a même vu, dit-on, des cristaux de soufre. Les bulles qui se dégagent de l'eau de soufre ont été reconnues pour être de l'azote, et M. Michelotti a confirmé cette assertion. Il paraît donc que les eaux de soufre contiennent à la fois de l'azote et du gaz hydrogène sulfuré ; celui-ci, mêlé aux vapeurs d'eau chaude, par le refroidissement que cause la détente de la vapeur en se répandant dans l'air à la sortie de la source, et aussi par l'action chimique de l'atmosphère, donne naissance à de l'acide sulfurique. L'eau d'alun ne fournit rien de semblable. (M. Francœur.)

*Analyse chimique.* Elle a été faite successivement par MM. Bonvoisin, Socquet, Thibaud ; en voici les résultats dans le tableau ci-joint :

**TABLEAU** des Principes contenus dans un litre d'eau d'Aix, d'après les Analyses de MM. Bonvoisin, Socquet et Thibaud.

| SUBSTANCES CONTENUES dans les Eaux. | BUONVICINO ou BONVOISIN. Source de Soufre. | Source d'Alun. | SOCQUET. Source de Soufre. | Source d'Alun. | THIBAUD. Source de St-Simond. | Source de Soufre. | Source d'Alun. | Source Fleury. | Source Chevillard. |
|---|---|---|---|---|---|---|---|---|---|
| | Litre. | Litre. | Litre. | Litre. | Litre. | Litre. | Litre. | Litre. | Litre. |
| Acide carbonique libre. . | » » | » » | 0,012 | 0,019 | 0,002 | 0,067 | 0,042 | 0,011 | 0,011 |
| Acide hydro-sulfurique. . | 0,333 | 0,333 | 0,006 | 0,002 | » » | 0,006 | 0,002 | » » | » » |
| | Grammes. | Gr. | Gr. | Gr. | Gr. | Gr. | Gr. | Gr. | Gr. |
| Carbonate de chaux. . . . | 0,11803 | 0,12384 | 0,12282 | 0,11666 | 0,00592 | 0,08600 | 0,07800 | 0,02300 | 0,04400 |
| — de magnésie. . | » » | » » | 0,06683 | 0,06683 | » » | 0,02500 | 0,01600 | » » | » » |
| — de fer. | 0,00387 | 0,00774 | » » | » » | 0,00169 | 0,00300 | traces. | 0,01900 | 0,01200 |
| Chlorure de calcium. . . | » » | 0,04644 | » » | » » | 0,00127 | 0,02800 | 0,02320 | 0,02000 | 0,03600 |
| — de sodium. . . . | » » | » » | 0,01019 | 0,02039 | » » | » » | » » | » » | » » |
| — de magnésium. . | 0,01548 | 0,01548 | 0,03511 | 0,02605 | » » | » » | » » | » » | » » |
| Sulfate de chaux. . . . | 0,04257 | 0,06966 | 0,08155 | 0,08382 | 0,00127 | 0,06400 | 0,08620 | 0,07000 | 0,01320 |
| — de magnésie. . | 0,07353 | 0,02322 | 0,03285 | 0,04078 | » » | 0,03600 | 0,02000 | 0,01400 | 0,00480 |
| — de potasse. . . | » » | » » | » » | » » | » » | 0,06000 | traces. | » » | » » |
| — de soude. . . . | 0,03483 | 0,02322 | 0,03738 | 0,04191 | » » | 0,06200 | 0,10680 | 0,11500 | 0,07200 |
| Silice. . . . . . . . . | » » | » » | » » | » » | » » | 0,01600 | 0,02000 | 0,00800 | 0,00600 |
| Matière extractive animale. | traces. | traces. | 0,00227 | 0,00227 | » » | 0,01200 | » » | » » | » » |
| Perte . . . . . . . . . | » » | » » | 0,00458 | 0,00396 | » » | 0,02000 | 0,06380 | 0,03400 | 0,03600 |
| | 0,28831 | 0,30960 | 0,39308 | 0,40267 | 0,01015 | 0,41200 | 0,41400 | 0,30300 | 0,22400 |

*Propriétés médicales.* En considérant le peu de parties salines dissoutes dans les eaux thermales d'Aix, il est difficile
de croire que ces sels aient une action puissante dans les maladies ; il est fort probable que ces eaux tirent leur principale
vertu du gaz hydrogène sulfuré, de l'azote, et surtout de
leur calorique. Les eaux d'Aix sont fort utiles pour rappeler la sensibilité, rétablir le ton des systèmes musculaire
et nerveux ; elles conviennent principalement dans les engorgements scrofuleux, les tumeurs indolentes, la chlorose, les différentes espèces de dartres, les syphilides, les
paralysies, les rhumatismes goutteux chroniques, les affections de poitrine causées par la métastase d'un principe morbide, les fleurs blanches, les engorgements des viscères du
bas-ventre, les plaies d'armes à feu, les ulcères atoniques,
les rétractions des membres, la carie des os, la coxalgie,
l'ankylose fausse, et dans tous les cas où les mouvements des
articulations sont gênés. Les maladies nerveuses, dit M. Francœur, si difficiles à guérir, sont quelquefois traitées par les
douches d'eaux thermales avec un succès remarquable ; la
catalepsie hystérique même disparaît sous leur influence salutaire. Les eaux d'Aix sont administrées avec tant d'habileté
sous toutes les formes, qu'elles réussissent dans beaucoup de
maladies qui ont déconcerté les gens de l'art, et qui paraissaient n'offrir aucune chance de guérison.

Les eaux thermales d'Aix sont contre-indiquées dans toutes
les maladies où il existe des symptômes de pléthore ou d'inflammation. Elles sont nuisibles aux phthisiques qui ont la
fièvre lente, aux épileptiques, à ceux qui sont disposés à
l'apoplexie : les personnes d'une constitution maigre et sèche,
celles dont la poitrine est délicate, doivent être très-circon-
spectes dans l'usage des eaux.

*Mode d'administration.* Les eaux thermales d'Aix deviennent
potables lorsqu'on leur a laissé perdre par le refroidissement
l'odeur hépatique qui les rend repoussantes : les habitants les

emploient chaudes pour divers usages domestiques, tels que pour savonner, pour arroser des plantes dont elles activent la végétation, pour se raser, etc.

Dans les maladies, c'est plus à l'extérieur qu'en boisson qu'on emploie les eaux d'Aix. On boit celles de l'une et l'autre source depuis une livre jusqu'à quatre : il faut les boire à la source, parce qu'elles s'évaporent aisément ; on leur associe le lait d'ânesse, de chèvre ou de vache dans les maladies de poitrine. — Les bains sont pris dans les maisons particulières où logent les malades ; on est obligé de les laisser refroidir avant d'y entrer : dès lors, les bains, perdant les principes volatils des eaux, n'ont guère d'autre action que ceux des bains ordinaires ; les piscines à grande eau sans cesse renouvelée sont bien préférables.

A Aix, les bains de vapeur, et surtout les douches, en rendant la circulation plus active et en procurant d'abondantes sueurs, forment la base du traitement des malades.

Les *douches* sont administrées dans le bâtiment royal. Chaque malade y arrive à l'heure désignée, et reçoit le bienfaisant secours de l'eau soufrée, dont la température est de 41 à 43° cent. Deux doucheurs dirigent l'eau avec de longs tubes de fer-blanc en forme de cornets sur les diverses parties du corps, pendant qu'ils frictionnent la peau, massent les chairs, plient les articulations du malade ; la vapeur d'eau retenue dans la chambre s'y conserve à une température peu différente de celle de l'eau (environ 37°,5 cent.), et une sueur abondante couvre tout le corps. Après s'être soumis un temps convenable à cette action (depuis cinq minutes jusqu'à vingt et plus, selon la force du sujet), le malade est enveloppé de serviettes, de draps et de couvertures, et transporté, dans une chaise à porteurs fermée, jusqu'à son lit, qu'on a bien chauffé, et où il achève le paroxysme de fièvre causé par la douche ou le bain de vapeur. Telle est la méthode que l'on suit ordinairement pour guérir une foule de maux ; chaque jour le ma-

lade prend une douche, sauf le repos qu'on juge à propos
de lui faire observer pour ne pas l'épuiser par les sueurs.
M. Despine a obtenu de la *douche écossaise* d'heureux résultats
dans le traitement des affections nerveuses. Le malade est
successivement soumis à l'action de jets d'eau à 47°,7 cent., et
à une température qu'on peut abaisser jusqu'à celle de la
glace fondante. Il est inutile de dire que les chutes d'eau de
toutes les douches du bâtiment royal sont graduées en force
et en hauteur, que des robinets en peuvent modérer le mouvement, que des ajutages en pommes d'arrosoir, en cône, en
cylindre, etc., donnent aux jets des formes très-variées.

Les eaux thermales d'Aix s'altèrent beaucoup par le transport.

Le nombre des malades qui affluent à Aix durant l'été s'est
élevé en 1835 à trois mille. Le prix des bains et des douches
sert à payer le médecin, les réparations et les embellissements que l'on fait chaque année.

*Les vertus merveilleuses des bains d'Aix en Savoie*, par Jean-Bap-
tiste de Cabias, 1688.

*Analyse des eaux minérales de la Savoie*, par M. Bonvoisin, 1785.

*Traité des eaux thermales d'Aix, en Savoie*, par M. Joseph Daquin,
1808. Cet ouvrage, qui parut pour la première fois en 1773, contient plusieurs observations pratiques.

*Essai sur la topographie médicale d'Aix en Savoie*, par Charles Hum-
bert-Despine (Thèse de Montpellier, an x). L'auteur s'occupe, page 88, des
eaux d'Aix.

*Analyse des eaux thermales d'Aix en Savoie*, par M. Socquet, an xi,
in-8.

*Notice sur les bains d'Aix en Savoie*, par M. Francœur; Chambéry, 1826, vingt-quatre pages. Cette brochure est intéressante.

## SCHINZNACH (Suisse).

Village du canton d'Argovie, à 1,100 pieds au-dessus du
niveau de la mer, à trois quarts de lieue de Broug, 3 lieues d'A-

rau, 2 et demie de Baden, 7 de Zurich. La grande route d'A-
rau et de Berne à Broug et à Schaffhouse est à peine éloignée
de deux minutes des bains, auxquels conduit un chemin bien
entretenu; la diligence d'Arau à Broug et à Schaffhouse passe
trois fois par semaine. Le pays est agréable, varié, le climat
doux. L'établissement thermal est le rendez-vous d'une société choisie, un centre de réunion du beau monde de la
Suisse; il contient soixante cabinets de bains, des douches,
des bains à gaz et à vapeur. On y voit un grand hôtel construit
régulièrement, qui contient plus de quatre-vingts chambres
commodes et bien meublées; la grande salle à manger, qui a
deux cent cinquante pieds de long et trente de large, a coûté
211,000 fr. pour sa construction. On y donne souvent des bals,
et le dimanche on y célèbre le culte divin. Les bains sont très-
fréquentés depuis le mois de mai jusque vers la fin de septembre. On y trouve un médecin et une pharmacie.

*Source.* Elle est à deux cents pas de l'établissement thermal;
les eaux, très-abondantes, sont conduites aux bains au moyen
d'une pompe.

*Propriétés physiques.* L'eau est claire, transparente à la
source même; mais exposée à l'air, elle se trouble et se couvre d'une pellicule. Son odeur est celle de l'hydrogène sulfuré;
son goût est amer et désagréable; sa chaleur ordinaire est de
31°,2 cent. Dans les tuyaux des bains il se forme une substance
blanche, glaireuse, qui, séchée, brûle comme du soufre.

*Analyse chimique.* On doit à M. Bauhof l'analyse de l'eau
de Schinznach; voici sa composition:

Eau (1 litre).

lit.

| | |
|---|---|
| Acide hydro-sulfurique. . . . | 0,254 |
| Acide carbonique. . . . . . . | 0,093 |

|                                 | gr.   |
|---------------------------------|-------|
| Sulfate de chaux. . . . . . . . | 0,743 |
| — de soude. . . . . . .         | 0,681 |
| — de magnésie. . . . .          | 0,145 |
| Chlorure de sodium. . . . . .   | 0,561 |
| — de magnésium. . . .           | 0,328 |
| Carbonate et sulfate de chaux.  | 0,107 |
| — de magnésie. . . . .          | 0,102 |
| Oxyde de fer. . . . . . . .     | 0,017 |
| Terre ampélite. . . . . . .     | 0,012 |

$$2,696$$

*Propriétés médicales.* Les eaux qui nous occupent sont plus énergiques que celles de Baden (Suisse); elles activent la circulation; on les recommande dans les rhumatismes, les maladies cutanées, et particulièrement dans les affections scrofuleuses; on les dit également utiles dans les fleurs blanches, l'atonie des organes digestifs, les désordres de la menstruation, les maladies syphilitiques anciennes, celles qui sont dues à l'abus du mercure, etc.

*Mode d'administration.* On boit rarement l'eau de Schinznach; on s'en sert surtout en bains dans lesquels on ne reste d'abord qu'une demi-heure, et que l'on prolonge peu à peu jusqu'à cinq heures par jour; bientôt survient la *poussée.* On est obligé de faire chauffer dans des chaudrons l'eau minérale, qui alors se décompose; on se sert du limon des bains pour faire des cataplasmes.

Il a paru beaucoup d'ouvrages allemands sur ces bains; nous citerons celui de Wetzler et celui de Rusch, qui a pour titre *les Cures des bains.*

### ENGHIEN-LES-BAINS (département de Seine-et-Oise).

Hameau situé au milieu de la délicieuse vallée de Montmorency, sur le bord de l'étang de Saint-Gratien, à un quart de lieue de Montmorency, une lieue de Saint-Denis, 4 de

Paris. Ce lieu, qui ne présentait naguère qu'un moulin mis en mouvement par la chute des eaux de l'étang, offre actuellement un établissement magnifique, fondé par M. Péligot. Plusieurs fois par jour des voitures publiques partent de Paris pour Enghien et d'Enghien pour Paris.—Découvertes en 1766 par le père Cotte, curé de Montmorency, les eaux minérales d'Enghien fixèrent l'attention de l'académie royale des sciences et de l'ancienne faculté de médecine. Les rapports et mémoires publiés à cette époque, et surtout l'analyse de Fourcroy, contribuèrent beaucoup à la réputation de ces eaux; mais ce n'est qu'en 1820 que l'on a construit de belles maisons et des appartements convenablement disposés pour recevoir les malades. Outre le grand établissement de bains, on remarque les bains et l'hôtel de la Pêcherie. Ces établissements, qui appartiennent actuellement à la même administration, sont situés dans une position admirable; on y jouit des vues les plus pittoresques, de jardins agréables, d'un parc de quatre cents arpents planté de beaux arbres, et d'un lac remarquable par son étendue, la beauté de ses eaux, sillonné par une légion de cygnes et par un grand nombre de canots à la voile et de gondoles de toutes formes. La forêt de Montmorency, les coteaux d'Andilly, de Saint-Prix, de Montlignon, de Sannois, permettent des excursions aussi agréables que variées. Le docteur Bouland est directeur de cet établissement. Médecins inspecteurs, MM. Alibert et Biett.

*Sources.* Il y en a trois qui sont encaissées dans des rotondes et dont l'origine et les propriétés sont identiques. 1° La source ancienne, *Cotte ou du Roi;* Louis XVIII a fait usage de cette eau transportée à Paris. 2° La *source nouvelle.* 3° La *Pêcherie.* Par leur réunion, elles peuvent aujourd'hui fournir à plus de quatre cents bains par jour. On recueille dans des réservoirs bien fermés les eaux qui coulent sans cesse, et qui sont élevées dans les bâtiments destinés aux bains et aux douches au moyen de pompes et de tuyaux. Les corps de pompe, les pistons, les tuyaux, les robinets, les cols de cygne, les baignoires, sont en zinc, métal que les eaux sulfureuses n'altèrent point. On sait qu'en général les eaux sulfureuses chauffées et exposées au contact de l'air se décomposent promptement; pour éviter cette décomposition, on a établi des appareils dans lesquels l'eau des sources est recueillie, et chauffée au moyen de cuves en bois hermétiquement fermées; avec cette précaution, on élève les eaux à une température de cent degrés, sans qu'elles éprouvent la moindre altération. M. Longchamp a constaté en effet que l'eau ainsi chauffée ne perd point la plus petite partie d'hydrogène sulfuré, soit libre, soit combiné, et qu'elle ne diffère point de l'eau prise à la source.

*Propriétés physiques.* Les sources d'Enghien répandent une forte odeur d'œufs couvis, et sont claires, limpides. Leur saveur fade, douceâtre, est suivie d'une légère amertume et d'une espèce d'astriction. Leur température à la source est constamment de 14 degrés centigrades, celle de l'atmosphère étant à 17; leur densité est de 10006. Exposées à l'air, elles perdent leur odeur, et forment un précipité et une pellicule qui sont le résultat d'une espèce de décomposition. Il est bien remarquable que dans le canal de décharge de la source nouvelle on observe un dépôt rougeâtre, au lieu de filaments glaireux, qui sont l'attribut des eaux sulfureuses thermales.

*Analyse chimique.* Elle a été faite en 1774 par Deyeux, en 1788 par Fourcroy, et dans ces derniers temps par MM. Longchamp, Fremy et O. Henry. Voici le résultat de ces analyses dans le tableau suivant :

EAUX MINÉRALES.

## RÉSULTAT DE PLUSIEURS ANALYSES DE L'EAU SULFUREUSE D'ENGHIEN.

### Eau ( 1 litre ).

| SUBSTANCES TROUVÉES DANS L'EAU D'ENGHIEN. | FOURCROY. Source du Roi. | M. HENRY FILS. Source du Roi. | M. HENRY FILS. Source de la Pêcherie. | M. FREMY. Source de la Pêcherie. Pour boisson. | M. FREMY. Pour bains. | M. LONGCHAMP. Source Cotte ou du Roi. | OBSERVATIONS. |
|---|---|---|---|---|---|---|---|
| | gr. | gr. | gr. | gr. | gr. | gr. | (a) Fourcroy regardait l'hydrogène sulfuré comme libre. |
| Substances volatiles. Azote. | »,»»» | 0,017 | 0,010 | 0,02 | 0,026 | 0,0088 | (b) Cette analyse fut faite en 1822 et 1823, à l'époque de la création de l'établissement des bains, et alors on avait placé beaucoup de conduits et d'ouvrages en maçonnerie qu'ont probablement donné lieu à la quantité de sulfate de chaux trouvée. |
| Acide hydrosulfurique libre. | 0,097 (a) | 0,018 | 0,046 | 0,039 (d) | 0,057 (d) | 0,0160 | |
| Acide carbonique. | 0,202 | 0,248 évalué | 0,254 | 0,260 | 0,462 | 0,0904 (c) | |
| Hydro-sulfates. de chaux. | »,»»» | 0,016 | »,»»» | 0,104 | 0,079 | 0,0920 | (c) M. Longchamp a porté les sous-carbonates à l'état de carbonates, comme cela doit être pour la composition naturelle de cette eau ; aussi les quantités de ces sels sont-elles plus grandes dans son analyse, et la proportion d'acide carbonique libre plus faible, ainsi qu'on le pense bien, puisqu'une partie se trouve alors combinée. |
| de magnésie. | »,»»» | 0,104 } 0,117 | 0,119 | »,»»» | 0,105 } 0,184 | »,»»» } 0,1017 | |
| de potasse. | »,»»» | »,»»» | »,»»» | »,»»» | »,»»» | 0,0097 | |
| Muriates. de soude. | 0,027 | 0,050 | 0,0205 | »,»»» | 0,017 | 0,0107 | (d) M. Fremy donne ici tout l'hydrogène sulfuré qu'il a trouvé, soit libre, soit en combinaison. |
| de potasse. | 0,034 | 0,010 | »,»»» | 0,028 | 0,100 | 0,0425 | |
| de magnésie. | 0,082 | 0,105 | 0,073 | 0,130 | 0,024 (e) | 0,0470 | |
| Sulfates. de chaux. | 0,372 | 0,450 (b) | 0,061 | 0,290 | 1,280 (e) | 0,1210 | (e) La proportion de sulfate de chaux, très-forte ici, provient aussi des conduits en maçonnerie que M. Fremy a fait remplacer dans l'établissement par d'autres en zinc. |
| de potasse. | »,»»» | »,»»» | »,»»» | »,»»» | »,»»» | 0,0425 | |
| S.-carbonates. de chaux. | 0,259 | 0,550 | 0,400 | 0,540 | 0,522 | 0,4686 } (c) | |
| de magnésie. | 0,048 | 0,058 } (c) | 0,050 | 0,060 | 0,169 | 0,0525 } (c) | |
| de fer. | »,»»» | »,»»» | »,»»» | 0,003 | 0,035 | »,»»» | |
| Silice. | des traces. | 0,040 | 0,054 | 0,060 | 0,050 | 0,0324 | |
| Alumine. | des traces. | »,»»» | »,»»» | »,»»» | 0,050 | 0,0408 | |
| Matière végéto-animale. | »,»»» | quantité indéterm. | »,025 | 0,030 | 0,045 | quantité indéterminée. | |
| | Hydrog. sulfuré libre en tout, 0,0070 En précipitant le soufre par les acides nitreux ou sulfureux. | Hydrog. sulfuré en tout, 0,063 Par les sulfures de plomb et d'argent. | Hydrog. sulfuré en tout, 0,064 Idem. Id. 0,0066 | Hydrog. sulfuré en tout, 0,039 Par le sulfure de cuivre. | 0,057 Idem. | Hydrogène sulfuré en tout, 0,0533 Par le sulfure de cuivre, en précipitant à l'aide du deuto-sulfate acidule. | |

*Propriétés médicales.* Plus riches en principes sulfureux que la plupart des eaux des Pyrénées, les eaux d'Enghien sont très-actives et peuvent être employées avec succès pour le traitement de plusieurs maladies chroniques, et dans tous les cas où il faut relever le ton des organes affaiblis. Elles augmentent la transpiration, l'appétit, et produisent la constipation. L'expérience a constaté leur utilité dans les affections scrofuleuses, les engorgements glanduleux du cou, les maladies cutanées, quelques cas d'asthme, les catarrhes chroniques de la poitrine et de la vessie, la métrite chronique, la leucorrhée, les pâles couleurs, la suppression des règles, les diarrhées opiniâtres, les gastralgies, les rhumatismes anciens, les tumeurs blanches, les différentes espèces de paralysies, et surtout la paralysie et la colique saturnines. M. Damien rapporte l'histoire d'un officier supérieur de l'artillerie anglaise, qui, étant entièrement perclus d'une jambe, à la suite d'un coup de feu, recouvra l'usage de ce membre par l'emploi des eaux d'Enghien.

Les personnes nerveuses, irritables, sujettes aux crachements de sang, doivent s'abstenir des eaux, ou les prendre avec beaucoup de précautions.

*Mode d'administration.* On administre les eaux d'Enghien sous toutes les formes, et sous ce rapport l'établissement qui nous occupe peut servir de modèle. Ainsi, on y trouve deux espèces de douches, l'une chaude, l'autre froide, dont on peut combiner ou faire succéder les applications; des étuves à l'instar des bains russes, où l'on donne à volonté des affusions d'eau plus ou moins froide; l'on *masse,* et on frictionne les membres.

On boit les eaux le matin à la source, à la dose de deux ou trois verres; on peut les couper avec du lait d'ânesse ou de vache dans les affections de la poitrine; on emploie les bains simultanément, et on tempère leur activité par une quantité plus ou moins grande d'eau commune, ou même par une addition de gélatine, suivant les indications. Il n'est pas rare d'observer après quelques bains un exanthème cutané qui, loin d'être dangereux, est toujours salutaire. La douche descendante est la plus élevée du royaume; elle a soixante pieds de chute.

Les eaux d'Enghien ont l'avantage sur celles de Baréges de pouvoir être conservées et transportées dans les pays les plus éloignés, sans éprouver d'altération. Il y a plusieurs dépôts de ces eaux à Paris, où l'on en fait une grande consommation.

Sur les eaux de Montmorency, par le père Cotte. ( Histoire de l'Académie roya'e des sciences, 1766, page 38.)

Analyse de l'eau de Montmorency, par M. Deyeux, 1774, in-4.

Analyse des eaux de la fontaine de Montmorency, par M. Leviellard. ( Mémoires de l'Académie royale des sciences, savants étrangers, tome 9, page 673.)

Analyse chimique de l'eau sulfureuse d'Enghien, par de Fourcroy et Delaporte, 1788, in-8.

Aperçu topographique et médical sur les eaux minérales sulfureuses d'Enghien, par M. Damien; br. in-8.

Analyse de l'eau minérale sulfureuse d'Enghien, faite par ordre du gouvernement, par M. Longchamp. Paris, 1 vol. in-8.

Analyse de la source la Pêcherie, à Enghien, par Oss. Henry. ( Journal de pharmacie, tome 11, page 831 ). On trouve un travail complet du même auteur sur l'eau d'Enghien dans le même journal (t.12, p.341).

Analyse des deux sources de la Pêcherie à Enghien, par M. Fremy, pharmacien à Versailles. ( Journal de pharmacie, tome 11, page 61.)

Sur la demande de M. le Ministre du commerce, l'Académie de médecine a fait, le 13 octobre 1835, un rapport sur la nouvelle source découverte par M. le docteur Bouland.

## URIAGE ( département de l'Isère ).

Village à 2 lieues de Grenoble; les eaux minérales qu'on y observe étaient depuis longtemps délaissées, lorsqu'en 1822 la marquise de Gautheron et son héritier, M. de Saint-Ferriol, parvinrent, par des fouilles habilement dirigées, à rassembler les eaux, et à former un bel établissement thermal garni de cinquante baignoires en zinc, de quatre cabinets de douches, et en outre de quatre baignoires et un cabinet de douches pour les indigents. Plusieurs hôtels offrent des logements commodes pour deux cents étrangers, qui peuvent s'y procurer facilement tout ce qui est nécessaire aux besoins et aux agréments de la vie. Pendant la saison des bains, qui a lieu depuis le 15 mai jusqu'à la fin de septembre, deux diligences partent tous les jours de l'établissement et de Grenoble. Le village d'Uriage est entouré de promenades agréables ; le voyageur se plaît à visiter le vieux château, celui de Vizille, converti actuellement en manufacture, l'ancien monastère de Premol, la montagne des Quatre-Seigneurs, et la petite ferme du Marais. Il y a un médecin inspecteur.

*Sources.* Il y en a deux, l'une sulfureuse, l'autre ferrugineuse : la première alimente seule les bains ; ses eaux sont portées, par des tuyaux en terre bien cimentés, dans un vaste réservoir et dans les appareils de chauffage. L'eau étant froide, on est obligé de la faire chauffer pour l'usage des bains ; on y parvient à l'aide d'un appareil ingénieux dû à M. Gueymard (1) ; l'eau sulfureuse n'est pas altérée, puisque son analyse, faite avant et après avoir été chauffée, a fourni des résultats identiques.

La source ferrugineuse, peu abondante, forme une fontaine

---

(1) Cet appareil consiste en un générateur qui pousse de la vapeur dans une caisse carrée, laquelle se trouve placée dans un grand réservoir en pierre contenant 200 hectolitres d'eau ; la caisse carrée, qui reçoit la vapeur d'eau qui chauffe le liquide minéral, est posée sur des dés en pierre, et à la partie inférieure il existe un tuyau qui conduit l'eau provenant de la vapeur condensée dans le générateur, où elle est de nouveau convertie en vapeur. L'eau arrive dans le réservoir par un tuyau qui la conduit dans la partie inférieure de la cuve ; un autre tuyau muni d'un robinet est destiné à donner issue à l'eau qui est conduite dans les baignoires. Cet appareil de chauffage élevant la température de l'eau sans déterminer de secousse et de mouvement, il en résulte que celle-ci n'éprouve pas de déperdition de gaz.

qui se trouve dans la cour de l'établissement dite des Fontaines.

*Propriétés physiques.* L'eau est parfaitement limpide ; à la sortie des conduits, elle est à la température de 22 à 25° cent. Aussitôt qu'elle est exposée au contact de l'air, elle se trouble légèrement et devient laiteuse ; son odeur pénétrante décèle la présence de l'acide hydro-sulfurique ; sa saveur est celle des eaux salines hydro-sulfurées ; mise en contact avec l'argent, elle le noircit promptement ; elle laisse dans les réservoirs un dépôt formé de soufre hydraté, de sulfuré de fer, de carbonate et de sulfate de chaux.

L'eau ferrugineuse présente les caractères des eaux de cette classe.

*Analyse chimique.* L'eau minérale d'Uriage a été analysée par M. Berthier, qui a déterminé la quantité de matières solides qu'elle contient. Cette analyse a été complétée par M. Breton, professeur à la Faculté des Sciences de Grenoble, et M. Gueymard, qui ont fait connaître la proportion des gaz ; voici les résultats de cette analyse :

Eau (1 litre).

|  | lit. |
|---|---|
| Acide carbonique. . . . . . | traces |
| Azote. . . . . . . . . . . . | 0,006 |

| | SELS ANHYDRES. | SELS CRISTALLISÉS. |
|---|---|---|
| | gr. | gr. |
| Carbonate de chaux. . . . . | 0,0120 | 0,0120 |
| ——— de magnésie. . . | 0,0012 | 0,0012 |
| Sulfate de chaux. . . . . . | 0,0710 | 0,0900 |
| —— de magnésie. . . . | 0,0395 | 0,0698 |
| —— de soude. . . . . . | 0,0840 | 0,2210 |
| Chlorure de sodium. . . . | 0,3560 | 0,3560 |
| Hydro-sulfate de chaux et de magnésie. . . . . . . . . | 0,0110 | 0,0110 |
| Hydrogène sulfuré libre. . | 0,0013 | 0,0013 |
| | 0,5760 | 0,7623 |

*Propriétés médicales.* Quoique l'action thérapeutique des eaux sulfureuses d'Uriage ne soit pas encore bien déterminée, cependant M. Billerey les emploie avec succès dans le traitement des maladies cutanées, dans les rhumatismes chroniques, les ulcères atoniques de la peau, les engorgements lymphatiques des articulations et les affections nerveuses. On boit l'eau de la source ferrugineuse dans la chlorose.

*Mode d'administration.* On prend les eaux d'Uriage en boisson, bains et douches. On boit l'eau sulfureuse à sa température naturelle et à la dose de six à dix verres ; cette dernière quantité la rend laxative. Les malades irritables ne pouvant pas supporter les bains préparés avec de l'eau minérale pure, le propriétaire a eu l'heureuse idée de faire établir un appareil destiné à chauffer l'eau commune, de sorte que l'on peut, suivant l'indication du médecin, administrer des bains d'eau simple, des bains d'eau minérale mitigée et des bains avec l'eau minérale pure. Quant aux douches, elles sont ascendantes ou descendantes ; il existe aussi une petite douche capillaire. Les malades se servent de l'eau ferrugineuse pour couper leur vin aux repas.

En 1834, il est venu à Uriage sept cent quatre-vingts malades qui ont laissé dans l'établissement 6,777 fr. ; les sources appartiennent à M. le comte Saint-Ferriol.

*Analyse des eaux minérales d'Uriage*, par M. Crépu (Journal complémentaire du Dictionnaire des sciences médicales, tome X, page 89).

*Notice historique sur les eaux minérales d'Uriage*, par A. Chevallier ; in-8, 1836. Cette notice, rédigée avec soin, nous a servi de guide dans cet article.

### LA ROCHE-POZAY (département de la Vienne).

Petite ville à 4 lieues de Châtellerault, à 7 de Saint-Maure (route de Paris à Bordeaux), où l'on peut se procurer facilement des moyens de transport jusqu'à La Roche-Pozay. Les eaux minérales que l'on voit près de cette ville étaient délaissées, lorsque Milon, premier médecin de Louis XIII, les remit en vogue. On trouve près des sources des maisons commodes, agréables, où abondent les choses nécessaires à la vie. On prend les eaux depuis le mois de juin jusqu'au 15 septembre. Il y a un médecin inspecteur.

*Sources.* A un quart de lieue de la ville s'échappent trois sources minérales voisines les unes des autres ; l'eau jaillit dans des bassins.

*Propriétés physiques.* L'eau est froide, a une odeur sulfureuse, un goût légèrement fade et désagréable qui tient un peu de celui des œufs couvis ; sa quantité est toujours à peu près la même dans toutes les saisons.

*Analyse chimique.* Il résulte des expériences du docteur Joslé que les eaux de La Roche-Pozay contiennent du sulfate de chaux, du carbonate de chaux, du carbonate de magnésie, du muriate de soude et du gaz hydrogène sulfuré. Cette analyse a besoin d'être répétée.

*Propriétés médicales.* Si l'on s'en rapporte aux auteurs qui ont écrit sur les eaux de La Roche-Pozay, elles jouissent de propriétés merveilleuses ; ils les vantent dans les maladies de la peau, les fièvres intermittentes, les engorgements des viscères abdominaux, les scrofules, l'hypocondrie. L'eau de la seconde source est utile, d'après M. Martin, dans les coliques néphrétiques. Ce médecin conseille l'usage de l'eau de la troisième source dans la suppression des règles et des hémorroïdes, la chlorose et l'ictère ; il en interdit l'emploi à ceux qui sont atteints de phthisie pulmonaire, de pleurésie ou de pneumonie chronique.

*Mode d'administration.* On use de ces eaux en boisson, bains, douches et lotions. On commence par boire deux à trois verres, et on augmente successivement la dose jusqu'à un litre et demi. L'eau minérale ne peut servir aux douches qu'autant qu'elle a été chauffée. On se sert de cette eau en lotions dans la teigne, les dartres et les ulcères psoriques.

*Nouvelle description des eaux minérales de La Roche-Pozay*, par M. C. Martin; 1737, in-12.

*Essai analytique sur les eaux minérales sulfureuses froides de La Roche-Pozay*, par le docteur Joslé; 1805, in-8.

**LABASSÈRE,** (*Voyez* Bagnères-de-Bigorre).

**GAMARDE** ( département des Landes ).

Bourg à 2 lieues de Dax, situé dans une position agréable et salubre. Au nord et à un petit quart de lieue de ce bourg, on trouve sur la rive gauche d'un ruisseau nommé le *Louts* plusieurs sources d'eau sulfureuse, parmi lesquelles on en distingue une dite des *Deux Louts*.

*Propriétés physiques.* L'eau est limpide, a une odeur sulfureuse, le goût d'œufs gâtés; sa température est de 15 à 17°,5 cent. Quelques bulles éclatent à sa surface, qui est parfois couverte d'une pellicule blanche. Le bassin et le canal de fuite sont enduits d'une matière blanchâtre, glaireuse.

*Analyse chimique.* Elle est due à M. Salaignac:

Eau ( 1 litre ).

|  | lit. |
|---|---|
| Acide hydro-sulfurique. . . . | 0,168 |
| — acide carbonique. . . . | 0,100 |

|  | gr. |
|---|---|
| Chlorure de magnésium. . . | 0,088 |
| — de sodium. . . . | 0,700 |
| Sulfate de chaux desséché. . | 0,126 |
| Carbonate de chaux (*id.*). . | 0,228 |
| — de magnésie (*id.*). | 0,025 |
| Matière grasse résineuse. . | 0,010 |
| Matière extractive végétale. | 0,011 |
| Silice. . . . . . . . . . . . | 0,012 |
|  | 1,200 |

14

M. Meyrac dit avoir vu la source de Gamarde produire de bons effets dans tous les cas où les eaux sulfureuses sont indiquées; il pense que si elle était entourée d'habitations propres à loger les malades qui viennent prendre les eaux, elle jouirait bientôt d'une assez grande réputation.

*Analyse des eaux minérales de Gamarde*, par Pierre Meyrac (*Annales de Chimie*, tome XXXV, page 300).

*Analyse de l'eau sulfureuse de Gamarde*, par J. P. Salaignac (*Journal de Pharmacie*, tome VI, page 127).

### GUILLON ( département du Doubs ).

Village près de Baume-les-Dames; on y trouve une source qui exhale une forte odeur d'acide hydro-sulfurique L'eau est froide, claire et transparente à la source : exposée au contact de l'air, elle se trouble et dépose une poudre blanche. Elle a fourni à M. Desfosses, pharmacien à Besançon :

#### Eau (1 litre).

|  | lit. |
|---|---|
| Acide hydro-sulfurique. . . . . | 0,011 |
| Acide carbonique. . . . . . | 0,017 |
| Azote. . . . . . . . . . . | 0,008 |

|  | gr. |
|---|---|
| Chlorure de sodium. . . . . | 0,253 |
| Carbonate de chaux. . . . . | 0,117 |
| —— de magnésie. . . | 0,038 |
| Résidu insoluble. . . . . . . | 0,033 |
|  | 0,441 |

L'analyse a été faite à Besançon; M. Desfosses pense qu'à la source, l'eau contient une plus grande quantité d'acide hydro-sulfurique.

*Analyse de l'eau de Guillon*, par M. Desfosses ( *Journal de Pharmacie*, tome VIII, page 480).

## TRÉBAS ( département du Tarn ).

Commune du canton de Valence : une source d'eau minérale y a été découverte en 1834 ; l'eau est limpide, répand
une odeur de gaz hydrogène sulfuré, forme un dépôt jaunâtre
sur ses bords ; sa saveur est légèrement hépatique, styptique
et acidule tout à la fois. Sa température est de 17°,5 cent.,
celle de l'atmosphère étant à 32°,5.

Il résulte de l'analyse faite par MM. Lamothe père et fils
que l'eau de Trébas contient par litre :

|  | litre. |
|---|---|
| Acide hydro-sulfurique. . . . | quantité indéterminée. |
| Acide carbonique. . . . . . . | 0,333 |

|  | gr. |
|---|---|
| Chlorure de sodium. . . . . | 0,4320 |
| Carbonate de chaux. . . . . | 0,2386 |
| —        de fer. . . . . . | 0,1061 |
| Chlorure de calcium. . . . . ⎫ | |
| Sulfate de magnésie. . . . . ⎬ | 0,1193 |
| —        d'alumine. . . . . ⎭ | |
|  | 0,8960 |

Les docteurs Peyrot et Delbosc ont reconnu que l'eau de
Trébas est utile en boisson contre les scrofules, les maladies
cutanées, les gastralgies. Il y a un médecin inspecteur.

## PUZZICHELLO ( Corse ).

Hameau situé dans un vallon à 9 lieues de Cervione et
20 d'Ajaccio. Les chemins pour y arriver sont en mauvais
état ; ce lieu est insalubre par le voisinage des marais. —On
y trouve deux sources minérales froides qui jaillissent au
pied d'une colline : l'une présente une eau limpide, d'une
extrême fétidité ; l'autre, une eau trouble, d'une couleur

blanchâtre et moins odorante. MM. Santini, Bélisari et Massoni ont obtenu par l'analyse de ces eaux une assez grande proportion de gaz hydrogène sulfuré et de gaz acide carbonique, du sulfate de chaux, des hydrochlorates de chaux et de magnésie, de l'alumine et de la silice. Les paysans des environs emploient ces eaux pour déterger les ulcères de leurs bestiaux.

### MONTMIRAIL ( département de Vaucluse ).

Petit hameau à une lieue de Vicqueiras et non loin de Carpentras. On y voit un établissement garni de plusieurs baignoires et offrant des logements commodes pour les malades. — La source, connue aussi sous le nom de *Gigondas*, parce qu'elle se trouve dans cette commune, jaillit au fond d'un ravin, dans une grotte; l'eau est froide, limpide; elle exhale une odeur d'œufs couvis; sa saveur est nauséabonde et légèrement salée. Analysée par M. Vauquelin, elle a fourni du gaz hydrogène sulfuré et surtout de l'acide carbonique, outre différents sels de chaux, de soude et de magnésie. Cette source, qui est dirigée par un médecin inspecteur, est particulièrement fréquentée, depuis le 1er juin jusqu'au 15 septembre, par des malades atteints d'affections psoriques et dartreuses.

M. Salignon ( *thèse de Montpellier*, 1821 ).

### MOTBRUN ( département de la Drôme).

Village à une lieue de Sault, 4 de Carpentras. On y rencontre une source minérale qui est fréquentée par les habitants des environs; elle est entourée d'habitations commodes pour les malades. — L'eau est froide, limpide, répand au loin une forte odeur d'hydrogène sulfuré; sa saveur est amère et nauséabonde. — Son analyse est trop inexacte pour la citer ici.

M. Coudray ( *thèse de Montpellier*, 1821 ).

# CLASSE DEUXIÈME.

## EAUX MINÉRALES ACIDULES

(SYNON. GAZEUSES, SPIRITUEUSES, CARBONIQUES).

## Considérations générales.

Les eaux minérales acidules sont caractérisées par la prédominance du gaz acide carbonique qu'elles contiennent; elles sont très-communes dans l'Auvergne. On a remarqué que plus le terrain d'où ces eaux proviennent est chargé de calcaire et se rapproche du terrain primitif, plus aussi elles sont riches en acide carbonique. M. Berzélius croit que ces eaux tirent leur origine de montagnes à volcans éteints.

*Propriétés physiques.* Les eaux acidules ont une saveur vive, piquante, qui se perd à mesure que le gaz acide carbonique se dégage; des bulles viennent sans cesse éclater à leur surface, et leur donnent une apparence d'ébullition; ces bulles sont plus nombreuses dans les temps secs et à l'approche des orages. Exposées à l'air libre, à une douce chaleur, les eaux qui nous occupent perdent leur gaz d'où dépend leur principale vertu. Elles sont chaudes ou froides. Les premières étant peu nombreuses et jouissant de vertus spéciales que nous indiquerons à chaque source, les considérations suivantes s'appliqueront seulement aux sources gazeuses froides.

*Propriétés chimiques.* Les eaux acidules forment un précipité blanc avec l'eau de chaux et rougissent la teinture de
tournesol. Elles contiennent rarement autant d'acide carbonique que leur volume. « Je suis très-porté à croire, dit M. Anglada, qu'il est peu d'eaux acidules naturelles qui soient sa-
turées, ou qui contiennent tout l'acide carbonique qu'on pourrait leur faire prendre à la pression moyenne de l'atmosphère;
et je ne puis envisager que comme autant d'erreurs manifestes, les assertions de certains analystes qui présentent quelques eaux minérales naturelles comme tenant deux ou trois
fois leur volume d'acide carbonique. » Observons que beaucoup d'analyses d'eaux minérales se faisant à de grandes
distances des sources et sur des eaux recueillies depuis un
temps plus ou moins long, il doit y avoir nécessairement
quelque incertitude sur la proportion d'acide carbonique libre,
ce principe étant par sa nature très-fugitif. Outre ce gaz, les
eaux acidules renferment ordinairement du muriate et du sulfate de soude, du carbonate de soude, du carbonate de chaux,
du carbonate de magnésie, du carbonate de fer et de la silice.

*Propriétés médicales.* Les eaux acidules agissent quelquefois par les selles, mais le plus souvent par les urines, dont
elles augmentent beaucoup la sécrétion. Elles portent plus à
la tête que les autres classes d'eaux minérales, produisent
une espèce d'ivresse passagère et de la tendance au sommeil;
quelquefois elles augmentent les incommodités des personnes
tourmentées par des flatuosités. On sait qu'employé seul,
l'acide carbonique produit sur l'économie animale un effet
sédatif, anti-spasmodique; c'est de cette manière qu'agit la
potion anti-émétique de Rivière, dont l'acide carbonique
fait la base. Les eaux acidules ont une action spéciale sur
l'estomac, qu'elles fortifient sans irriter, et dont elles calment
l'état spasmodique. Il arrive quelquefois que les buveurs,
après avoir pris à jeun quelques verres d'eau minérale acidule,
éprouvent une impression subite à l'estomac avec perte d'ap-

pétit; la sensibilité de cet organe est comme anéantie pendant plus ou moins de temps, et le même effet est transmis par sympathie à tout l'organisme; les malades n'éprouvent point de douleurs, mais un certain état d'abandon et de calme qui simule en quelque manière le narcotisme. Cet état n'a rien de dangereux ni d'inquiétant; il est occasionné par l'action du gaz acide carbonique sur la membrane muqueuse de l'estomac. On prévient cet effet en exposant un instant le verre au soleil afin que le gaz s'échappe, ou bien en mêlant l'eau minérale avec une tisane adoucissante.

L'action sédative qu'exercent les eaux acidules sur le système nerveux, l'excitation lente et modérée qu'elles communiquent à nos organes, les rendent favorables aux personnes d'un tempérament sec, bilieux, nerveux, et dans les maladies où il existe quelques traces d'irritation ou quelque disposition inflammatoire.

Prises en boisson, les eaux acidules sont excellentes pour calmer la soif; elles conviennent dans les affections qui requièrent des boissons rafraîchissantes : ainsi on les emploie avec succès dans les fièvres bilieuses, les fièvres dites putrides, en les coupant avec du petit-lait ou de l'eau d'orge; on peut même les prescrire sans mélange, lorsque la fièvre n'est pas ardente. Elles exercent une action spéciale sur le système biliaire, et détruisent souvent avec une promptitude remarquable les désordres qui s'y manifestent : aussi sont-elles recommandées avec raison dans les maladies du foie avec éréthisme, dans l'ictère, dans les diarrhées bilieuses et dans les vomissements bilieux. Elles ne sont pas moins utiles dans les maladies chroniques, surtout dans celles de l'abdomen, telles que les gastrites, les entérites anciennes, les gastralgies, les engorgements des viscères du bas-ventre, les pâles couleurs, la suppression des évacuations périodiques, les fleurs blanches, l'état de langueur et les affections nerveuses, telles que l'hystérie, l'hypocondrie, etc.

Comme les eaux gazeuses portent fortement aux urines, ce qu'elles opèrent autant par l'abondance du véhicule aqueux qui passe dans l'économie que par la quantité des sels et de l'acide carbonique qu'elles contiennent, on les a beaucoup vantées dans les maladies des voies urinaires, dans le catarrhe vésical, les coliques néphrétiques et les affections calculeuses ; mais les eaux agissent-elles alors par leur propriété diurétique, en favorisant l'expulsion des graviers, ou bien en raison de leur composition ont-elles une action chimique sur les calculs déposés dans les voies urinaires ? Sans doute la dissolution plus ou moins prompte des calculs d'acide urique et de phosphate de chaux qu'on met digérer dans un vase rempli d'eau de Contrexeville, de Bussang, etc., (*voyez ces mots*) porterait à adopter cette dernière opinion ; mais la dissolution chimique ne s'opère pas dans la vessie comme dans un matras, et l'observation clinique nous apprend que le plus grand nombre des eaux acidules, très-bonnes pour expulser les graviers, ne peuvent pas les *fondre*; il n'y a que les eaux riches en bicarbonate de soude, telles que celles de Vichy, qui jouissent de cette faculté dissolvante. Pour réduire à leur juste valeur les assertions des médecins inspecteurs, qui presque tous préconisent leurs eaux contre la gravelle, nous ne cesserons pas de répéter que l'eau commune, bue avec abondance, suffit chez beaucoup de graveleux pour diminuer la quantité des graviers et pour favoriser leur expulsion.

Les eaux acidules ne conviennent pas dans les maladies cutanées, à moins que ces affections ne dépendent d'une névrose de l'estomac ou d'une hépatite chronique. Les individus disposés aux congestions sanguines vers la tête ou vers la poitrine doivent en faire usage avec circonspection.

*Mode d'administration.* Les habitants des lieux où jaillissent des eaux acidules en font leur boisson habituelle, et en prennent sans inconvénient, le corps étant en sueur. Dans l'état de maladie, on boit les eaux acidules à la dose d'un à deux litres, et même en plus grande quantité dans la journée. Il faut les boire à la source même, pour prévenir le dégagement du gaz acide carbonique; cependant lorsqu'elles occasionnent des maux de tête, de l'oppression ou un léger mouvement de fièvre, il est avantageux de les prendre après qu'elles ont été un peu évaporées. Il faut les boire froides, parce que la chaleur les altère en faisant dégager le gaz acide carbonique. On peut les couper avec du lait, du petit-lait ou tout autre liquide adoucissant. Mêlées au vin, elles le rendent mousseux, pétillant, agréable; elles donnent au vin rouge une teinte violette, tirant sur le noir; unies à l'eau sucrée, elles facilitent la digestion. On reconnaît que leur usage doit produire d'heureux effets, lorsque le malade éprouve plus d'appétit et plus de facilité dans ses digestions; si elles causent des insomnies, la diarrhée, etc., il convient d'en suspendre l'emploi.

Les animaux ont un goût singulier pour les eaux gazeuses, surtout pour celles qui sont froides; s'ils en boivent une grande quantité, ils maigrissent. On a constaté très-souvent ce phénomène dans les départements du Puy-de-Dôme et de l'Allier, où les eaux acidules se rencontrent en grand nombre. Dès que les animaux en ont goûté une fois, dit M. de Brieude, l'instinct les y ramène de très-loin, surtout si la source se trouve renfermée dans un édifice dont les murs sont imprégnés de sel; la saveur aigrelette des eaux, qui fait sur eux la même impression que le sel ou les incrustations salines des murs qu'ils lèchent, et dont ils sont très-friands, les détermine à diriger leur course vers ces sources. Les vaches qui boivent ces eaux sont sujettes à perdre leur lait : quelques médecins ( *voyez* Sail-sous-Cousan ) ont utilisé cette remarque, et ont prescrit avec succès les eaux acidules dans les épanchements laiteux.

Les eaux acidules exigent les plus grandes précautions pour leur transport et leur conservation. On doit les mettre en bouteilles de bon matin, les boucher avec le plus grand soin, et autant que possible les voiturer de nuit pendant les grandes chaleur; malgré toutes ces précautions, ces eaux perdent plus ou moins de leurs qualités, à proportion de la distance du lieu d'où on les tire et du temps qu'elles sont gardées. En général, on doit faire peu de cas de l'eau acidule, lorsqu'en débouchant la bouteille, on n'entend pas le sifflement que produit toujours l'acide carbonique, qui tend à se dégager. Lorsqu'on a ouvert une bouteille, il faut se hâter de la clore pour ne pas dissiper le gaz qu'elle recèle. On obvie à cet inconvénient, au moyen d'un petit instrument conique que l'on enfonce à travers le bouchon encore ficelé, et qu'un robinet peut ouvrir ou fermer à volonté.

### VICHY ( département de l'Allier ).

Petite ville très-ancienne sur la rive droite de l'Allier, à 15 lieues de Moulins, 8 de Gannat et 87 de Paris. Le vallon qui la renferme, large, vaste, évasé, est bordé de coteaux et de collines qui s'élèvent en amphithéâtre et qui, couverts de vignobles, d'arbres fruitiers et de champs cultivés, présentent à la vue le tableau le plus riant et le plus varié. Toutes les routes par lesquelles on y aborde sont bonnes et bien entretenues; il part tous les jours de Moulins, de Roanne, de Clermont et de Gannat des diligences qui se rendent à Vichy, ce qui établit les communications les plus faciles et les plus actives avec Paris, Lyon et le midi. — A Vichy, le climat est doux, tempéré, et l'air très-pur; la ville est composée de maisons mal bâties et de rues étroites, mais le quartier des eaux, qui est séparé de la ville par une vaste promenade plantée d'arbres, offre beaucoup d'hôtels tenus avec une grande propreté, des maîtres remplis de soins, d'attention, de prévenances, et des tables d'hôte proprement et parfaitement servies. Outre les salons de chaque hôtel, il y en a un très-vaste et magnifique dans l'établissement thermal, où l'on trouve les journaux, qui le soir sert de lieu de réunion pour les étrangers et dans lequel on donne deux bals par semaine; des promenades soigneusement entretenues sur les bords toujours verts et ombragés du Sichon, ou sur la route de Cusset, ou dans toute autre direction, permettent l'exercice à pied, à cheval ou en voiture (M. Longchamp). On va visiter, comme buts de promenade, la Papeterie, le Saut de la Chèvre, les Grivats, l'Ardoisière, la grotte des Fées, la côte de Saint-Amand, le château de Charmeil, et surtout celui de Randan, qui appartient à S. A. R. madame Adélaïde. — Le grand établissement thermal, commencé en 1784, grâce à la munificence de mesdames Adélaïde et Victoire, tantes de Louis XVI, et terminé en 1829, offre aujourd'hui les ressources de tous les genres aux personnes qui viennent y rétablir leur santé; il renferme soixante-douze cabinets de bains et quatre douches. L'établissement de l'hôpital contient douze cabinets et trois douches. C'est à feu M. Lucas, ancien médecin inspecteur, que Vichy doit en grande partie sa splendeur et sa prospérité. — La saison commence le 15 mai et finit le 15 septembre. — Les pauvres sont reçus dans un hôpital bien situé et assez étendu. — Médecins inspecteurs, MM. Prunelle et Charles Petit. Ce dernier a publié plusieurs mémoires fort intéressants sur l'action thérapeutique des eaux de Vichy; nous en profiterons dans le cours de cet article.

*Sources.* Il y en a sept. 1° La *Grande Grille*, ainsi nommée parce qu'elle est entourée d'une grille de fer. 2° le *Puits Chomel* ou *Petit Puits carré* est à côté de la source précédente; il renferme un petit filet d'eau qui n'est employé qu'en boisson. 3° Le *Grand Puits carré* ou *Grand Bassin des Bains* sert uniquement à fournir l'eau nécessaire aux bains; ces trois sources sont renfermées dans le bâtiment thermal, sous la galerie nord où se promènent les buveurs. 4° Le *Petit Boulet*, actuellement *fontaine des Acacias*, est à cent pas de la Grande Grille, sur la route de Cusset. 5° Près du Petit Boulet, se trouve la *source*

*Lucas.* Ces deux dernières sources ont un usage très-limité ; on ne s'en sert qu'en boisson. 6° Le *Gros Boulet* ou *fontaine de l'Hôpital* est voisin de cet édifice, situé au centre de la place Rosalie ; cette source est renfermée dans un vaste bassin de forme ronde dont le bord libre est garni d'une grille en fer maillé ; elle sert à la boisson et en outre alimente les bains particuliers de l'hospice : elle est une des plus fréquentées. 7° La *fontaine des Célestins* ou *du Rocher* est à l'extrémité de la ville près de l'Allier ; elle est extrêmement recherchée. En déblayant les alentours de cette source, on en a découvert une autre qui a les mêmes propriétés ; toutes deux sont renfermées sous un pavillon élégant et sont séparées par un salon d'attente qui sert en même temps de refuge en cas de pluie ; leur éloignement des hôtels force les buveurs à faire un exercice qui leur est toujours favorable. Enfin la *source Sornin*, qui existait autrefois dans une maison de ce nom, a été retrouvée en 1836, devant l'hôtel Guillermin ; elle est froide et peut être utilisée dans les mêmes maladies que celle des Célestins, laquelle déjà suffit à peine aux buveurs.

*Propriétés physiques.* Les sources de la Grande Grille, du Grand et du Petit Puits carré, de l'Hôpital, présentent de grosses bulles d'acide carbonique qui viennent crever à leur surface et simulent une véritable ébullition. Cet acide est pur, dit M. Longchamp, et parfaitement exempt de tout autre gaz et spécialement d'oxigène. La source Lucas et celle des Acacias ont une odeur un peu sulfureuse. Toutes ces eaux sont claires, ont une saveur lixivielle très-légère ; l'eau des Célestins a un goût piquant, un peu aigrelet. La source de l'Hôpital, la seule qui soit exposée à l'air libre, laisse surnager une matière végéto-animale qui se manifeste sous la forme de conferve. On a vu les bestiaux traverser la rivière d'Allier sans boire de son eau, pour venir se désaltérer au ruisseau provenant de l'écoulement de cette fontaine ; depuis quelque temps, cette particularité ne s'observe plus.

La source du Grand Bain produit 180 mètres cubes d'eau en 24 heures ; celle de l'Hôpital, 51 mètres cubes ; le produit total des sources de Vichy est de 260 mètres cubes. Voici la température des sources d'après M. Longchamp : *Grande Grille,* 39°,18 cent. ; *puits Chomel,* 39°,26 ; *Grand Bassin des Bains,* 44°,88 ; les *Acacias,* 27°,25 ; *Lucas,* 29°,85 ; l'*Hôpital,* 35°,25 ; les *Célestins,* 19°,75.

*Analyse chimique.* Elle a été faite autrefois par Raulin, Desbret, Geoffroy, M. Mossier, et récemment par M. Longchamp et par MM. Berthier et Puvis. L'importance des eaux de Vichy nous engage à présenter ici les résultats obtenus par chacun de ces derniers chimistes.

MM. Berthier et Puvis ayant soumis à l'analyse chimique les sept sources de Vichy, ont obtenu des résultats qui se rapprochent tellement les uns des autres, qu'ils pensent que la composition des différentes sources est identique. Voici cette composition :

Eau ( 1 litre ).

|  | 1lt. |  |
|---|---|---|
| Acide carbonique . . . . . . . | 1,149 |  |

|  | SELS secs. | SELS cristallisés. |
|---|---|---|
|  | gr. | gr. |
| Carbonate de soude . . . . . | 3,813 —— | 10,294 |
| — de chaux . . . . . | 0,285 —— | 0,285 |
| — de magnésie . . . | 0,045 —— | 0,045 |
| Chlorure de sodium . . . . . | 0,558 —— | 0,558 |
| Sulfate de soude . . . . . . | 0,279 —— | 0,631 |
| Silice . . . . . . . . . . . . | 0,045 —— | 0,045 |
| Peroxide de fer . . . . . . . | 0,006 —— | 0,006 |
|  | 5,031 | 11,864 |

*TABLEAU des substances contenues dans les sept sources de Vichy, d'après l'analyse de M. LONGCHAMP.*

## ( Eau 1 Litre. )

| SUBSTANCES contenues DANS LES EAUX. | SOURCES. | | | | | | |
|---|---|---|---|---|---|---|---|
| | GRANDE-GRILLE | CHOMEL. | GRAND BASSIN. | de L'HOPITAL. | des ACACIAS. | LUCAS. | des CÉLESTINS. |
| o Acid e carbnique. . . . | litre. 0,475 | litre. 0,499 | litre. 0,534 | litre. 0,494 | litre. 6,649 | litre. 0,540 | litre. 0,562 |
| | gr. | gr. | gr. | gr. | gr. | 1 gr. | gr. |
| Carbonate de soude. . . | 4,9814 | 4,9814 | 4,9814 | 5,0513 | 5,0513 | 5,0863 | 5,3240 |
| — de chaux. . . | 0,3498 | 0,3488 | 0,3429 | 0,5223 | 0,5668 | 0,5005 | 0,6103 |
| — de magnésie. | 0,0849 | 0,0852 | 0,0867 | 0,0952 | 0,0972 | 0,0970 | 0,0725 |
| Chlorure de sodium. . . | 0,5700 | 0,5700 | 0,5700 | 0,5426 | 0,5426 | 0,5463 | 0,5790 |
| Sulfate de soude. . . . | 0,4725 | 0,4725 | 0,4725 | 0,4202 | 0,4202 | 0,3933 | 0,2754 |
| Oxide de fer. . . . . . . | 0,0029 | 0,0031 | 0,0066 | 0,0020 | 0,0170 | 0,0029 | 0,0059 |
| Silice. . . . . . . . . | 0,0736 | 0,0721 | 0,0726 | 0,0478 | 0,0510 | 0,0415 | 0,1131 |
| TOTAUX. . . | 6,5351 | 6,5331 | 6,5327 | 6,6814 | 6,7461 | 6,6678 | 6,9802 |

*Barégine.* La source de l'Hôpital présente à sa surface une matière verte qui a été recueillie par M. d'Arcet et analysée par M. Vauquelin. Cette matière est en partie liquide et en partie solide. La partie liquide présente un phénomène singulier : sa couleur est verte par transmission, et rouge pourpre par réflexion. Ce savant chimiste a reconnu dans cette matière du soufre et des acétates de chaux et de soude ; il pense que ces sels n'existent pas tout formés dans l'eau de Vichy, et qu'ils sont produits par une altération de la matière : la substance solide a donné par l'analyse une matière organique, du carbonate de chaux, de l'alumine et de l'oxide de fer.

*Propriétés médicales.* Les eaux de Vichy méritent à juste titre une des premières places parmi les eaux salutaires de la France. La grande quantité de bi-carbonate de soude qu'elles contiennent les rend aptes à guérir beaucoup de maladies en modifiant nos humeurs, en imprimant assez promptement à celles-ci un caractère alcalin. M. d'Arcet a expérimenté sur les lieux et sur lui-même qu'en prenant à jeun deux verres d'eau de Vichy, contenant environ deux grammes de bi-carbonate de soude, l'urine devient promptement alcaline, et qu'elle ne redevient acide que neuf heures après qu'on a bu le liquide minéral. Il a remarqué que les buveurs d'eau qui prennent chaque matin cinq verres d'eau minérale, et qui se baignent en outre tous les jours dans l'eau thermale, sont assurés d'avoir les urines alcalines (1) pendant tout le temps qu'ils font usage des eaux ; du reste, la quantité de l'urine n'est pas sensiblement augmentée. Cette alcalisation ne se borne pas à l'urine ; on l'observe

---

(1) L'urine alcaline se putréfie rapidement et exhale une odeur infecte ; pour détruire cette odeur, il suffit de placer dans la table de nuit une petite soucoupe dans laquelle on met une demi-once de chlorure de chaux. (M. Chevallier.)

aussi dans la sueur, qui dans l'état de santé est toujours acide. Les eaux de Vichy accélèrent la circulation, et sous leur influence, les plaies que peuvent porter les malades deviennent douloureuses et saignantes. Plusieurs médecins prétendent qu'elles sont purgatives, mais l'observation clinique démontre qu'elles ne le deviennent que lorsque prises à haute dose, elles excitent trop vivement les intestins; hors cette circonstance, elles tendent plutôt à constiper.

Les eaux minérales de Vichy, jouissant du précieux privilége de modifier nos humeurs, réussissent dans un grand nombre de maladies, *pourvu qu'il n'existe aucun signe d'inflammation, et que le malade ne soit pas d'un tempérament irritable*, précepte important qu'on ne doit jamais négliger dans l'administration de ces eaux énergiques. Depuis longtemps, elles sont considérées comme *fondantes* et *apéritives* par les gens de l'art qui les ont administrées à la source; leur principale vertu se déploie dans les maladies chroniques dont le siége est dans les viscères du bas-ventre, et particulièrement dans les engorgements du foie, de la rate, et dans les coliques hépatiques occasionnées par des calculs ou par toute autre cause. Les affections chroniques des voies digestives désignées sous les noms de gastrite, gastro-entérite, gastralgie, etc., pourvu qu'elles ne soient pas accompagnées d'irritation et qu'il n'y ait point de lésion organique; les coliques hémorroïdales; les *obstructions*, quel que soit leur siége dans l'intérieur du bas-ventre; les pâles couleurs, les fleurs blanches, les irrégularités de la menstruation et la plupart des maladies qui se développent à l'époque critique, trouvent leur guérison ou au moins un soulagement sensible dans l'usage plus ou moins continué des eaux de Vichy. M. Petit a constaté aussi leur utilité dans les engorgements de la matrice, c'est-à-dire dans l'inflammation chronique avec tuméfaction du col ou du corps de cet organe; mais si ce dernier présente quelques symptômes d'inflammation aigüe, d'ulcérations ou de dégénérescence cancéreuse, les eaux de Vichy, loin d'être salutaires, peuvent aggraver la maladie ; elles paraissent aussi modifier d'une manière très-heureuse toutes les inflammations chroniques de nature scrofuleuse.

Depuis que M. d'Arcet a démontré que les eaux de Vichy possèdent au plus haut degré la faculté de rendre l'urine alcaline, on les emploie avec succès pour dissoudre des graviers et même des calculs ; d'après les expériences faites par M. Chevallier (1) et par M. Petit (2), les calculs d'acide urique et de phosphate ammoniaco-magnésien soumis à l'action de l'eau minérale sont dissous en peu de temps, résultats qui confirment des remarques publiées en 1679 et 1696 par Claude Fouet, ancien intendant des eaux de Vichy. M. Petit a constaté, par d'assez nombreuses observations cliniques, que sous l'in-

---

(1) Essai sur la dissolution de la gravelle et des calculs de la vessie, par A. Chevallier, 1837.

(2) Nouvelles observations de guérisons de calculs urinaires, etc. ; par Ch. Petit, 1837. Ce médecin a plongé un certain nombre de calculs urinaires dans l'eau de la Grande Grille, après les avoir toutefois pesés avec la plus grande exactitude. Il résulte de ces épreuves : 1° que des calculs d'acide urique, qui pesaient ensemble 118 grammes 15 centigrammes, et qui sont restés terme moyen 27 jours dans l'eau, ont perdu pendant cet espace de temps 63 grammes 95 centigrammes, ce qui fait environ 53 %; 2° que les calculs de phosphate ammoniaco-magnésien, qui pesoient ensemble 97 grammes 55 centigrammes, et qui sont restés, terme moyen, seulement un peu plus de 23 jours dans l'eau, ont perdu 58 grammes 75 centigrammes, ce qui fait environ 60 % : d'où il résulterait que, contrairement à l'opinion généralement reçue, les calculs de phosphate ammoniaco-magnésien seraient un peu plus faciles à détruire que ceux d'acide urique. Ces expériences, convaincantes pour quelques médecins, n'ont pas pour nous autant de valeur que les observations cliniques. En effet, les eaux de Contrexeville, Bussang, ont de même que les eaux de Vichy, la propriété de désagréger ou de dissoudre les calculs qui sont soumis à leur contact prolongé dans un vase clos, et cependant l'observation apprend que ces eaux ne dissolvent pas les calculs dans la vessie, et sont plus nuisibles qu'utiles lorsque les pierres sont un peu volumineuses. *Voyez* page 30 et l'article Contrexeville.

fluence de ces eaux la gravelle disparaît avec la plus grande promptitude, que l'on peut dissoudre par ce moyen des calculs d'un assez gros volume, particulièrement ceux d'acide urique, et qu'il ne faut, pour obtenir ce résultat, qu'un peu plus ou moins de temps, suivant que ces calculs sont plus ou moins gros. « Si j'avais la pierre, dît M. d'Arcet, mon premier mouvement serait certainement d'en être affecté, mais je crois que je me consolerais facilement; je tâcherais, par les moyens indiqués en pareil cas, d'en connaître la nature, et j'examinerais si je ne pourrais pas en découvrir la cause dans mon régime, afin de le changer s'il était mauvais. J'irais ensuite à Vichy, où je ferais usage des eaux en boisson et en bains; je commencerais par des doses légères que j'augmenterais ensuite graduellement jusqu'à ce que mon urine fût constamment alcaline; j'en observerais avec soin tous les effets, et mon urine surtout serait l'objet de mon attention particulière. J'augmenterais ou je diminuerais la dose de ces eaux, ou même j'en suspendrais momentanément l'usage suivant leurs effets, et j'aurais bientôt, je n'en doute pas, la satisfaction de me guérir. Si cependant je ne réussissais pas, je ferais prendre un échantillon de ma pierre, au moyen d'un des instruments imaginés pour les broyer, et plus certain de sa nature, je recommencerais un traitement par les moyens chimiques. Enfin, si je n'obtenais pas un heureux résultat, je me ferais opérer par la lithotritie ou par la taille. » M. Longchamp croit d'après ses essais que les eaux de Vichy peuvent dissoudre même les calculs d'oxalate de chaux. Depuis environ cinquante ans, on emploie en Angleterre une eau minérale artificielle appelée *soda water* (eau de soude), qui est une dissolution légère de bi-carbonate de soude dans de l'eau chargée de gaz acide carbonique. Le soda water, analogue aux eaux de Vichy, rend les urines promptement alcalines, produit des effets admirables dans le traitement de la gravelle, et peut dissoudre dans la vessie des calculs d'acide urique.

Frappé des rapports qui existent entre la goutte et la gravelle d'acide urique, et très-porté à croire que ces deux maladies tiennent à la même cause, quoique ayant leur siége dans des organes différents, M. Petit a pensé que l'on pourrait également tirer parti de l'action chimique que ces eaux exercent sur toute l'économie pour attaquer et détruire la goutte; les résultats que ce médecin a obtenus jusqu'à présent démontrent que, dans la plupart des cas, les eaux de Vichy doivent être employées comme le remède le plus puissant qu'il soit possible d'opposer à cette cruelle maladie.

« Les sept sources de Vichy, dit M. Lucas, présentent dans leur emploi médical des différences bien plus importantes qu'on ne pourrait le croire d'après l'analyse chimique; et bien qu'il soit difficile d'établir *à priori* la raison de ces différences, des observations nombreuses renouvelées depuis vingt-trois ans ne me laissent aucun doute à cet égard. Dans cet état d'incertitude, il faut interroger la susceptibilité des organes, la mobilité nerveuse des malades; il faut tâtonner, et pendant tout le cours du traitement cette circonspection est nécessaire, surtout suivant les changements de l'atmosphère. » L'expérience avait démontré à cet habile praticien que chaque source a des propriétés spéciales; nous lui avons souvent entendu dire que les eaux des Célestins, qui sont froides, avaient quelque analogie avec les eaux de Seltz, et qu'elles pouvaient être prises comme préparatoires aux autres sources. L'analyse chimique, qui nous apprend que cette source est une des plus chargées en bi-carbonate de soude, ne confirme pas cette opinion. Quoi qu'il en soit, la réputation de la *fontaine des Célestins* est depuis longtemps établie pour le traitement de la gravelle et des calculs. Depuis des siècles, *la Grande Grille* est renommée pour la guérison des engorgements des viscères abdominaux, qu'elle parvient en effet à résoudre lorsqu'ils sont récents et que l'organe affecté n'est point atteint d'une affection cancéreuse, tuberculeuse. Les personnes dont les digestions sont difficiles, qui éprouvent des rapports acides, se trouvent très-bien d'aller boire après leur repas un ou deux verres d'eau de la *fontaine de l'Hôpital;* cette source n'est pas moins salutaire, d'après M. Lucas, dans les maladies suites de couches, telles que la métrite, la péritonite puerpérale chronique, les dépôts dits *laiteux*, et dans ce qu'on appelle vulgairement *laits répandus.* Elle est également efficace dans les rhumatismes articulaires, les crampes d'estomac, les coliques nerveuses, les cas de goutte indéterminée qui troublent les fonctions du système digestif. Le mucilage qu'elle contient la rend très-favorable aux personnes d'une extrême sensibilité. Les eaux de la *fontaine des Acacias* sont employées avec succès dans les engorgements des ganglions du mésentère, les tumeurs scrofuleuses ; celles de la *fontaine Chomèl,* dans les catarrhes pulmonaires qui dépendent d'une affection sympathique de l'estomac et dans les toux consécutives aux pleurésies bilieuses : dans ces cas, on mêle l'eau minérale avec de l'eau de gomme. Cependant les propriétés particulières à chaque source que nous venons d'énoncer sont loin d'être constantes, parce qu'il se manifeste quelquefois des répugnances invincibles et inexplicables pour l'eau de l'une des fontaines, tandis que l'estomac supporte parfaitement celle d'une autre. Vichy est heureusement riche en sources minérales, ce qui donne la facilité de les varier suivant le goût des malades et les caprices de l'estomac.

Les eaux minérales de Vichy ne guérissent point les maladies de la peau, à moins que ces dernières ne dépendent d'une altération des systèmes digestif et hépatique; elles sont nuisibles aux tempéraments secs et aux personnes qui ont le genre nerveux très-mobile, la poitrine délicate. On doit les interdire dans les maladies du cœur, dans les catarrhes pulmonaires accompagnés d'éréthisme, dans la phthisie et l'hémoptysie.

*Mode d'administration.* Les eaux de Vichy sont administrées en boisson, bains, douches et en *pastilles.* En *boisson*, on prend les eaux depuis deux verres jusqu'à un litre dans le cours de la matinée ; cette dose varie suivant beaucoup de circonstances que le médecin inspecteur, peut seul apprécier. On a remarqué que les goutteux et les calculeux digèrent facilement une grande quantité d'eau, circonstance favorable pour alcaliser plus fortement leurs humeurs et faciliter leur guérison. Il est très-important de boire les eaux à la source pour que les gaz ne s'évaporent pas. On les boit pures, ou mêlées avec du petit-lait ou quelque autre liquide adoucissant, lorsque l'on veut tempérer l'activité des eaux, les accommoder à la maladie et surtout au tempérament du malade. On doit en diminuer la dose dans les temps d'orage, car alors, suivant la remarque de M. Lucas, elles sont d'une digestion pénible et déterminent parfois des ballonnements fort incommodes. Naguère, on ne buvait jamais ces eaux aux repas ; M. Petit les fait prendre avec succès, pures ou coupées avec une certaine quantité d'eau douce, toutes les fois que la susceptibilité de l'estomac ne s'y oppose pas.

Pour que le service des *bains* ne souffre aucune interruption, on a créé deux grands réservoirs d'eau minérale et quatre réservoirs d'eau douce. Ces réservoirs peuvent fournir à plus de 400 bains par jour ; un réservoir d'eau thermale refroidie est indispensable pour que l'on puisse à volonté charger l'eau des bains d'une plus ou moins grande quantité de principes alcalins. Les malades prennent rarement des bains d'eau minérale pure, parce que celle-ci ne manquerait pas de produire une irritation vive à la peau et des accidents inflammatoires. On tempère l'action du liquide minéral en y ajoutant soit moitié, soit un tiers, soit un quart d'eau douce. La température du bain ne doit pas excéder 32°,5 à 33°,7 cent. ; à une température plus élevée, le bain devient très-excitant ; pendant les chaleurs de l'été, il faut toujours en diminuer la température. La durée du bain

varie d'une demi-heure à une heure et même davantage.
On prend quelquefois deux bains par jour ; le second est le
plus souvent d'eau douce ; on le recommande pour tempérer
l'action du bain minéral. Quand le malade a été trop excité,
souvent en sortant du bain il prend un pédiluve dans l'eau
thermale, principalement lorsqu'on craint une congestion
vers le cerveau ; il le prend le plus ordinairement près de la
source, afin que l'eau conserve sa chaleur native.

A Vichy, les *douches* ont à peu près huit pieds de chute ;
elles ont été beaucoup recommandées dans les engorgements
abdominaux, soit comme moyen révulsif, soit pour exciter
un peu la vitalité de l'organe malade : M. Petit ne leur accorde
pas une grande confiance. On fait rarement usage de la douche ascendante.

Quand les malades ne peuvent pas digérer facilement l'eau
de Vichy, on la remplace avec avantage par les *pastilles* de
d'Arcet, dont la composition est due à ce chimiste, et qui contiennent le principe actif des eaux, c'est-à-dire le bi-carbonate
de soude. On en prend une ou deux avant et après les repas.

Pendant les premiers jours du traitement minéral, on ne
remarque pas en général d'effets bien sensibles. Quelquefois
seulement les malades se plaignent de pesanteur de tête, et
disent éprouver pendant le jour du penchant au sommeil. Au
bout de très-peu de jours, lorsque les organes digestifs ne
sont pas trop fortement affectés, l'appétit augmente, devient
quelquefois si vif qu'il est fort difficile d'empêcher les malades
de le satisfaire complètement ; mais il se calme après un certain temps, et se perd même tout à fait lorsqu'on en abuse.
A une époque plus avancée du traitement, quelques malades
se plaignent d'agitation pendant le sommeil, de démangeaisons à la peau, d'un malaise général et d'une sensibilité plus
grande des organes malades. Cette légère excitation peu in-
quiétante est nécessaire pour amener la résolution des affections chroniques ; mais si l'appétit se perd, si la boisson des eaux

répugne, il faut alors suspendre le traitement, donner quelques bains d'eau doucé, et le calme ne tarde pas à sé rétablir. Ces accidents sont rares chez le plus grand nombre des malades.

La durée du traitement doit varier suivant la nature de la maladie. Ainsi l'on conçoit sans peine que des engorgements abdominaux qui mettent souvent des années à se développer ne peuvent pas guérir en une saison ; l'amélioration ne peut s'opérer que lentement, et c'est en passant plusieurs mois à Vichy, en buvant les eaux transportées lorsqu'ils sont rentrés chez eux, et en revenant à la source l'année suivante, que les malades atteints d'obstructions peuvent obtenir leur guérison. Le succès du traitement dépend beaucoup du régime ; la plupart des malades mangent trop ; ils doivent particulièrement éviter les acides, les fruits rouges, cerises, groseilles, etc., supprimer le vin aux repas, ou bien le mêler avec une grande quantité d'eau.

Quoique les eaux de Vichy améliorent ordinairement l'état des malades pendant qu'ils en usent, il n'est pas rare cependant qu'ils n'en ressentent le bienfait que quelques mois après. L'un de nous a eu occasion de vérifier ce fait (d'ailleurs commun à toutes les eaux minérales) chez une de ses parentes qui était atteinte d'un engorgement considérable au foie et qu'il accompagna à Vichy. Elle but les eaux pendant un mois ; au moment où elle rentra dans ses foyers, l'engorgement hépatique avait déjà sensiblement diminué, mais les coliques continuaient, l'appétit n'était pas revenu : ces symptômes se dissipèrent peu à peu en buvant les eaux transportées, et au bout de quatre à cinq mois, elle recouvra la santé.

Le transport altère peu les eaux de Vichy ; chaque année, on exporte une grande quantité des eaux de la Grande Grille, de la fontaine de l'Hôpital et de celle des Célestins.

Les sources de Vichy appartiennent à l'État ; elles sont en régie et rapportent net 25 à 26,000 fr. par an, dont 10,000

sont abandonnés à l'hospice civil. Il vient annuellement à Vichy 1,000 à 1,200 malades, outre 400 à 500 parents ou amis
qui les accompagnent. On estime qu'ils laissent dans le pays
cinq à six cent mille francs.

*Physiologie des eaux minérales de Vichy*, par Claude Maréchal;
1636, in-8.

*Le secret des bains et des eaux minérales de Vichy* découvert
par Claude Fouet; 1679, 1696, in-12.

*Examen des eaux de Vichy*, par M. Burlet. (*Mémoires de l'Académie royale des Sciences*, 1707.) L'auteur rapporte un petit nombre
d'observations qui prouvent combien il faut être circonspect à prescrire
les eaux de Vichy.

*Traité des eaux minérales, bains et douches de Vichy*, par Jac-
ques-François Chomel; 1734, in-12. Cet ouvrage renferme plusieurs observations pratiques.

*Observations physiques sur les eaux thermales de Vichy*, par M. de
Lassone (*Mémoires de l'Académie royale des Sciences*), 1753.

*Dissertation sur le transport des eaux de Vichy*, par Tardy;
1755, in-12.

*Traité des eaux minérales de Chateldon, de Vichy*, par M. Desbret;
1778, in-12.

*Observations sur les eaux thermales de Vichy*, etc., par M. de
Brieude; 1788, in-8.

*Analyse des eaux de Vichy*, par MM. Berthier et Puvis (*Annales de
chimie et de physique*, tome XVI, page 439).

*Note sur le bi-carbonate de soude des eaux de Vichy*, par M. d'Arcet (*Journal de pharmacie*, tome XVI, page 329).

*Examen chimique d'une matière verte qui se forme à la surface des
eaux de Vichy*, par M. Vauquelin (*Annales de chimie et de physique*,
tome XXVIII, page 98).

*Analyse des eaux minérales et thermales de Vichy*, faite par ordre du gouvernement, par M. Longchamp; Paris, in-8, 1825.

*Lettres topographiques et médicales sur Vichy, ses eaux miné-
rales*, etc., par M. Victor Noyer; 1833, in-8, 208 pages.

*De la dissolution des calculs urinaires par les eaux de Vichy*;
Paris, 1834, 58 pages. — *Quelques considérations sur la goutte et sur
son traitement par les eaux thermales de Vichy*; Paris, 1835, 35 pages.
— *De l'efficacité et particulièrement du mode d'action des eaux ther-*

males de *Vichy*; 1836, 50 pages. — *Nouvelles observations de guérisons des calculs urinaires au moyen des eaux thermales de Vichy, suivies d'autres observations sur l'efficacité de ces mêmes eaux employées contre la goutte*; Paris, 1837, in-8, 102 pages, par Charles Petit.

## BOURBON-L'ARCHAMBAULT (département de l'Allier).

Petite ville de 2,900 habitants, à 270 mètres au-dessus du niveau de la mer, à 78 lieues de Paris, 45 de Lyon, 19 de Nevers, 24 de Clermont, 18 de Vichy, 6 de Moulins. Une belle route royale conduit de cette dernière ville à Bourbon-l'Archambault; des voitures publiques et des relais de poste font chaque jour ce service, et établissent des communications faciles entre ces deux villes. Bourbon est situé dans un vallon salubre, entouré de quatre collines; les eaux thermales qui y jaillissent sont connues depuis très-longtemps, et ont été fréquentées par la plupart des illustrations de la France. La douceur du climat, la beauté de l'établissement, l'abondance des eaux minérales, un hôpital bien administré, une belle promenade, un salon de réunion, de bons logements et des moyens de vivre peu dispendieux, attirent à Bourbon, chaque année, un assez grand nombre de malades, depuis le 15 mai jusqu'à la fin de septembre. Médecin inspecteur, M. Faye.

*Sources.* On en remarque deux : la source thermale et la source froide de Jonas.

La première provient de la colline de la paroisse, et vient sourdre en bouillonnant sur la place des bains dans un vaste réservoir découvert, divisé par trois cercles de pierre qui semblent indiquer trois puits, et qui ne sont que des séparations superficielles. De ce réservoir partent des canaux qui conduisent l'eau nécessaire aux bains et aux douches de l'édifice thermal et à ceux de l'hôpital.

Le bâtiment thermal a trois étages; au rez-de-chaussée se trouvent des douches descendantes, ascendantes, et des douches de vapeur ; plus huit piscines, qui sont alimentées par de l'eau thermale, à une température variée de 28 à 54° cent., que l'on peut vider, remplir en trois minutes, et dans lesquelles on peut établir un cours d'eau continuel, comme celui d'une rivière. Au premier étage on voit plusieurs cabinets de bains commodes, avec des baignoires qui, au moyen de trois robinets, reçoivent l'eau thermale, l'eau thermale refroidie et l'eau douce.

La source minérale froide de *Jonas* surgit au pied de la montagne traversée par la source précédente ; ses eaux sont reçues dans un petit réservoir couvert.

*Propriétés physiques.* La source thermale, fort abondante, fournit 2,400 mètres cubes d'eau en 24 heures, ce qui permettrait de donner cinq à six mille bains ou douches par jour. Les eaux pétillent dans leurs réservoirs et dégagent une si grande quantité de gaz, qu'on les croirait dans un état d'ébullition ; leur couleur verdâtre est due au reflet de la lumière sur les conferves qui tapissent les murs des bassins ; presque sans odeur tant qu'elles sont chaudes, elles prennent, par le refroidissement, celle du gaz hydrogène sulfuré ; leur saveur, légèrement saline lorsqu'on les boit chaudes, devient alcaline par le refroidissement ; leur température à la source est de 60° cent. ; la surface des eaux est couverte d'une grande quantité de conferves qui donnent à l'eau thermale un caractère onctueux.

La source de Jonas fournit cent vingt litres par heure ; l'eau est froide, a une saveur ferrugineuse, et laisse dans la bouche un goût atramentaire ; elle pétille continuellement.

*Analyse chimique.* Boulduc et Bayen ont examiné l'eau thermale de Bourbon - l'Archambault. Elle contient, d'après M. Longchamp, de l'acide carbonique libre, du bi-carbonate de soude, du sulfate de soude, du sel marin, un peu de silice, des carbonates de chaux, de magnésie et de fer. On doit noter, ajoute ce chimiste, comme un fait géologique assez important, que l'eau de Bourbon contient une petite quantité d'un

sel à base de potasse, alcali qui ne se trouve que dans quelques sources en France. En attendant l'analyse quantitative
de M. Longchamp, voici celle que M. Faye a publiée en 1834 :

Eau ( 1 litre ).

| EAU THERMALE. | | EAU DE JONAS. | |
|---|---|---|---|
| | litre. | Acide carbon. libre. . . . | 2 fois |
| Acide carbonique. . . . . | 3,000 | | son volume |
| Acide hydrosulfurique. . | } q. ind. | | |
| Azote. . . . . . . . . . | | | gr. |
| | gr. | Chlorure de sodium. . . . | 0,510 |
| Chlorure de sodium. . . . | 1,780 | — de calcium. . . . . | 1,300 |
| Sulfate de soude. . . . . . | 0,540 | Carbonate de soude. . . . | 0,780 |
| Carbonate de soude. . . . | 0,530 | — de chaux. . . . . . | 1,500 |
| — de chaux. . . . . . | 2,370 | — de fer. . . . . . . | 0,880 |
| — de magnésie. . . . | 1,520 | | 4,970 |
| — de fer. . . . . . . . | 0,500 | | |
| Silice. . . . . . . . . . . | 1,800 | | |
| Matière extractive animale. | 0,800 | | |
| Sulfate de potasse. . . . . | q. ind. | | |
| | 9,840 | | |

*Propriétés médicales.* L'eau thermale de Bourbon a une action stimulante assez prononcée; elle accélère la circulation,
rend plus actives les sécrétions des reins et de la peau, tend à
produire plutôt la constipation que la diarrhée. Elle est efficace dans toutes les maladies qui dépendent de la faiblesse ou
du relâchement des tissus et dans celles où il faut ranimer le
sentiment et le mouvement. De temps immémorial, les eaux
thermales de Bourbon-l'Archambault sont employées avec
succès contre les paralysies; elles guérissent celles qui sont
rhumatismales et modifient les autres espèces de cette maladie.
Elles sont fort utiles dans les rhumatismes articulaires et souvent dans les rhumatismes musculaires, dans les coxalgies,
les engorgements chroniques des articulations, les fausses

ankyloses, les plaies d'armes à feu et d'armes blanches, dans les affections scrofuleuses, etc.

Les eaux de la fontaine de Jonas sont prescrites dans la chlorose, les fleurs blanches, les blennorrhées ; mais on s'en sert particulièrement pour laver les yeux et les paupières dans quelques ophthalmies chroniques, et en douches dans la paralysie incomplète des nerfs optiques et dans quelques affections chroniques de la conjonctive et des paupières. Cette espèce de douche s'administre à l'aide d'un entonnoir fixé plus ou moins haut dans une planche percée pour le recevoir, entonnoir dont le petit orifice est rempli d'une éponge qui, imbibée d'eau de Jonas placée au-dessus d'elle, la laisse tomber goutte à goutte pendant cinq à vingt minutes sur le milieu de chaque œil, dont les paupières sont fermées, ce qui cause une légère commotion et force la pupille à se contracter. Ce procédé, établi par M. Faye, lui a souvent réussi.

Le tableau suivant présente la statistique des maladies qui sont le plus souvent soulagées ou guéries par les eaux de Bourbon.

TABLEAU *statistique des maladies traitées à Bourbon-l'Archambault, de* 1824 *à* 1833, *par* M. FAYE.

| Hommes. | Femmes. | GENRES ET ESPÈCES DE MALADIES. | Maladies guéries. | Maladies soulagées. | Maladies traitées sans succès. |
|---|---|---|---|---|---|
| 420 | 430 | Rhumatismes chroniques articulaires ou goutteux. . . . . . . . . . . . . . . . | 415 | 425 | 10 |
| 510 | 547 | Rhumatismes chroniques musculaires.. . . . | 480 | 400 | 77 |
| 120 | 50 | Apoplexie imminente (passive). . . . . . | 50 | 80 | 40 |
| 193 | 90 | Paralysie générale rhumatismale. . . . . . | 180 | 113 | » |
| 180 | 70 | — à la suite d'apoplexie. . . . . . . | 90 | 120 | 40 |
| 170 | 120 | Hémiplégie à la suite d'apoplexie. . . . . . | 20 | 235 | 35 |
| 220 | 90 | — accidentelle. . . . . . . . . . | 91 | 200 | 19 |
| 90 | 30 | Paralysie particlle des muscles de la face et du cou. . . . . . . . . . . . . . . . | 30 | 79 | 11 |
| 120 | 90 | Paralysie des extrémités. . . . . . . . . | 68 | 112 | 30 |
| 150 | 100 | — incomplète des nerfs optiques. . | 44 | 159 | 47 |
| 80 | 110 | Ophthalmie chronique. . . . . . . . . . | 118 | 72 | » |
| 70 | 140 | Dartres. . . . . . . . . . . . . . . . | 36 | 174 | » |
| 30 | » | Hématurie passive, suite de flux hémorroïdaire. . . . . . . . . . . . . . . . . | 13 | 17 | » |
| 100 | 50 | Coliques hémorroïdaires. . . . . . . . . | 115 | 35 | » |
| 80 | 20 | — hépatiques. . . . . . . . . . . . | 50 | 40 | 10 |
| » | 60 | Chlorose et suppression ou irrégularité de la menstruation. . . . . . . . . . . . . | 44 | 16 | » |
| » | 30 | Hystérie. . . . . . . . . . . . . . . . | 14 | 16 | » |
| 20 | 30 | Squirre du pylore (soupçonné). . . . . . | 8 | 20 | 22 |
| » | 40 | — du col de la matrice. . . . . . . . | 12 | 18 | 10 |
| 30 | 10 | Atrophie des extrémités. . . . . . . . . . | 14 | 21 | 5 |
| 60 | 30 | Déchirement accidentel des ligaments articulaires. . . . . . . . . . . . . . . . | 68 | 20 | 2 |
| | | Luxations spontanées imminentes du fémur | | | |
| 120 | 70 | Par cause scrofuleuse. . . . . . . . . . | 59 | 101 | 30 |
| 34 | 16 | — accidentelle. . . . . . . . . . . | 18 | 27 | 15 |
| 39 | 31 | Tumeurs articulaires des genoux par cause rhumatismale. . . . . . . . . . . . . | 49 | 21 | » |

| Hommes. | Femmes. | GENRES ET ESPÈCES DE MALADIES. | Maladies guéries. | Maladies soulagées. | Maladies traitées sans succès. |
|---|---|---|---|---|---|
| 70 | 80 | Tumeurs articulaires scrofuleuses. . . . . | 22 | 98 | 30 |
| 24 | 36 | —     accidentelles. . . . . . . . . . . | 29 | 21 | 10 |
| 50 | 40 | Ankylose incomplète par cause scrofuleuse. | 43 | 38 | 9 |
| 80 | 20 | —     accidentelle. . . . . . . . . . . | 32 | 49 | 19 |
| 7 | » | Ulcères fistuleux causés par des plaies d'armes blanches. . . . . . . . . . . . . . . | 6 | 1 | » |
| 20 | » | Ulcères fistuleux causés par des plaies d'armes à feu. . . . . . . . . . . . . . . . . | 20 | » | » |
| 12 | 8 | Ulcères fistuleux causés par un vice scrofuleux. . . . . . . . . . . . . . . . . | » | 17 | 3 |
| 31 | 12 | Ulcères scrofuleux causés par un accident. | 18 | 15 | 10 |
| 21 | » | Rétraction musculaire causée par des plaies d'armes blanches. . . . . . . . . . . | 19 | 2 | » |
| 24 | » | Rétraction musculaire causée par des plaies d'armes à feu. . . . . . . . . . . . | 50 | 4 | » |
| 25 | 10 | Rétraction musculaire causée par des accidents, tels que chute, etc. . . . . . . . . | 24 | 9 | 2 |
| 120 | 110 | Adynamie de cause scorbutique. . . . . . | 120 | 80 | 30 |
| 200 | 180 | — . . . de cause accidentelle. . . . . . | 320 | 60 | » |
| 3530 | 2650 | Total. . . . . . . . | 2769 | 2905 | 506 |

## RÉCAPITULATION.

### MALADES 6180.

Savoir : { Hommes 3530 / Femmes 2650 } Plus 1880 personnes qui les ont accompagnés.

Malades guéris. . . . . . . . . . . . . 2769
Malades soulagés. . . . . . . . . . . . 2905
Malades restés dans le même état. . . 506

       Total. . . . . 6180

*Mode d'administration.* Les eaux thermales de Bourbon sont employées en boisson, en bains et en douches de toute espèce. En boisson, on les prend le matin à jeun, à leur chaleur naturelle, par verres, toutes les demi-heures, depuis un jusqu'à huit, quelquefois en se promenant pour porter leur action sur les voies urinaires, le plus souvent dans le lit avant et après la douche, et dans le bain pour favoriser la diaphorèse. La chaleur élevée de l'eau n'affecte jamais douloureusement les voies digestives.

On fait à Bourbon un grand usage des bains généraux et partiels; les premiers sont administrés le matin en même temps que la boisson à la température de 24, 28 ou 36° cent., rarement à une plus grande chaleur, à moins que la saison ne soit froide ou que les malades ne soient atteints de paralysie rhumatismale. Leur durée est d'une demi-heure à cinq quarts d'heure. Les bains généraux pris très-chauds, en accélérant la circulation, seraient, dit M. Faye, très-dangereux chez presque tous les sujets qui viennent à Bourbon, et dont les vaisseaux encéphaliques sont déjà délicats et affaiblis. Les demi-bains doivent être également tempérés; les pédiluves, au contraire, doivent être très-chauds pour opérer une révulsion.

Les douches descendantes sont les plus usitées à Bourbon, et données de toutes les manières, hors de l'eau et dans l'eau, à toutes les températures, de zéro à cinquante-quatre degrés centigrades. On se trouve bien d'associer le bain tempéré à la douche chaude, et surtout de terminer par celle-ci. Les bains de vapeur paraissent moins utiles à M. Faye que les douches.

On se sert quelquefois de cataplasmes faits avec les conferves et les boues dans certaines tumeurs articulaires, mais c'est rarement avec succès.

L'eau de la source Jonas sert souvent de boisson aux repas; on la boit pure ou mélangée avec le vin. Quelques personnes préfèrent l'eau de Saint-Pardoux.

Les eaux thermales de Bourbon sont altérées par le transport.

Les sources appartiennent à l'État, sont en régie et produisent environ 5,000 francs. On évalue à 150,000 francs l'argent laissé chaque année à Bourbon-l'Archambault.

*Traité des eaux de Bourbon-l'Archambault*, etc., par Jean Paschal ; 1699, in-12.

*Essai sur les eaux minérales et médicinales de Bourbon-l'Archambault*, par Faye ; 1778, in-8. Cet ouvrage contient beaucoup d'observations.

*Observations sur les eaux thermales de Bourbon-l'Archambault*, etc., par M. de Brieude ; 1788, in-8.

*Nouvel essai sur les eaux thermales de Bourbon-l'Archambault*, etc., par P. P. Faye. Paris, 1804, in-8.

*Notice sur Bourbon-l'Archambault*, etc., par P. P. Faye. Paris, 1834, in-8 ; 35 pages.

### MONT-D'OR ( département du Puy-de-Dôme ).

Village situé à 1,052 mètres au-dessus du niveau de la mer, à 8 lieues de Clermont-Ferrand, 23 de Lyon, 103 de Paris. Une belle route y conduit de Clermont ; pendant la saison des eaux, il part tous les jours deux diligences de cette ville et deux diligences du Mont-d'Or. Les eaux thermales de cette localité, connues des Romains, n'étaient fréquentées naguère que par des paysans ; aujourd'hui les plus grands personnages de la France y vont chercher un remède à leurs maux ; de belles maisons régulièrement bâties et convenablement meublées, le plus beau monument thermal (1) qu'il y ait en France et peut-être en Europe, un vaste

---

(1) Pour le préserver d'une destruction par les avalanches qui le menacent à chaque instant, il est indispensable de planter des arbres sur la montagne de l'Angle contre laquelle il est adossé, et d'établir le long de la

salon dans lequel on donne des bals plusieurs fois par semaine, attirent pendant la belle saison une brillante société. Au Mont-d'Or, l'atmosphère est très-variable, souvent pluvieuse ou chargée de brouillards; il est prudent de porter toujours des vêtements de laine. Le pays offre d'amples richesses au minéralogiste, au botaniste et au géologue; le voyageur se plaît à visiter les Cascades, le Puy de Sancy, le Capucin, la Gorge des Enfers, le Salon de Mirabeau, la Roche Vandeix et plusieurs autres objets dignes de piquer sa curiosité. On se rend aux eaux depuis le 15 juin jusqu'au 20 septembre. Un hôpital reçoit les indigents. C'est au zèle du médecin inspecteur, M. Bertrand, que les thermes du Mont-d'Or doivent leur célébrité et leurs embellissements.

*Sources.* Il y en a sept qui sortent de la montagne de l'Angle. 1° La plus élevée est désignée sous le nom de *Sainte-Marguerite;* elle sert uniquement à tempérer l'eau thermale pour l'usage des bains. 2° La fontaine *Caroline,* dont la découverte eut lieu en 1821. 3° Le bain *de César* ou de *la Grotte.* 4° Les sources du *Grand Bain* ou *bain Saint-Jean.* 5° Le bain *Ramond,* qui a été trouvé parmi les décombres des bains romains. 6° La source *Rigny.* 7° La fontaine *de la Madeleine,* dont les eaux viennent sourdre dans un petit bâtiment carré construit, il y a vingt-cinq ans, au milieu de la place du Panthéon.

L'édifice thermal est symétrique et se compose, au premier étage, du pavillon et de la grande salle; au rez-de-chaussée se trouvent les piscines pour les indigents, les douches et bains de vapeurs et les cabinets de douches à injections internes.

*Propriétés physiques.* Les eaux du Mont-d'Or sont transpa-

---

crête de celle-ci une large muraille à pierres sèches, sur laquelle viendraient s'amortir les rochers détachés par les violents orages, fréquents dans cette contrée.

rentés : néanmoins elles ont un aspect gras, celle du Grand Bain surtout ; exposées à l'air, elles ne tardent pas à se couvrir à leur surface d'une pellicule très-fine, nacrée et irisée ; avant ou après les grands orages, les eaux du Grand Bain amènent des flocons très-légers et très-petits, ayant l'aspect du charbon. — Leur odeur est nulle ; leur saveur est d'abord légèrement acidule, puis onctueuse et salée ; sur la fin, elle devient amère et un peu styptique ; la source Sainte-Marguerite a une saveur aigrelette. — Ces eaux sont recherchées par les bœufs, les vaches et les chèvres, qui maigrissent s'ils en boivent souvent. — Le volume des sources ne varie point ; il est le même en été et en hiver, après de longues sécheresses comme après des pluies prolongées. Voici le volume de chaque source, sa température et sa pesanteur spécifique, d'après M. Bertrand :

| NOMS DES SOURCES. | VOLUME D'EAU fourni par minute. | TEMPÉRATURE therm. cent. | PESANTEUR SPÉCIFIQUE, l'eau distillée étant à 100000 et à 12⁰,50. |
|---|---|---|---|
|  | décim. cubes. |  |  |
| Fontaine Ste-Marguerite. | 30 | 15 | 1,00055 |
| Bain de César. . . . . . | 41 | 45 | 1,00190 |
| Fontaine Caroline. . . . | 43 | 45 | 1,00218 |
| Grand Bain. . . . . . . | 38 | 42,5 | 1,00190 |
| Bain Ramond. . . . . . | 13 | 42 | 1,00190 |
| Bain Rigny. . . . . . . | 12 | 42 | 1,00220 |
| Fontaine de la Madeleine. | 120 | 47 | 1,00170 |

Le produit total des six sources qui alimentent toutes les parties de l'établissement thermal est de 350 mètres cubes par 24 heures, ce qui permet de donner environ sept à huit cents bains ou douches par jour.

Quant à la température des sources, M. Bertrand assure qu'elle n'a pas changé depuis trente-deux ans ; M. Chevallier dit, au contraire, avoir observé plusieurs variations d'une année à une autre. *Voyez* page 70.

*Analyse chimique.* Elle a été faite par M. Bertrand en 1810 et par M. Berthier en 1820. Voici le résultat de ces deux analyses :

Analyse du bain de César, par M. Berthier.

Eau (1 litre).

Acide carbonique. . . . . . .   quantité indéterminée.

|  | SELS SECS. | SELS CRISTALLISÉS. |
|---|---|---|
|  | gr. | gr. |
| Bi-carbonate de soude. . . . . | 0,633 —— | 0,693 |
| Chlorure de sodium. . . . . | 0,380 —— | 0,380 |
| Sulfate de soude. . . . . . | 0,065 —— | 0,149 |
| Carbonate de chaux. . . . . | 0,160 —— | 0,160 |
| — de magnésie. . . | 0,060 —— | 0,060 |
| Silice. . . . . . . . . . | 0,210 —— | 0,210 |
| Oxide de fer. . . . . . . . | 0,010 —— | 0,010 |
|  | 1,518 | 1,662 |

Ou si l'on suppose la soude à l'état de carbonate.

|  | SELS SECS. | SELS CRISTALLISÉS. |
|---|---|---|
|  | gr. | gr. |
| Carbonate de soude. . . . . | 0,453 —— | 1,225 |
| Chlorure de sodium. . . . . | 0,380 —— | 0,380 |
| Sulfate de soude. . . . . . | 0,065 —— | 0,149 |
| Carbonate de chaux. . . . . | 0,160 —— | 0,160 |
| — de magnésie. . . | 0,060 —— | 0,060 |
| Silice. . . . . . . . . . | 0,210 —— | 0,210 |
| Oxide de fer. . . . . . . . | 0,010 —— | 0,010 |
|  | 1,338 —— | 2,194 |

M. Bertrand a analysé l'eau de la fontaine de la Madeleine et celle du Grand-Bain. Voici les résultats qu'il a
obtenus :

Eau ( 1 litre ).

| FONTAINE DE LA MADELEINE. | | GRAND BAIN. | |
|---|---|---|---|
| | lit. | | lit. |
| Acide carbonique libre. . | 0,133 | Acide carbonique libre. . | 0,067 |
| | gr. | | gr. |
| Carbonate de soude. . . | 0,386 | Carbonate de soude. . . . | 0,409 |
| Sulfate de soude. . . . . | 0,116 | Sulfate de soude. . . . . | 0,102 |
| Chlorure de sodium. . . | 0,296 | Chlorure de sodium. . . | 0,300 |
| Carbonate de chaux. . . . | 0,237 | Carbonate de chaux. . . . | 0,282 |
| — de magnésie. . | 0,077 | — de magnésie. . | 0,096 |
| Alumine. . . . . . . . . | 0,126 | Silice. . . . . . . . . . | 0,079 |
| Oxide de fer. . . . . . | 0,022 | Alumine. . . . . . . . . | 0,061 |
| | | Oxide de fer. . . . . . . | 0,008 |
| | 1,260 | | 1,337 |

*Propriétés médicales.* Les eaux du Mont-d'Or jouissent d'une
réputation justement méritée. Prises en boisson, elles affaiblissent les jambes pendant les premiers jours, portent un peu
à la tête, accélèrent le pouls, déterminent alternativement
des bouffées de chaleur et de sueur, occasionnent quelques
nausées, diminuent l'appétit, provoquent le sommeil et augmentent les fluxions dont les membranes muqueuses sont le
siége. Ces effets sont moins sensibles pour le malade après le
troisième ou quatrième jour. L'appétit, d'abord un peu diminué, augmente, à moins que les voies digestives ne soient en
mauvais état ; dans ce dernier cas, il survient du dégoût pour
les aliments, la langue se couvre d'un enduit épais et blanchâtre, la tête devient pesante, la digestion se fait mal, il y
a des rapports nidoreux, les eaux fatiguent l'estomac, le malade ne les boit qu'avec répugnance. L'emploi des purgatifs

est alors fort utile. Du quatrième au septième jour, la plupart des malades se trouvent mieux; l'appétit se réveille, le sommeil devient plus calme et les forces augmentent; la transpiration est très-facile et l'expectoration plus abondante. Les selles sont rares; il y a constipation, sans malaise ni mal à la tête. Si les urines deviennent plus abondantes, elles sont en même temps sédimenteuses; dans ce cas, la transpiration n'est pas notablement augmentée; cependant les eaux portent généralement plus à la peau qu'aux urines; il n'est pas rare que des furoncles, des éruptions de différente nature, des abcès dans le tissu cellulaire sous-cutané se manifestent et soulagent le malade.

Les propositions suivantes, que nous empruntons textuellement à M. Bertrand et qui sont les corollaires de ses observations particulières, font connaître les maladies dans lesquelles les eaux du Mont-d'Or peuvent être prescrites.

*Maladies chroniques de la poitrine.* Les eaux et bains du Mont-d'Or conviennent dans le catarrhe pulmonaire chronique, quelle que soit son ancienneté, et dans la péripneumonie également chronique, s'il y a peu de fièvre et peu de chaleur à la peau. On les emploie avec succès dans les affections chroniques des poumons survenues à la suite de la rétrocession d'un principe morbide quelconque ou succédant à une fièvre exanthématique, ou à la suppression des règles ou des hémorroïdes. Les mêmes moyens sont convenables dans l'hémoptysie des personnes peu irritables et dont la circulation capillaire cutanée est languissante, à moins que la maladie ne se complique d'une dilatation anévrismatique. Ils peuvent suspendre la marche de la phthisie tuberculeuse, en déterminer la guérison si les tubercules sont peu nombreux, et, dans certains cas, prévenir cette dégénération.

Leur usage doit être interdit dans toute maladie pulmonaire chronique avec toux sèche, chaleur et aridité de la peau, pouls vif, petit et fréquent, et mobilité des nerfs; en un mot, si les signes de l'irritation prévalent sur ceux de la faiblesse et du relâchement de la fibre.

On ne doit permettre ni les eaux en boisson ni les bains dans la phthisie, lorsque les sueurs ou les crachats, ou les selles, ont pris le caractère colliquatif.

Si l'une ou l'autre de ces évacuations prend ce caractère pendant le traitement, il faut le faire discontinuer sur le champ.

Dans toute maladie du poumon, grave et ancienne, si pendant l'usage des eaux il survient une amélioration brusque et très-remarquable, sans aucun phénomène critique qui la motive, il faut aussi, à quelque petite dose que les eaux soient données, en faire cesser ou suspendre l'administration.

Quelques bons effets que les bains ou les eaux produisent, il convient rarement de les prendre au delà d'une vingtaine de jours; de leur usage trop prolongé résulterait une stimulation trop forte en deçà de laquelle il importe de rester.

*Névroses de la respiration.* Les eaux du Mont d'Or n'améliorent point l'état des personnes atteintes de dyspnée nerveuse ou asthme convulsif. Elles produisent de bons effets dans l'asthme humide succédant au catarrhe pulmonaire chronique, ou à la rétrocession du principe rhumatismal ou dartreux. Leur usage, celui des bains surtout, serait très-dangereux, si l'asthme coexiste avec une altération organique du cœur ou des gros vaisseaux.

*Paralysies.* Les paralysies qui succèdent au rhumatisme, aux phlegmasies cutanées, ou à des évacuations habituelles supprimées, peuvent être guéries par l'usage des eaux, des douches et des bains du Mont-d'Or. Dans la paralysie rhumatismale, c'est un bon signe si les douleurs qui ont précédé cette affection se réveillent pendant l'usage des bains. Quand la paralysie due à cette cause est incomplète, il faut faire discontinuer le traitement s'il augmente la faiblesse sans rappeler les douleurs préexistantes. S'il survient à la peau de la chaleur et de la rougeur locales, ou une éruption de petits boutons également locale, et que ces phénomènes ne soient accompagnés que d'un léger état fébrile, on ne doit point suspendre le traitement. On risque d'aggraver l'état du malade, si dans les paralysies survenues à la suite d'un coup ou d'une chute sur la partie postérieure du tronc, on fait diriger la douche sur le rachis.

Si la cause de la paralysie réside dans le cerveau ou ses dépendances, les bains du Mont-d'Or sont rarement utiles, et dans ce cas, à moins qu'on ne les administre avec la plus grande circonspection, ils peuvent faire beaucoup de mal. Quelle que soit la cause de la paralysie, l'emploi des bains pris à leur température native est dangereux, si elle se complique d'embarras au cerveau.

*Rhumatisme musculaire chronique.* Les bains du Mont-d'Or sont presque toujours salutaires contre le rhumatisme musculaire chronique sans complication (1); pendant et souvent peu de temps après leur usage, les douleurs s'exaspèrent ou se renouvellent. Il est bon que le malade soit prévenu de ce phénomène, ordinairement d'un bon augure. C'est un signe fâcheux si les douleurs ne se calment point pendant l'immersion. Dans ce cas, ou la maladie est compliquée d'infection vénérienne, ou l'on a pris pour des douleurs rhumatismales des douleurs symptomatiques d'un état morbide des viscères ou de la lésion profonde de quelque articulation.

Il faut discontinuer le traitement si, pendant sa durée, la faiblesse succède à la douleur, ou si celle qui existait déjà augmente pendant que les douleurs se calment.

Les bains ne conviennent pas si le rhumatisme coexiste avec

---

(1) Les huit dixièmes des personnes qui se rendent au Mont-d'Or pour y être traitées d'affections rhumatismales appartiennent à la classe des laboureurs. M. Bertrand en traite chaque année près de cinq cents.

un état nerveux constitutionnel ou antérieur à l'affection rhumatismale; ils seraient nuisibles si le rhumatisme a déterminé
graduellement un amaigrissement général, surtout s'il existe
des indices de la fièvre hectique; l'amaigrissement partiel ne
contre-indique pas leur usage, mais il rend la guérison plus
longue et plus difficile.

*Rhumatisme goutteux chronique.* Les eaux, les bains et les
douches du Mont-d'Or produisent de très-bons effets dans les
gonflements articulaires chroniques de cause rhumatismale
goutteuse; il est prudent de commencer le traitement par les
bains tempérés. On doit s'abstenir des douches, si la maladie
se complique de l'irritation ou de la faiblesse relative de quelque viscère, ou si le malade a déjà éprouvé des rétrocessions
rhumatismales ou goutteuses; et en discontinuer l'usage si,
pendant qu'on les administre, il survient des accidents qui
fassent craindre ces rétrocessions. Les bains et les douches
sont rarement utiles contre les gonflements articulaires anciens. Les bains et les douches surtout aggravent rapidement
les gonflements articulaires compliqués ou résultant d'une
infection syphilitique. Ils seraient nuisibles si l'affection articulaire dépend de l'état morbide de quelque viscère.

*Lésions des articulations occasionnées par la goutte.* Les bains
et les douches conviennent dans les cas de faiblesse articulaire
occasionnée par la goutte. L'usage des bains doit précéder de
quelques jours celui des douches, et on ne doit permettre
celles-ci que quand il n'existe ni rougeur, ni douleur, et que
le malade est sans fièvre. Dans les cas contraires, c'est par les
bains tempérés qu'il faut commencer le traitement. Si la douche est trop forte ou trop prolongée, si son usage est continué
plus qu'il ne convient, elle aggrave l'état du malade et peut
même déterminer une nouvelle attaque de goutte.

*Luxations consécutives du fémur.* Elles peuvent être guéries
par les eaux du Mont-d'Or, quand la cause est externe et le
sujet sain. Leur usage est impuissant contre la luxation consé-

cutive développée sous l'influence des scrofules. Elles arrêtent
rarement les progrès de la luxation commençante due à la
même cause : quelle que soit la cause de la luxation consé-
cutive, les bains et les douches fortifient le membre luxé, en
préviennent l'amaigrissement, et le plus ordinairement augmentent l'étendue des mouvements plus ou moins gênés par
le nouveau rapport des parties.

Les eaux du Mont-d'Or produisent encore de bons effets
dans les affections chroniques du cœur, de l'estomac, des intestins et de l'utérus, lorsqu'il n'y a point de lésion organique et surtout que la cause de la maladie dépend d'une
rétrocession du principe rhumatismal goutteux ou dartreux.
Elles sont utiles, comme toutes les eaux thermales, dans la
gêne de mouvements qui succède aux coups, aux chutes,
aux entorses, aux luxations et aux fractures.

Les eaux du Mont-d'Or ne conviennent ni aux scrofuleux
ni aux goutteux; elles sont funestes aux personnes atteintes
d'anévrismes. Les malades d'un tempérament très-sanguin
doivent s'en abstenir.

*Mode d'administration.* On prescrit les eaux du Mont-d'Or
sous toutes les formes. Les eaux de la Madeleine sont celles
dont on use en boisson ; on n'en boit pas aux repas. On les
prend à la dose de trois verres le matin à jeun à une demi-
heure d'intervalle ; il est indifférent de les boire avant ou
après le bain, mais il vaut beaucoup mieux en faire usage à
la source que dans la chambre. Elles sont administrées pures
ou coupées avec le lait, l'eau de gomme, l'eau de riz. En général, elles impriment plus d'activité à la circulation des
fluides ; ainsi elles hâtent le retour des menstrues et les rendent plus abondantes. Pendant la durée de celles-ci, il faut
suspendre le traitement. En outre les exutoires suppurent
davantage ; ceux qui étaient presque taris reprennent leur
ancien cours.

Le malade qui se plonge dans le *Grand Bain* éprouve les

effets suivants : chaleur vive, accélération de la circulation, pouls fort et vite, respiration précipitée, forte coloration du visage, qui se couvre de sueur; cornée injectée, lèvres turgescentes, sueur universelle, assoupissement même dangereux si l'on reste longtemps dans le bain ; au sortir de l'eau, peau colorée et inégalement boursoufflée, tête un peu embarrassée, jambes chancelantes, sueur persévérante, un enduit onctueux couvre tout le corps. Transporté dans son lit, le baigneur commence à éprouver et éprouve graduellement la diminution de tous les symptômes ; et la dernière action du bain est de laisser l'habitude extérieure dans une transpiration abondante et inodore. La répercussion chez les malades qui retournent à pied dans leur chambre est sans exemple ; le mouvement excentrique est sans doute trop fort pour que l'air extérieur opère le refoulement. La transpiration abondante, loin d'affaiblir, fortifie et rend plus agile dans la journée.

Les bains tempérés sont préparés en mêlant l'eau thermale avec de l'eau de même nature, mais refroidie. Il y a dans chaque baignoire un thermomètre construit de telle sorte qu'il n'est pas de paysan qui, après l'avoir vu une fois, ne puisse graduer son bain conformément à la prescription du médecin.

Les deux piscines qui sont destinées aux pauvres seulement peuvent contenir chacune trente baignoires ; l'eau se renouvelle sans cesse.

Il existe au Mont-d'Or une salle spécialement affectée aux *bains de vapeur*; celle-ci pénètre par deux voies différentes, suivant que l'on doit prendre le bain ou seulement inspirer la vapeur.

On trouve dans le nouvel établissement des *douches* appropriées à tous les cas ; hauteur, volume, forme, direction, tout a été calculé, étudié et prévu. On dirige la douche sur toutes les parties du corps, sur la tête, la poitrine, l'abdomen, selon les indications. Quand il y a refroidissement des membres inférieurs, M. Bertrand les soumet à l'action de la douche, qu'il applique également avec succès sur la colonne vertébrale dans quelques névroses des parties génitales et dans la consomption ou le dépérissement qui suit la masturbation ou l'excès des plaisirs vénériens.

En *lotions*, on se sert des eaux de la fontaine Sainte-Marguerite pour déterger les ulcères, aviver leur surface et favoriser la cicatrisation.

La durée du traitement est de quinze jours, terme moyen; rarement elle dépasse un mois. Quand le temps est pluvieux, on peut prolonger le traitement, qui doit être suspendu à l'époque de la menstruation. M. Bertrand ne conseille pas une *seconde saison*, parce que l'effet des eaux étant le plus souvent consécutif, c'est-à-dire ne se manifestant qu'après avoir cessé la cure, les reprendre pendant ce travail, c'est risquer de le troubler.

Les eaux du Mont-d'Or se conservent longtemps sans altération, pourvu qu'elles soient dans des vases bien bouchés et ne contenant pas plus d'un verre. C'est dans des vases de deux décilitres que le fermier du Mont-d'Or expédie presque toutes les eaux qu'on lui demande. On exporte principalement les eaux de la Madeleine et de César.

Les sources du Mont-d'Or appartiennent à l'État; elles étaient affermées 120 francs en 1802. Le prix du fermage, graduellement élevé, atteignit 12,050 fr. en 1823. La régie fut substituée à la ferme en 1829. En 1834, le produit brut de la régie s'est élevé à 22,054 fr.; il a dépassé 23,000 fr. en 1835. On resterait grandement au-dessous de la réalité, si pour connaître le nombre des personnes qui chaque année se rendent au Mont-d'Or, on ne consultait que les registres du médecin; là ne figurent ni les curieux, ni les oisifs, ni les voyageurs, ni les personnes qui accompagnent les malades, ordinairement plus nombreuses que ceux-ci. M. Bertrand estime à 400,000 francs l'argent laissé dans le pays par les étrangers.

*Examen des eaux du Mont-d'Or en Auvergne*, par Chomel ( *Histoire de l'Académie royale des Sciences*, 1702 ).

*Examen des eaux minérales du Mont-d'Or*, par M. Lemonnier (*Histoire de l'Académie royale des Sciences*, 1744, page 157).

*Observations sur les eaux thermales de Vichy, du Mont-d'Or, etc.*, par M. de Brieude, 1788, in-8.

*Mémoires sur les eaux de Vichy, du Mont-d'Or, etc.*, par M. Mossier (*Journal général de Médecine*, tome VIII, page 431).

*Analyse du bain de César au Mont-d'Or*, par M. Berthier (*Annales de Chimie et de Physique*, tome XIX, page 25).

*Recherches sur les propriétés physiques, chimiques et médicinales des eaux du Mont-d'Or*, par Michel Bertrand; 1810. — 2ᵉ édition, 1823. Cet ouvrage peut servir de modèle aux médecins qui veulent enrichir la science de monographies sur les sources minérales.

## LA BOURBOULE (département du Puy-de-Dôme).

Hameau dépendant de la commune de Murat-le-Quaire, à une lieue du Mont-d'Or, à 12 lieues de Clermont-Ferrand, situé dans une belle vallée, à 848 mètres au-dessus du niveau de la mer. On y arrive par une belle route qui va de Clermont aux bains du Mont-d'Or; mais la portion de chemin qui va de Murat à La Bourboule, et qui est d'un quart de lieue, est assez rapide. L'établissement thermal forme un petit bâtiment renfermant huit baignoires et des douches : un hôtel offre des chambres commodes, pouvant loger cinquante personnes qui y trouvent une table d'hôte bien servie. — Les promenades sont belles et variées; les naturalistes peuvent y recueillir des plantes rares et d'abondants produits minéralogiques. La saison des bains dure depuis la fin de mai jusqu'au 15 octobre. Il y a un médecin inspecteur.

*Sources.* Elles sont au nombre de six, qui sourdent du granit au pied d'une montagne. La principale ou le *Grand Bain* est celle qui fournit toute l'eau à l'établissement thermal; son produit est de vingt litres par minute. Un peu plus bas est le petit bain désigné sous le nom de *Bagnasson ;* la quantité d'eau peut être évaluée à dix litres par minute. Ces deux sources, quoique de température différente, sont de même nature et se distinguent de toutes les autres par leur composition chimique. La troisième est celle que l'on désigne sous le nom de *fontaine des Fièvres ;* elle est enfermée dans un petit bâtiment. Son produit est d'environ dix litres par minute. La quatrième et la cinquième, dites *de la Rotonde,* à cause du petit bâtiment qui les abrite, sont peu abondantes et de température différente ; la sixième, appelée *source du Jardin,* donne environ cinq litres par minute, et se perd dès sa sortie : outre ces sources, on observe encore çà et là plusieurs filets d'eau qui se perdent aussi et qui sont tous de même nature que l'eau des fièvres.

*Propriétés physiques.* L'eau du Grand Bain paraît limpide quand on la recueille dans un vase ; mais elle a un aspect louche dans les baignoires ou quand elle se trouve en grande masse ; elle a une légère odeur fade, une saveur d'abord acide et ensuite salée ; elle est onctueuse au toucher, dégage une assez grande quantité d'acide carbonique pur, laisse déposer sur les parois des baignoires du sous-carbonate de fer, et se couvre à sa surface d'une pellicule irisée, due à une matière grasse particulière qui lui donne son onctuosité. Sa pesanteur spécifique, comparée à celle de l'eau distillée, est de 1,008 ; sa température est de 52 degrés cent.

L'eau de la source des Fièvres est limpide, transparente, même en grande masse ; elle n'a pas sensiblement d'odeur, mais pourtant, quand on entre dans le bâtiment qui l'abrite, on sent distinctement une légère odeur d'hydrogène sulfuré. Sa saveur est d'une acidité bien prononcée, ensuite salée, et paraît plus forte que celle du Grand Bain, ce qui tient probablement à l'absence de la matière organique. Elle laisse dégager beaucoup d'acide carbonique, et les surfaces sur lesquelles elle se répand sont couvertes de sous-carbonate de fer,

dont elle se dépouille presque entièrement peu de temps après
sa sortie; sa pesanteur spécifique est de 1,005; sa températu-
ture moyenne est de 31°,72 cent.; mais il paraît d'après les
observations de M. Mercier qu'elle varie un peu selon les saisons. Cette variation de température se remarque dans les
autres sources, dont la plus froide a 12°. Toutes contiennent
en grande proportion des *conferves* et *oscillatoires* qui s'y plaisent, s'y développent en très-grande quantité et qu'on cher-
cherait vainement dans les autres sources de l'Auvergne.

*Analyse chimique.* M. Lecoq, pharmacien très-distingué de
Clermont-Ferrand, a fait l'analyse des eaux de La Bourboule;
il a déterminé la composition de la *source du Grand Bain* et de
la *source des Fièvres* :

Eau ( 1 litre ).

| SOURCE DU GRAND BAIN. | | SOURCE DES FIÈVRES. | |
|---|---|---|---|
| | lit. | | lit. |
| Acide carbonique. . . . | 0,702 | Acide carbonique. . . . | 1,237 |
| Azote. . . . . . . . . | 0,058 | | |
| | gr. | | gr. |
| Chlorure de sodium. . . | 3,3662 | Chlorure de sodium. . . | 2,7914 |
| — de magnésium. | 0,1490 | — de magnésium. | 0,0328 |
| — de calcium. . . | 0,0142 | — de calcium. . . | 0,0179 |
| Bi-carbonate de soude. . | 1,9493 | Bi-carbonate de soude. . | 1,3562 |
| Sulfate de soude. . . . . | 0,2656 | Sulfate de soude. . . . . | 1,7766 |
| Silice. . . . . . . . . | 0,0667 | Silice. . . . . . . . . | 0,1121 |
| Alumine. . . . . . . . | 0,0435 | Alumine. . . . . . . . | 0,0278 |
| Bi-carbonate de fer. . . | | Bi-carbonate de fer. . . | traces |
| Matière grasse animale soluble. . . . . . . . | | Hydrosulfate de soude. . | traces |
| Matière animale inso-luble. . . . . . . . | 0,0220 | Perte. . . . . . . . . | 0,0189 |
| Hydrosulfate de soude. . | | | 6,1337 |
| Perte. . . . . . . . . | | | |
| | 5,8765 | | |

On voit par ces analyses que les eaux de La Bourboule ont les plus grands rapports avec celles de Saint-Nectaire; elles ont moins d'analogie avec celles du Mont-d'Or.

*Propriétés médicales.* Les eaux de La Bourboule ayant une température élevée, contenant une forte proportion de sels et une matière grasse, savonneuse, abondante, ont une action assez marquée sur l'économie. M. Bertrand assure que ces eaux ont réussi dans des paralysies qui avaient résisté à l'action des eaux du Mont-d'Or, et qu'elles sont un remède efficace contre les rhumatismes, les engorgements articulaires indolents, les abcès par congestion, les ulcères scrofuleux, et en général contre les affections atoniques extérieures. M. Mercier, ex-inspecteur des eaux, a constaté que la fontaine des Fièvres est laxative; qu'elle est fort utile dans les engorgements scrofuleux et dans ceux de l'abdomen, qui surviennent à la suite des fièvres intermittentes; que la source tempérée de la Rotonde guérit la chlorose et que la propriété onctueuse des eaux du Grand Bain les rend très-précieuses dans les maladies cutanées, pour calmer le prurit et les irritations dont la peau est le siége.

*Mode d'administration.* On prend les eaux de La Bourboule en boisson, bains et douches. Les eaux du Grand Bain et du Bagnasson impriment une activité extraordinaire à la circulation, agissent en stimulant le système capillaire de la peau, et produisent une révulsion d'autant plus énergique qu'elle s'exerce sur toute la périphérie du corps.

*Traité des eaux minérales de Vichy*, par J.-F. Chomel; 1734. On y trouve un article sur les eaux de La Bourboule.

*Observations d'histoire naturelle*, par Lemonnier, 1744, in-4°. L'auteur décrit les eaux de La Bourboule.

*Observations sur les eaux thermales et minérales de La Bourboule*, par M. Choussy; 1828, brochure de 56 pages. Ce travail nous a servi de guide pour cet article.

SAINT-NECTAIRE ( département du Puy-de-Dôme).

Bourg situé dans une vallée à 3 lieues d'Issoire, 4 de Clermont-Ferrand et 3 du Mont-d'Or. On y arrive par des chemins faciles ; des voitures publiques, qu'on prend à Issoire ou
à Clermont, conduisent à Saint-Nectaire. On trouve deux
établissements thermaux : 1° celui de *Saint-Mandou*, bâti sur
des ruines romaines, contient dix baignoires pourvues chacune
de deux robinets, dont l'un fournit de l'eau à 25° cent., l'autre
à 37°,5 ; 2° l'établissement *Boëte*, appelé aussi *Mont-Cornador*,
composé de onze baignoires et d'une piscine, possède six douches descendantes et une ascendante, entretenues par la source
la plus chaude, laquelle est assez abondante pour suffire aux
bains et aux douches. Saint-Nectaire offre plusieurs hôtels où
l'on trouve des logements commodes, des salons de réunion
et des tables d'hôte bien servies ; les environs offrent des sites
pittoresques et des promenades agréables. La saison des eaux
commence le 15 juin et finit le 20 septembre. Il y a deux
médecins inspecteurs, dont l'un est attaché au Mont-Cornador.

*Sources.* Il en existe un grand nombre ; mais on en distingue
sept, savoir : le *Gros Bouillon*, la *Vieille Source*, la source de
la *Côte*, la source du *Rocher*, la source *Pauline*, la source de
la *Voûte* et la source du *Chemin*. Elles sortent toutes du granit.

*Propriétés physiques.* Les eaux de Saint-Nectaire ne sont
qu'imparfaitement transparentes ; elles ont une couleur de
petit-lait clarifié ; elles sont couvertes d'une pellicule grasse,
onctueuse ; leur odeur est hépatique, et se sent de très-loin ;
leur saveur est douceâtre et légèrement acidule ; leur pesanteur spécifique est de 1,035. Quant à leur température, le
Gros Bouillon, la Vieille Source, la source de la Côte, ont,
d'après M. Longchamp, 38° 75 cent. ; la source Pauline, 35° 00 ;
la source de la Voûte et la source du Chemin 25° 00.

*Analyse chimique.* Plusieurs chimistes se sont occupés de

l'analyse des eaux de Saint-Nectaire. De ce nombre sont
MM. Berthier, Boullay et Henry père et fils. M. Berthier, qui a
examiné en 1820 les eaux de la *source du Chemin*, de la *source
de la Côte*, de la *Vieille Source*, et de la *Grande Source*, a obtenu
pour chacune d'elles des résultats analogues, ce qui le porte à
conclure que toutes ces sources proviennent d'un réservoir
commun. M. Boullay, qui, à peu près vers la même époque, se
chargea de l'examen des eaux de Saint-Nectaire, à la demande de M. Marcou, médecin inspecteur, y a trouvé exactement les mêmes principes que M. Berthier, mais en proportion moins forte, ce qui tient en partie à ce qu'il a considéré la
soude comme étant à l'état de carbonate, tandis que M. Berthier l'a regardée comme étant à l'état de bi-carbonate, opinion d'ailleurs très-rationnelle.

Voici le résultat du travail de ces deux chimistes:

Eau ( 1 litre ).

| ANALYSE DE M. BERTHIER. 1820. | | | ANALYSE DE M. BOULLAY. 1820. | |
|---|---|---|---|---|
| | | lit. | | |
| Acide carbonique libre. . | | 0,372 | Acide carbonique libre. | q. indét. |
| | gr. sels secs. | sels cristal. | | gr. |
| Bi-carbonate de soude. . . . | 2,8330 | 3,1500 | Carbonate de soude sec. . | 2,025 |
| Chlorure de sodium. . . . | 2,4200 | 2,4200 | Chlorure de sodium. . . | 1,762 |
| | | | Sulfate de soude. . . . . | 0,150 |
| Sulf. de soude | 0,1560 | 0,3500 | Carbonate de chaux. . . . | 0,325 |
| Carbonate de chaux. . . . | 0,4400 | 0,4400 | — de magnésie. . | 0,300 |
| Carbonate de magnésie . . | 0,2400 | 0,2400 | Silice. . . . . . . . . . | 0,225 |
| Silice. . . . . | 0,1000 | 0,1000 | Matière organique, oxyde de fer, etc. . . . . . . | 0,213 |
| Oxyde de fer. . | 0,0140 | 0,0140 | | 5,000 |
| | 6,2030 | 6,7140 | | |

17

En 1824 on découvrit à Saint-Nectaire deux nouvelles
sources. Le médecin de l'établissement ayant prié MM. Boullay et Henry père et fils d'en faire l'analyse, il leur adressa
à cet effet un certain nombre de bouteilles de ces eaux. Les
unes portaient pour étiquette *eau de la grande source*, les autres, *eau de la seconde source*. Voici leur composition :

| EAU DE LA GRANDE SOURCE. 1827. | | EAU DE LA SECONDE SOURCE. 1827. | |
|---|---|---|---|
| Azote. . . . . . . . . . | quant. app. | Azote. . . . . . . . . . | quant. app. |
| Acide hydro-sulfurique, quant. ind. | | Acide hydro-sulfurique, quant. ind. | |
| | lit. | | lit. |
| Acide carbonique libre. . | 0,474 | Acide carbonique libre. . | 0,214 |
| | gr. | | gr. |
| Bi-carbonate de soude. . | 0,9480 | Bi-carbonate de soude sec. | 2,6980 |
| — de magnésie. . | 0,7800 | — de magnésie. . | 0,9950 |
| Sulfate de soude. . . . . | 0,0100 | Chlorure de sodium. . . . | 3,5300 |
| Chlorure de sodium. . . | 4,5300 | Oxyde de fer. . . . . . . | 0,0100 |
| Oxyde de fer. . . . . . | 0,0050 | Silice. . . . . . . . . . | 0,1350 |
| Silice. . . . . . . . . | 0,1170 | Alumine. . . . . . . . . | 0,0050 |
| Alumine. . . . . . . . . | 0,0030 | Matière organique azotée | |
| Matière organique (glai- | | un peu sulfureuse, so- | |
| rine?) soluble et inso- | | luble et insoluble. . . | 0,1100 |
| luble. . . . . . . . . | traces. | | 7,4830 |
| | 6,3930 | | |

Ces analyses diffèrent des premières en ce qu'elles signalent
à la source une petite quantité de gaz hydrogène sulfuré.
Dans les analyses de MM. Berthier et Boullay, faites en 1820,
on trouve de plus une certaine proportion de carbonate de
chaux qui ne se rencontre pas dans les sources découvertes
en 1824.

La présence du gaz hydrogène sulfuré est prouvée par l'o-
deur que l'eau exhale, et par la promptitude avec laquelle

l'argent noircit quand il est plongé dans la source. Ce phénomène n'a point lieu quand on plonge ce métal dans l'eau
extraite de la source, ce qui prouve que le gaz ne fait que la
traverser sans s'y mêler.

*Propriétés médicales.* Les eaux qui nous occupent ne sont en
vogue que depuis une vingtaine d'années. La quantité assez
considérable de bi-carbonate de soude qu'elles contiennent
leur donne de l'analogie avec les eaux de Vichy ; comme ces
dernières, elles rendent les urines alcalines, et ont une action
particulière dans la gravelle, les catarrhes vésicaux, les affections chroniques des voies digestives, du foie, de la rate et
des autres viscères abdominaux.

Ces eaux sont encore utiles dans la leucorrhée, l'aménorrhée, les ménorrhagies et autres maladies de l'utérus, les
scrofules, les dartres, les rhumatismes chroniques et les paralysies qui ne sont pas dues à une affection de l'encéphale.

On recommande l'usage du Gros Bouillon dans les maladies
des voies digestives, et celui de la source du Chemin dans les
maladies de la matrice. Ces eaux sont nuisibles dans toutes
les maladies de la tête et de la poitrine.

*Mode d'administration.* On peut boire les eaux de toutes les
sources ; on commence par un verre et on augmente graduellement jusqu'à six verres. Quand l'activité des eaux ne permet
pas à quelques malades de les boire pures, on les coupe avec
de l'eau commune ou une tisane adoucissante. Cette précaution est surtout nécessaire dans les affections des voies digestives, telles que gastrite, entérite, colite chroniques. En général, les eaux de Saint-Nectaire agitent tous les malades à
l'approche des orages ; deviennent diurétiques dans les temps
humides et froids, et sont sudorifiques dans les temps chauds.

Les bains durent une heure ; au moment des orages, les
eaux dégagent des vapeurs si considérables, que les baigneurs
éprouvent une gêne de la respiration qui les force d'y séjourner moins longtemps.

Il y a, dans les réservoirs des sources, des boues qu'on applique avec succès sur les ulcères atoniques et les engorgements scrofuleux.

Transportées avec soin, les eaux de Saint-Nectaire conservent une partie de leurs propriétés.

Les eaux ne sont ni affermées ni en régie ; elles appartiennent à des particuliers qui les font payer d'après le tarif imposé par l'autorité supérieure. Elles ont rapporté environ 3,000 fr. en 1835 ; l'argent laissé dans le pays peut être évalué à 60,000 francs.

*Traité des eaux minérales de Vichy et de Saint-Nectaire*, par Chomel; 1734, in-12.

*Notice sur les eaux thermales de Saint-Nectaire*, par M. Berthier (*Annales de chimie et de physique*, tome XIX, page 122).

*Analyse des eaux minérales thermales de Saint-Nectaire*, par M. Boullay (*Journal de pharmacie*, tome VII, page 269).

*Analyse de l'eau des deux sources de Saint-Nectaire*, par MM. Boullay, Henry père et fils (*Journal de pharmacie*, tome XIII, page 87).

## CHATEL-GUYON (département du Puy-de-Dôme).

Village à une lieue de Riom, et à une demi-lieue de la grande route qui conduit à cette ville. Les eaux minérales qu'on y trouve sont assez fréquentées pendant la belle saison, mais elles le seraient probablement davantage si les malades pouvaient s'y loger convenablement et se procurer les choses nécessaires à la vie. Il y a un médecin inspecteur.

*Sources.* Il y en a plusieurs ; on en distingue une qui a reçu le nom de *fontaine d'Asan;* elle est entourée d'un petit bâtiment qui présente dans son intérieur deux piscines où peuvent se baigner à la fois douze personnes. —L'eau de la source est reçue dans un bassin en pierre, où elle se précipite en bouillonnant ; puis, au moyen de tuyaux, elle est transmise dans les piscines.

*Propriétés physiques.* A son arrivée dans le bassin, l'eau est limpide, inodore; sa saveur est légèrement styptique, salée et nauséabonde; sa quantité, qui peut être évaluée à trente-cinq litres par minute, ne varie dans aucune saison; sa température est de 35° cent.

*Analyse chimique.* Nous n'avons point d'analyse récente des eaux de Châtel-Guyon; la moins ancienne est celle de Cadet, qui a trouvé dans ces eaux une petite quantité de fer, du muriate de soude, du sulfate de magnésie, une petite proportion de cette même base et un peu de chaux, qui vraisemblablement étaient, ainsi que le fer, tenus en dissolution par le gaz acide carbonique.

*Propriétés médicales.* Prises en boisson, les eaux de Châtel-Guyon sont laxatives; elles portent un peu à la tête et causent un léger assoupissement. Raulin prétend qu'elles sont aussi purgatives que les eaux de Sedlitz et de Seydchutz. On les recommande dans les scrofules, la chlorose, les inflammations chroniques de l'estomac, des intestins, les engorgements des viscères abdominaux. Elles sont nuisibles dans la phthisie pulmonaire, même à son début. Administrées en bains et en douches, ces eaux sont utiles dans les rhumatismes, les contractures des membres, etc.

Transportées avec soin, les eaux de Châtel-Guyon conservent une partie de leurs vertus.

La source appartient à la commune. Elle est affermée.

*Traité analytique des eaux minérales,* par Raulin; 1774, in-12. Le cinquième chapitre du second volume traite des eaux de Châtel-Guyon.

## CHATEAUNEUF (département du Puy-de-Dôme).

Village de l'arrondissement de Riom, à 4 lieues de cette ville, 6 de Clermont-Ferrand : on y arrive par une belle route. Ses eaux thermales, naguère négligées, sont actuellement assez fréquentées depuis le 1er mai jusqu'à la fin d'octobre. On a construit près des sources quelques établissements assez commodes destinés à loger les malades et à mettre les piscines à couvert. Il y a un médecin inspecteur.

*Sources.* Elles sont nombreuses et disséminées sur un grand nombre de points; celles qui sont suffisamment abondantes et chaudes alimentent plusieurs piscines séparées pour les deux sexes, des douches et quelques baignoires. Leur situation sur la rive gauche de la Sioule les expose à être submergées lorsque cette rivière déborde. Voici les noms et la température des principales sources :

| | therm. cent. | | therm. cent. |
|---|---|---|---|
| Fontaine Chambon-Lacroix.......... | 12° 35 | Fontaine de la Pyramide. | 26° |
| Bain du Petit Rocher... | 30° 25 | Source de Chevarrier... | 30° |
| Fontaine du Petit Moulin. | 15° 75 | Source du Petit Rocher.. | 21° 50 |
| Bain chaud......... | 37° 50 | Bain de la Rotonde. .... | 29° |
| Bain tempéré....... | 35° | Source Chambon Lagarenne | 19° 50 |
| Grande fontaine. .... | 33° 50 | Bain Auguste....... | 32° |
| | | Bain Julie......... | 32° |

*Propriétés physiques.* Les eaux minérales de Châteauneuf sont limpides, incolores; quelques sources présentent à leur surface des pellicules brunâtres et luisantes; par l'odorat, on a cru y apercevoir quelques traces de gaz hydrogène sulfuré. — Les sources de Chambon sont ferrugineuses.

*Analyse chimique.* Plusieurs des sources de Châteauneuf ont été analysées par différents chimistes; voici dans le tableau suivant les résultats obtenus :

## Eau ( 1 litre ).

| SOURCES. | AUTEURS des ANALYSES. | Acide carbonique. | Carbonate de soude. | Sulfate de soude. | Chlorure de sodium. | Chlorure de calcium. | Carbonate de chaux. | Sulfate de chaux. | Sulfate de magnésie. | Silice. | Alumine. | Oxyde de fer. | Matières animales. | OBSERVATIONS. |
|---|---|---|---|---|---|---|---|---|---|---|---|---|---|---|
| CHAMBON-LACROIX. | Docteur SALNEUVE. | litre. 0,101 | gr. 0,800 | 0,266 | 0,300 | 0,200 | 0,400 | 0,266 | 0,400 | 0,150 | 0,150 | 0,100 | — | Les quantités dont le chiffre est remplacé par des guillemets sont inconnues. |
| PETIT MOULIN | Docteur BERTRAND. | »» | 1,300 | 0,190 | 0,160 | — | 0,160 | — | — | — | 0,050 | »» | — | |
| BAIN CHAUD. | LECOQ et SALNEUVE. | 0,076 | 3,760 | — | 0,420 | — | 0,650 | — | 0,080 | 0,950 | — | — | »» | Les barres horizontales indiquent que le nom se trouve en tête de la colonne n'existe pas dans l'eau analysée. |
| BAIN TEMPÉRÉ | Idem. | 0,076 | 4,990 | 0,320 | 0,420 | — | 0,150 | — | 0,026 | 0,050 | 0,026 | »» | 0,050 | |
| GRANDE FONTAINE. | Idem. | 0,126 | 4,590 | 0,300 | 0,650 | — | 0,450 | — | 0,080 | 0,150 | »» | »» | — | |
| PYRAMIDE. | BERTRAND. | »» | 1,440 | 0,300 | 0,460 | — | 0,380 | — | 0,060 | — | — | — | — | |
| PETIT ROCHER. | SALNEUVE. | 0,088 | 1,790 | 0,730 | — | 0,100 | 0,730 | — | 0,390 | — | — | 0,100 | — | |

ACIDULES THERMALES.

Outre l'acide carbonique, les eaux de Châteauneuf contiennent encore de l'azote et de l'oxygène.

*Propriétés médicales.* M. Salneuve a expérimenté sur lui-même et sur plusieurs personnes que le séjour pendant une heure dans les piscines de Châteauneuf suffit pour rendre les urines alcalines ; que la circulation et la respiration sont accélérées ; que la peau devient rouge, fait éprouver un sentiment de brûlure, particulièrement au cou et aux parties génitales, et qu'il survient ensuite des sueurs abondantes. Les bains de Châteauneuf sont salutaires dans les rhumatismes articulaires et musculaires, les névralgies, les irritations gastro-intestinales, les paralysies partielles récentes, les hydarthroses, les scrofules, la chlorose et la gravelle.

*Mode d'administration.* Les eaux de Châteauneuf s'administrent le plus souvent en bains et en douches. On se baigne soit dans des baignoires, soit dans des piscines.

Les différents établissements de Châteauneuf étant des propriétés particulières, il n'y a point de régie ; il est venu à Châteauneuf, en 1835, six cents malades qui ont laissé dans le pays environ 46,000 francs. Les indigents se baignent sans rétribution.

*Essai sur les eaux minérales de Châteauneuf*, par M. Salneuve ; Gannat, 1834, in-8, 96 pages.

## SAINT-MART ( département du Puy-de-Dôme ).

La source thermale de Saint-Mart est située près de Clermont-Ferrand, entre cette ville et la commune de Royat. Elle est dans un vallon charmant et pittoresque, où l'on a formé en 1822 un établissement qui est très-fréquenté par les habitants de Clermont pendant la belle saison.

*Sources.* Il y en a deux. La première, située au milieu de l'établissement et désignée sous le nom de *Bains de César*, s'élève en bouillonnant dans une espèce de puits, fournit trente-six litres d'eau par minute, et alimente dix baignoires. En face de l'établissement thermal est une source froide, dont la saveur est légèrement aigrelette. Cette dernière source n'est pas utilisée.

*Propriétés physiques.* L'eau de la première source a un goût acidule ; elle laisse dégager beaucoup de bulles ; sa température est de 25 à 26° cent.

*Analyse chimique.* Analysée par M. Vauquelin, l'eau thermale de Saint-Mart a donné de l'acide carbonique libre, des carbonates de chaux, de magnésie, de soude, de l'hydrochlorate de soude, de l'oxyde de fer et des traces de sulfate de soude.

*Propriétés médicales.* Les médecins de Clermont recommandent l'eau thermale de Saint-Mart dans la chlorose, la leucorrhée, les engorgements des viscères du bas-ventre ; en bains et en douches, on la dit utile dans les rhumatismes chroniques, etc.

*Note sur les eaux minérales thermales de Saint-Mart*, par M. Chevallier ( *Journal de chimie médicale*, 1832, page 678).

## CLERMONT-FERRAND ( département du Puy-de-Dôme ).

Chef-lieu de préfecture, à 77 lieues de Paris. Cette ville, dit Lemonnier, contient peut-être plus de sources minérales dans ses murs que certaines provinces n'en offrent à l'observateur.

*Sources.* On en voit plusieurs dans le quartier de Jaude ; leur température est de 22°,5 cent. A Beaurepaire, existe une source acidule. La *fontaine de Sainte-Allyre*, qui est située dans un des faubourgs de la ville, et qui n'est d'aucune utilité en médecine, mérite néanmoins une mention spéciale, à cause de la propriété singulière qu'elle possède, de pétrifier ou mieux d'incruster en peu de temps les objets qu'on y dépose.

*Propriétés physiques.* La fontaine de Sainte-Allyre fournit environ 1,440 litres d'eau par heure ; sa température est de 24° cent., quelle que soit celle de l'atmosphère. Ses eaux, à la sortie de la terre, sont limpides, ont une saveur aigrelette, une très-faible odeur bitumineuse, et laissent dégager, surtout lorsqu'on les agite, une grande quantité de bulles. Le travertin que ces eaux déposent est tellement abondant, qu'il a donné naissance à une muraille d'environ 78 mètres de longueur, haute de 6 mètres, et dont une des extrémités s'avance jusqu'au-delà du ruisseau de Tirctaine, de manière à former un pont qui semble avoir été construit par la main des hommes.

On a établi des *chambres d'incrustation* qui sont disposées ainsi qu'il suit : l'eau de la source est dirigée par une rigole dans une espèce de cuve assez profonde d'où elle se répand sous forme de pluie sur tous les corps environnants ; par suite de la grande surface qu'elle présente à l'air, elle se dépouille promptement de son excès d'acide carbonique, et dès lors les carbonates, insolubles par eux-mêmes, se déposent sur les objets mouillés par l'eau. Ces objets sont des grappes de raisins, des fruits, des chardons, des nids d'oiseaux, des artichauts, des corbeilles de fleurs, de petits animaux, etc. Plus les corps sont volumineux, plus il faut de temps pour les incruster convenablement : un chien de moyenne taille exige au moins trois mois. Les sources de Carlsbad présentent le même phénomène que la fontaine Sainte-Allyre. (*Voyez* Carlsbad.)

*Analyse chimique.* L'eau de Sainte-Allyre a été analysée en 1799 par M. Vauquelin, et en 1835 par M. Girardin, professeur distingué de chimie à Rouen. Voici ces deux analyses.

Eau ( 1 litre ).

| ANALYSE DE M. VAUQUELIN. | | ANALYSE DE M. GIRARDIN. | |
|---|---|---|---|
| | lit. | | lit. |
| Acide carbonique libre. . | 0,205 | Acide carbonique libre. . | 0,710 |
| | gr. | | gr. |
| Carbonate de chaux. . . | 1,089 | Carbonate de chaux. . . | 1,6342 |
| — de magnésie. | 0,358 | — de magnésie. | 0,3856 |
| — de soude. . . | 0,711 | — de soude. . . | 0,4886 |
| Chlorure de sodium. . . | 0,759 | — de fer. . . . | 0,1410 |
| Oxide de fer. . . . . . . | 0,027 | Sulfate de soude. . . . . | 0,2895 |
| Sulfate de soude et matière | | Chlorure de sodium. . . | 1,2519 |
| bitumineuse. . . . . . | traces | Silice. . . . . . . . . . | 0,3900 |
| | | Matière organique non | |
| | 2,944 | azotée. . . . . . . . | 0,0130 |
| | | Phosph. de manganèse. | |
| | | Carbonate de potasse. . | 0,0462 |
| | | Crénate et apocrénate de | |
| | | fer. . . . . . . . . . | |
| | | | 4,6400 |

*Analyse de la fontaine pétrifiante de Clermont en Auvergne*, par Lémery (*Histoire de l'Académie royale des Sciences*, 1700, page 58).

*Observations d'histoire naturelle faites en* 1739, par Lemonnier ; Paris, 1744, *à la suite de la méridienne de l'Observatoire royal de Paris*, par M. Cassini de Thury.

*Analyse chimique des eaux minérales de Sainte-Allyre*, etc. , par M. Girardin ; Rouen, 1836.

### USSAT ( département de l'Ariége ).

Village à une demi-lieue de Tarascon et à 3 lieues d'Ax. Les bains d'eau minérale sont situés au pied d'une montagne dans un lieu champêtre et agréable , sur le bord de l'Ariége. L'établissement thermal offre des bains dont l'eau se renouvelle à chaque instant, des logements commodes, et tout ce qui est nécessaire aux besoins de la vie ; il est fréquenté par les habitants des départements méridionaux, et même par des malades qui viennent de Paris, depuis le mois de juin jusqu'au mois d'octobre. Il y a un médecin inspecteur.

*Source.* Il semble n'y avoir qu'une source à Ussat ; les baignoires, établies sur les griffons mêmes, consistent en des espèces de cuves creusées dans la terre, dont les côtés sont formés avec des plaques d'ardoise. L'eau sourd continuellement de divers endroits du sol, qui forme le fond des cuves ; celles-ci communiquent entre elles par des issues souterraines, car, lorsqu'on les a vidées toutes à la fois, on observe que l'eau n'y revient pas en même quantité. Ces baignoires sont placées immédiatement à la suite les unes des autres, au pied méridional de la montagne, qui est distante de 20 à 25 mètres de la rive droite de l'Ariége. Sur ces trente-deux baignoires, il n'y en a que vingt-quatre dont on se sert ; dans les huit autres, la température est diminuée par un mélange d'eau froide. Pour conserver à l'eau thermale toute sa pureté, il est essentiel de bâtir profondément dans la terre un mur en béton imperméable. Une source particulière d'eau thermale sert à la buvette.

*Propriétés physiques.* Les eaux d'Ussat sont limpides, ont peu de saveur et point d'odeur ; elles sont douces, onctueuses au toucher, et laissent dégager de temps en temps des bulles qui viennent éclater à leur surface. La température, variable dans chaque baignoire, est de 28 à 38° cent., celle de l'atmosphère étant de 12 à 30°. Le produit de la source est de 500 mètres-cubes par vingt-quatre heures.

On trouve au fond des baignoires un sédiment et une matière gluante disposée en flocons demi-transparents ; cette matière se dépose à mesure que les eaux se refroidissent.

*Analyse chimique.* Il résulte des expériences faites par M. Figuier, pharmacien à Montpellier, que l'eau des bains d'Ussat contient :

Eau ( 1 litre ).

|  | litre. |
|---|---|
| Acide carbonique. . . . . . | quant. indét. |

|  | gr. |
|---|---|
| Chlorure de magnésium. . . | 0,035 |
| Sulfate de magnésie. . . . . | 0,282 |
| — de chaux. . . . . | 0,313 |
| Carbonate de chaux. . . . . | 0,274 |
| — de magnésie. . . | 0,010 |
| Perte. . . . . . . . . . . . | 0,005 |
|  | 0,919 |

L'eau de la buvette fut de même analysée ; on obtint une moins forte proportion d'acide carbonique et les sels suivants :

| Chlorure de magnésium. . . | 0,034 |
|---|---|
| Sulfate de magnésie. . . . . | 0,286 |
| — de chaux. . . . . | 0,300 |
| Carbonate de chaux. . . . . | 0,262 |
| — de magnésie. . . | 0,005 |
| Perte. . . . . . . . . . | 0,005 |
|  | 0,892 |

Cent parties du sédiment contenu dans les cuves ont fourni :

| Alumine. . . . . . . . . . . | 40 |
|---|---|
| Carbonate de chaux. . . . . | 20 |
| Sulfate de soude. . . . . . | 10 |
| Fer oxydé ou carbonaté. . . . | 2 |
| Silice. . . . . . . . . . . . | 28 |
|  | 100 |

*Propriétés médicales.* Les bains d'Ussat sont très-doux, tempérés, et fortifient sans irriter ; aussi sont-ils considérés par les médecins les plus célèbres du midi comme un puissant calmant du système nerveux. C'est sur l'appareil cutané qu'ils agissent d'une manière spéciale, directe, et c'est en ramenant les fonctions essentielles de la peau à leur état normal qu'ils réagissent sur les organes internes, dont ils dissipent l'éréthisme. Cet effet sédatif est si généralement apprécié que les bains d'Ussat sont très-recherchés par les femmes, qui sont en grande majorité dans l'établissement. Ces eaux sont particulièrement recommandées aux personnes fatiguées par les chagrins, les veilles, les contentions d'esprit, à celles qui ressentent des douleurs vagues sans maladie bien caractérisée. Elles sont d'une grande efficacité contre les affections hypocondriaques, hystériques, les spasmes, le tic facial, la danse de Saint-Guy, les gastralgies, les coliques, les douleurs rhumatismales névralgiques, les fleurs blanches et les ménorrhagies dépendant d'un excès de sensibilité de l'utérus.

Tous les malades atteints d'affections cutanées ou d'ulcères sont dirigés sur Ax.

*Mode d'administration.* Les eaux d'Ussat sont rarement prises en boisson ; c'est le plus souvent sans le conseil d'un médecin que les malades en font usage sous cette forme ; mais en bains, elles jouissent d'une propriété médicamenteuse vraiment remarquable dans les diverses affections nerveuses. L'égalité constante de la température du bain, quelle que soit sa durée, sans la moindre variation (résultat difficile à obtenir dans les établissements thermaux où l'eau est conservée dans des réservoirs et transvasée dans des baignoires), doit être considérée comme un des moyens qui contribuent le plus à son efficacité (*Rapport* de M. Guerguy, 1834). La plupart des malades prennent deux bains par jour, un le matin, l'autre le soir, pendant quinze à dix-huit jours, au bout desquels ils partent ou se reposent. Les premiers bains produisent un peu de fatigue, augmentent parfois les douleurs nerveuses ; mais au bout de quelques jours il survient du calme, un sentiment de bien-être; la digestion se fait mieux, le sommeil est meilleur. On ne reçoit point de douches à Ussat; on avait cherché à en établir il y a vingt-cinq ans, mais le service des bains en souffrait, et l'on y a renoncé.

Six cents malades se rendent annuellement à Ussat et laissent dans le pays 60 à 80,000 francs. Il y a de plus cent cinquante indigents qui prennent les bains gratuitement. Les bains appartiennent à l'hôpital de Pamiers (1) ; les bénéfices des fermiers (les impôts et les réparations payés) peuvent s'élever à 5 à 6,000 francs.

*Mémoire sur les eaux d'Ussat*, par Becane; in-12.

*Journal des bains d'Ussat;* 1810.

*Traité analytique des eaux thermales d'Ax et d'Ussat*, par M. Pilhes; 1787. Cet auteur discrédite les eaux d'Ussat.

### LAMALOU ( département de l'Hérault ).

Hameau de la commune de Mourcairol, canton de Saint-Gervais, arrondissement de Béziers, situé dans un petit vallon agreste et entouré de montagnes assez élevées. On y arrive par la grande route de Béziers, qui est en bon état. On y voit un établissement thermal qui jouit de quelque vogue et qui présente deux piscines, une pour chaque sexe. Les malades y trouvent des appartements commodes, des galeries spacieuses et couvertes, une nourriture saine, un air salubre et des promenades agréables. Les bains sont fréquentés dans les mois de juin, juillet, août et septembre. Il y a un médecin inspecteur.

---

(1) En acceptant le don des bains d'Ussat, don qui lui fut fait par un honorable citoyen, l'hôpital consentit à la condition imposée par le bienfaiteur d'y loger, nourrir et baigner gratuitement tous les ans un certain nombre de pauvres. Le nombre en est fixé à seize, qui sont logés dans une salle particulière. Ce service a besoin d'améliorations qu'on ne peut exécuter qu'à la fin du bail.

*Sources.* La source thermale appelée *la Malou* est unique ; elle naît au pied d'un coteau nommé Usclade. Deux autres sources voisines, quoique n'appartenant pas à l'établissement, méritent cependant d'être étudiées, à cause de l'usage avantageux qu'en font les malades durant la saison des bains. On les nomme source de *Capus* et source de *la Vergnière ;* la première est à 600 mètres de l'établissement, la seconde en est éloignée d'un quart de lieue, sur les bords de la rivière d'Orbe.

*Propriétés physiques.* La source de la Malou présente un phénomène singulier qui se fait apercevoir plusieurs fois dans l'année et à diverses époques ; il s'annonce par un dégagement de gaz non respirable qui oblige les malades à sortir des bassins, et auquel succède un flux abondant d'eau thermale plus élevée en température que dans l'état ordinaire, et circulant avec la rapidité d'un torrent : ce phénomène dure environ dix à douze minutes ; après quoi tout rentre dans l'ordre habituel.

L'eau thermale n'est pas colorée dans son état naturel ; elle se trouble seulement aux époques du phénomène et se colore fortement alors en jaune ; l'odeur en est fade, la saveur légèrement acide. Sa température est de 35° cent. dans l'état ordinaire, et de 45° lorsque la révolution dont nous venons de parler se manifeste.

L'eau de la source Capus est claire, limpide ; son goût est légèrement piquant, acidule et métallique ; elle laisse dégager une grande quantité de bulles d'acide carbonique et charrie une substance ocreuse fort abondante ; sa température est de 25° cent. L'eau de la source de la Vergnière est froide, limpide, d'un goût piquant et métallique, charriant une matière ocracée moins abondante que dans la précédente.

*Analyse chimique.* M. Saint-Pierre a analysé les sources de la Malou et de Capus. Voici les résultats qu'il a obtenus :

Eau ( 1 litre ).

| SOURCE LA MALOU. | | SOURCE CAPUS. | |
|---|---|---|---|
| | | | gr. |
| Acide carbonique. . . . | q. ind. | Sulfate de soude. . . . . | 0,0623 |
| | gr. | Chlorure de sodium. . . | 0,0312 |
| Chlorure de sodium. . . | 0,1015 | Carbonate de soude. . . | 0,0935 |
| Carbonate de soude. . . | 0,4687 | — de chaux. . . | 0,0623 |
| — de chaux . . . | 0,2488 | — de magnésie. | 0,0082 |
| — de magnésie. . | 0,0681 | — de fer. . . . | 0,0161 |
| — de fer. . . . . | 0,0211 | Matière colorante et perte. | 0,0700 |
| | 0,9082 | | 0,3436 |

Cent parties du dépôt qui s'accumule dans le bassin de la source Capus ont donné :

| | |
|---|---|
| Oxyde de fer. . . . . . . . . | 60 |
| Carbonate de chaux. . . . . | 9 |
| Carbonate de magnésie. . . | 1 |
| Acide carbonique. . . . . . | 30 |
| | 100 |

Les principes minéralisateurs de la source Vergnière sont les mêmes que ceux de la source Capus.

*Propriétés médicales.* Les eaux de La Malou augmentent tantôt la transpiration, tantôt la sécrétion urinaire; elles excitent l'appétit et sont rarement purgatives. Elles ont acquis une certaine réputation dans les diverses espèces de rhumatismes, les engorgements articulaires, les maladies nerveuses et les affections légères de la peau. M. Saisset les a employées aussi avec succès dans la suppression menstruelle, les fleurs blanches, la débilité des organes digestifs, les coliques néphrétiques, les embarras des viscères, etc. C'est surtout dans ces dernières maladies que réussissent les eaux des sources de Capus et de la Vergnière. Les habitants de la contrée ont l'habitude de boire tous les ans, après Notre-Dame d'août, pendant une ou deux semaines, les eaux de ces sources ferrugineuses acidules ; mais beaucoup d'entre eux en abusent et provoquent des inflammations de l'estomac et des intestins.

*Mode d'administration.* C'est en bains principalement que les eaux de La Malou sont utilisées ; les eaux des sources ferrugineuses servent à la boisson. Les bains de La Malou appartiennent à une compagnie ; leur produit est d'environ 6,000 francs ; ils sont fréquentés annuellement par 400 malades qui laissent dans le pays environ 30,000 francs.

*Lettre sur les bains de La Malou* (*Nature considérée*, etc., 1771, tome VII, page 223).

*Mémoire sur les eaux de La Malou*, par M. Saisset ; Montpellier, in-8, 92 pages.

*Essai sur les eaux minérales*, etc., par M. Saint-Pierre (thèse, Montpellier, 1809). On trouve page 48 l'analyse des eaux de La Malou et de Capus.

## AUDINAC ( département de l'Ariége).

Hameau qui fait partie de la commune de Montjoie, à une demi-lieue de Saint-Girons et une de Saint-Lizier. L'établissement thermal se compose de seize baignoires, quatre douches, et de quelques chambres pour les baigneurs. Un bel et vaste hôtel offre des appartements commodes pour loger les malades. Les eaux d'Audinac sont assez fréquentées depuis le mois de juin jusqu'au mois de septembre ; il y a un médecin inspecteur.

*Sources.* Il y en a deux situées au pied d'un coteau : l'une, appelée *source des Robinets*, sert à la boisson ; l'autre, plus abondante, alimente les baignoires.

*Propriétés physiques.* L'eau des deux sources est claire, limpide, exhale l'odeur d'hydrogène sulfuré qui se dissipe promptement ; exposée à l'air, elle présente à sa surface une pellicule blanchâtre qui, après quelques heures, passe au rouge irisé, le reste du liquide conservant sa transparence. On voit dans les bassins beaucoup de bulles qui viennent crever à la surface de l'eau, dont la température est de 21 à 22° cent. M. Fontan a recueilli dans les bassins d'Audinac une *anabaine* verte qui offre des espèces de poches comparables à celles du bonnet des ruminants ; quand nous l'avons examinée, elle était devenue noire.

*Analyse chimique.* Elle a été faite par MM. Magnès et Lafont.

Eau (1 litre).

Acide hydro-sulfurique. . . . . . . quantité inappréciable
Acide carbonique. . . . . . . . . . quantité indéterminée.

|  | gr. |
|---|---|
| Sulfate de chaux. . . . . . . . | 0,7110 |
| — de magnésie. . . . . . | 0,6380 |
| Chlorure de magnésium. . . | 0,3490 |
| Carbonate de chaux. . . . . | 0,5230 |
| — de fer. . . . . . | 0,0710 |
| Bitume. . . . . . . . . . . | 0,0360 |
| Perte. . . . . . . . . . . | 0,0630 |
|  | 2,3910 |

*Propriétés médicales.* En boisson, les eaux d'Audinac produisent chez quelques individus des vertiges et un état d'ivresse passagère ; elles sont laxatives et sont employées avec succès dans les affections de l'estomac et des intestins caractérisées par l'absence de l'appétit, un goût d'amertume à la bouche, un enduit jaunâtre à la langue, la dyspepsie, les coliques, les nausées et la constipation ; elles réussissent encore dans les engorgements des viscères du bas-ventre, la jaunisse, les fièvres quartes, la chlorose, les fleurs blanches, les catarrhes vésicaux et les affections scrofuleuses.

*Mode d'administration.* On boit les eaux d'Audinac à la dose de trois ou quatre verres; on les mêle parfois avec de l'eau de gomme, lorsque l'estomac ne peut pas les supporter pures.

Pour les bains et les douches, on fait chauffer dans une grande cuve de cuivre l'eau minérale, qui est ensuite dirigée dans les baignoires; on lui donne le degré de température convenable en la mêlant avec de l'eau minérale de la source. On conçoit que le chauffage doit enlever promptement à l'eau son gaz acide carbonique.

On a remarqué que les chevaux boivent avec avidité l'eau des sources minérales et qu'ils en sont purgés.

Le fermage des eaux est d'environ 7,000 francs; trois cent cinquante à quatre cents personnes se rendent à cet établissement chaque année; leur séjour est d'environ quinze jours, terme moyen; on estime qu'elles laissent dans le pays 11,000 francs.

*Observations médico-chimiques sur les eaux minérales d'Audinac*, par M. Campmartin (*Nature considérée*, 1772, tome I, page 189).

*Analyse de l'eau minérale d'Audinac*, par MM. Lafont et Magnes (*Bulletin de pharmacie*).

### ENCAUSSE (département de la Haute-Garonne).

Village à une lieue de Saint-Gaudens, 4 de Saint-Bertrand de Comminges. On y trouve un bâtiment thermal pourvu de dix-huit baignoires en marbre. Il y a un médecin inspecteur.

*Sources.* On en distingue deux désignées sous le nom de *Grande* et *Petite Sources*; elles sont enfermées dans le bâtiment thermal; elles sont abondantes, et l'eau est reçue dans deux bassins.

*Propriétés physiques.* L'eau de la Grande Source, qui est la plus usitée, est limpide, sans odeur; sa saveur est un peu âpre et salée; sa température est de 23°, 7, celle de l'atmosphère étant à 26°, 2 cent.

*Analyse chimique.* On doit à M. Save l'analyse de l'eau d'Encausse.

**Eau ( 1 litre ).**

| | lit. |
|---|---|
| Acide carbonique. . . . . . . | 0,108 |

| | gr. |
|---|---|
| Sulfate de chaux. . . . . . . . | 1,5934 |
| — de soude et de magnésie. | 0,5684 |
| Chlorure de magnésium. . . | 0,3506 |
| Carbonate de chaux. . . . . | 0,2125 |
| — de magnésie. . . | 0,0425 |
| | 2,7674 |

*Propriétés médicales.* L'eau minérale d'Encausse est légèrement laxative ; on l'emploie dans les engorgements des viscères du bas-ventre, l'ictère, la chlorose, l'aménorrhée, les fièvres intermittentes prolongées, la langueur des fonctions digestives, etc. ; on s'en sert avec avantage en bains dans les rhumatismes, la sciatique, la paralysie.

On boit les eaux à la dose de quatre à cinq verres tous les matins ; on y ajoute un peu de sulfate de soude pour favoriser leur propriété laxative.

Les sources appartiennent à la commune ; elles étaient affermées 900 francs en 1820, et ont été fréquentées cette année-là par deux cent dix personnes.

*Discours des deux fontaines médicinales d'Encausse*, par Louis Guyon; 1595, in-8. Cet ouvrage contient soixante-douze observations de guérisons opérées par les eaux d'Encausse.

*Analyse des eaux minérales d'Encausse*, par M. Save (*Bulletin de pharmacie*, 1809).

### BUXTON ( Angleterre ).

Village à 10 lieues de Derby. Ses eaux minérales étaient connues des Romains. Elles sont limpides, sans goût, sans

couleur, sans odeur, mais dégagent à leur surface beaucoup
de bulles. Elles sont plus légères que les eaux des fontaines
ordinaires; leur température est de 27°,5 cent. — D'après
M. George Pearson, ces eaux tiennent en dissolution trois
sortes de fluides élastiques : du gaz acide carbonique, du gaz
oxygène et du gaz azote. Elles contiennent de plus du carbonate de chaux, du sulfate de chaux et du chlorure de sodium.

*Propriétés médicales.* C'est particulièrement en boisson qu'on
emploie l'eau de Buxton ; on en boit le matin à jeun un litre
ou deux, spécialement dans la gastralgie, les affections nerveuses, les maladies des voies urinaires, les irrégularités de
la menstruation et l'asthme convulsif. — On s'en sert rarement
à l'extérieur. Cependant M. Pearson assure que les bains de
Buxton sont les plus agréables de la nature et sont très-efficaces comme toniques dans plusieurs maladies à marche lente.

*Observations et expériences pour servir à l'histoire chimique des
fontaines tièdes de Buxton*, par M. George Pearson ; 1784, 2 vol. in-8.

### SAINT-ALBAN ( département de la Loire ).

Hameau dépendant de la commune de Saint-André-d'Ap-
chon, sur la rive gauche de la Loire, à 2 lieues de Roanne. Le
chemin qui part de cette ville est en bon état. Les eaux minérales qui jaillissent dans ce lieu sont connues depuis longtemps;
mais elles ne sont fréquentées que depuis qu'on y a construit plusieurs hôtels qui offrent des logements commodes, agréables,
et des tables d'hôte bien servies, à des prix modérés. On les
prend depuis le mois de juin jusqu'au mois de septembre. Il
y a un médecin inspecteur.

*Sources.* Il y en a trois situées dans un vallon étroit et renfermées dans une petite enceinte carrée. Le *Puits Rond* fournit
l'eau pour la boisson ; le *Puits des Galeux* sert à faire des lotions ; le *Grand Puits*, dont le réservoir est le plus grand et le
plus profond, alimente les bains.

*Propriétés physiques.* L'eau des trois sources est abondante, couverte à sa surface d'une grande quantité de bulles; elle est claire, limpide, dépose un sédiment rougeâtre sur les parois du bassin; sa saveur piquante laisse un arrière-goût un peu austère. Sa température est constamment de 18°,7 cent.

*Analyse chimique.* Elle est due au docteur Cartier et à M. Barbe, pharmacien à Roanne.

Eau (1 litre).

| | lit. |
|---|---|
| Acide carbonique. . . . . . . . | 0,403 |

| | gr. |
|---|---|
| Carbonate de soude. . . . . . . | 1,8528 |
| — de chaux. . . . . . . . | 0,3705 |
| Sulfate de chaux. . . . . . . . | 0,1418 |
| Nitrate de chaux. . . . . . . . | 0,3430 |
| Oxyde de fer. . . . . . . . . | 0,1041 |
| Terre argileuse. . . . . . . . | 0,2277 |
| | 3,0399 |

*Propriétés médicales.* Les eaux de Saint-Alban augmentent la sécrétion de l'urine, provoquent des sueurs abondantes, et leur emploi est souvent accompagné d'exanthème, de prurit à la peau. M. Bouquet en a retiré beaucoup de succès dans les maladies cutanées, telles que dartres, gale invétérée; dans les engorgements scrofuleux, l'atonie de l'estomac, la jaunisse, la chlorose, la suppression des règles, les fleurs blanches, les diarrhées anciennes, les blennorrhées, et surtout dans les maladies qui surviennent à l'époque critique. —Elles sont nuisibles dans les névralgies, la plupart des maladies nerveuses, et dans les affections de la poitrine.

*Mode d'administration.* On boit les eaux à la dose de cinq à six verres chaque matin; on prend en même temps des bains formés d'eau commune et d'eau minérale. —La durée du traitement est de vingt à vingt-cinq jours.

Les sources de Saint-Alban sont une propriété particulière dont le produit annuel s'élève à environ 1,200 francs; on ex-

porté tous les ans de quinze cents à deux mille bouteilles d'eau.
Il vient chaque année à Saint-Alban environ sept cents malades dont le plus grand nombre se compose de cultivateurs
ou bien d'ouvriers en coton. Aussi n'évalue-t-on qu'à 25 ou
30,000 francs l'argent laissé dans le pays.

*Analyse des eaux minérales de Saint-Alban*, par Richard de la Prade
(*Journal de médecine*, août 1774, page 132).

*Traité analytique des eaux minérales*, par Raulin; 1774, in-12. Le
chapitre 13 du second volume traite des eaux de Saint-Alban.

*Notice et analyse des eaux minérales de Saint-Alban*, par M. Cartier; 1816.

### SOURCE DE FONT-CAOUADA ou FONCAUDE (département de l'Hérault).

La source de ce nom est située à trois quarts de lieue de
Montpellier, près de Caunelles, dans un vallon solitaire très-
agréable, que traverse la rivière de la Mosson; les eaux sont
reçues dans un bassin.

*Propriétés physiques.* Les eaux sont claires, limpides; leur
goût est un peu fade; elles offrent une couleur irisée et sont
onctueuses au toucher; leur surface est couverte de bulles.
Leur température est de 23°,7 cent., celle de l'atmosphère
étant à 9°. Elles sont fort abondantes et déposent un limon
dans le bassin.

*Analyse chimique.* L'eau de la source de Foncaude a été
successivement examinée par Montet, MM. Virenque et Joyeuse
de Montpellier, et enfin par M. Saint-Pierre. Voici l'analyse
de ce dernier.

Eau (1 litre).

| | |
|---|---|
| Acide carbonique libre. . . . . | quantité indéterminée. |
| | gr. |
| Carbonate de chaux. . . . . . | 0,1404 |
| Chlorure de sodium. . . . . . | 0,0925 |
| Carbonate de fer. . . . . . . | } quantité impondérable. |
| Matière extractive. . . . . . . | |
| | 0,2329 |

*Propriétés médicales.* Les eaux de Foncaude jouissent d'une certaine réputation. Les médecins de Montpellier les recommandent dans les maladies de la peau, les sciatiques et les douleurs rhumatismales.

On prend ces eaux en boisson et en bains. Il faut dans ce dernier cas les chauffer.

*Essai sur l'analyse des eaux minérales*, par M. Saint-Pierre (*Thèse*, août, 1809). On trouve, page 70, un article sur la source de Foncaude.

*Notice sur les eaux de Foncaude* (*Recueil des bulletins de la Société libre des sciences de Montpellier*, tome II, page 169). C'est à M. Vigaroux qu'on doit cette notice.

*Aperçu sur la nature des eaux de la fontaine de Font-Caouada*, par M. Joyeuse (*Journal de médecine de Montpellier*, tome I, page 153).

## GABIAN (département de l'Hérault).

Village à 3 lieues de Pézenas et 4 de Béziers. On y trouve trois sources minérales : 1° la source *de l'Huile de Pétrole;* 2° deux autres sources appelées *fontaines de Santé* ou *d'Ouillot.* La source dite *de l'Huile de Pétrole* est à un demi-quart de lieue de Gabian, sur le bord d'une petite rivière : l'eau, assez abondante, entraîne avec elle le bitume liquide qu'on appelle dans le pays *huile de Gabian;* il se ramasse à la surface de l'eau, d'où on l'enlève assez imparfaitement pour qu'il y en ait beaucoup d'entraîné par l'eau et de perdu. On en récolte environ six quintaux tous les ans ; Rivière de Montpellier dit que de son temps on en retirait plus de trente-six quintaux. L'huile de pétrole est un bitume d'une consistance supérieure à celle de l'huile d'olive, d'une couleur d'un jaune foncé, d'une odeur très-forte et très-tenace. — L'eau est limpide, exhale une odeur fade, qu'on dirait métallique, dépose un sédiment jaunâtre ; le goût en est fortement acidule et piquant. Sa température est celle de l'atmosphère. Cette eau contient de l'acide carbonique en excès ; des carbonates de chaux, de soude et de fer. M. Saint-Pierre ne met point le bitume liquide au nombre

de ses matériaux ; il dit ignorer jusqu'à quel point ce bitume
peut être retenu par l'eau.

Les sources *de Santé* ou *d'Ouillot* se distinguent en source
*forte* et source *faible*. Elles sont acidules , et les habitants des
environs en boivent pendant l'été pour se préserver des fièvres bilieuses.

*Mémoire sur quelques singularités du terroir de Gabian*, par M. Rivière ; 1717.

*Mémoire sur l'huile de pétrole en général*, et particulièrement sur
celle de Gabian , par M. Bouillet ; 1752.

*Essai sur l'analyse des eaux minérales*, par M. Saint-Pierre ( *Thèse*,
*Montpellier*, août 1809 ).

## CONTREXEVILLE (département des Vosges ).

Village composé de cent cinquante maisons , à 4 lieues de
Mirecourt, 6 de Bourbonne-les-Bains , 75 de Paris , situé dans
un vallon entouré de montagnes. Les eaux minérales que l'on y
trouve ne paraissent pas avoir été connues des anciens ; c'est à
Bagard , ancien président du collége de médecine de Nancy,
qu'est due ( 1760 ) la découverte de leurs propriétés. Ces
eaux sont aujourd'hui très-fréquentées , et l'établissement , autrefois si imparfait , a pris depuis quelques années une grande
extension , et a été beaucoup amélioré. L'époque la plus favorable pour boire les eaux à la source est du 15 juin au 15
septembre ; l'air froid et humide de Contrexeville dans le reste
de l'année pourrait être nuisible. La saison est de vingt et un
jours ; souvent on est obligé, pour obtenir la guérison, de
faire plusieurs saisons , en mettant quelques jours de repos
entre chacune d'elles. Il y a un médecin inspecteur. M. Mamelet a publié sur ces eaux une notice intéressante.

*Sources*. Il y en a deux : la *fontaine du Pavillon* est uniquement employée à la boisson ; l'autre, dite *des Bains*, renfermée
dans l'établissement , sert aux bains et aux douches.

*Propriétés physiques.* L'eau de la fontaine *du Pavillon* est froide, a une saveur fraîche, acidule et légèrement ferrugineuse. Exposée à l'air, sa surface se couvre d'une pellicule irisée. Elle dépose dans le bassin qui la reçoit un enduit ocracé; les planches d'alentour sont couvertes de rouille. Cette fontaine produit constamment soixante-dix-huit litres d'eau par minute; elle exhale une légère odeur sulfureuse; sa température est de 10° cent. L'eau de la fontaine des Bains a présenté les mêmes caractères physiques et chimiques que celle du Pavillon.

*Analyse chimique.* On doit à M. Collard de Martigny, pharmacien, une analyse récente des eaux de Contrexeville.

Eau ( 1 litre ).

|  | gr. |
|---|---|
| Sulfate de chaux. | 1,079 |
| — de magnésie. | 0,022 |
| Sous-carbonate de chaux. | 0,805 |
| — de magnésie. | 0,017 |
| Chlorure de calcium. | 0,038 |
| — de magnésium. | 0,012 |
| Nitrate de chaux. | traces |
| Silice. | 0,178 |
| Matière organique insoluble dans l'eau, soluble dans l'alcool, surtout à chaud; plus soluble dans l'éther. | 0,034 |
| Perte. | 0,002 |
|  | 2,187 |

A zéro de température et sous la pression de 0,77 de mercure, l'eau de Contrexeville contient un peu moins que les deux tiers de son volume de gaz, composé à peu près ainsi qu'il suit:

| | |
|---|---|
| Oxigène. | 11 |
| Azote. | 30 |
| Acide carbonique. | 59 |
| | 100 |

*Propriétés médicales.* Les eaux de Contrexeville, d'après

M. Mamelet, accélèrent la circulation et la respiration, augmentent la transpiration insensible, les urines ou les selles; elles causent les premiers jours une sorte d'ivresse, qui est due au gaz acide carbonique, et de l'insomnie; elles activent l'appétit et rendent les digestions faciles; chez quelques personnes, au lieu de selles plus ou moins fréquentes, elles produisent la constipation. Mais leur action principale se manifeste sur l'appareil urinaire. Ces eaux parviennent aux reins et à la vessie sans éprouver d'altération essentielle, conservent leur principe stimulant, parcourent rapidement les voies urinaires, lavent leurs parois, en détachent les mucosités surabondantes, ainsi que celles qui enveloppent les graviers ou les calculs, séparent de ces derniers les couches encore peu durcies, augmentent les forces expulsives des organes urinaires, et facilitent la chute dans la vessie des graviers existant dans les reins ou les uretères. A son tour la vessie expulse avec plus de force l'urine qu'elle renferme, et entraîne avec elle les mucosités ainsi que les calculs et les graviers dont la grosseur est en proportion de l'ampleur du canal de l'urètre. Les personnes qui viennent à Contrexeville ayant des calculs trop volumineux pour sortir par les voies naturelles éprouvent, au moins la plupart, après que les eaux ont entraîné les glaires qui modéraient la sensibilité des voies urinaires et la couche muqueuse qui revêt la surface des calculs, des douleurs plus aiguës qu'avant leur usage; et si même on ne s'empressait de les interrompre, elles occasionneraient une inflammation des plus intenses, et la mort même, lorsque ces calculs existent dans les reins. Il résulte de ces faits rapportés par M. Mamelet que les eaux de Contrexeville, très-bonnes pour faire rendre des graviers, sont nuisibles dans le cas de calculs : et qu'on doit leur préférer les eaux de Vichy ou le soda-water, qui jouissent de la précieuse propriété de fondre la gravelle et les calculs : c'est le moyen d'éviter tout accident et toute souffrance.

Bagard, Thouvenel et M. Mamelet ont remarqué que les calculs que l'on met digérer dans un grand volume d'eau de Contrexeville finissent par se dissoudre, pourvu qu'on ait le soin de fermer hermétiquement le vase dans lequel on fait cette expérience, et de renouveler souvent le liquide minéral. La plupart des graveleux qui viennent à Contrexeville répètent cette épreuve et obtiennent toujours le même résultat; mais les considérations précédentes prouvent que cette dissolution ne s'opère pas avec la même facilité dans la vessie.

L'eau saline gazeuse de Contrexeville est encore recommandée dans les engorgements des viscères abdominaux, les catarrhes chroniques de la vessie, la gastralgie, la chlorose, la goutte, l'anasarque, et quelques maladies cutanées. En injections, on l'emploie contre les fleurs blanches, les ulcérations du vagin et les blennorrhées. En collyre, on s'en sert dans les maladies des paupières, les inflammations chroniques des glandes de Méibomius.

*Mode d'administration.* Les eaux de Contrexeville doivent être bues froides; en les chauffant, elles acquièrent un goût analogue à celui de l'eau de savon. On les prend le premier jour à la dose de deux ou trois verres le matin à jeun; les jours suivants, on augmente d'un verre; le dixième jour de la saison, on en porte le nombre de dix à quinze; quelques personnes vont même jusqu'à vingt sans en être fatiguées. Pendant les quatre derniers jours de la saison, on ne doit boire que cinq ou six verres d'eau minérale; sans cette précaution, on s'expose à éprouver pendant plusieurs jours des douleurs d'estomac à l'heure à laquelle on avait coutume de boire. Les évacuations alvines que provoquent ordinairement les eaux empêchent de prendre celles-ci dans le bain. On ne doit boire de l'eau qu'en proportion de l'urine rendue; le liquide minéral passe si rapidement en général, que sur la fin de la boisson il est rendu sans être altéré. En effet, quand on en boit douze à quinze verres, si l'on soumet les dernières urines, rendues à la fin de l'exercice du matin, à l'action des réactifs, ces agents déterminent à peu près les mêmes phénomènes que l'on observe dans l'eau que l'on vient de puiser à la source. — Quand les eaux sont trop excitantes, on les mitige avec le lait, l'eau de chiendent, de tilleul, etc., ou bien on laisse évaporer l'acide carbonique. On peut en faire usage pendant la menstruation et la grossesse ; seulement il faut en diminuer la dose. Les bains ne sont à Contrexeville que des moyens auxiliaires ; cependant ils secondent les effets de la boisson, surtout dans les affections graveleuses.

L'eau de Contrexeville s'altère par le transport ; le plus souvent elle arrive dans les départements sans odeur, sans saveur ; et par conséquent sans vertus.

*Mémoire sur les eaux de Contrexeville*, par Ant. Bagard ; 1760, in-8. On trouve dans ce mémoire quelques observations intéressantes.

*Mémoire chimique et médicinal sur les principes et les vertus des eaux minérales de Contrexeville*, par M. Thouvenel ; 1774.

*Dissertation chimique sur les eaux de la Lorraine*, par M. Nicolas ; 1778. Il y est question de l'analyse des eaux de Contrexeville.

*Notice sur les propriétés physiques, chimiques et médicales des eaux de Contrexeville*, par A. F. Mamelet. Paris, 1827, in-8.

*Analyse des eaux de Contrexeville*, par M. Collard de Martigny. *Journal de chimie médicale*, 1829, page 546.

### BUSSANG (département des Vosges).

Village à 7 lieues de Remiremont, 10 de Plombières et 12 de Bains. Ce lieu est célèbre par les eaux minérales qui prennent leur source dans les montagnes voisines. En 1799, le bâtiment destiné à loger les malades fut incendié ; il n'a pas été reconstruit, malgré les sollicitations du médecin inspecteur, qui, depuis 1806, n'a pas vu d'étranger venir boire les eaux à la source. Celles-ci sont exportées en grande quantité pour Plombières, Bains, Luxeuil, Paris et les départements.

*Sources.* Il y en a trois : à douze cents pas du village, près de la route royale de Nancy à Mulhouse, au pied d'une mon-

tagne, on voit un petit bâtiment qui renferme deux sources
désignées dans le pays sous le nom de *fontaines d'en bas*. Les
eaux se réunissent dans un réservoir bien fermé d'où elles
coulent par un robinet de fer qui fournit quatre-vingt-dix
litres d'eau par heure. A quelques pas plus haut, on remarque
un petit pavillon renfermant la troisième source, appelée *fon-*
*taine d'en haut ;* elle donne treize litres d'eau par heure.

*Propriétés physiques.* L'eau est froide, limpide, d'une saveur
aigrelette, ferrugineuse, surtout dans la source d'en haut ;
elle pétille dans le verre comme le vin de Champagne ; les
parois et le fond des réservoirs sont enduits d'une matière
rougeâtre, ocracée.

*Analyse chimique.* L'eau de Bussang a été analysée en 1829
par M. Barruel, qui a trouvé les principes suivants :

Eau ( 1 litre ).

|  | gr. |
|---|---|
| Chlorure de sodium. . . . . . . | 0,0800 |
| Sulfate de soude. . . . . . . . . | 0,1100 |
| Carbonate de soude. . . . . . . | 0,7700 |
| — de magnésie. . . . . | 0,1800 |
| — de chaux. . . . . . . | 0,3610 |
| — de protoxyde de fer. | 0,0160 |
| Silice. . . . . . . . . . . . . . . | 0,0560 |
|  | 1,5730 |

La quantité moyenne d'acide carbonique libre est d'une fois
et demie le volume de l'eau ; M. Barruel estime qu'à la source
cette quantité peut être double.

*Propriétés médicales.* En boisson, les eaux de Bussang sont
promptement rendues par les urines ; elles portent à la gaîté
et causent une espèce d'ivresse passagère ; elles conviennent
dans la langueur des forces digestives, les engorgements
lents des viscères et la gravelle. Nicolas assure que des calculs vésicaux qu'il a laissés macérer pendant un mois dans

l'eau de Bussang ont été désagrégés et réduits en poudre assez fine.

Prise à jeun le matin, l'eau de Bussang peut être bue à la dose d'une à deux bouteilles.; mêlée avec le sucre., le sirop de groseilles, de limons, elle forme une boisson fort agréable. A Plombières, Luxeuil, Bains, on mêle aux repas cette eau avec le vin.

En 1835, il a été exporté 61,186 litres d'eau minérale de Bussang.

*Essai analytique sur les eaux de Bussang*, par Jean Lemaire; 1750, in-12.

*Examen sur les eaux minérales de Bussang*, par Didelot; 1777, in-12.

*Précis sur les eaux minérales de Plombières et de Bussang*, par M. Grosjean fils. Paris, 1829; 114 pages.

### POUGUES ( département de la Nièvre ).

Bourg situé sur la grande route de Paris à Lyon, à 3 lieues de Nevers, 3 de La Charité et 52 de Paris. Une voiture bien suspendue part tous les matins de Nevers et repart de Pougues après l'usage des eaux. Le pays est entrecoupé de petites montagnes, fertiles en grains et couvertes de vignes; l'air y est salubre : des sites pittoresques, plusieurs belles usines offrent des buts de promenade. La plupart des maisons de Pougues sont distribuées de manière à pouvoir loger un grand nombre d'étrangers; le principal bâtiment destiné à cet usage est une vaste maison située à peu de distance des sources : on y trouve une table d'hôte bien servie, deux salons et un billard. La proximité de Nevers permet de s'y procurer tous les objets d'utilité et d'agrément. — Les eaux de Pougues, connues depuis longtemps, ont acquis de la célébrité par l'usage qu'en ont fait le prince de Mantoue, Henri III, Catherine de Médicis, la princesse de

Longueville, Marie de Gonzague, Henri IV, Louis XIV et le prince de Conti, à qui l'on doit plusieurs plantations qui embellissent les environs de la fontaine. — On prend les eaux depuis le 15 mai jusqu'au mois d'octobre. Médecin inspecteur, M. Hector Martin.

*Sources.* Il y en a deux : l'ancienne est destinée à la boisson ; ses eaux, très-abondantes dans tous les temps de l'année, sont réunies dans un réservoir en forme de puits ; la seconde source, découverte en 1833, sert à l'administration des bains et des douches.

*Propriétés physiques.* L'eau minérale de Pougues, examinée à la source, paraît être en ébullition ; ce bouillonnement est produit par le dégagement de gaz acide carbonique, qui s'y rencontre en grande quantité. Puisée dans un verre, l'eau est limpide, sans odeur ; son goût est aigrelet et alcalin ; sa saveur est piquante. Abandonnée dans un vase, cette eau dépose un léger précipité d'oxyde de fer ; sa température ne paraît jamais varier, quelle que soit celle de l'atmosphère ; elle est de 12°, 5 à 13°, 7 cent.

*Analyse chimique.* Les eaux de Pougues ont été examinées par Duclos, Geoffroy et Costel, qui ont obtenu des résultats différents. Hassenfratz les a analysées en 1789. Voici le résultat de son travail :

Eau ( 1 litre ).

|  |  |
|---|---|
|  | llt. |
| Acide carbonique. . . . . . . . . | 0,929 |
|  | gr. |
| Carbonate de chaux. . . . . . . . | 1,2960 |
| —    de soude. . . . . . . . | 1,1045 |
| —    de magnésie. . . . . | 0,1274 |
| Chlorure de sodium. . . . . . . . | 0,2337 |
| Alumine. . . . . . . . . . . . | 0,0372 |
| Silice et oxyde de fer. . . . . . | 0,3399 |
|  | 3,1387 |

La source des bains contient, d'après M. Hector Martin, du sulfate de chaux, du sulfate de fer, du sulfate d'alumine, du

carbonate de fer et une quantité indéterminée de gaz hydrogène sulfuré. Cette analyse aurait besoin d'être répétée.

*Propriétés médicales.* Les eaux de Pougues, qui jouissaient
autrefois d'une grande réputation, commencent à reprendre
la faveur qu'elles méritent à cause de leur efficacité médi-
cinale très-marquée. Elles agissent en produisant une excitation douce, prolongée, sur la membrane muqueuse des
voies digestives; elles sont rarement purgatives, mais elles
augmentent beaucoup la sécrétion des urines, qu'elles rendent alcalines, suivant le rapport de M. Martin. Elles sont
fort utiles dans tous les désordres de la digestion, tels que
la gastrite, la gastro-entérite chroniques, la gastralgie, etc.,
dans les engorgements du foie, de la rate, les coliques hépatiques causées par des concrétions biliaires, les fièvres intermittentes quartes, les fleurs blanches, la chlorose, l'anasarque passive, quelques exanthèmes provenant d'une affection
des viscères abdominaux. Mais ces eaux sont particulièrement
recommandées dans les maladies des voies urinaires, le catarrhe vésical, les coliques néphrétiques et la gravelle; elles
expulsent facilement les petits graviers, mais elles ne sont pas
assez alcalines pour les dissoudre.

Si ces eaux réussissent dans la plupart des maladies chroniques des viscères du bas-ventre, elles sont nuisibles dans
toutes les affections de la poitrine.

*Mode d'administration.* Beaucoup de personnes en santé
boivent habituellement de l'eau de Pougues à leurs repas: les
moissonneurs et autres ouvriers qui travaillent à l'ardeur du
soleil en boivent à toute heure du jour; ils ont l'expérience
qu'elle ne leur fait aucun mal, lors même qu'ils sont en sueur.
Dans l'état de maladie, on commence par boire le matin un
ou deux verres de l'eau de Pougues avec ou sans mélange; le
lendemain on en prend un verre de plus, en mettant quinze à
vingt minutes d'intervalle entre chaque verre, et ainsi de suite
en augmentant d'un verre chaque jour, jusqu'à huit ou dix.

— Mêlées avec le vin, ces eaux le rendent mousseux, pétillant et fort agréable; unies avec moitié eau sucrée, elles facilitent la digestion des personnes dont l'estomac est irritable.

A Pougues on administre aussi des bains et des douches; mais le chauffage de l'eau doit lui enlever promptement le gaz acide carbonique. Dans le traitement des fièvres quartes, M. H. Martin défend l'usage des bains, qui, selon lui, provoque le retour des accès de fièvre.

Lorsque les eaux qui nous occupent sont dans des bouteilles, ou mieux dans des demi-bouteilles bien bouchées, elles se transportent au loin et peuvent se conserver assez longtemps, si on a la précaution de les déposer dans un endroit frais et de les laisser couchées. Louis XIV les prit avec succès à Saint-Germain-en-Laye.

Les sources appartiennent à une compagnie d'actionnaires; elles ne sont point affermées.

*Discours sur la vertu et l'usage de la fontaine de Pougues et administration de la douche*, par Jean Pidoux; 1595, in-8.

*Discours de l'origine et des propriétés de la fontaine minérale de Pougues*, par Étienne Flamant; 1633, in-8.

*L'hydre féminine combattue par la nymphe Pougoise*, par Augustin Courradez; 1634, in-8.

*Observations sur les eaux minérales de Pougues*, par Raulin; 1769, in-12.

*Premier mémoire sur les eaux aérées minérales et thermales du Nivernais*, par Hassenfratz (*Annales de chimie*, tome Ier, page 81).

*Notice sur les eaux minérales de Pougues*, par M. Hector Martin; 1833, in-8; 8 pages.

## SELTZ, SELTEN ou SELTERS ( duché de Nassau ).

Village composé d'environ cent vingt maisons, situé sur la Lohn, à 5 lieues de Francfort, 3 de Limbourg, 10 de Mayence, 11 de Coblentz, sur la grande route de Cologne à Francfort. Il est célèbre par ses eaux gazeuses, qui sont servies sur toutes les tables et dont on fait un grand débit dans toute l'Europe.

*Source.* Elle est située près du bourg, dans une riante vallée : les eaux sont réunies dans un puits, d'où s'échappe continuellement du gaz acide carbonique.

*Propriétés physiques.* L'eau de Seltz est froide, claire, acidule ; elle a un goût piquant agréable ; mêlée avec le vin, elle pétille, et fournit des bulles abondantes.

*Analyse chimique.* Plusieurs chimistes se sont occupés de l'analyse de l'eau de Seltz. Venel, médecin de Montpellier, qui en fit l'analyse vers le milieu du siècle dernier, fut le premier qui y reconnut la présence de l'acide carbonique. Depuis, Bergman, Westrumb, MM. Caventou et Bischof la soumirent à de nouveaux essais, dont on verra le résultat dans le tableau suivant :

Eau ( 1 litre ).

| SUBSTANCES contenues DANS L'EAU. | BERGMAN. | WESTRUMB. | CAVENTOU. | BISCHOF [1]. |
|---|---|---|---|---|
| Acide carbonique. . . . . | litre. 0,550 | 1,124 | quantité ind. | 0,260 |
| Carbonate de soude. . . . | gr. 0,5665 | 2,650 | 1,030 | 1,014 |
| — de chaux. . . . | 0,4013 | 0,374 | } | 0,323 |
| — de magnésie. . | 0,6970 | 0,238 | 0,420 | 0,276 |
| — de fer. . . . . | » | » | traces. | 0,027 |
| Chlorure de sodium. . . . | 2,5850 | 2,650 | 2,110 | 2,796 |
| Sulfate de soude. . . . . | » | 0,132 | 0,100 | 0,043 |
| Phosphate de soude. . . . | » | » | » | 0,046 |
| Oxyde de fer. . . . . . . | » | 0,022 | » | » |
| Silice. . . . . . . . . . | » | 0,030 | » | 0,048 |
| | 4,2498 | 6,096 | 3,660 | 4,573 |

[1] M. Gustave Bischof, professeur de chimie à l'université royale de la Prusse rhénane, n'indique pas la valeur du poids dont il s'est servi. Nous avons supposé qu'il avait fait usage de la livre de 12 onces, usitée en Prusse.

*Propriétés médicales.* Il n'est pas d'eau minérale dont l'usage soit plus généralement répandu que celui de l'eau de Seltz, qui a été célébrée par Hoffmann, et dont tous les médecins connaissent les vertus. L'eau de Seltz est rafraîchissante, apéritive et diurétique ; on l'emploie principalement pour faciliter la digestion. On l'administre aussi avec succès dans les fièvres bilieuses et adynamiques, le scorbut, les fleurs blanches, les ménorrhagies passives, dans la gravelle. Hufeland la regarde comme la seule eau minérale qu'on puisse donner aux malades atteints d'une phthisie catarrhale ou muqueuse, sans craindre d'irriter leur poitrine.

On a cherché à imiter l'eau de Seltz naturelle ; mais jusqu'à présent l'eau de Seltz artificielle ne produit pas dans les *maladies* des effets aussi avantageux que l'eau naturelle. Le gaz acide carbonique est si intimement combiné dans celle-ci, que son dégagement s'effectue avec lenteur dans l'estomac ; son action est douce, prolongée et pénétrante. L'eau factice, au contraire, laisse dégager brusquement le gaz acide carbonique, qui occasionne une distension soudaine de l'estomac, accompagnée d'éructations incommodes. L'eau naturelle agit modérément, l'artificielle irrite : la première calme le vomissement ; la seconde, loin de l'apaiser, le provoque quelquefois.

*Mode d'administration.* On boit l'eau de Seltz pure ou mêlée aux repas avec du vin. Quelques médecins l'unissent avec le lait de chèvre ou d'ânesse, et avec l'eau d'orge dans les fièvres bilieuses. Cette eau augmente quelquefois les selles et même les sueurs ; mais le plus ordinairement son effet est d'accroître la sécrétion urinaire.

On va rarement prendre les eaux de Seltz à la source ; presque toujours on les boit transportées ; quoiqu'elles perdent une partie de leur gaz par le transport, néanmoins elles en conservent encore assez, lorsqu'elles sont fraîches, pour être fort utiles dans plusieurs maladies. Cependant, on peut les remplacer avec avantage par les eaux de Bussang, Châ-

teldon, Pougues, Saint-Myon, Saint-Pardoux, Camarès, etc.,
que nous possédons en France, et qui, sans avoir moins de
vertus que l'eau étrangère, ne nous rendraient plus tributaires du duc de Nassau pour des sommes d'autant plus considérables que l'usage des eaux de Seltz se répand de plus en
plus dans notre patrie.

*Analyse de l'eau de Seltz*, par Bergman ; Opusc. chim., tome I⁽ᵉ⁾,
page 206.

*Considérations médicales et chimiques sur les eaux de Seltz*, par
MM. Caventou, François, Gasc et Marc. Paris, 1826.

*Analyse chimique des eaux minérales de Geilnau, Fuchingen et
Seltz*, par le docteur G. Bischof. Bonn, 1826.

## ROISDORFF ou ALFTER.

Village de l'ancienne seigneurie d'Alfter, à une lieue du
Rhin, une et demie de Bonn et 4 de Cologne.

*Source.* Elle est connue sous le nom d'*Alfter*. Elle se trouve
à l'entrée du village dans une situation des plus agréables ;
elle est placée entre deux autres sources, dont la première,
distante de 14 mètres, est une eau pure, et la seconde, éloignée de 56 mètres, est une eau si ferrugineuse qu'on ne peut
en faire aucun usage.

*Propriétés physiques.* L'eau est froide, limpide, acidule et
un peu salée.

*Analyse chimique.* Il paraît que, suivant une analyse de
M. Vauquelin, cette eau contient un volume d'acide carbonique égal au sien, des carbonates de soude, de chaux et de
magnésie, très-peu de carbonate de fer, du sulfate de soude
et du chlorure de sodium. Nous connaissons de l'eau de Roisdorff deux analyses quantitatives ; l'une est due à M. Petazzi,
et l'autre à M. Bischof. Voici les résultats de leurs expériences :

Eau ( 1 litre ).

| ANALYSE DE M. PETAZZI. | | ANALYSE DE M. BISCHOF (1). | |
|---|---|---|---|
| | lit. | | lit. |
| Acide carbonique. . . . . | 0,584 | Acide carbonique. . . . . | 1,370 |
| | gr. | | gr. |
| Carbonate de soude. . . . | 0,886 | Carbonate de soude. . . . | 1,048 |
| — de chaux. . . . | 0,082 | — de chaux. . . . | 0,374 |
| — de magnésie. . | 0,702 | — de magnésie. . | 0,558 |
| Sulfate de soude. . . . . | 0,291 | — de fer et tra. de | |
| — de chaux. . . . . | 0,052 | manganèse. . | 0,008 |
| Chlorure de sodium. . . . | 1,066 | Sulfate de soude. . . . . | 0,634 |
| — de calcium. . . . | 0,084 | Chlorure de sodium. . . . | 2,540 |
| Silice. . . . . . . . . . | 0,012 | Phosphate de soude. . . . | 0,008 |
| | ——— | Alumine. . . . . . . . . | 0,001 |
| | 3,175 | Silice. . . . . . . . . . | 0,022 |
| | | | ——— |
| | | | 5,193 |

*Propriétés médicales.* Les eaux de Roisdorff sont recommandées dans les lésions des voies digestives, les engorgements
des viscères abdominaux.

On les boit pures, ou mêlées avec du lait, et dans l'usage
habituel avec le vin.

On exporte, dit-on, une grande quantité de cette eau,
même dans les colonies, sans qu'elle s'altère beaucoup.

*Analyse de l'eau de Roisdorff*, par M. Petazzi ( *Annales de chimie*,
tome LXXXVII, page 109 ).

*Essai sur les eaux de Roisdorff*, par M. Bischof ( *Journal de chimie
médicale*, tome III, page 395 ).

---

(1) L'auteur n'indiquant pas la valeur des poids dont il s'est servi dans
son analyse, nous avons supposé l'emploi de la livre de 12 onces, usitée
en Prusse et en Allemagne. Si, au contraire, il a fait usage de la livre
de 16 onces, le poids total du résidu ne serait que de 3 grammes 190, résultat qui se rapprocherait beaucoup de celui obtenu par M. Petazzi.

### SULTZMATT ( Prusse rhénane ).

Bourg à 2 lieues de Ruffac, 6 de Colmar, situé dans une vallée étroite, fertile et agréable; plusieurs grandes routes y aboutissent. On trouve près des sources minérales des logements commodes; la saison des eaux dure depuis le mois de mai jusqu'au mois d'octobre.

*Sources.* Il y en a six qui jaillissent au pied du mont Heidemberg; on les nomme fontaines *acide*, *sulfureuse*, *purgative*, sources de *cuivre*, d'*or* et d'*argent*. Il n'est pas besoin d'avertir que ces sources, principalement les trois dernières, ne méritent point les épithètes qu'on leur a données.

*Propriétés physiques.* L'eau de toutes ces fontaines est froide, abondante, limpide et douce au toucher; elle est pétillante, a un goût aigrelet, piquant, qui porte au nez et disparaît promptement par le contact de l'air. La fontaine sulfureuse a une odeur et un goût d'œufs pourris; les autres sources acquièrent une odeur de lessive, lorsqu'elles sont chauffées.

*Analyse chimique.* D'après Méglin, la source dite sulfureuse contient un peu de gaz hydrogène sulfuré; les autres sources renferment en plus ou moins grande quantité du gaz acide carbonique, du carbonate de soude, du carbonate de chaux et un peu de bitume.

*Propriétés médicales.* Prises en boisson, les sources de Sultzmatt, surtout l'*acide*, conviennent dans la gastralgie, les engorgements abdominaux, l'hystérie, l'hypocondrie, la diarrhée chronique, la suppression des règles. L'eau *purgative* ne provoque d'évacuations alvines qu'autant qu'on y ajoute quelque sel neutre. L'usage extérieur de l'eau *sulfureuse* est fort accrédité dans la paralysie, les rhumatismes, les dartres, etc.

On boit les eaux de Sultzmatt depuis la dose de quatre verres jusqu'à un litre ou deux.

L'eau *acide*, renfermée dans des vases bien bouchés, peut se transporter au loin, et conserver pendant assez longtemps ses bonnes qualités.

*De fontibus medicatis Alsatiæ;* Guerin, 1769.

*Analyse des eaux minérales de Sultzmatt*, par J. A. Méglin; 1779, in-8. Cet ouvrage mérite d'être consulté.

### SULTZBACH ( département du Haut-Rhin ).

Petite ville située dans un vallon, à 3 lieues de Colmar, une de Munster. Les environs présentent des sites agréables. Les eaux minérales qu'on trouve dans ce lieu étaient autrefois très-fréquentées ; actuellement il s'y rend peu de malades pendant la belle saison, ce qui dépend sans doute du mauvais état des bains et de la rareté des bons logements.

*Sources.* Un bâtiment peu élégant, qui offre au premier étage quelques chambres pour les étrangers, renferme six sources minérales : on distingue la quatrième, appelée *la meilleure;* elle est sous clef, et sert à l'usage interne ; on en exporte annuellement dix à douze mille cruches. La grande source est publique et est utilisée pour les bains.

*Propriétés physiques.* Ces eaux sont pétillantes, sans odeur ; leur saveur est fraîche, aigrelette. Leur température est en toute saison de 10° cent. Un dépôt ocracé se remarque sur les parois de la quatrième source.

*Analyse chimique.* Elle est due à M. Gerboin.

Eau ( 1 litre ).

|  | lit. |
|---|---|
| Acide carbonique. . . . . . . . . . | 0,714 |

|  | gr. |
|---|---|
| Carbonate de soude. . . . . . . . | 1,09 |
| — de chaux. . . . . . . . | 0,22 |
| — de magnésie. . . . . . . | 0,14 |
| Sulfate de soude. . . . . . . . . | 0,40 |
| Silice. . . . . . . . . . . . . . . | 0,07 |
|  | 1,92 |

*Propriétés médicales.* Les eaux de Sultzbach ont de l'analogie avec celles de Bussang; elles ont acquis, dit M. Fred. Kirschleger, une grande célébrité pour la guérison de la mélancolie, de l'hypocondrie, de l'hystérie et même de la manie. On les a appelées pour cette raison le *bain des fous.* Tous les ans des maniaques et des mélancoliques ont trouvé, dit-on, sinon une guérison complète, du moins un amendement notable à leurs maux. L'eau de Sultzbach est encore employée dans la leucorrhée et les engorgements des viscères abdominaux. Chauffée, elle perd son acide carbonique et ne conserve que quelques sels. En bains, on l'administre dans les rhumatismes, les paralysies.

*Essai sur les eaux minérales des Vosges*, par M. Fred. Kirschleger. (Thèse, Strasbourg, 1829.) On trouve dans cette thèse un article sur les eaux de Sultzbach.

## OREZZA (département de la Corse).

Village de l'arrondissement de Corte. Les eaux minérales qu'on y trouve sont fréquentées depuis le mois de juillet jusqu'à la fin d'août; le plus grand nombre des malades ne séjournent que 15 à 20 jours. Il y a un médecin inspecteur.

*Sources.* Il y en a plusieurs situées dans une vallée; celles qui servent aux malades sont au nombre de deux, connues, par rapport à leur situation, sous les noms de *Sorgente Sottana* et de *Sorgente Soprana.* Ces deux sources diffèrent entre elles.

*Propriétés physiques.* L'eau de la *Sorgente Sottana* est assez abondante, limpide, d'une saveur aigrelette; elle semble bouillonner au sortir de la source, pétille dans le verre comme le vin de Champagne, et dépose aux environs de la source une matière ocracée. Dans les temps pluvieux, cette eau devient presque insipide.

La *Sorgente Soprana* exhale une odeur bien sensible d'œufs couvis, et noircit les pièces d'argent qu'on y plonge.

La température de ces eaux est de 15 à 18°, 7 cent., celle de l'atmosphère étant à 22 ou 25° cent.

*Analyse chimique.* M. Laprevotte, pharmacien à Bastia, a fait, en juillet 1833, l'analyse de la *Sorgente Sottana.* Les principes qu'il a trouvés sont :

Eau ( 1 litre ).

|  |  |
|---|---|
| | lit. |
| Acide carbonique. . . . . . . . | 2,000 |
| | gr. |
| Chlorure de sodium. . . . . . . | 0,030 |
| Carbonate de fer. . . . . . . . | 0,060 |
| — de chaux. . . . . . | 0,185 |
| Silice. . . . . . . . . . . . . | 0,255 |
| Alumine. . . . . . . . . . . . | 0,115 |
| Carbonate de magnésie. . . . . | traces. |
| Perte. . . . . . . . . . . . . | 0,125 |
| | 0,770 |

Quant à la *Sorgente Soprana*, elle n'a pas été analysée.

*Propriétés médicales.* M. Grimaldi emploie les eaux d'Orezza dans toutes les maladies chroniques de l'abdomen, lorsqu'il y a peu d'irritation dans les viscères, et particulièrement contre les gastralgies, les engorgements du foie, de la rate, les fleurs blanches et la gravelle.

Les eaux ne s'administrent qu'en boisson. — Elles ne sont pas affermées ; il est venu en 1834 à Orezza 600 malades qui ont laissé dans le pays environ 12,600 fr.

*Recherches historiques et statistiques sur la Corse*, par M. F. Robiquet. Rennes, 1835.

### SAINTE-MARIE (département du Cantal).

Bourg composé d'environ 500 âmes, à 2 lieues de Chaudes-Aigues, 1 de Pierrefort, à 20 minutes de la grande route de Saint-Flour à Rhodez. La proximité de Pierrefort et de Chaudes-

Aigues permet de se procurer à peu de frais tout ce qui est nécessaire aux besoins de la vie. Il y a un médecin inspecteur.

*Sources.* On trouve dans une gorge étroite et profonde deux sources minérales qui sortent à travers les fissures d'une roche schisteuse ; la plus abondante est presque la seule usitée ; elle a une grande analogie avec l'eau de Seltz et laisse dégager une quantité considérable de gaz acide carbonique , surtout pendant les temps secs et aux approches des orages.

*Propriétés physiques.* Parfaitement limpide et transparente , cette eau est froide , a une saveur aigrelette et piquante ; elle communique au vin rouge une couleur violette et le rend très-agréable.

*Analyse chimique.* L'eau de Sainte-Marie contient de l'acide carbonique libre en grande quantité , du carbonate de soude, de l'oxyde de fer, un peu de chlorure de sodium, du carbonate de chaux et un peu de carbonate de magnésie. La seconde source, quoique contiguë à la première, contient moins d'acide carbonique , mais un peu de sulfate de chaux.

*Propriétés médicales.* M. Bonniol assure que les eaux qui nous occupent sont fréquentées tous les ans par 1200 personnes. M. Grassal en a obtenu de bons effets dans les cas d'atonie du tube digestif, dans la chlorose , l'aménorrhée , les hémorragies passives. On les boit à la dose de trois ou quatre verres le matin à jeun ; on les associe ordinairement aux bains de Chaudes-Aigues.

*Dissertation sur les eaux minérales de Chaudes-Aigues*, par Bonniol ; thèse, Paris, 1833. On y trouve un article sur les eaux de Sainte-Marie.

### SAINT-MARTIN DE VALMEROUX (département du Cantal).

Bourg de 800 âmes, à 3 lieues de Mauriac, 5 d'Aurillac, sur la grande route de Clermont-Ferrand à Cahors. Le site est agréable. On y trouve une source acidule froide, appelée

*Fonsainte (Fons Sanctus)* qui est assez fréquentée dans les mois de juillet et d'août.

## VIC-SUR-CÈRE ou EN CARLADEZ (département du Cantal).

Commune sur la Cère, de l'arrondissement d'Aurillac, à 3 lieues de Carlat. Les fontaines minérales ont été fouillées et reconstruites en 1829 ; on a découvert dans les fouilles des médailles d'empereurs romains. On boit les eaux pendant dix jours. Il y a un médecin inspecteur.

*Sources.* Il y en a quatre ; les eaux sont reçues dans autant de bassins en pierre situés sous une voûte aussi élégante que solide , qui sert de promenade aux buveurs.

*Propriétés physiques.* L'eau de Vic est acidule, très-agréable à boire ; elle offre constamment une température de 12° cent. M. Despats a remarqué qu'elle exhale une odeur de chlore, lorsque les bassins ne contiennent qu'une petite quantité d'eau.

*Analyse chimique.* D'après l'examen de M. d'Arcet, l'eau de Vic recèle beaucoup d'acide carbonique libre , du bi-carbonate de chaux, de fer, et de l'hydrochlorate de chaux.

*Propriétés médicales.* Les eaux qui nous occupent ont été comparées à celles de Seltz ; elles excitent l'appétit, facilitent la digestion et servent de boisson habituelle à la plupart des habitants voisins. Les médecins les recommandent dans les gastrites chroniques, les fièvres intermittentes tierces et quartes , l'aménorrhée, le catarrhe vésical, la gravelle, etc.

Les sources appartiennent à un particulier qui en retire environ 1900 francs tous les ans ; 600 malades sont venus à Vic en 1835. On estime qu'ils ont laissé dans le pays 15,984 fr.

*Traité nécessaire à ceux qui doivent boire les eaux de Vic* , par Jean Mante ; 1648.

*Recherche analytique de la nature et de la propriété des eaux minérales de Vic* , par J.-B. Esquirou ; 1718.

CAMARÈS (département de l'Aveyron).

Petite ville à 4 lieues de Saint-Affrique, 3 de Saint-Gervais, 7 de Lodève, 4 de Roquefort, à une demi-lieue de Sylvanès. A un quart de lieue de la ville, on trouve l'établissement d'Andabre, qui présente aux malades des logements commodes et toutes les ressources pour la vie animale. Un assez grand nombre de malades s'y rendent des départements voisins depuis le 15 juin jusqu'à la fin d'octobre. On prend les eaux pendant 15 à 18 jours. Il y a un médecin inspecteur.

*Sources.* Il y en a deux situées sur la rive gauche du ruisseau d'Andabre, à trois cents pas l'une de l'autre. L'une se nomme *fontaine d'Andabre;* elle est la plus considérable et offre un joli établissement; l'autre est connue sous le nom de *Prugnes.*

*Propriétés physiques.* Les eaux de la source d'Andabre sont pétillantes, mousseuses, acidules: celles de Prugnes le sont un peu moins et ont une saveur plus amère, moins salée. Leur température est de 12° cent.

*Analyse chimique.* La fontaine d'Andabre a été analysée par MM. Bérard de Montpellier et Coulet; celle de Prugnes a été examinée par M. Laurens, pharmacien de Marseille.

Eau (1 litre).

| FONTAINE D'ANDABRE. | | FONTAINE DE PRUGNES. | |
|---|---|---|---|
| | lit. | | lit. |
| Acide carbonique. . . . . | 0,961 | Acide carbonique. . . . . | 0,333 |
| | gr. | | gr. |
| Carbonate de chaux. . . . | 0,2051 | Carbonate de soude. . . . | 0,15 |
| —  de magnésie. . | 0,1526 | Chlorure de sodium. . . . | 0,03 |
| —  de fer. . . . . | 0,0565 | Carbonate de magnésie. . | 0,08 |
| —  de soude. . . | 1,8735 | —  de chaux. . . . | 0,15 |
| Sulfate de soude. . . . . | 0,6954 | | |
| Chlorure de sodium. . . | 0,0820 | | 0,41 |
| | 3,0651 | | |

*Propriétés médicales.* Les eaux de la fontaine d'Andabre sont utiles dans l'atonie des voies digestives, les engorgements du foie, des ganglions mésentériques, les affections des voies urinaires, la leucorrhée, les scrofules, etc. Les eaux de Prugnes jouissent à un degré moindre des propriétés de la fontaine précédente ; elles irritent moins le système nerveux, les premières voies et les organes pulmonaires.

On boit les eaux de Camarès à la dose de deux verres jusqu'à deux litres dans la journée. On les unit aux repas avec du vin, on associe souvent la boisson de l'eau d'Andabre aux bains de Sylvanès.

La fontaine d'Andabre et celle de Prugnes appartiennent chacune à un particulier. Elles ont été fréquentées en 1821 par 400 malades qui ont laissé dans le pays environ 1,400 fr. On exporte annuellement huit cents litres d'eau de la fontaine d'Andabre.

*Poëme à la louange des eaux minérales du Pont-de-Camarès*, par un religieux ; 1662, in-8.

*Mémoire sur les eaux minérales thermales de Sylvanès, et sur les eaux minérales froides de Camarès*, par M. Malrieu ; 1776, in-12. Cet ouvrage mérite d'être consulté.

*Traité analytique et pratique sur les eaux minérales de Sylvanès et de Camarès*, par Paul Caucanas. Paris, an x, in-8.

*Mémoire sur les eaux minérales d'Andabre*, par L. Coulet. Paris, 1826, in-8 ; 94 pages.

*Analyse des eaux de Prugnes* (*Bibliothèque médicale*, février 1828).

## SAINT-PARDOUX (département de l'Allier).

Hameau à 3 lieues S.-E. de Bourbon-l'Archambault ; on n'y trouve ni logements, ni ressources pour la nourriture. Les eaux minérales que l'on y observe, étant susceptibles d'exportation, sont employées aux repas par les baigneurs de Bourbon-l'Archambault.

*Source.* Elle surgit dans un petit réservoir et peut fournir quatre cents litres par heure.

*Propriétés physiques.* Les eaux de Saint-Pardoux pétillent sans cesse ; leur saveur est piquante, aigrelette ; ordinairement très-limpides, elles se troublent et deviennent jaunâtres pendant les orages et l'extrême sécheresse : leur température est toujours inférieure à celle de l'atmosphère. Elles déposent facilement sur les parois des vases de l'oxyde de fer.

*Analyse chimique.* Elle a été faite par M. Faye.

Eau ( 1 litre ).

|  |  |
|---|---|
|  | lit. |
| Gaz acide carbonique. . . . . . | 4,00 |
|  | gr. |
| Carbonate de chaux. . . . . . | 0,500 |
| Carbonate de fer. . . . . . . | 0,710 |
|  | 1,210 |

*Propriétés médicales.* L'eau de Saint-Pardoux convient particulièrement aux personnes lymphatiques, dans les maladies scrofuleuses et à la suite des fièvres intermittentes rebelles.

On prend cette eau en boisson le matin à jeun, à la dose de plusieurs litres, et pendant les repas on la mélange avec du vin. M. Faye pense qu'elle doit remplacer un jour l'eau de Seltz.

On en fait un grand usage, pendant la saison des eaux, à Bourbon-l'Archambault. On l'exporte aisément ; elle se conserve si bien, dit M. Faye, qu'on en envoie en Allemagne, en Italie, en Pologne, où on la boit avec plaisir et succès.

*La singularité de la fontaine de Saint-Pardoux en Bourbonnais*, par Pierre Perreau ; 1600.

*Notice sur Bourbon-l'Archambault*, par P. P. Faye. Paris, 1834. On trouve, page 32, une note sur les eaux de Saint-Pardoux.

### CHATELDON ( département du Puy-de-Dôme ).

Bourg à 3 lieues de Vichy et de Cusset, 6 de Clermont-Ferrand et de Riom, 13 de Moulins et 20 de Lyon. La belle route de Paris à Nîmes passe devant Chateldon. Les sources minérales qu'on trouve dans ce bourg seraient plus fréquentées, s'il existait un établissement commode pour les malades. On boit les eaux depuis le mois de mai jusqu'au mois d'octobre. Il y a un médecin inspecteur.

*Sources.* Il y en a cinq; deux sont principalement employées et sont désignées sous les noms de *source des Vignes* et *source de la Montagne.* A un quart de lieue de Châteldon, à mi-côte d'une montagne, on remarque trois autres sources qui sont moins riches en acide carbonique que les premières, et qui sont contenues dans trois petits bassins.

*Propriétés physiques.* La source de la Montagne est la plus abondante; les eaux sont froides, ont un goût aigrelet, piquant, qui devient ensuite légèrement alcalin; elles offrent beaucoup de bulles à leur surface, surtout par un temps sec et à l'approche des orages : exposées à l'air ou conservées dans des vases mal bouchés, elles se troublent et déposent un précipité jaune très-léger qui n'est autre chose que de l'oxyde de fer.

*Analyse chimique.* D'après les expériences faites par le docteur Desbret et M. Reignier, pharmacien, l'eau de Châteldon contient :

Eau ( 1 litre ).

Acide carbonique, quantité indéterminée.

|  | gr. |
|---|---|
| Bi-carbonate de magnésie. | 0,450 |
| —     de soude. . . | 0,150 |
| —     de chaux. . . | 0,300 |
| —     de fer. . . . | 0,150 |
| Chlorure de sodium. . . . | 0,100 |
|  | 1,150 |

20

*Propriétés médicales.* Les eaux de Châteldon paraissent avoir les mêmes propriétés que les eaux de Seltz ; elles aiguisent l'appétit, facilitent la digestion, calment les chaleurs des voies gastriques : on les emploie avec succès dans les inflammations chroniques de l'estomac et des intestins, les vomissements nerveux, les flatuosités, les aigreurs, les engorgements abdominaux, les pâles couleurs, les fleurs blanches, la couperose, les dartres farineuses, etc. M. Desbret préconise les eaux de Châteldon contre la stérilité.

On boit ces eaux à la dose de deux ou trois verres jusqu'à deux litres ; unies au vin, elles le rendent agréable.

Quoiqu'il soit préférable de boire les eaux à la source, on peut cependant les transporter avec avantage ; M. Desbret dit en avoir conservé pendant plus d'un an sans altération. On en exporte chaque année cinq à six mille bouteilles.

Les sources de Châteldon rapportent actuellement au propriétaire environ 3,000 francs ; le produit de ces eaux était autrefois, dit-on, de 10,000 francs.

*Traité des eaux minérales de Châteldon*, par Desbret ; 1778, in-12. *Les Nymphes de Châteldon et Vichy*, dialogue ; 1785, in-8°, 62 pages.

## SAINT-MYON ( département du Puy-de-Dôme ).

Village situé sur une éminence, à 2 lieues de Riom. Les eaux minérales qu'on y rencontre étaient autrefois renommées ; le grand Colbert leur accordait beaucoup de confiance. Hoffmann en a parlé dans ses ouvrages. Les habitants des environs ont l'habitude d'en faire usage dans la belle saison pendant une vingtaine de jours. Il y a un médecin inspecteur.

*Sources.* On en remarque plusieurs qui jaillissent au pied de la colline.

*Propriétés physiques.* Les eaux sont froides, limpides, ont une saveur piquante, acidule; leur surface est couverte de bulles.

*Analyse chimique.* D'après l'analyse incomplète de Costel, laquelle a besoin d'être répétée, l'eau de Saint-Myon contient des carbonates de soude et de chaux, de l'hydrochlorate de soude, et en outre une grande quantité d'acide carbonique.

*Propriétés médicales.* L'eau de Saint-Myon paraît à Raulin préférable à l'eau de Seltz; il la préconise dans les maladies de langueur, dans l'atonie de l'appareil digestif, les engorgements des viscères abdominaux, les règles trop abondantes, le flux hémorroïdal excessif et les gonorrhées anciennes. Coupée avec le lait d'anesse, elle réussit dans les affections nerveuses.

On peut boire cette eau aux repas, en l'unissant au vin; dans l'état de maladie, on en boit un à deux litres dans la journée.

*Traité analytique des eaux minérales*, par Raulin; Paris, 1774, in-12. Le premier chapitre du second volume traite des eaux de Saint-Myon.

### PONT-GIBAUD ( département du Puy-de-Dôme ).

Petite ville à 3 lieues de Riom, 4 de Clermont. On y trouve deux sources minérales gazeuses désignées sous les noms de *Javelle* et de *Châteaufort.* —Les eaux sont froides, limpides; leur saveur est agréable et légèrement aigrelette. Analysées par MM. O. Henry et Blondeau (*Journal de Pharmacie*, t. XVII, page 125), elles ont fourni :

Eau ( 1 litre ).

| | SOURCE DE JAVELLE. | SOURCE DE CHATEAUFORT. |
|---|---|---|
| Azote. . . . . . . . . . . . | quantité indéterminée. | quantité indéterminée. |
| | litre. | litre. |
| Acide carbonique libre. . . . . | 0,128 | 0,270 |

|                              |        |        |
|------------------------------|-------:|-------:|
|                              | gr.    | gr.    |
| Bi-carbonate de soude        | 0,879  | 0,571  |
| — de chaux                   | 0,449  | 0,733  |
| — de magnésie                | 0,169  | 0,546  |
| Sulfate de soude             | 0,132  | 0,204  |
| Chlorure de sodium           | 0,120  | 0,158  |
| — de potassium               | traces.| traces.|
| Silice                       | 0,085  | 0,060  |
| Oxyde de fer                 | traces.| traces.|
| Matière organique azotée     | 0,105  | »      |
|                              | 1,939  | 2,272  |

## MONTBRISON ( département de la Loire ).

Ville à 15 lieues de Lyon, 114 de Paris. La réputation des sources minérales qu'on y trouve est fort ancienne; elles sont près de la ville au nombre de trois, savoir : *la Romaine*, voisine d'un ancien temple dédié à Cérès; celle de *l'Hôpital*, ou *des Ladres*, à environ cent pas de la précédente; celle de *la Rivière*, sur le bord de la rivière de Recize. Ces sources sont froides, limpides, ont un goût acidule. Elles ont été analysées par M. Denis, pharmacien à Montbrison.

### Eau ( 1 litre ).

| SUBSTANCES CONTENUES DANS LES EAUX. | SOURCE la Romaine. | SOURCE de l'Hôpital. | SOURCE de la Rivière. |
|-------------------------------------|-------:|-------:|-------:|
|                                     | lit.   | lit.   | lit.   |
| Acide carbonique                    | 1,190  | 2,110  | 1,140  |
|                                     | gr.    | gr.    | gr.    |
| Chlorure de sodium                  | 0,195  | 0,175  | 0,175  |
| Carbonate de soude                  | 2,425  | 2,755  | 2,025  |
| — de fer                            | 0,098  | 0,035  | 0,075  |
| — de magnésie                       | 0,207  | 0,150  | 0,150  |
| — de chaux                          | 0,422  | 0,340  | 0,335  |
| Débris de mat. végét. et ani.       | 0,025  | 0,075  | 0,035  |
| Silice et terre végétale            | 0,065  | 0,120  | 0,075  |
| Perte                               | 0,025  | 0,010  | »      |
|                                     | 3,462  | 3,660  | 2,870  |

*Propriétés médicales.* D'après Raulin, l'eau de la première source convient dans les dérangements de l'estomac, les engorgements chroniques du bas-ventre, la suppression des flux hémorroïdal et menstruel; l'eau de la seconde source provoque les urines; celle de la troisième est recommandée contre les fleurs blanches, les pâles couleurs, les fièvres intermittentes rebelles, etc.

*Traité analytique des eaux minérales*, par Raulin; 1774. Le chapitre 12 du second volume traite des eaux de Montbrison.

*Analyse et vertus des eaux minérales du Forez*, par Richard de la Prade; 1778, in-12.

### SAIL–SOUS–COUSAN ( département de la Loire ).

Village composé de cent habitations et situé d'une manière avantageuse, à une lieue de la ville de Boën, 3 de Montbrison, demi-lieue de la grande route de Lyon à Bordeaux. Les malades peuvent s'y procurer des logements commodes dans des maisons nouvellement construites. On prend les eaux depuis le mois de juin jusqu'au mois d'août. Il y a un médecin inspecteur.

*Sources.* Dans un bassin carré viennent jaillir en bouillonnant six jets très-considérables d'eau minérale qui dépose un sédiment d'un jaune rougeâtre, composé de sous-carbonates de fer, de chaux et de magnésie.

*Propriétés physiques.* L'eau est froide, très-limpide, inodore; elle a une saveur piquante et un arrière-goût ferrugineux.

*Analyse chimique.* Elle a été faite par le docteur de Viry et M. Tamain, pharmacien à Roanne.

Eau ( 1 litre ).

|  | lit. |
|---|---|
| Acide carbonique. . . . . . | 1,503 |

|  | gr. |
|---|---|
| Carbonate de soude. . . . | 1,79 |
|    —     de chaux. . . . | 0,40 |
|    —     de magnésie. . | 0,15 |
|    —     de fer. . . . . | 0,10 |
| Sulfate de soude. . . . . . | 0,12 |
| Chlorure de sodium. . . . | 0,07 |
| Matière organique. . . . . | 0,16 |
|  | 2,79 |

*Propriétés médicales.* L'eau minérale de Sail-sous-Cousan est de la plus grande utilité aux habitants du pays, qui en font leur boisson ordinaire. On la recommande dans la suppression des flux hémorroïdal et menstruel, la chlorose, la dyspepsie, les engorgements récents des viscères abdominaux, la gravelle et quelques maladies de la peau, telles que démangeaison, boutons, gale, dartres, etc. Le docteur Bonnefoy, ayant observé que les bergers étaient très-soigneux d'éloigner leurs vaches des eaux de la fontaine, dont elles sont très-avides, et qui leur font perdre le lait, les ordonna par analogie dans les dépôts laiteux, dans les douleurs qu'on attribue à la déviation du lait; ce médecin ne fut point trompé dans son attente.

On commence par en boire deux ou trois verres, en augmentant d'un chaque jour et allant ainsi par gradation, jusqu'à dix ou quinze au plus.

Les eaux appartiennent à la commune; elles sont fréquentées annuellement par six à sept cents malades, qui laissent dans le pays environ 4,600 francs.

*Traité analytique des eaux minérales*, par M. Raulin; 1774. Le chapitre 14 du second volume traite des eaux de Sail-sous-Cousan.

*Analyse et vertus des eaux minérales du Forez*, par M. Richard de la Prade; 1778.

*Notice sur les eaux de Sail-sous-Cousan*, par M. de Viry; 1819, in-4; 14 pages.

### SAINT-GALMIER ( département de la Loire ).

Petite ville à 3 lieues de Montbrison. On trouve au bas d'un faubourg de la ville une fontaine minérale qu'on nomme *Fonforte*, et qui est assez fréquentée pour avoir un médecin inspecteur. — L'eau est froide, limpide, acidule ; sa surface est couverte de grosses bulles. On recommande ces eaux dans la gravelle, le dérangement des règles, l'atonie de l'estomac, etc.

Raulin et Richard de la Prade en ont parlé dans leurs ouvrages. *Voyez* Montbrison.

### BESSE ( département du Puy-de-Dôme ).

Petite ville à 2 lieues du Mont-d'Or, 7 de Clermont. La source minérale appelée *la Villetour* est à deux cents pas de la ville. Les eaux sont acidules.

### MEDAGUE ( *Ibid.* ).

Hameau à 3 lieues de Clermont. On y voit deux sources acidules qui sont d'autant plus utiles aux habitants que la boisson de ces eaux les guérit des fièvres intermittentes produites par des marais voisins.

### VIC-LE-COMTE ( *Ibid.* ).

Bourg à 3 lieues d'Issoire, 6 de Clermont ; on y trouve deux sources acidules appelées *fontaine Sainte-Marguerite* et *fontaine du Tambour* ; elles sont assez fréquentées par les habitants des environs depuis le mois de juin jusqu'à la fin de septembre. Il y a un médecin inspecteur.

### BAR ( *Ibid.* ).

Village près de Saint-Germain-Lambron ; on y rencontre plusieurs sources acidules.

## LANGEAC ( département de la Haute-Loire ).

Petite ville sur l'Allier, à 4 lieues de Brioude ; à une demi-lieue de la ville on voit dans une petite prairie la source acidule de *Brugeirou.* Raulin préconise beaucoup ces eaux, qui n'ont besoin, dit-il, que d'échos pour répéter les guérisons qu'elles ont si souvent opérées.

## SAINT-PARIZE ( département de la Nièvre ).

Village à 3 lieues de Nevers. La source minérale appelée *la Font bouillant* a fourni à Hassenfratz du gaz acide carbonique, du sulfate de chaux, du carbonate de chaux et de magnésie. Les habitants des environs boivent cette eau pour se guérir des fièvres intermittentes rebelles.

## FONSANCHE ( département du Gard ).

Village situé entre Sauve et Quissac ; on y trouve une source minérale qu'on dit intermittente ; elle est acidule, dit-on. Nous n'avons pas d'autres renseignements, quoiqu'elle possède un médecin inspecteur.

# CLASSE TROISIÈME.

EAUX MINÉRALES FERRUGINEUSES ACIDULES.

(SYNON. FERREUSES, MARTIALES, CHALYBÉES).

## Considérations générales.

Nous avons rangé dans cette classe les eaux minérales où le fer apparaît, non comme ingrédient unique, mais comme principe prédominant. Les sources martiales sont si nombreuses qu'il n'est presque pas de contrée qui n'en possède une ou plusieurs; elles sont assez communes en Normandie, et proviennent le plus ordinairement des terrains de transition ou secondaires.

*Propriétés physiques.* Les eaux minéralisées par le fer sont limpides, inodores, impriment au goût une sensation de stypticité et d'astriction. Exposées au contact de l'air, elles se couvrent d'une pellicule irisée, se troublent, laissent précipiter leur oxyde de fer sous forme de dépôt floconneux, roussâtre, et deviennent ensuite transparentes et insipides. On remarque un semblable dépôt dans les bassins qui les contiennent et le long des canaux qu'elles parcourent. La plupart des eaux ferrugineuses sont froides; le petit nombre de celles qui sont thermales ne possédant pas de caractères aussi tranchés que les froides, nous ne nous occuperons ici que de ces dernières.

*Propriétés chimiques.* Les eaux ferrugineuses donnent par

l'infusion de noix de galle un précipité qui ne tarde pas à passer au bleu noir. Traitées par le ferro-cyanate de potasse, elles donnent lieu à un dépôt bleuâtre, d'autant plus foncé que le fer est plus oxydé. Les éléments qui les composent sont des sels à base alcaline, terreuse, de l'ammoniaque (Chevallier), et surtout du fer. qui se trouve quelquefois à l'état de sulfate, rarement à l'état de crénate, et le plus souvent à l'état de bi-carbonate. La présence assez constante de l'acide carbonique a engagé les auteurs à ajouter au terme d'eaux ferrugineuses celui d'*acidules*. M. Longchamp (1) prétend qu'on a tort de croire que c'est toujours l'acide carbonique qui tient le fer à l'état de dissolution dans les eaux martiales ; car, dit-il, on trouve le fer dans beaucoup d'eaux qui ne contiennent pas cet acide, et très-fréquemment, dans les eaux minérales, l'oxyde de fer se trouve combiné à la chaux, de manière que cet oxyde fait à l'égard de cette base les fonctions d'un acide qu'il appelle *ferrique*. Ainsi la plupart des sédiments calcaires ferrugineux que déposent les eaux qui nous occupent, seraient donc formés, selon ce chimiste, en grande partie de *ferrate de chaux*, au lieu d'oxyde de fer et de carbonate de chaux, comme on le croit généralement.

Quelques auteurs d'analyses ont indiqué dans les eaux martiales une assez forte quantité de fer, mais c'est une erreur ; car s'il est vrai, comme l'a expérimenté M. Orfila, qu'un grain de carbonate de fer ; dissous dans vingt onces d'eau, communique à ce liquide un goût d'encre désagréable, que penser des analyses où l'on voit un litre d'eau receler plusieurs grains d'un sel de fer ? Les sources diffèrent entre elles soit par le plus ou moins de fer qu'elles contiennent, soit à raison de la qualité et de la quantité des substances terreuses et salines.

_____

(1) Analyse des eaux de Vichy, p. 113.

*Propriétés médicales.* Depuis que les chimistes ont constaté la présence du fer dans le sang, qui doit à cette substance sa coloration, on a accordé de grandes vertus aux préparations martiales dans les maladies qui paraissent résulter d'une diminution de la quantité proportionnelle du fer dans ce liquide animal ; mais si le fer pris isolément a une action thérapeutique très-marquée, il est certain que, combiné avec l'acide carbonique et uni à des bi-carbonates alcalins, il devient plus assimilable, se dissout mieux dans nos liquides, et est en même temps plus aisément supporté par l'estomac. C'est à cette cause sans doute que l'on doit attribuer la grande efficacité des sources ferrugineuses, efficacité qui paraît souvent hors de toute proportion avec la petite quantité de fer contenue dans ces eaux. Celles-ci, en effet, lorsqu'elles sont prescrites dans les cas convenables, sont sans contredit une médication très-avantageuse ; elles augmentent l'appétit, facilitent la digestion, produisent la constipation, impriment à tout l'organisme un caractère de force et de bien-être qui se manifeste extérieurement par un teint plus clair, plus animé, et par un accroissement de gaîté et d'agilité. Les particules du fer ne bornent pas leur action à la surface gastro-intestinale ; elles peuvent être absorbées et portées dans le torrent de la circulation, ainsi que l'ont démontré les expériences de MM. Tiedmann et Gmelin, qui ont retrouvé dans les veines splénique, hépatique, et même dans les urines des animaux, le sous-carbonate de fer qui leur avait été administré. On conçoit dès lors que, sous l'influence des eaux martiales, le pouls devient plus fort, plus fréquent, le sang plus vermeil, toutes les fonctions s'exécutent avec plus d'énergie et de régularité. Ces phénomènes sont évidents chez les jeunes filles chlorotiques, chez les individus faibles, à constitution molle, lymphatique, chez ceux dont la débilité tient véritablement à un état anémique, dont le teint est pâle, et la circulation lente.

Les eaux martiales sont astringentes, condensent les tissus, épaississent les fluides, et par cette action augmentent la tonicité de nos organes; c'est ce qui les rend si salutaires aux personnes qui habitent des pays froids, humides, marécageux; dans les maladies par relâchement, les flux muqueux ou sanguins par défaut de ton des vaisseaux, la faiblesse générale qui succède aux hémorragies, à l'abus des émissions sanguines; dans certaines affections qui se rapprochent du scorbut, et qui sont caractérisées par des saignements de gencives, le gonflement des veines dans la bouche, des ecchymoses sous-cutanées; dans les longues convalescences; dans certains écoulements, tels que les fleurs blanches, les blennorrhées, les pertes de semence trop continues à la suite de la masturbation et de l'excès des plaisirs vénériens; dans les catarrhes chroniques de la vessie; les diarrhées anciennes; les affections scrofuleuses; la cachexie mercurielle; les hydropisies passives occasionnées par l'usage excessif des boissons aqueuses, ou l'habitation dans des lieux bas et humides; dans les engorgements abdominaux indolents, sans fièvre; dans les fièvres intermittentes d'automne; dans la suppression des règles ou leur flux trop abondant, pourvu que ces maladies soient dues à une débilité générale, ou à un défaut de ressort de la matrice; dans la stérilité, la disposition aux avortements, l'impuissance virile, l'imperfection du liquide séminal lorsque ces infirmités dépendent d'une faiblesse de constitution. Les eaux ferrugineuses sont également utiles pour faciliter la digestion; mais elles ne réussissent qu'autant qu'il n'y a point d'irritation à l'estomac, que la digestion se fait difficilement par atonie du canal alimentaire, que la langue est pâle, qu'il n'y a point de fièvre, ni de sécheresse trop grande à la peau. Elles ne réussissent dans les maladies nerveuses qu'autant que les organes digestifs ne sont pas irrités, et que la grande susceptibilité pour toutes les impressions a déjà été diminuée par une médication adoucissante. L'acide carbonique et les différents sels qu'elles contiennent donnant à ces eaux une action diurétique très-marquée, on les a recommandées dans les coliques néphrétiques, la gravelle ; elles favorisent en effet l'expulsion des graviers, mais ne les dissolvent pas, parce que la plupart d'entre elles ne contiennent pas assez de bi-carbonate de soude pour saturer l'acide urique.

Puisque les eaux martiales conviennent dans les maladies asthéniques, il est par conséquent facile de prévoir qu'elles sont nuisibles dans les affections un peu aiguës, et qu'on doit les interdire aux individus pléthoriques, à ceux qui ont une constitution nerveuse, irritable. On doit se garder de les prescrire dans les cas où la faiblesse n'est qu'apparente, lorsqu'il y a oppression des forces par la souffrance d'un organe. Il faut administrer avec beaucoup de ménagement les eaux dont nous parlons aux personnes dont la poitrine est délicate, car elles produisent facilement le crachement de sang. Elles sont encore contraires aux femmes enceintes, surtout à celles qui sont pléthoriques, qui éprouvent des douleurs vers l'utérus, parce que dans cette circonstance l'excitation du liquide minéral pourrait provoquer l'avortement. Enfin, elles sont contre-indiquées dans les maladies de poitrine, la disposition à la phthisie pulmonaire, dans les maladies organiques du cœur ou des gros vaisseaux, et dans les désorganisations commençantes de l'estomac et du canal intestinal.

*Mode d'administration.* On boit les eaux ferrugineuses à la dose de deux ou trois verres le matin à jeun, et on augmente graduellement la dose. Quelquefois elles causent des étourdissements, portent au sommeil à cause du gaz acide carbonique. Lorsqu'elles déterminent de l'anxiété, des douleurs à l'épigastre, des nausées, des lassitudes générales, il faut les couper avec du lait ou une tisane adoucissante ; cette précaution est nécessaire pour les personnes dont l'estomac est très-susceptible. Il est bien remarquable que les habitants voisins des sources martiales en font souvent leur boisson habituelle sans inconvénient, tandis que, dans l'état de maladie, ils en éprouvent des effets manifestes et même des accidents, s'ils en abusent. Ce phénomène n'a rien de surprenant pour le médecin, qui sait que dans l'état de santé ces eaux fortifient toute l'économie d'une manière insensible, tandis que dans l'état pathologique elles impriment à l'organe malade un surcroît d'excitation qui a besoin d'être maintenue dans des limites convenables pour ne pas devenir dangereuse. Il n'est pas rare en effet de voir des malades qui, sous l'influence d'une eau ferrugineuse, recouvrent pendant quelque temps l'appétit, les forces et la gaîté, et qui après la cure voient leurs anciennes souffrances reparaître avec une nouvelle intensité.

Il y a des sources ferrugineuses acidules qui dégagent une si grande quantité d'acide carbonique que plusieurs médecins allemands ont cherché à utiliser ce gaz en bains ; à Ischel en Autriche, à Marienbad, à Eger en Bohême, on a établi des *bains gazeux*. Les docteurs Heidler et Scheu, médecins distingués de Marienbad, ont étudié l'action propre à ces bains ; selon eux, les bains de gaz excitent d'abord une sensation de chaleur à la superficie du corps, principalement aux organes génitaux, ensuite une transpiration plus abondante, et quelquefois en même temps une légère formication; le pouls devient souvent plus lent et plus petit. Ces bains doivent être considérés comme des agents stimulants et peuvent être essayés dans les paralysies locales, les spasmes, pour rétablir les flux menstruel et hémorroïdal, pourvu que la suppression soit due à une débilité réelle. Mais il faut s'en abstenir s'il existe une disposition pléthorique ou inflammatoire.

Ce n'est qu'à la source qu'on peut prendre les eaux ferrugineuses dans leur pureté; transportées au loin, gardées longtemps, elles déposent entièrement leur fer et n'agissent plus qu'à raison des substances salines dont toutes sont plus ou moins chargées : on préviendrait peut-être cette altération en fixant dans le bouchon destiné aux bouteilles d'eau minérale un fil de fer ou un clou dont l'extrémité plonge un peu dans ce liquide; on se sert avec succès de ce procédé aux sources ferrugineuses de la Silésie et de la Franconie. ( Hufeland, *Journal de médecine pratique*, mai 1826. )

### RENNES ( département de l'Aude ).

Village de cinq cents âmes, très-agréablement situé à 6 lieues de Carcassonne, 15 de Narbonne, 3 de Caudiez. Les routes pour y parvenir sont actuellement en bon état. Les eaux minérales que l'on y rencontre paraissent avoir été connues des Romains, comme l'attestent une infinité de médailles et d'inscriptions. Depuis longtemps elles jouissent d'une assez grande réputation; il s'y rend chaque année depuis le mois de mai jusqu'au mois d'octobre un grand nombre de malades de Toulouse, Castelnaudary, Carcassonne, Béziers, Narbonne, etc. A Rennes, le site est agréable, le climat doux et tempéré; la vie animale y est excellente; le gibier, les légumes et les meilleurs fruits y abondent; le voisinage de Limoux, de Caudiez, permet de se procurer tous les agréments de la vie. Médecin inspecteur, M. Cazaintre.

*Sources.* On en compte cinq; trois sont thermales et deux froides : les trois sources thermales portent le nom de Bain-Fort, Bain de la Reine, Bain-Doux ou des Ladres; les deux sources froides ont reçu le nom d'eaux du Pont et du Cercle.

Le *Bain-Fort* est situé dans une auberge, au milieu du village; ses eaux jaillissent dans un bassin, et sont distribuées dans huit belles baignoires; à côté de ce bassin, se trouvent différentes douches ascendantes, descendantes et en arrosoir, ainsi qu'un petit cabinet qui sert de bain de vapeur.

La source du *Bain de la Reine* est située à deux cents pas du village. Elle sourd dans un bassin d'où elle se distribue dans neuf baignoires.

Le *Bain-Doux* se trouve à trois cents pas au-dessous du bain de la Reine ; on voit dans cet établissement quatre piscines et seize baignoires dans dix cabinets fort élégants.

Les deux sources froides sont celles qui sont les plus éloignées du village : l'eau du *Cercle* en est à une distance d'environ 500 mètres ; la source du *Pont* est au nord du village. Ces deux sources ont besoin de quelques réparations pour rendre leur accès plus facile à ceux qui les fréquentent.

*Propriétés physiques.* Les eaux des cinq sources sont claires et incolores. Les trois sources thermales sont remarquables par leur abondance ; l'eau du *Cercle* exhale une odeur forte difficile à caractériser ; celle du *Bain-Doux* répand une odeur hépatique qui devient sensible surtout lorsqu'on vide les bassins. Les eaux des trois autres sources sont inodores. Exposée à l'action de l'air, l'eau du Cercle donne un précipité de carbonate de chaux. Ces eaux diffèrent par leur saveur ; celle du *Bain-Fort* s'annonce par une amertume légère ; on reconnaît celle du Cercle à sa saveur très-styptique et un peu acide ; celle de la Reine est austère ; celle du Bain-Doux est d'une amertume prononcée ; celle du Pont est fade. L'eau du Bain-Fort laisse échapper à la source des bulles de gaz acide carbonique. Voici la température des trois sources thermales : Bain-Fort, 51°,2 cent. ; Bain de la Reine, 41°,2 cent. ; Bain-Doux, 40° cent. M. Cazaintre n'a jamais observé de variation dans la température des sources. Celles-ci coulent toujours avec la même abondance ; celles du Bain-Fort et du Bain-Doux pourraient faire aller une petite usine.

*Analyse chimique.* On doit à MM. Julia et Reboulh une analyse très-détaillée des diverses sources de Rennes ; le résultat de leurs expériences est renfermé dans le tableau suivant.

## Eau ( 1 litre ).

| SUBSTANCES contenues DANS LES EAUX. | BAIN-FORT. | BAIN de la Reine. | BAIN des Ladres. | BAIN du Pont. | BAIN du Cercle. |
|---|---|---|---|---|---|
| | litre. | | | | |
| Acide carbonique. . | 0,050 | » | » | » | » |
| Acide hydrosulfuri- que. . . . . . . | » | quant. inap. | » | » | » |
| Chlorure de magné- sium. . . . . . | 0,6650 | 0,2900 | 0,2500 | » | 0,1350 |
| Chlorure de calcium. | 0,1250 | 0,1150 | 0,5750 | 0,1325 | » |
| — de sodium. | 0,0625 | 0,3000 | 0,2000 | 0,0650 | 0,0650 |
| Sulfate de chaux. . . | 0,2750 | 0,3625 | 0,2125 | 0,0500 | 0,0350 |
| — de fer. . . . | » | » | » | » | 0,0620 |
| — de magnésie. | » | » | » | 0,1000 | 0,1000 |
| Carbonate de magné- sie. . . . . . . . | 0,2375 | 0,2250 | 0,0200 | 0,1000 | » |
| Carbonate de chaux. | 0,2050 | 0,1000 | 0,0550 | 0,0375 | » |
| — de fer. . | 0,1125 | 0,0875 | 0,0750 | 0,0625 | » |
| Silice. . . . . . . | 0,0075 | » | 0,0050 | » | » |
| Perte. . . . . . . | 0,0125 | 0,0125 | 0,0075 | 0,0025 | 0,0025 |
| | 1,7025 | 1,4925 | 1,4000 | 0,5500 | 0,3995 |

*Propriétés médicales.* Les eaux et bains de Rennes, dit M. Cazaintre, agissent principalement sur les sécrétions et les excrétions; leur mode d'action n'est pas le même chez tous les individus : chez les uns ils amènent la solution des maladies par
un flux abondant d'urines, chez les autres par des sueurs abondantes. Ces deux excrétions étant physiologiquement opposées, il est très-rare qu'elles aient lieu en même temps; mais
on les voit alterner chez les mêmes individus sous l'influence
du traitement thermal. L'établissement de Rennes offre un
avantage immense en réunissant dans le même lieu trois sources
thermales qui, avec leur différence d'action sur l'économie

21

animale, permettent de graduer l'excitation suivant la nature
et la période de la maladie. Ainsi une maladie chronique qui
pourrait être sensiblement aggravée si on l'attaquait de prime-
abord par le Bain-Fort, pourra être combattue avec succès
en débutant par le Bain-Doux, passant ensuite au Bain de la
Reine, et en arrivant ainsi progressivement au Bain-Fort.
Nous allons indiquer les maladies contre lesquelles on peut
employer les eaux des cinq sources avec quelque probabilité
de succès.

*Bain-Doux.* L'eau du Bain-Doux est douce, onctueuse; on
y éprouve un bien-être sensible. La propriété qu'il possède de
porter le sang doucement du centre à la circonférence rend ce
bain précieux dans quelques espèces de catarrhe pulmonaire
chronique, dans certaines névralgies, le spasme de l'estomac,
la gastralgie, le vomissement nerveux, les anciennes diarrhées,
les fleurs blanches, le catarrhe vésical chronique. L'onctuosité
de ce bain le fait recommander dans le traitement des maladies de la peau, dans le *prurigo formicans*, l'*ichthyose* (excroissan-
ces squammeuses), dans les affections herpétiques qui altèrent
plus ou moins les fonctions exhalantes de la peau, et dans ces
douleurs vagues qui surviennent à la suite des fatigues de la
guerre et de l'influence des bivouacs.

Prise en boisson, l'eau du Bain-Doux facilite la sécrétion
de l'urine et convient dans les obstructions du foie et de ses
dépendances, dans la gravelle.

*Bain de la Reine.* Il a des propriétés médicamenteuses plus
énergiques que celles du Bain-Doux; il convient principalement dans les maladies du système lymphatique, dans les engorgements glanduleux, l'œdème des membres abdominaux.

*Bain-Fort.* L'expérience a prouvé que ce bain est fort utile
dans les affections rhumatismales chroniques, accompagnées
d'engourdissement, de torpeur et d'engorgement dans les
articulations; dans les plaies fistuleuses, dans la paralysie qui
dépend de quelque métastase rhumatismale, de la répercus-

sion brusque d'un exanthème, de dartres ; et enfin dans toutes les maladies chroniques invétérées qui ne cèdent qu'à des perturbations énergiques.

On ne doit pas faire usage de ce bain dans la paralysie, chez les tempéraments sanguins et irritables, et dans tous les cas où il y a surexcitation des organes. On ne prend ordinairement le Bain-Fort qu'après avoir tempéré la chaleur de l'eau. Quand il faut ranimer une partie frappée d'insensibilité, on s'en sert avec sa température native, en immersions partielles et pendant un quart d'heure seulement.

La source minérale du Cercle est froide et n'est utilisée qu'en boisson ; elle doit être rangée parmi les eaux acidules ferrugineuses. Elle convient dans la suppression menstruelle par atonie, les engorgements lymphatiques, la chlorose, la dyspepsie, la jaunisse. L'eau du Pont a des propriétés à peu près semblables à celle du Cercle ; elle est moins tonique et convient aux tempéraments nerveux ; elle est recommandée dans les cas d'inappétence, de langueur d'estomac, les gonorrhées et les fleurs blanches.

*Mode d'administration.* Les eaux thermales de Rennes sont administrées en boisson, bains, douches et en bains de vapeurs. L'eau du Cercle doit être prise le matin à jeun à la dose de quatre à cinq verres ; on peut aller jusqu'à huit lorsque le tempérament est lymphatique, mais en général il ne convient pas de dépasser cette dose ; l'eau du Pont peut être prise à la dose de six à dix verres. On peut couper ces eaux avec du lait, de l'eau d'orge.

Les sources minérales de Rennes ne sont pas affermées ; elles appartiennent à un seul propriétaire qui les régit. On peut évaluer à 10 ou 12,000 francs le revenu des bains. M. Cazaintre porte à 80,000 francs l'argent laissé dans l'établissement en 1836.

*Analyse des eaux minérales de Rennes*, par MM. Julia et Reboulh ( *Annales de chimie*, tome LVI, page 119).

*Essai historique, topographique, physico-chimique et médical sur les bains et les eaux minérales de Rennes*, par M. Sizaire Violet (*Bibliothèque médicale*, tome II, page 49).

*Notice sur les eaux thermales et minérales de Rennes*, par M. Cazaintre. Toulouse, 1833, 76 pages. Cet opuscule mérite d'être consulté : il contient beaucoup de faits pratiques.

## SYLVANÈS (département de l'Aveyron).

Joli village à 400 mètres au-dessus de la mer, 3 lieues de Vabres, 4 de Saint-Affrique, 6 de Rhodez ; la route pour y arriver est assez facile. Le pays est agréable, l'air y est très-salubre. On voit au milieu d'une immense prairie deux beaux bâtiments destinés au logement des malades et à l'établissement des bains. Ceux-ci sont très-fréquentés par les habitants des contrées voisines, depuis le mois de mai jusqu'à la fin de septembre. La saison est communément de 15 à 20 jours. Il y a un médecin inspecteur.

*Sources.* Il en existe trois, qui jaillissent au pied d'une colline : l'une, dont les eaux se rendent en bouillonnant dans un grand réservoir, est située au milieu d'un des bâtiments et sert aux bains. La seconde, placée sur le bord de la petite rivière de Sylvanès, coule à l'air libre ; elle est appelée *petite fontaine* et sert à la boisson. Un peu au-dessus de ces deux fontaines, on en trouve une troisième qui forme ce qu'on appelle les *petites baignoires.*

*Propriétés physiques.* Les eaux minérales de Sylvanès sont limpides, ont une odeur sulfureuse ; leur goût est douceâtre ; mais quand on les a retenues dans la bouche pendant quelques minutes, on trouve qu'elles ont une saveur ferrugineuse, légèrement salée et acerbe. On voit à la surface de l'eau une pellicule nuancée en rouge et en bleu, et dans le fond du réservoir un sédiment d'un jaune rougeâtre et onctueux.

Voici la température des sources : grand réservoir, 38° cent. ; petite fontaine, 34° ; petites baignoires, 33°.

*Analyse chimique.* Elle a été faite par M. Virenque et récemment par MM. Bérard de Montpellier et Coulet. Voici cette dernière analyse.

Eau (1 litre).

|  | litre. |
|---|---|
| Acide carbonique. | 0,200 |
| Acide hydrosulfurique. | 0,050 |

|  | gr. |
|---|---|
| Carbonate de fer. | 0,0405 |
| — de chaux. | 0,1250 |
| — de magnésie. | 0,2300 |
| — de soude. | 0,0054 |
| Sulfate de soude. | 0,0370 |
| Chlorure de sodium. | 0,2530 |
|  | 0,6909 |

*Propriétés médicales.* Les bains de Sylvanès jouissent d'une assez grande réputation dans les maladies nerveuses, les rhumatismes chroniques, la paralysie, les maladies scrofuleuses, les affections cutanées, les ulcères opiniâtres, les ankyloses incomplètes, la raideur des ligaments et la contracture des membres. On a recommandé les eaux de la petite fontaine dans les catarrhes pulmonaires chroniques, les fleurs blanches, la suppression des règles.

On doit s'abstenir des eaux de Sylvanès dans toutes les maladies accompagnées de fièvre. Les personnes pléthoriques sujettes à l'hémoptysie, et celles qui ont des dispositions à la phthisie pulmonaire, doivent employer ces eaux avec circonspection.

*Mode d'administration.* On use des eaux de Sylvanès en boisson et en bains. On boit trois ou quatre verres de l'eau de la petite source; on y ajoute souvent un tiers de lait.—On prend les bains dans des baignoires ou dans deux piscines qui peuvent contenir chacune douze personnes à la fois, et qui sont destinées, l'une aux hommes, l'autre aux femmes. On associe fréquemment aux bains la boisson des eaux acidulés de Camarès, dont la source est au revers de la même colline. — Les sources appartiennent à des particuliers. En 1821 il est venu à Sylvanès trois cent trente-six malades, qui ont laissé dans le pays environ 36 à 40,000 francs.

*Mémoire sur les eaux minérales chaudes de Sylvanès*, par M. Malrieu; 1776, in-12.

*Traité analytique et pratique sur les eaux minérales de Sylvanès*, par Paul Caucanas; an x, in-8.

### CAMPAGNE ( département de l'Aude ).

Village sur la rive gauche de l'Aude, à une lieue et demie d'Aleth, une demi-lieue d'Espéraza, et 3 de Quillan. Le pays offre des sites pittoresques; le climat est doux; les malades se logent dans la commune d'Espéraza, qui est à une demi-lieue des sources minérales.

*Sources.* Il y en a deux qui jaillissent dans un vallon : l'une est placée au niveau des eaux du ruisseau appelé le Riontort; on la nomme *source du Pont:* l'autre, et c'est la principale, est à l'abri des inondations; elle est désignée sous le nom de *source de Campagne.*

*Propriétés physiques.* Les eaux des deux sources sont douces, limpides, incolores; leur saveur est ferrugineuse, et laisse un arrière-goût d'amertume. Elles présentent à leur surface une grande quantité de bulles. La source de Campagne fournit un hectolitre par minute; ce produit est le même en été qu'en hiver. La température des deux sources est constamment de 27°,5 cent.

*Analyse chimique.* Elle a été faite par les docteurs Estribaud et Frejacque, et M. Reboulh, pharmacien.

Eau (1 litre).

| | lit. |
|---|---|
| Acide carbonique. . . . . . . . | 0,040 |

| | gr. |
|---|---|
| Chlorure de magnésium. . . . . | 0,108 |
| — de sodium. . . . . . . | 0,040 |
| Sulfate de magnésie. . . . . . . | 0,888 |
| Carbonate de magnésie. . . . . | 0,200 |
| — de chaux. . . . . . . . | 0,120 |
| — de fer. . . . . . . . . | 0,044 |
| Silice et perte. . . . . . . . . . | 0,100 |
| | 1,000 |

*Propriétés médicales.* Les eaux minérales de Campagne sont recommandées dans l'atonie de l'estomac et du canal intestinal, les engorgements du foie, du mésentère, les gonorrhées, les fleurs blanches, la stérilité, la gravelle, les maladies de la peau, la goutte atonique, etc. Elles sont nuisibles dans la phthisie commençante.

*Mode d'administration.* On boit les eaux de Campagne depuis trois ou quatre verres jusqu'à douze chaque matin. Dans beaucoup de cas, on ajoute au premier verre quelques gros de sulfate de soude. On associe ordinairement les bains à la boisson.

*Analyse des eaux minérales de Campagne*, par MM. Estribaud, Frejacque et Reboulh (*Annales de chimie*, 1813).

### FORGES (département de la Seine-Inférieure).

Village situé dans un lieu assez élevé, à 4 lieues de Gournay, 3 de Neufchâtel, 9 de Rouen, 25 de Paris. Les eaux minérales qu'on y rencontre sont connues depuis longtemps. En 1632, Louis XIII fit nettoyer et arranger les sources pour prendre les eaux avec Anne d'Autriche et le cardinal de

Richelieu. Le séjour de Forges est agréable; les promenades y sont belles, l'air est pur et tempéré; les malades y trouvent des maisons commodes, et toutes les ressources nécessaires à la vie. Ces eaux, naguère très-fréquentées, sont presque entièrement délaissées aujourd'hui, sans que cependant elles aient perdu de leur efficacité. On va les boire depuis le mois de juillet jusqu'au 15 septembre. Il y a un médecin inspecteur.

*Sources.* Il y en a trois, savoir, la *Reinette*, la *Royale*, la *Cardinale*. Elles sont situées au couchant du bourg, dans un vallon dominé par de très-faibles éminences; elles coulent chacune dans un petit bassin. Elles sont également abondantes pendant l'été et l'hiver, et n'augmentent pas de volume même dans les plus grandes pluies. Une *nouvelle* source a été découverte en 1834 par le docteur Cisseville, à 650 mètres des sources précédentes.

*Propriétés physiques.* Les eaux de Forges sont parfaitement limpides à leur source; mais si on les laisse quelque temps exposées à l'air libre, elles se troublent, déposent un sédiment ocreux, et dès qu'il est formé, leur saveur naturelle change. Celle-ci n'est pas la même dans les trois sources; elle est fraîche dans toutes, à peine ferrugineuse dans la Reinette, ferrugineuse dans la Royale, et très-atramentaire dans la Cardinale. Les eaux sont inodores; leur pesanteur spécifique diffère peu de celle de l'eau distillée; leur température est de 7°,50 cent., celle de l'atmosphère étant à 14°. Le fond et les parois des bassins sont couverts d'une poudre d'un jaune rougeâtre. L'eau de la *nouvelle* source est trouble et un peu laiteuse; elle a l'odeur de l'eau légèrement croupie et une saveur ferrugineuse très-prononcée.

La source de la Reinette offre un phénomène singulier. Les flocons jaunâtres qu'elle charrie habituellement augmentent d'une manière très-marquée avant le lever du soleil et une heure avant son coucher. S'il doit survenir un orage ou une grande pluie, on voit l'eau se troubler, quelquefois dans la journée même qui précède l'orage, et devenir toute trouble par la quantité de flocons qu'elle entraîne ; enfin on juge de la violence de l'orage ou de l'abondance de la pluie par la quantité de flocons jaunes qu'on observe dans cette eau, et par le temps qu'elle reste trouble ; c'est le baromètre du pays.

*Analyse chimique.* Il résulte des expériences faites par Robert, ancien pharmacien en chef de l'Hôtel-Dieu de Rouen, et de celles faites récemment par MM. Morin et Girardin, que les eaux de Forges contiennent les principes suivants :

Eau (1 litre).

| SUBSTANCES contenues DANS LES EAUX. | ANALYSE PAR ROBERT. | | | ANALYSE par MM. MORIN et GIRARDIN. |
|---|---|---|---|---|
| | Source REINETTE. | Source ROYALE. | Source CARDINALE. | Source NOUVELLE. |
| *Principes volatils.* | litre. | | | |
| Acide carbonique... | 0,250 | 1,250 | 2,000 | 0,040 |
| *Principes fixes.* | gr. | | | |
| Carbonate de chaux. | 0,0139 | 0,0417 | 0,0417 | 0,0189 |
| —   de fer... | 0,0069 | 0,0278 | 0,0480 | 0,0580 |
| Chlorure de sodium. | 0,0417 | 0,0483 | 0,0530 | 0,0158 |
| —   de calcium. | » » | » » | » » | 0,0250 |
| —   de magnésium. | 0,0118 | 0,0069 | 0,0118 | 0,0043 |
| Sulfate de chaux... | 0,0193 | 0,0278 | 0,0278 | 0,0140 |
| —   de magnésie. | » » | 0,0483 | 0,0530 | 0,0043 |
| Silice... | 0,0059 | 0,0046 | 0,0096 | 0,0130 |
| Matière organique bi-tumineuse... | » » | » » | » » | 0,0047 |
| | 0,0995 | 0,2054 | 0,2449 | 0,1580 |

Les flocons volumineux rougeâtres qui se précipitent au fond du bassin de la Reinette sont composés de carbonate de chaux, de fer et de silice.

*Propriétés médicales.* Les eaux de Forges sont toniques et apéritives ; on les conseille dans l'atonie de l'estomac, la perte d'appétit, la dyspepsie, la diarrhée chronique, l'anasarque essentielle, les engorgements du bas-ventre, les fleurs blanches, la chlorose, l'incontinence d'urines. Lepecq de la Cloture assure que des œdèmes invétérés et des ascites confirmées ont été dissipés par l'usage de ces eaux. En 1768, beaucoup d'habitants de Forges tourmentés par la diarrhée furent guéris en buvant uniquement de l'eau de la Reinette. Mais la vertu principale qu'on attribue aux eaux de Forges, c'est leur efficacité contre la stérilité.

Louis XIII et Anne d'Autriche, après dix - huit ans de mariage, n'avaient pas encore assuré un héritier au trône de France ; ces augustes monarques firent le voyage de Forges, et y burent les eaux. La naissance prochaine de Louis XIV fut pour beaucoup de personnes une preuve de la propriété *fertilisante* de ces eaux minérales ; aussi, depuis cette époque, on a vu plusieurs jeunes dames aller chercher auprès de ces sources un espoir qui peut se réaliser, lorsque la stérilité est due à une atonie générale ou locale.

Les eaux dont nous parlons sont nuisibles aux phthisiques et aux scorbutiques, dans la goutte, l'asthme, les vertiges.

*Mode d'administration.* On emploie les eaux de Forges seulement en boisson. On se sert aux repas de l'eau de la Reinette pure ou coupée avec du vin. La Royale, manifestement ferrugineuse, exige quelques précautions ; les premiers jours, on n'en prend qu'un seul verre ; les jours suivants, on double la dose, et on continue de l'augmenter jusqu'à ce qu'on soit parvenu à en boire sept verres par jour ; et lorsqu'à cette dose assez considérable l'estomac ne paraît pas fatigué, on essaie l'usage de la Cardinale. Celle-ci est active, pénétrante, porte à la tête, et cause quelquefois des nausées, des étourdissements qui se dissipent par la promenade.

Pour transporter avec avantage l'eau de la Cardinale, il faut puiser l'eau à la source, l'air étant sec, le soir après le coucher du soleil, ou le matin avant son lever; il faut de plus boucher hermétiquement les bouteilles. On en exporte annuellement pour trois cents francs.

*Discours au roi touchant la nature, effets et usage des eaux minérales de Forges*, par Jacques Cousinot; 1631, in-4°.

*Nouveau traité des eaux minérales de Forges*, par Barthélemi Linand; 1697, in-8.

*Nouveau système des eaux minérales de Forges*, par Jean la Rouvière; 1699, in-12. Cet ouvrage mérite d'être consulté.

*Analyse des eaux de Forges*, par S. Ant. Marteau; 1756, in-12.

*Analyse des eaux de Forges*, par M. Robert (*Annales de chimie*, novembre 1814).

*Analyse d'une nouvelle source d'eau minérale découverte à Forges-les-Eaux*, par MM. Morin et Girardin (*Journal de pharmacie*, mai 1837).

## PASSY (département de la Seine).

Bourg qui touche à l'une des barrières de Paris, sur la rive droite de la Seine; il est renommé par sa position agréable, le bon air que l'on y respire, le beau point de vue qu'il présente, et par son voisinage du bois de Boulogne. Les sources minérales qu'on y rencontre, quoique préconisées depuis plus de cent ans, sont peu fréquentées; on va les boire à la source depuis le mois de mai jusqu'au mois d'octobre.

*Sources.* Elles sont situées dans la propriété de MM. Delessert; on les distingue en *anciennes* et en *nouvelles* eaux. Les anciennes sont aujourd'hui délaissées; les nouvelles, peu distantes des premières, présentent deux sources, renfermées dans un regard voûté où l'on descend par un bel escalier : elles sont très-abondantes.

*Propriétés physiques.* Les eaux sont froides, claires, limpides; elles ont un goût ferrugineux avec sentiment d'astriction; leur surface est couverte d'une pellicule roussâtre; un sédi-

ment jaune orangé se dépose dans les canaux de décharge.
M. Planche a remarqué que les sources éprouvent des altérations très-marquées dans les temps d'orage et de pluie.

Ces eaux, telles qu'elles jaillissent du sein de la terre, sont
généralement trop fortes, trop actives pour l'usage intérieur.
Pour les rendre d'une digestion plus facile, on les *épure*, c'est-
à-dire qu'on les laisse pendant quelque temps exposées, dans,
des jarres, au contact de l'air, de sorte qu'elles se dépouillent de la plus grande partie du fer qu'elles contiennent.
Lorsque la dépuration est poussée trop loin tout le fer se
trouve précipité; alors l'eau n'a plus de saveur ferrugineuse,
et par conséquent elle n'agit plus comme auparavant. Le grand
art est de ne conserver à l'eau dépurée qu'une petite quantité de fer, et c'est à quoi l'on parvient aisément avec un peu
de précaution.

Deyeux et M. Planche ont analysé l'eau épurée ; il résulte
de leur travail que l'eau non épurée est plus riche en principes salins que celle qui a subi cette opération, et que les sels
ne sont pas de même nature dans ces deux eaux, différence
qui doit dépendre de la décomposition éprouvée par plusieurs
sels pendant l'exposition à l'air. La quantité de fer a paru si
peu considérable à M. Planche qu'il a proposé d'exclure les
eaux épurées du nombre des ferrugineuses.

*Analyse chimique.* MM. Planche, Deyeux et O. Henry se sont
occupés à des époques diverses de l'analyse des eaux de Passy.
Le travail de M. Henry, entrepris en 1832 à la demande des
propriétaires, a pour but de faire connaître la richesse compa-
rative des anciennes et des nouvelles sources. Le tableau
suivant présente ce résultat d'une manière exacte.

Eau (1 litre).

| EAU MINÉRALE NON DÉPURÉE. | | | | |
|---|---|---|---|---|
| PRINCIPES CONTENUS DANS L'EAU | SOURCES NOUVELLES. | | SOURCES ANCIENNES. | |
| | No 1. | No 2. | No 1. | No 2. |
| Azote......... Acide carbonique.. | quantité indéterminée gr. | quantité indéterminée | quantité indéterminée | quantité indéterminée |
| Sulfate de chaux... | 1,536 | 2,774 | 1,620 | 2,800 |
| — de magnésie. | 0,200 | 0,500 | 0,170 | 0.530 |
| — de soude .. | 0,280 | 0,540 | | |
| — d'alumine... | 0,110 | 0,248 | traces. | traces. |
| Sulfate d'alumine et de potasse..... | traces. | traces. | traces. | traces. |
| Sulfate de fer protoxydé......... Sulfate de fer peroxydé | représentés par peroxyde de fer | représentés par peroxyde de fer | représentés par peroxyde de fer | représentés par peroxyde de fer |
| Sous-tritosulfate de fer | 0,045 | 0,112 | 0,039 | 0.077 |
| Carbonate de chaux. | 0.000 | 0.000 | 0.000 | 0.014 |
| Chlorure de sodium. | 0,260 | 0,060 | 0,053 | 0,050 |
| — de magnésium......... | 0,080 | 0.226 | 0,155 | 0,210 |
| Silice......... Matière organique ou glairine....... | quantité indéterminée | quantité indéterminée | quantité inappréciée. | quantité inappréciée. |
| | 2,511 | 4,360 | 2.035 | 5,681 |

*Propriétés médicales.* Les eaux ferrugineuses de Passy pourraient être fort utiles, si on savait les apprécier; dépurées, elles sont prescrites avec avantage dans la langueur de l'appareil digestif, la chlorose, les fleurs blanches, les diarrhées invétérées, les engorgements des viscères abdominaux, la convalescence des fièvres intermittentes, et dans toutes les maladies qui dépendent de la faiblesse ou du relâchement des organes.

Elles sont nuisibles aux tempéraments secs, bilieux, aux personnes dont la poitrine est délicate.

En lotions ou en injections, on les emploie non épurées avec le plus grand succès dans les ulcères atoniques, variqueux, et contre les fleurs blanches.

*Mode d'administration.* On boit les eaux épurées à la dose de trois ou quatre verres jusqu'à deux litres; il faut les boire froides, parce que la chaleur les décompose. On peut les mêler au vin pour les repas. Il faut boire avec beaucoup de circonspection l'eau minérale qui n'a pas été épurée.

Les eaux non épurées s'altèrent par le transport; mais celles qui sont épurées peuvent se conserver longtemps sans altération.

*Examen des eaux de Passy*, par Lémery (*Histoire de l'Académie royale des Sciences*, 1701, page 62).

*Sur les nouvelles eaux minérales de Passy*, par M. Reneaume (*Histoire de l'Académie royale des Sciences*, 1720, page 43).

*Traité des eaux minérales nouvellement découvertes à Passy*, par Moulin de Marguery; 1723, in-12.

*Examen chimique d'une eau minérale nouvellement découverte à Passy*, par MM. Venel et Bayen; 1755, in-8.

*Analyse des nouvelles eaux de Passy*, par M. Deyeux (*Bulletin de pharmacie*, 1809).

*Notice sur les nouvelles eaux de Passy* (*Journal général de médecine*, tome XLIV, page 104). Cette notice paraît avoir été rédigée par Chaussier.

*Analyse des eaux de Passy*, par M. O. Henry (*Journal de Pharmacie*, 1832).

Geoffroy, Boulduc, Gauthier, Demachy, Cadet, Brouzet, Levieillard, Monnet, ont analysé les eaux de Passy.

### VALS ( département de l'Ardèche ).

Village à trois quarts de lieue d'Aubenas, 6 de Privas, 8 du Puy, situé dans un vallon agréable, entouré de montagnes fertiles. Ce village est assez pauvre; mais la petite ville d'Aubenas, qui n'en est éloignée que de trois quarts de lieue, offre toutes les ressources désirables aux malades. Les eaux minérales qu'on y trouve sont en grande réputation dans le midi de la France ; pendant la belle saison, on voit quelquefois plus de trois cents personnes réunies pour les boire. La contrée est montueuse, mais singulièrement pittoresque ; elle est couverte de vieux cratères et de lambeaux de laves qui méritent l'attention des géologues. La saison la plus favorable pour prendre les eaux sur les lieux est depuis le mois de juin jusqu'à la fin de septembre. Il y a un médecin inspecteur.

*Sources.* On en compte six : elles sont situées auprès du village, sur les bords de la Volane ; dans l'hiver, elles sont souvent submergées par les eaux de ce ruisseau, du fond duquel on voit dans les temps de sécheresse s'élever des bulles de gaz qui annoncent que des filets d'eau minérale viennent sourdre au milieu de son lit. 1° La *source Marie* est très-peu abondante ; 2° la source de *la Marquise* est la plus considérable de toutes et fournit à la consommation de presque tous les buveurs ; 3° la source *la Camuse* est peu volumineuse ; 4° la source *la Dominique* dépose beaucoup d'oxyde de fer en sortant du rocher. Suivant le docteur Ambry, ces quatre sources ne produisent ensemble qu'environ 7 mètres cubes par 24 heures, ce qui donne 2,550 mètres cubes ou 25,500 quintaux métriques par année. Ce produit ne varie pas suivant les saisons. Il y a encore deux autres sources appelées la Saint-Jean et la Madeleine, qui sont peu usitées.

*Propriétés physiques.* L'eau de toutes les sources est froide, limpide et plus ou moins acidule. Elle laisse dégager du gaz acide carbonique en abondance ; la source *la Marquise* couvre le rocher d'efflorescences salines ou plutôt alcalines. Exposée à l'air, elle forme au fond du vase un précipité ocracé.

*Analyse chimique.* M. Berthier s'est borné à l'analyse de la source *la Marquise ;* il est très-probable que l'eau des autres sources n'en diffère pas notablement ; voici le résultat des expériences de ce chimiste.

Eau ( 1 litre ).

| | SELS ANHYDRES. | SELS CRISTALLISÉS. |
|---|---|---|
| | gr. | gr. |
| Bi-carbonate de soude. . . . | 7,157 —— | 9,701 |
| Chlorure de sodium. . . . | 0,160 —— | 0,160 |
| Sulfate de soude. . . . . . . | 0,053 —— | 0,120 |
| Carbonate de chaux. . . . . | 0,180 —— | 0,180 |
| — de magnésie. . . | 0,125 —— | 0,125 |
| Silice. . . . . . . . . . . . | 0,116 —— | 0,116 |
| Oxyde de fer. . . . . . . . . | 0,015 —— | 0,015 |
| | 7,806 | 10,417 |

Si l'on considère la soude à l'état de carbonate neutre , on a le résultat suivant :

| | | |
|---|---|---|
| Carbonate de soude neutre. . | 5,125 —— | 13,859 |
| Chlorure de sodium. . . . . | 0,160 —— | 0,160 |
| Sulfate de soude. . . . . . | 0,053 —— | 0,120 |
| Matières insolubles. . . . . | 0,436 —— | 0,436 |
| | 5,774 —— | 14,575 |

Si l'on compare, dit M. Berthier, ce résultat avec ceux qui ont été fournis par toutes les eaux minérales du même genre, on verra qu'il n'en est aucune qui contienne une aussi grande proportion de substances en dissolution que les eaux de Vals. Ces eaux se distinguent encore de toutes les autres en ce que le carbonate de soude qu'elles renferment y est presque pur. Quoique les sources aient un volume très-peu considérable, le propriétaire pourrait en tirer un parti avantageux en re-cueillant les eaux avec le plus grand soin pour alimenter une petite fabrique de soude; on en obtiendrait aisément, ajoute M. Berthier, 100 quintaux métriques, dont la valeur serait de 10 à 12,000 francs.

*Propriétés médicales.* Le goût aigrelet et piquant des eaux de Vals, leur basse température en font une boisson agréable, surtout pendant l'été. Prises à une certaine dose, qui varie suivant l'âge, le sexe, le tempérament, ces eaux tantôt excitent les intestins et provoquent une purgation plus ou moins abondante; tantôt elles portent leur action sur les reins et augmentent beaucoup la sécrétion urinaire. La source Dominique exerce une action vomitive. L'eau de la fontaine Marie, plus que les autres, provoque fréquemment de la pesanteur de tête, des éblouissements et des vertiges. En général, les eaux de Vals sont très-énergiques et doivent être employées avec précaution. Elles conviennent dans la débilité de l'estomac, les vomissements chroniques, les engorgements des viscères abdominaux, la jaunisse, la suppression ou le flux immodéré des règles, la chlorose, les fleurs blanches, les pollutions. La fontaine Marie produit de bons effets dans les embarras des reins, le catarrhe chronique de la vessie, les affections calculeuses, la gravelle et la stérilité. Les eaux de la Dominique sont très-actives; on les dit *spécifiques* dans toutes les fièvres intermittentes rebelles, surtout les quartes.

Les eaux de Vals sont en général nuisibles aux hystériques, aux hypocondriaques, à ceux qui ont la poitrine délicate, aux personnes d'un tempérament bilieux, irritable et dans tous les cas où l'irritation des viscères prédomine.

*Mode d'administration.* Il faut boire les eaux de Vals à petite dose et ne pas imiter les villageois des environs, qui, fatigués de la moisson, accourent à ces eaux et en boivent à outrance, comme si elles agissaient sur eux d'une manière absolue. Il faut consulter le médecin inspecteur sur la manière de les prendre; la dose ordinaire est de 3 à 6 verres. La dose de la Dominique est de 3 verres pour les tempéraments ordinaires; à Vals, on use de cette eau comme émétique dans les maladies aiguës; elle tourmente beaucoup moins les malades que les autres vomitifs, et ses effets sont beaucoup plus puissants. En associant aux eaux de la Marie un peu de sirop, on forme une limonade agréable; ce mélange ne nuit point à leur action. Les personnes menacées de fièvre lente peuvent les prendre seules ou coupées avec du lait.

Les eaux de Vals doivent être bues froides ; le calorique les décompose : transportées dans des bouteilles bien closes, elles conservent une partie de leurs vertus.

Ces eaux sont la propriété de plusieurs particuliers qui les exploitent pour leur propre compte ; leur produit total ne s'élève guère qu'à 6 ou 7,000 francs. Il vient annuellement à Vals 6 à 700 étrangers, mais la plus grande partie est composée de paysans peu aisés. On évalue à 24,000 francs l'argent laissé dans le pays, ce qui, joint au produit des eaux, forme un total de 30 à 31,000 francs.

*Traité des eaux minérales du Vivarais en général, et de celles de Vals en particulier*, par Ant. Fabre ; 1657, in-4.

*Traité analytique des eaux minérales*, par Raulin ; 1774. Le chapitre VII du second volume traite des eaux de Vals.

*Mémoire analytique sur les eaux minérales de Vals*, par Madier ; 1781, in-8. Cet ouvrage mérite d'être consulté.

*Mémoire sur les eaux minérales acidules de Vals*, par le docteur Tailhand. Valence, 1825.

*Analyse des eaux de Vals*, par M. Berthier (*Annales de Chimie et de Physique*, tome XXIV, page 236).

### CRANSAC ( département de l'Aveyron ).

Village à une lieue de la rive gauche du Lot, demi-lieue d'Aubin, et 6 de Rhodez. Les eaux minérales qu'on y trouve sont connues depuis très-longtemps ; quoique assez fréquentées par les habitants des environs, elles le seraient encore davantage si les routes pour y arriver étaient faciles, et si les voyageurs pouvaient s'y procurer aisément tout ce qui est nécessaire à la vie. Les malades sont obligés de séjourner à Aubin, ce qui les prive de l'avantage de boire les eaux à la source. L'achèvement de la route d'Aubin à Cransac et la construction près des sources d'un édifice convenable pour loger les malades sont indispensables pour la prospérité de ces eaux salutaires, que l'on va boire depuis le mois de juin jusqu'au 1ᵉʳ octobre ; le séjour des malades n'est ordinairement que de huit à dix jours. Il y a un médecin inspecteur.

*Sources.* On en remarque quatre : 1° deux sources *Richard*, qui sont anciennes ; 2° deux sources *Bezelgues*, découvertes en 1811 ; elles portent chacune le nom de leur propriétaire ; les anciennes et les nouvelles ont chacune une source *forte* et une source *douce*.

*Propriétés physiques.* L'eau de ces sources est plus ou moins abondante selon les pluies ou les sécheresses ; elle est claire, transparente, sans odeur ; son goût est amer et styptique.

*Analyse chimique.* L'eau minérale de Cransac a été examinée par M. Vauquelin ; ce chimiste a trouvé dans la source Richard des sulfates de chaux, de magnésie et d'alumine, une petite quantité de muriate de magnésie, un peu d'acide sulfurique sans doute inhérent au sulfate d'alumine. La source Bezelgues lui a présenté des résultats différents ; il y a trouvé des sulfates de chaux, de manganèse et de fer, du muriate de magnésie. M. Vauquelin fait remarquer avec raison que la présence d'une quantité notable de sulfate de manganèse fait de l'eau de cette source une espèce à part toute différente des autres connues en France. L'eau des deux sources douce et forte a été analysée en 1820 par M. Victor Murat : voici leur composition :

Eau ( 1 litre ).

| SOURCE DOUCE. | | SOURCE FORTE. | |
|---|---|---|---|
| Acide carbonique. . . . . | q. ind. | Acide carbonique. . . . | q. ind. |
| | gr. | | gr. |
| Sulfate de magnésie. . . | 4,7927 | Sulfate de magnésie. . . | 3,7690 |
| — d'alumine. . . . | 0,1707 | — d'alumine. . . . | 0,4552 |
| *A reporter.* . . . | 4,9634 | *A reporter.* . . . . | 4,2242 |

| Report . . . | 4,9634 | Report. . . . | 4,2242 |
|---|---|---|---|
| Sulfate de fer. . . . . . | 0,1138 | Sulfate de fer. . . . . . . | 0,5693 |
| — de chaux. . . . . | 0,5693 | — de chaux. . . . . | 0,3414 |
| Carbonate de chaux. . . . | 0,1707 | Carbonate de magnésie. . | 0,1138 |
| — de magnésie. . | 0,2276 | — de fer. . . . . | 0,4552 |
| — de fer. . . . | 0,1138 | | 5,7039 |
| | 6,1586 | | |

Il est à remarquer que, d'après cette analyse, la source *douce* contient plus de principes minéralisateurs que la source *forte*.

*Propriétés médicales.* Les eaux de Cransac possèdent des propriétés énergiques ; elles conviennent principalement aux individus à fibre molle, et en général dans la plupart des affections du système lymphatique. Leur emploi est avantageux dans l'atonie des voies digestives, les engorgements abdominaux, les fièvres quartes rebelles, la suppression des règles accompagnée d'un état de langueur. M. Murat assure que ces eaux sont un puissant prophylactique dans les épidémies de fièvres bilieuses, putrides, et dans les dyssenteries.

*Mode d'administration.* On boit les eaux de Cransac depuis une livre jusqu'à trois. Un des premiers effets qu'elles produisent ordinairement, c'est de procurer des selles abondantes et même des vomissements ; mais l'expérience démontre qu'on s'y accoutume peu à peu. Ces eaux doivent être bues froides, autant que possible ; en les chauffant, on court le risque de les décomposer. Pour diminuer leur action trop stimulante, on est quelquefois obligé de les mêler avec du lait, de l'eau d'orge ou de gomme.

Il n'y a point de bains à Cransac ; mais on y voit des étuves naturellement formées dans des excavations souterraines pratiquées dans la montagne ; près de là sont, dit-on, des houillères embrasées depuis des siècles, et c'est par ces houillères que la température des étuves est entretenue depuis 34° jusqu'à 48° cent. Ces étuves sont fréquentées par les rhumatisants, les paralytiques, les dartreux ; elles le seraient davantage si le malade en sueur trouvait à sa sortie un bon lit pour se reposer, et s'il n'était pas obligé de s'exposer aux intempéries de l'air en traversant le vallon pour gagner son logement.

On exporte une grande quantité d'eau minérale de Cransac. En 1835, il est venu à Cransac 2,100 étrangers, qui ont laissé environ 42,000 francs dans le pays. Le prix des eaux bues et exportées s'élève à 7,590 francs.

*Les vertus et analyse des eaux minérales de Cransac*, par Mathurin Dissis ; 1686, in-12. On ne trouve dans cet ouvrage ni analyse chimique, ni observations pratiques.

*Notice sur les eaux minérales de Cransac*, par Victor Murat ; 1822, in-18.

### SELLES ( département de l'Ardèche).

Village de la paroisse de Rampon, près de La Voulte. Les sources minérales qu'on y trouve étaient délaissées depuis longtemps, lorsqu'en 1833 M. Barrier les tira de l'oubli en créant un établissement thermal qui en 1835 a été fréquenté par deux cent quatre-vingt-sept malades.

*Nature du sol.* La vallée de Selles est étroite, allongée, environnée de montagnes ; elle offre çà et là des couches de sulfure de fer, dont on voit une belle veine au milieu de l'établissement.

*Sources.* Elles sont actuellement au nombre de cinq, et surgissent au pied des montagnes de l'ouest, près du bord du ruisseau de Chapet. Voici leurs noms : 1° *Puits artésien ;* il a été obtenu à l'aide de la sonde du mineur ; cette source est intermittente ; on peut cependant évaluer son volume à cent mètres cubes d'eau, et plus de quarante mètres cubes de gaz acide carbonique pur dans les vingt-quatre heures. Cette source alimente un établissement de bains et une fabrique d'eaux gazeuses. Elle a été atteinte à une profondeur de soixante pieds; en forant ce puits, la sonde a traversé un banc de sulfure de fer de huit pieds d'épaisseur. 2° *Bonne Fontaine;* elle est connue depuis longtemps; son volume est de dix à douze litres par minute; elle est située à quelques centaines de pas de l'établissement. 3° *Fontaine Ventadour;* elle emplit un grand puits de quinze pieds de profondeur. Son volume est très-considérable, et ne saurait être bien apprécié. 4° *Fontaine des Yeux;* elle sort des roches de micaschiste; son volume est de cinq mètres cubes dans les vingt-quatre heures. 5° *Fontaine Lévy;* il est une sixième source qui semble dépendre de celle de Lévy; ces deux sources coulent sur un lit de sulfate de fer qui a soixante à soixante-dix centimètres d'épaisseur. Le volume de la fontaine Lévy est de dix à douze litres par minute.

*Propriétés physiques.* Les eaux de Selles sont limpides, ont un goût piquant; celles du Puits Artésien ont une température de 25° cent.; elles forment dans leur trajet un dépôt rouge ocracé qui est plus abondant pour la Bonne Fontaine que pour le Puits Artésien et la Ventadour. La Bonne Fontaine présente seule à sa surface une pellicule irisée.

*Analyse chimique.* Analysées par le professeur Balard, ces eaux ont fourni les principes suivants :

Eau (1 litre).

| PUITS ARTÉSIEN. | lit. | BONNE FONTAINE. | lit. |
|---|---|---|---|
| Acide carbonique. . . . . | 1,208 | Acide carbonique. . . . . | 0,578 |
| | | Azote. . . . . . . . . . | 0,024 |
| | gr. | | gr. |
| Carbonate de soude. . . . | 0,531 | | |
| —  de potasse. . . | 0,106 | Carbonate de soude. . . . | 0,213 |
| Sulfate de soude. . . . . | 0,037 | —  de potasse. . . | 0,061 |
| Chlorure de sodium. . . . | 0,208 | —  de chaux. . . . | 0,718 |
| *A reporter.* . . . . | 0,882 | *A reporter.* . . . . | 0,992 |

| | | | | |
|---|---|---|---|---|
| *Report.* .... | 0,882 | | *Report.* ..... | 0,992 |
| Carbonate de magnésie. . | 0,061 | | Carbonate de magnésie. . | 0,054 |
| — de chaux mêlée | | | Sulfate de soude. .... | 0,086 |
| de traces de carbonate | | | Chlorure de sodium. ... | 0,147 |
| de strontiane. ..... | 0,905 | | Silice. ......... | 0,007 |
| Oxyde de fer. ...... | 0,004 | | Oxyde de fer. ....... | 0,010 |
| Silice. ......... | 0,035 | | | 1,296 |
| Phosphate de chaux et d'a- | | | | |
| lumine. ........ | trac. | | | |
| Fluate de chaux. ..... | q. in. | | | |
| | 1,887 | | | |

FONTAINE VENTADOUR.

| | lit. |
|---|---|
| Acide carbonique. .... | 0,466 |
| Azote. ......... | 0,018 |
| | gr. |
| Carbonate de soude. .... | 0,188 |
| — de potasse ... | 0,039 |
| — de chaux. .... | 0,426 |
| — de magnésie. .. | 0,038 |
| Sulfate de soude. ..... | 0,105 |
| Chlorure de sodium. .... | 0,113 |
| Silice. .......... | 0,024 |
| Oxyde de fer. ....... | 0,005 |
| | 0,938 |

FONTAINE DES YEUX (ferrugineuse).

| | lit. |
|---|---|
| Acide carbonique. .... | 0,105 |
| Azote. ......... | 0,024 |
| Oxygène. ........ | 0,003 |
| | gr. |
| Sulfate de chaux. .... | 0,081 |
| — de magnésie. ... | 0,050 |
| — de soude. ..... | 0,043 |
| Chlorure de calcium. .. | 0,003 |
| — de sodium. .. | 0,003 |
| Carbonate de chaux. .. | 0,068 |
| — de magnésie. . | 0,017 |
| Silice. ......... | 0,012 |
| Oxyde de fer. ...... | 0,009 |
| Matière organique azotée. | q. in. |
| | 0,286 |

FONTAINE LÉVY (ferrugineuse).

| | lit. |
|---|---|
| Acide carbonique. ....... | 0,038 |
| Azote. ........... | 0,022 |
| Oxygène. .......... | traces |

|                         | gr.    |
|-------------------------|--------|
| Sulfate de fer          | 0,576  |
| —     d'alumine         | 0,200  |
| —     de chaux          | 0,137  |
| Chlorure de calcium     | 0,020  |
|                         | ————   |
|                         | 0,933  |

*Propriétés médicales.* On a accordé aux sources de Selles des propriétés différentes. La Bonne Fontaine a toujours joui d'une grande réputation dans le traitement de la colite et de l'entérite chronique, et pour la guérison des fièvres intermittentes. On conseille les eaux de la source Ventadour aux convalescents, aux individus atteints d'irritations gastro-intestinales, à ceux qui ont la poitrine délicate et le système nerveux très-mobile. Le Puits Artésien convient aux tempéraments lymphatiques, et réussit dans les maladies scrofuleuses. La Fontaine des Yeux, prise en boisson, est salutaire dans la chlorose; on l'emploie en lotions dans les maladies des yeux, et en bains, dans les plaies et ulcères qui succèdent aux brûlures. La Fontaine Lévy est renommée dans les cas de diarrhée ancienne et d'écoulement gonorrhoïque invétéré. La sixième source paraît convenir aux maladies du foie.

### SPA (Belgique).

Petite ville située dans un pays montueux, qui fait partie de la forêt des Ardennes, à 10 lieues d'Aix-la-Chapelle, 6 de Liége et 75 de Paris. On y arrive par deux grandes routes, dont l'une commence à Liége et l'autre à Aix-la-Chapelle. Cette petite ville, dont le sol est ingrat, serait pauvre et inconnue, si la nature ne lui avait pas accordé cette abondance d'eaux minérales salutaires qui attirent chaque année la meilleure société de l'Europe. Elle est assez bien bâtie; plusieurs grands hôtels, des maisons propres et bien distribuées, offrent des logements commodes aux étrangers; les édifices et lieux

d'amusement publics sont vastes et magnifiques : la Redoute,
le Vauxhall et la maison Levoz contiennent de très-belles salles
pour le spectacle, les assemblées, les jeux, etc. La saison la
plus favorable à l'usage des eaux est depuis la fin du mois de
mai jusqu'au milieu d'octobre. On trouve à Spa plusieurs médecins instruits.

*Sources.* Elles sont très-nombreuses dans les environs de
Spa ; nous nous bornerons à en indiquer sept qui ont acquis
une grande réputation. 1º Le *Pouhon* jaillit au centre de la
ville dans un puits quadrangulaire. Près de cette fontaine,
qui est la plus célèbre et la plus fréquentée, on voit une
salle où se rassemblent ceux qui prennent les eaux dans
les temps froids et humides. 2º La *Géronstère* est située à trois
quarts de lieue de Spa, sur le flanc d'une montagne, au milieu
d'un bois solitaire. 3º La *Sauvenière* est sur la même côte de
montagne que la précédente. 4º Près d'elle, on voit le *Groesbeck.* 5º Les fontaines *du Tonnelet* sont à une demi-lieue de la
Sauvenière ; il y en a deux dont les eaux sont reçues dans des
puits. 6º Le *Watroz* est dans une prairie ; c'est une source peu
abondante.

*Propriétés physiques.* Pendant les saisons pluvieuses, les eaux
de Spa, en se mêlant avec des eaux étrangères, deviennent insipides et n'ont rien de piquant. Dans les temps secs et chauds,
elles présentent les caractères suivants. *Pouhon :* l'eau est
claire, transparente ; sa saveur est acidule, un peu ferrugineuse. Des bulles de gaz acide carbonique s'en dégagent ; une
légère couche ocreuse revêt les parois du puits. La source est
très-abondante ; sa température, ainsi que celle des autres
fontaines, est de 10º cent. La *Géronstère :* son eau répand une
odeur désagréable qu'on attribue à l'hydrogène sulfuré ; sa
saveur est ferrugineuse et moins acidule que celle du Pouhon ;
exposée au contact de l'air, elle commence par laisser échapper de petites bulles, devient ensuite trouble et dépose un
sédiment roussâtre. La *Sauvenière :* la saveur de l'eau de cette

source est acidule, piquante, agréable et moins ferrugineuse que celle du Pouhon; elle exhale une odeur sulfureuse qui disparaît presque aussitôt que l'eau est puisée. Celle-ci pétille dans le verre et se trouble ensuite en déposant une poudre roussâtre pâle. Le *Groesbeck :* ses qualités physiques ressemblent beaucoup à celles de la précédente. *Fontaines du Tonnelet :* l'eau est très-abondante, répand une légère odeur sulfureuse; sa saveur est piquante, agréable et moins ferrugineuse que dans les autres sources. Le *Watroz :* la quantité d'eau fournie par cette source est peu considérable; sa saveur est ferrugineuse, sa température variable. L'eau contient peu de gaz acide carbonique.

*Analyse chimique.* Les diverses sources contiennent du gaz acide carbonique et du carbonate de fer. Plusieurs chimistes se sont livrés à leur analyse, et cependant leur travail est encore incomplet. Un de ceux qui ont le plus contribué à l'étude des eaux minérales, Bergman, a trouvé dans les eaux de Spa les principes suivants :

Eau (1 litre).

| | lit. |
|---|---|
| Acide carbonique. . . . . . . . | 0,450 |
| | gr. |
| Carbonate de soude cristallisé. | 0,201 |
| Chlorure de sodium. . . . . . . | 0,027 |
| Carbonate de fer. . . . . . . . | 0,077 |
| — de chaux. . . . . . | 0,201 |
| — de magnésie. . . . . | 0,480 |
| | 0,986 |

Un chimiste anglais, sir Edwin Godden Jones, entreprit en 1816 une nouvelle analyse des eaux de Spa qui diffère de celle de Bergman par la proportion des principes constituants. L'exactitude de Bergman ne saurait être révoquée en doute; il est donc fort probable que ces différences dans les analyses dépendent du mélange plus ou moins considérable des eaux minérales avec les eaux de pluie. Voici le résumé des analyses du docteur Jones dans le tableau ci-joint.

## Eau (1 Litre).

| SUBSTANCES contenues DANS LES EAUX. | POUHON. | GÉRONSTÈRE | SAUVENIÈRE | GROESBECK. | 1er TONNELET. | 2e TONNELET. | WATROZ. | POUHON, après les pluies |
|---|---|---|---|---|---|---|---|---|
| cide carbonique. . . . . . | litre. 1,134 | 0,737 | 1,043 | 1,147 | 1,213 | 1,134 | » | » |
| lfate de soude. . . . . . | gr. 0,0115 | 0,0069 | 0,0005 | 0,0005 | 0,0007 | » | » | 0,0090 |
| hlorure de sodium. . . . | 0,0130 | 0,0070 | 0,0032 | 0,0020 | 0,0020 | » | 0,0001 | 0,0109 |
| arbonate de soude. . . . | 0,0259 | 0,0163 | 0,0068 | 0,0034 | 0,0022 | 0,0011 | 0,0011 | 0,0231 |
| — de chaux. . . . | 0,1143 | 0,0602 | 0,0408 | 0,0275 | 0,0127 | 0,0102 | 0,0161 | 0,1509 |
| — de magnésie. . . . | 0,0207 | 0,0122 | 0,0067 | 0,0022 | 0,0034 | 0,0022 | 0,0218 | 0,0342 |
| xyde de fer. . . . . . . . . | 0,0608 | 0,0109 | 0,0242 | 0,0181 | 0,0312 | 0,0150 | 0,0301 | 0,0480 |
| ilice. . . . . . . . . . . . | 0,0259 | 0,0161 | 0,0045 | 0,0067 | 0,0067 | 0,0074 | 0,0102 | 0,0377 |
| lumine. . . . . . . . . . . | 0,0034 | 0,0022 | 0,0010 | 0,0010 | 0,0010 | 0,0000 | 0,0068 | 0,0044 |
| erte. . . . . . . . . . . . | 0,0342 | 0,0122 | 0,0102 | 0,0063 | 0,0102 | 0,0039 | 0,0209 | 0,0425 |
| TOTAUX. . . . . | 0,3097 | 0,1440 | 0,0974 | 0,0677 | 0,0701 | 0,0398 | 0,1071 | 0,3697 |

*Propriétés médicales.* Les eaux de Spa ont acquis une réputation européenne. Prises à l'intérieur, elles portent un peu à la tête, causent parfois des vertiges, de l'assoupissement ; elles excitent quelquefois le priapisme chez les personnes vigoureuses qui en boivent une trop grande quantité. En général, elles fortifient les organes et sont efficaces dans les maladies qui proviennent de la faiblesse, du relâchement des tissus. L'expérience a appris, et l'analyse chimique est d'accord sur ce point avec l'observation, que les propriétés médicales varient dans les différentes sources.

L'eau du Pouhon convient aux personnes robustes dont l'estomac n'est pas trop sensible ; elle est la plus salutaire contre les règles trop abondantes, les engorgements du foie, de la rate, du mésentère, la jaunisse, l'hypocondrie, les coliques néphrétiques, les gonorrhées, les pollutions. Limbourg regarde cette eau comme propre à prévenir les fausses couches. On s'en sert en lavement contre les vers ascarides.

La Géronstère est plus appropriée aux personnes délicates dont l'estomac est irritable, dans les vomissements, la perte d'appétit, la dyspepsie provenant de l'atonie des voies digestives, dans l'hystérie, la suppression des règles, et dans la plupart des maladies qui se manifestent chez les femmes à l'époque critique. Elle est plus efficace contre le ver plat et les lombrics qu'aucune des autres sources.

La Sauvenière est utile dans les maladies de la peau, le scorbut, la gravelle ; on lui accorde le privilége de guérir la stérilité. Comme l'activité de cette eau tient à peu près le milieu entre celles du Pouhon et de la Géronstère, on peut la leur substituer lorsque le malade est d'un tempérament nerveux.

Le Groesbeck est employé à peu près dans les mêmes cas que la Sauvenière ; ses eaux sont seulement un peu plus actives ; elles augmentent la sécrétion urinaire et résolvent plus facilement les engorgements abdominaux.

Les eaux des Tonnelets servent aux délices des étrangers. Unies au vin, elles le rendent très-agréable. Mêlées à du sirop de framboises, de groseilles, elles forment une boisson rafraîchissante, utile surtout pendant les chaleurs de l'été.

On a attribué au Watroz la propriété purgative, qui, d'après Limbourg, est chimérique.

*Mode d'administration.* Les eaux de toutes les sources de Spa sont employées en boisson; des cas particuliers autorisent leur usage en bains, en injections et en lavements. On boit d'abord deux ou trois verres d'eau, et on augmente graduellement jusqu'à douze ou quinze verres; il est dangereux de dépasser cette dose. Il n'est quelquefois pas facile de choisir de prime abord la source convenable au genre de maladie; dans les cas douteux, il faut commencer par une source peu active et par de petites quantités. Pour fixer son choix, le médecin doit consulter avec soin le tempérament du sujet et l'état des organes malades, car telle source qui est recommandée pour une espèce d'affection devient quelquefois nuisible à cause de l'état actuel du malade. Le lait mêlé aux eaux minérales les rend très-salutaires contre le scorbut, les démangeaisons, les dartres.

On a construit aux Tonnelets des bains qui reçoivent l'eau superflue des fontaines; ces bains chauds ou froids sont assez fréquentés et concourent dans beaucoup de circonstances au succès des eaux minérales. Les eaux thermales d'Aix-la-Chapelle et de Chaud-Fontaine, qui sont près de Spa, sont souvent nécessaires avant ou après l'usage des eaux qui nous occupent.

L'eau du Pouhon est la seule que l'on transporte chez l'étranger; mise dans des bouteilles bien bouchées, elle se conserve longtemps sans altération. Cependant elle contient beaucoup moins de gaz qu'à la source.

*Traité touchant les eaux de Spa*, par Bazin; 1715.

*Spadacren*, *ou dissertation physique sur les eaux de Spa*, par Henri Abheers; 1739.

*Dissertatio de aquis Spadanis*, par de Presseux; 1736.

*Amusements des eaux de Spa*, par G. A. Turner. Amsterdam, 1740.

*Principes contenus dans les différentes eaux minérales de Spa*, par Ledron. Liége, 1752.

*Traité des eaux minérales de Spa*, par Jean Philippe Limbourg. Liége, 1756, in-12. Cet ouvrage est rempli de réflexions pleines d'intérêt sur les eaux de Spa.

*Analyse des eaux minérales de Spa*, par Edwin Godden Jones. 1816, Liége, Desoër, in-8.

## PYRMONT ( Westphalie ).

Jolie petite ville située dans une délicieuse vallée, à trois lieues de distance de la rivière nommée Weser. Les différentes sources de ce lieu paraissent avoir été connues du temps de Charlemagne; mais il est certain que depuis le milieu du seizième siècle, elles avaient une grande réputation qui s'est invariablement conservée jusqu'à ce jour. Pyrmont contient environ cent quinze maisons; on y voit un magnifique bâtiment thermal entouré de plusieurs allées de tilleuls qui donnent un salutaire ombrage. C'est là que se rendent pendant les mois de juin, juillet et août, des princes, des diplomates, des généraux, des négociants et des hommes de toutes les conditions; c'est là que les bals, les fêtes, les spectacles, se succèdent sans interruption; tout contribue à rendre Pyrmont un des principaux établissements de l'Allemagne.

*Sources.* Il y en a plusieurs; on distingue les suivantes : 1° le *Trinkbrunnen*, qui est la source destinée à la boisson, et dont les eaux sont exportées par toute l'Europe; 2° le *Brodelbrunnen*, qui jaillit avec bruit et se fait entendre à une grande distance pendant la nuit; 3° le *Sauerling*, qui possède une eau agréable et légère; 4° le *Puits Salé Minéral*; 5° la *Source Saline*; 6° le *Neubrunnen* ou Puits Neuf; 7° le *Puits des Yeux*; 8° le petit *Badebrunnen*.

*Propriétés physiques.* Elles diffèrent dans chaque source. Les eaux de la fontaine principale sont limpides; mises dans un verre, elles moussent avec force; celles du Brodelbrunnen sont moins transparentes et présentent à leur surface beaucoup de bulles; il en est de même pour le Sauerling. Les eaux du petit Badebrunnen sont troubles et jaunâtres. La température des sources est de 12 à 14° cent.

*Analyse chimique.* Elle a été faite par Bergman et par Westrumb.

Eau (1 litre).

| ANALYSE DE WESTRUMB. | | ANALYSE DE BERGMAN. | |
|---|---|---|---|
| | lit. | | lit. |
| Acide carbonique. . . . . | 0,795 | Acide carbonique. . . . . | 0,950 |
| | gr. | | gr. |
| Carbonate de magnésie. . | 0,360 | Carbonate de magnésie. . | 1,062 |
| — de chaux. . . . | 0,371 | — de chaux. . . . | 0,480 |
| — de fer. . . . . | 0,111 | — de fer. . . . . | 0,077 |
| Sulfate de magnésie cristall. | 0,579 | Sulfate de chaux. . . . . . | 0,909 |
| — de soude, *id.* . . . . | 0,007 | — de magnésie. . . . | 0,598 |
| Chlorure de sodium. . . . | 0,124 | Chlorure de sodium. . . . | 0,165 |
| — de magnésium. . | 0,142 | | 3,291 |
| Principes résineux. . . . . | 0,009 | | |
| | 2,003 | | |

*Propriétés médicales.* Quelques verres d'eau de Pyrmont procurent une espèce d'ivresse passagère, un sentiment de bien-être et d'hilarité; le pouls est accéléré sans qu'on éprouve de l'excitation; prises à une dose plus forte, ces eaux provoquent fréquemment des évacuations alvines plus ou moins abondantes et favorisent l'excrétion urinaire. L'eau de Pyrmont a été appelée la *Reine* des eaux ferrugineuses, et peut être considérée comme la meilleure médication, dans tous les cas de vraie débilité; ainsi elle est fort utile dans la chlorose, l'état de faiblesse qui succède à des pertes de sang ou à des fièvres graves, dans la dyspepsie, la disposition à l'épigas-tralgie et aux coliques, dans la diarrhée, le flux hémorroïdal excessif et irrégulier, contre les ascarides, les vers lombrics, contre la disposition aux hémorragies utérines, à l'avortement, les fleurs blanches, la suppression de la menstruation, les spasmes et les douleurs qui en proviennent, la stérilité, l'im-puissance virile produite par des débauches ou d'autres causes d'épuisement, les affections des reins et de la vessie.

Hufeland croit que le *Puits des Yeux* est salutaire pour la faiblesse nerveuse de la vue ; il a vu disparaître par des lo-tions avec cette eau des taies, des *imaginations*, des toiles d'araignées et d'autres symptômes précurseurs de la cata-racte.

*Mode d'administration.* On boit les eaux de Pyrmont avec précaution ; on commence par un ou deux verres, jusqu'à six. On peut les mêler avec le vin aux repas ou avec du lait.

De l'usage des eaux minérales de Pyrmont, Carlsbad, etc., par Frédéric Louis Kreisig. Paris, 1829 (traduction française).

### EGER ou EGRA (Bohême).

Ville située sur la rivière du même nom, près de laquelle se trouvent des sources d'eaux minérales qui ont été beau-coup vantées par F. Hoffmann vers le milieu du dernier siècle. Elles sont particulièrement fréquentées depuis 1793, époque à laquelle une colonie se fixa près des sources mêmes, et con-struisit des établissements propres à faciliter l'usage des eaux en boisson et en bains.

*Sources.* Elles naissent d'un terrain volcanique ; il y en a plusieurs, parmi lesquelles on distingue le *Franzensbrunnen*, la *Salzquelle*, le *Sprudel froid*, la *Luisenquelle*, le *Polter-brunnen*.

*Propriétés physiques.* Les eaux d'Eger sont claires, inodores, ont un goût acidule, salin, légèrement astringent, et produisent une sensation piquante dans le nez, à cause du gaz acide carbonique qui se dégage en assez grande quantité. Elles sont toutes froides : leur température est de 11 à 12° cent.

*Analyse chimique.* Elle a été faite par M. Trommsdorff et par M. Berzélius. Voici ces deux analyses :

Eau ( 1 litre ).

|  | lit. |
|---|---|
| Acide carbonique. . . . . . . . . . . . . | 1,714 |

|  | TROMMSDORFF. | | BERZÉLIUS. |
|---|---|---|---|
|  | gr. | | gr. |
| Chlorure de sodium. . . . . . | 0,970 | —— | 1,000 |
| Sulfate de soude. . . . . . . | 2,710 | —— | 2,610 |
| Bi-carbonate de soude. . . . | 0,900 | —— | » |
| Carbonate de soude. . . . . | » | —— | 0,560 |
| — de chaux. . . . . | 0,200 | —— | 0,221 |
| — de magnésie. . . | 0,060 | —— | 0,070 |
| — de lithine. . . . . | 0,001 | —— | 0,004 |
| — de strontiane. . . | 0,001 | —— | 0,001 |
| — de protoxyde de fer | 0,006 | —— | 0,017 |
| — — de manganèse. | 0,002 | —— | 0,003 |
| Phosphate de chaux. . . . . . | 0,020 | —— | 0,021 |
| — de magnésie. . . . | 0,010 | —— | » |
| Silice. . . . . . . . . . . . | 0,030 | —— | 0,048 |
| Phosphate basique d'alumine. | » | —— | 0,012 |
|  | 4,910 | | 4,567 |

*Propriétés médicales.* Les eaux d'Eger ont un effet stimulant : elles augmentent l'action du système nerveux et du système sanguin, accélèrent la circulation et disposent à la gaîté lorsqu'elles sont prises en quantité modérée par des personnes en santé. Ceux qui en prennent plusieurs verres à de courts intervalles en éprouvent une espèce d'ivresse. Ces eaux fortifient comme les eaux de Pyrmont et de Spa, mais plus doucement qu'elles et sans constiper comme ces dernières ; elles sont un peu laxatives, sont fort utiles aux savants, aux hommes d'affaires, lorsque leur santé commence à souffrir par suite des fatigues de l'esprit et d'une vie sédentaire ; elles relèvent les forces et dissipent dès le principe les germes de graves maladies. Elles conviennent aussi dans les engorgements passifs des viscères abdominaux, les mauvaises digestions, la disposition aux hémorroïdes, l'hypocondrie, la migraine, la cachexie, la chlorose, les fleurs blanches, etc.

*Mode d'administration.* On emploie les eaux d'Eger principalement en boisson. On se sert du gaz qui se dégage avec abondance du Polterbrunnen sous forme de bain et de douche ; en 1826, on a construit des cabinets et des appareils propres à cet usage.

On exporte une grande quantité des eaux d'Eger.

*De l'usage des eaux minérales de Carlsbad, d'Eger*, etc., par Fréd.-Louis Kreysig. Paris, 1829.

## MARIENBAD (Bohême).

Village composé d'une centaine de maisons dont la plupart sont belles ; les sources minérales froides qu'on y voit étaient depuis longtemps délaissées, lorsque le docteur Nehr les retira de l'oubli en publiant en 1813 les observations qu'il avait recueillies sur leurs bons effets dans les maladies les plus opiniâtres. Aujourd'hui ces eaux sont très-fréquentées ; le séjour en est agréable et commode.

*Sources.* Il y en a plusieurs : deux sources, appelées l'une *Kreutzbrunnen*, l'autre *Ferdinandsbrunnen*, servent à l'usage intérieur ; il en existe encore plusieurs autres, parmi lesquelles on distingue le *Carolinenquelle* et l'*Ambrosiusquelle*.

*Propriétés physiques.* Ces eaux sont froides, limpides, sans odeur, d'une saveur agréable, acidule, saline, et vers la fin légèrement astringente ; dans les deux dernières sources, le goût est plus sensiblement ferrugineux que dans les premières.

*Analyse chimique.* Les eaux de Marienbad contiennent du sulfate de soude, du carbonate de magnésie, du carbonate de fer et une assez grande quantité d'acide carbonique.

*Propriétés médicales.* Les eaux de Marienbad excitent moins le système sanguin que les eaux d'Eger, mais elles sont plus laxatives; à la dose de quatre à cinq verres, elles augmentent d'abord la sécrétion urinaire, qui diminue à mesure que les évacuations alvines deviennent plus abondantes. Elles purgent sans coliques, sans affaiblir les malades, qui, tout en continuant les eaux pendant un mois ou six semaines, voient leur appétit s'accroître et la digestion s'opérer plus facilement. On les recommande dans la plupart des maladies de l'appareil digestif, dans la gastralgie, l'embarras muqueux de l'estomac, l'engorgement du foie, de la rate, la constipation, la suppression des flux hémorroïdal et menstruel, etc. Elles sont nuisibles dans les maladies de poitrine.

*Mode d'administration.* Non-seulement on boit les eaux de Marienbad, mais on s'en sert aussi en bains d'eau minérale, en bains de gaz et de limon. La source destinée aux bains contient principalement de l'acide carbonique, qui, de l'immense réservoir du sol qui en est imprégné, s'élève et arrive sans cesse en grande quantité à l'eau contenue dans le bassin, s'y incorpore et la traverse par masses; cette eau contient en outre les principes des autres sources, mais en moindre proportion. Ces bains, riches en acide carbonique, sont fortifiants, et pris à une chaleur tempérée, ils secondent utilement la boisson de l'eau minérale. On fait à Marienbad un usage très-étendu des *bains de boues*, qu'on prépare avec la terre limoneuse qui se trouve dans le voisinage des sources, et qui est composée de matières végétales, de soufre, d'hydro-chlorate de soude, de sulfate de magnésie, d'oxyde de fer, de silice, etc. On les emploie dans les ulcères anciens, les dartres, les raideurs d'articulations.

Conservée dans des bouteilles et transportée au loin, cette

eau dépose une grande partie du fer et des principes salins qui la caractérisent.

De l'usage des eaux minérales de Carlsbad, Marienbad, etc., par Fréd.-Louis Kreysig. Paris, 1829.

# DESCRIPTION SUCCINCTE

DES EAUX MINÉRALES FERRUGINEUSES QUI SONT PEU FRÉQUENTÉES,
OU DONT NOUS NE CONNAISSONS PAS D'ANALYSE RÉCENTE.

Pour éviter des répétitions fastidieuses touchant les propriétés physiques et les propriétés médicales des autres eaux minérales ferrugineuses dont il nous reste à parler, nous allons nous borner à indiquer par ordre alphabétique les sources qui sont peu fréquentées, ou dont nous ne connaissons pas d'analyse récente.

ALAIS (département du Gard). — Ville à 14 lieues de Montpellier ; à un quart de lieue de la ville, on trouve deux sources ferrugineuses désignées sous les noms de la *Comtesse* et de la *Marquise*.

ALETH (département de l'Aude). — Petite ville sur l'Aude, à 6 lieues de Carcassonne et 3 de Quillan. Il y a près de cette ville trois sources minérales ferrugineuses et une chaude.

AMBONAY (département de la Marne). — Village à 3 lieues d'Épernay. On trouve sur la montagne d'Ambonay plusieurs filets d'eau minérale ferrugineuse.

LES ANDELYS (département de l'Eure). — Petite ville à 8 lieues de Rouen ; à un quart de lieue de la ville, on trouve une source minérale ferrugineuse.

ATTANCOURT (département de la Haute-Marne). — Village à une demi-lieue de Vassy, 2 de Saint-Dizier. On trouve dans les environs une source que Navier dit ferrugineuse.

AUMALE (Seine-Inférieure). — Petite ville à 14 lieues de Rouen. Dom Mahon, religieux bénédictin, découvrit en 1755 près de cette ville trois sources minérales qu'on nomme : 1° la *Bourbonne ;* 2° la *Savary ;* 3° la *Malon.* Analysée par M. Dizengremel, l'eau d'Aumale a fourni par litre :

|  | lit. |
|---|---|
| Acide carbonique. . . . . . . | 0,201 |
| Acide hydro-sulfurique. . . . . | 0,037 |

|  | gr. |
|---|---|
| Chlorure de calcium. . . . . . . | 0,3426 |
| Carbonate de chaux. . . . . . | 0,0571 |
| — de fer. . . . . . . | 0,1713 |
|  | 0,5710 |

BAGNÈRES-SAINT-FÉLIX (département du Lot). — Village près de Condat et de Martel ; on trouve à l'extrémité d'une plaine une source qui a été analysée par M. Vergne. (*Annales de Chimie,* tome LXXIII, page 67.)

Eau (1 litre).

|  |  |  |
|---|---|---|
| Acide carbonique. . . . . . . } | quantité indéterminée. | |
| Acide hydro-sulfurique. . . . . } | | |

|  | gr. |
|---|---|
| Chlorure de magnésium. . . . | 0,14 |
| Sulfate de magnésie. . . . . . | 1,00 |
| — de chaux. . . . . . . | 0,86 |
| Carbonate de chaux. . . . . . | 0,45 |
| — de fer. . . . . . . | 0,03 |
| Matière grasse. . . . . . . . | 0,01 |
| Perte. . . . . . . . . . . . | 0,20 |
|  | 2,69 |

BAGNÈRES-DE-BIGORRE (département des Hautes-Pyrénées). —, On y trouve deux sources ferrugineuses. (*Voyez* Bagnères-de-Bigorre.)

BARBERIE (département de la Loire-Inférieure).—Cette fontaine est à une demi-lieue de Nantes, sur la route de Rennes. L'eau est froide; analysée par M. Dabit, elle a fourni du gaz acide carbonique, du carbonate de fer, etc.

BEAUVAIS (département de l'Oise). —On trouve aux environs de la ville deux sources principales, qui, d'après M. Vallot, contiennent beaucoup de fer.

BELLÊME (département de l'Orne). —Pétite ville à 3 lieues de Mortagne; à une demi-lieue de la ville, on trouve dans une forêt deux sources ferrugineuses.

BLÉVILLE (département de la Seine-Inférieure). —Village à une lieue et demie de Montivilliers, à trois quarts de lieue du Hâvre; la source est près du village, au pied d'une falaise très-près de la mer. Analysée par M. Dupray (*Bulletin de Pharmacie*, tome II, page 523 ), elle a fourni par litre :

|                        | gr.    |
|------------------------|--------|
| Chlorure de sodium.    | 0,1257 |
| —　　de magnésium.    | 0,0686 |
| Sulfate de chaux.      | 0,1713 |
| Carbonate de chaux.    | 0,0686 |
| —　　de fer.         | 0,1142 |
|                        | 0,5484 |

BOULOGNE ( département du Pas-de-Calais). A 200 toises des remparts de la haute ville, on trouve une source qu'on nomme *fontaine de Fer*. D'après l'analyse de M. Bertrand, un litre d'eau a fourni :

|  | gr. |
|---|---|
| Sulfate de soude. . . . . . . . | 0,4515 |
| — de chaux. . . . . . . | 0,0797 |
| Chlorure de calcium. . . . . | 0,6374 |
| Chaux. . . . . . . . . . . | 0,1062 |
| Carbonate de fer. . . . . . . | 0,3187 |
| Matière extractive. . . . . . | 0,1062 |
|  | 1,6997 |

BRIQUEBEC (département de la Manche.) — Bourg à 2 lieues de Valognes; on trouve près du bourg une source martiale.

BRUCOURT (département du Calvados). — Village à 3 lieues de Caen; la source minérale est appelée *fontaine de Dives;* elle est ferrugineuse; on en boit pendant la belle saison en prenant les bains de mer. D'après une analyse faite en 1825 par M. Hubert, l'eau de Brucourt contient de l'acide carbonique, du sulfate de chaux, de magnésie, du chlorure de sodium, de magnésium, du sous-carbonate de fer, de chaux, de magnésie, et de la silice.

CAMBO. Il y a une source ferrugineuse. (*Voyez* Cambo.)

CASTÉRA-VERDUZAN. Il y a une source ferrugineuse. (*Voyez* Castéra-Verduzan.)

LA CHAPELLE-GODEFROY (département de l'Aube). — On y voit deux sources situées sur la rive gauche de la Seine, à une lieue de Nogent. Analysées par MM. Cadet-Gassicourt et Eusèbe Salverte (*Annales de Chimie,* tome XLV, page 305), elles ont fourni par litre :

|  | lit. |
|---|---|
| Acide carbonique. . . . . . . . | 1,556 |

|  | gr. |
|---|---|
| Carbonate de chaux. . . . . . . | 3,630 |
| — de fer. . . . . . . . | 3,030 |
|  | 6,660 |

CHARBONNIÈRES (département du Rhône). — Village à une lieue et demie de Lyon. On trouve à deux cents pas au-dessous du château de M. de Laval une source ferrugineuse qui contient du gaz acide carbonique et du carbonate de fer. Les habitants de Lyon vont à cette source, particulièrement pour se guérir de dartres rebelles.

CONCHES (département du Cantal). — Hameau de la commune de Chanel. On y trouve une source ferrugineuse.

COURTOMER (département de l'Orne). — La source ferrugineuse de ce nom est à une lieue de Bagnoles, dans une forêt près des villages de Beaulieu et des Hermites. On l'associe fréquemment aux bains de Bagnoles, où l'on en transporte tous les matins un assez grand nombre de bouteilles.

COURS de SAINT-GERVAIS (département de l'Hérault). — A peu de distance de la petite ville de Saint-Gervais, on trouve deux sources minérales, appelées *Eaux de Cours*, lesquelles, d'après M. Saint-Pierre, contiennent de l'acide carbonique, des carbonates de chaux et de fer.

SAINT-DIEY ( département des Vosges ). — Ville sur la Meurthe. Au pied de la montagne Saint-Martin on trouve deux sources d'eaux minérales ferrugineuses froides (M. Fodéré, *Journal compl. du Dict. des Sc. méd.*, tome V, page 291 ).

DIEU-LE-FIT ( département de la Drôme ). — Bourg à 4 lieues de Montélimar. Il y a trois sources ferrugineuses, qu'on nomme la *Saint-Louis*, la *Madeleine*, la *Galienne*.

DINAN ( département des Côtes-du-Nord ). — Petite ville à 6 lieues de Saint-Malo, 89 de Paris; à un quart de lieue de la ville, on trouve une source minérale appelée la *Coninaie*, qui est assez fréquentée depuis le mois de mai jusqu'au mois d'octobre. M. Rigeon, médecin inspecteur, a obtenu, par l'évaporation d'un litre d'eau de cette source, un résidu contenant : des chlorures de calcium, sodium et magnésium, des carbonate et sulfate de chaux, du carbonate de fer et de la silice.

ÉBEAUPIN ( département de la Loire-Inférieure). — Cette source est située dans la commune de Vertou, à une lieue de Nantes. Analysée par MM. Hectot et Ducommun, l'eau de cette source a fourni par litre :

|                          | lit.  |
|--------------------------|-------|
| Acide carbonique.        | 0,106 |

|                          | gr.   |
|--------------------------|-------|
| Chlorure de calcium.     | 0,003 |
| —       de magnésium.    | 0,040 |
| —       de sodium.       | 0,006 |
| Carbonate de chaux.      | 0,006 |
| —       de magnésie.     | 0,024 |
| —       de fer.          | 0,164 |
| Alumine.                 | 0,011 |
| Silice.                  | 0,011 |
| Matière extractive.      | 0,006 |
|                          | 0,271 |

FÉRON (département du Nord). — Village à 3 lieues d'Avênes, une de Trélon. On y trouve une source minérale, qui, analysée par M. Tordeux (*Annales de Chimie*, tome LXXII, page 216), a fourni par litre :

|                          | lit   |
|--------------------------|-------|
| Acide carbonique.        | 0,029 |
| Air atmosphérique.       | 0,029 |

|                                      | gr.    |
|--------------------------------------|--------|
| Chlorure de magnésium. . . . }       |        |
| — de sodium. !. . . . . }            | 0,558  |
| Sulfate de chaux. . . . . . . .      | 0,207  |
| — de magnésie. . . . . .             | 1,028  |
| Carbonate de chaux. . . . . . .      | 3,675  |
| Oxyde de fer. . . . . . . . . . }    |        |
| Silice. . . . . . . . . . . . }      | traces.|

5,468

FERRIÈRES (département du Loiret).—Petite ville à 2 lieues et demie de Montargis, 4 de Nemours. On y trouve une source minérale ferrugineuse.

FONTENELLE (département de la Vendée). —On trouve à une lieue de Bourbon-Vendée une source ferrugineuse assez fréquentée par les habitants du pays.

FORGES ( département de la Loire-Inférieure). —Dans la commune de La Chapelle-sur-Erdre, à 2 lieues, on trouve une source qui, analysée (*Journal de Pharmacie*, juillet 1821) par MM. Prével et Lesant, pharmaciens à Nantes, a donné par litre :

|                                      | gr.                      |
|--------------------------------------|--------------------------|
| Chlorure de magnésium. . . .         | 0,03153                  |
| — de calcium. . . . .                | 0,00166                  |
| Sous-carbonate de chaux. . .         | 0,00332                  |
| — de magnésie.                       | 0,01657                  |
| Sulfate de chaux. . . . . . .        | quantité inappréciable.  |
| Matière grasse. . . . . . . .        | 0,00498                  |
| — extractive. . . . .                | 0,00332                  |
| Silice. . . . . . . . . . . .        | 0,00995                  |
| Oxyde de fer. . . . . . . . .        | 0,01991                  |
| Perte. . . . . . . . . . . .         | 0,00497                  |

0,09621

GOURNAY (département de la Seine-Inférieure). — Petite

ville sur l'Epte, à 5 lieues de Gisors; on distingue près de la ville deux sources minérales appelées, l'une, *fontaine de Jouvence*, l'autre, *fontaine des Malades*. Elles contiennent par litre d'eau, d'après M. Dupray (*Bulletin de Pharmacie*, tome II, page 527):

|  | gr. |
|---|---|
| Carbonate de chaux. . . . . . . . | 0,073 |
| — de magnésie. . . . . | 0,032 |
| — de fer. . . . . . . . . | 0,093 |
| Sulfate de chaux. . . . . . . . | 0,077 |
|  | 0,275 |

LAIFOUR (département des Ardennes). — Village près de la Meuse, à 4 lieues de Mézières. La source minérale qu'on y trouve a été analysée par M. Amstein:

Eau (1 litre).

|  | lit. |
|---|---|
| Acide carbonique. . . . . . . | 0,019 |

|  | gr. |
|---|---|
| Sous-carbonate de chaux. . . } | 0,0031 |
| — de magnésie. } | |
| — de fer. . . . . | 0,0400 |
| Chlorure de sodium. . . . . . | 0,0037 |
| — de calcium. . . . . . } | 0,0014 |
| — de magnésium. . . . } | |
| Sulfate de chaux. . . . . . . | 0,0365 |
| — de magnésie. . . . . . | 0,029t |
| Silice. . . . . . . . . . . . . | 0,0045 |
| Perte. . . . . . . . . . . . . | 0,0077 |
|  | 0,1260 |

LAROQUE (département des Pyrénées-Orientales). — Village à une lieue de Sorède, sur les Albères; à un quart de lieue du village, on trouve une source qu'on nomme dans le pays *Font de l'Aram*, laquelle contient, d'après M. Anglada, les principes suivants:

Eau ( 1 litre ).

Acide carbonique libre. . . . .     quantité indéterminée.

gr.

| | |
|---|---|
| Matière organique azotée. . . . | 0,003 |
| Carbonate de soude. . . . . . | 0,008 |
| Sulfate de soude. . . . . . . | 0,031 |
| Chlorure de sodium. . . . . . | 0,020 |
| Carbonate de chaux. . . . . . | 0,136 |
| — de magnésie. . . . . | 0,057 |
| — de fer. . . . . . . | 0,030 |
| Silice. . . . . . . . . . . . | 0,066 |
| Perte. . . . . . . . . . . . | 0,012 |
| | 0,363 |

L'ÉPINAY (département de la Seine-Inférieure). — Hameau dépendant de Fécamp, à trois quarts de lieue de cette ville; on y trouve une source minérale dont l'eau n'est pas très-limpide. Elle a fourni à M. Germain, pharmacien à Fécamp (*Journal de Pharmacie*, mars 1824) :

Eau ( 1 litre ).

gr.

| | |
|---|---|
| Chlorure de calcium. . . . . | 0,0420 |
| — de potassium. . . . | 0,0210 |
| Carbonate de fer. . . . . . . | 0,0640 |
| — de magnésie. . . . | 0,0420 |
| — de chaux. . . . . . | 0,1360 |
| Silice. . . . . . . . . . . . | 0,0420 |
| | 0,3470 |

SAINTE-MADELEINE-DE-FLOURENS (département de la Haute-Garonne). — Village à une lieue de Toulouse. La source minérale est entourée de quelques maisons pour loger les malades. Il y a un médecin inspecteur. Analysée par MM. Pailhès, Lamotte, Tarbes, pharmaciens, et par les docteurs Lafont-Gouzy et Duffoure, l'eau de cette source a fourni par litre :

|  | lit. |
|---|---|
| Acide carbonique. . . . . . . . | 0,060 |

|  | gr. |
|---|---|
| Chlorure de sodium. . . . . . | 0,1935 |
| — de magnésium. . . . | 0,0208 |
| Matière bitumineuse ou rési- | |
| neuse. . . . . . . . . . . . | 0,0078 |
| Sulfate de soude. . . . . . . . | 0,0773 |
| — de chaux. . . . . . . . | 0,0202 |
| Sous-carbonate de fer. . . . . | 0,0812 |
| — de chaux. . . | 0,3128 |
| — de magnésie. . | 0,0151 |
| Silice. . . . . . . . . . . . . | 0,0117 |
| Matière végétale. . . . . . . . | 0,0106 |
|  | 0,7510 |

SAINT-MARTIN-DE-FENOUILLA et LE BOULOU (département des Pyrénées-Orientales). — Dans un ravin dépendant des communes de Saint-Martin-de-Fenouilla et du Boulou, sourdent plusieurs filets d'eau minérale ferrugineuse qui forment deux sources, lesquelles ont été analysées par M. Anglada :

Eau ( 1 litre ).

| SAINT-MARTIN-DE-FENOUILLA. | | LE BOULOU. | |
|---|---|---|---|
|  | lit. |  | lit. |
| Acide carbonique libre. . | 0,750 | Acide carbonique libre. . | 0,611 |
|  | gr. |  | gr. |
| Carbonate de soude. . . . | 2,787 | Carbonate de soude. . . | 2,431 |
| Sulfate de soude. . . . . | 0,019 | Chlorure de sodium. . . | 0,852 |
| Chlorure de sodium. . . | 0,324 | Sulfate de soude. . . . . | trac. |
| Sel à base de potasse. . . | traces. | Carbonate de chaux. . . | 0,741 |
| Silice. . . . . . . . . . | 0,106 | — de magnésie. . | 0,215 |
| Carbonate de chaux. . . | 0,448 | — de fer. . . . . | 0,032 |
| — de magnésie. . | 0,159 | Silice. . . . . . . . . . . | 0,134 |
| — de fer. . . . | 0,050 |  | 4,405 |
| Matière organique non azo- | | | |
| tée. . . . . . . . . . . | 0,022 | | |
| Perte. . . . . . . . . . | 0,104 | | |
|  | 4,019 | | |

MONTLIGNON ou MOULIGNON (département de Seine-et-Oise).
—Village près de Montmorency, à 4 lieues de Paris; on
trouve dans le domaine de M. Larive une source qui a été
analysée par MM. Beauchêne, Morelot, Sédillot jeune et Bouillon-Lagrange. (*Journal général de Médecine*, t. XVIII page 52.)

Eau ( 1 litre ).

| | lit. |
|---|---|
| Acide carbonique. . . . . . . | quantité indéterminée. |

| | gr. |
|---|---|
| Chlorure de sodium. . . . . . | 0,1713 |
| — de calcium. . . . . . | 0,1142 |
| Sulfate de chaux. . . . . . . | 0,0285 |
| Carbonate de magnésie. . . . | 0,0571 |
| — de chaux. . . . . . | 0,0285 |
| — de fer. . . . . . . | 0,1142 |
| | 0,5138 |

NANCY (département de la Meurthe). — Chef-lieu de préfecture; on trouve, au pied de l'angle d'un cavalier du bastion
Saint-Thibault, une source minérale qui a fourni à M. Mathieu
de Dombasle :

Eau ( 1 litre ).

| | gr. |
|---|---|
| Carbonate de chaux. . . . . . . | 0,35 |
| Sulfate de chaux. . . . . . . . | 0,07 |
| Sulfate de chaux cristallisé. . . | 0,26 |
| Chlorure de sodium. . . . . . | 0,04 |
| Carbonate de fer . . . . . . . | 0,04 |
| | 0,76 |

NOYERS (département du Loiret). — Bourg à 5 lieues de
Montargis; au bas d'une colline on trouve une source minérale ferrugineuse.

LA PLAINE (département de la Loire-Inférieure). — Bourg
sur le bord de l'Océan, à 4 lieues de Paimbœuf. On y trouve deux
sources, dont la plus abondante fournit vingt-cinq litres d'eau

par heure. Cette dernière source a été analysée par M. Hectot, pharmacien à Nantes. (*Bulletin de Pharmacie*, avril 1813.)

Eau ( 1 litre).

|  | lit. |
|---|---|
| Acide carbonique. . . . . . . . | 0,035 |

|  | gr. |
|---|---|
| Chlorure de magnésium. . . . | 0,053 |
| — de sodium. . . . . . | 0,045 |
| Sulfate de chaux. . . . . . . . | 0,010 |
| Carbonate de magnésie. . . . . | 0,016 |
| — de fer. . . . . . . . . | 0,013 |
| Alumine. . . . . . . . . . . | 0,007 |
| Silice. . . . . . . . . . . . . | 0,010 |
| Matière huileuse. . . . . . . . | 0,007 |
|  | 0,161 |

PLOMBIÈRES. — Il y a une source ferrugineuse. (*Voyez* Plombières.)

PONTIVY (département du Morbihan). — On trouve dans cette ville deux sources minérales, qui, analysées par MM. Chevallier et Lassaigne, ont fourni du chlorure de sodium, de l'oxyde de fer et de la silice. (*Journal de Pharmacie*, septembre 1821).

PONT-DE-VEYLE (département de l'Ain). — A 2 lieues de Mâcon ; à un quart de lieue de la ville, on trouve une source ferrugineuse appelée *fontaine de Saint-Jean* ou *fontaine de Fer*.

PORNIC (département de la Loire-Inférieure). — Hameau de la paroisse du Clion ; à un quart de lieue de Pornic, près de Malmy, on trouve une source minérale qui est assez fréquentée par les malades qui font usage des bains de mer ; elle a été analysée par M. Hectot. (*Bulletin de Pharmacie*, 1813.)

Eau ( 1 litre ).

Acide carbonique. . . . . . . .          quantité inappréciable.

gr
Chlorure de magnésium. . . .     0,014
— de sodium. . . . . .     0,189
Sulfate de chaux. . . . . . . .     0,007
Carbonate de chaux. . . . . .     0,007
— de magnésie. . . . .     0,063
— de fer. . . . . . . . .     0,014
Matière extractive. . . . . . .     0,014
Silice. . . . . . . . . . . . . .     0,028

0,336

PROVINS (département de Seine-et-Marne). — Petite ville
à 20 lieues de Paris. Près des murs de la ville, on voit une
source minérale appelée *Sainte-Croix*. Quoiqu'elle ait été
beaucoup vantée par M. Opoix, et qu'elle ait un médecin inspecteur, elle est peu fréquentée. Analysée par MM. Vauquelin
et Thénard ( *Annales de Chimie*, tome LXXXVI ), cette eau a
fourni par litre :

lit.
Acide carbonique. . . . . . .     0,069

i gr.
Carbonate de chaux. . . . . .     0,5525
— de magnésie. . . .     0,0225
Chlorure de sodium. . . . . .     0,0425
— de calcium. . . . . . .     traces.
Manganèse. . . . . . . . . . .     0,0170
Fer oxydé. . . . . . . . . . .     0,0760
Silice. . . . . . . . . . . . .     0,0250
Matière grasse. . . . . . . . .     quantité inappréciable.

0,7355

QUIÈVRECOURT (département de la Seine-Inférieure): — Paroisse voisine de Neufchâtel. La source minérale s'appelle
*source de Cramillon;* elle contient, d'après M. Michu, du gaz
acide carbonique et du carbonate de fer.

QUINCIÉ (département du Rhône). — Bourg à une lieue de Beaujeu; on trouve aux environs, non loin du château, sur le bord d'un chemin, une source minérale ferrugineuse.

SAINTE-QUITERIE (FONTAINE DE). — (*Voyez* Tarascon.)

REIMS (département de la Marne). — On trouve à la porte de Fléchambault une source ferrugineuse.

RIEU-MAJOU (département de l'Hérault). — Les sources minérales sont situées dans une prairie à une demi-lieue de La Salvetat. Analysées par M. Julia Fontenelle, elles ont fourni :

Eau (1 litre).

|  | lit. |
|---|---|
| Acide carbonique. . . . . . . . | 0,540 |

|  | gr. |
|---|---|
| Chlorure de magnésium. . . . | 0,0850 |
| — de calcium. . . . . . | 0,0637 |
| — de sodium. . . . . . | 0,0354 |
| Carbonate de magnésie. . . . | 0,4176 |
| — de chaux. . . . . . | 0,3964 |
| — de fer. . . . . . . | 0,2973 |
| Silice et perte. . . . . . . . | 0,0141 |
|  | 1,3095 |

ROUEN (département de la Seine-Inférieure). — On y trouve les sources minérales de la Marêquerie, qui sont au nombre de trois : la *Royale*, la *Cardinale*, la *Reinette*. M. Dubuc (*Annales de Chimie*) les a trouvées ferrugineuses.

RUILLÉ (département de la Sarthe). — Petit village de l'arrondissement de Saint-Calais; la source connue sous le nom de *Tortaigne* a été analysée par MM. Desaigne et Gendron (*Annuaire du département de l'Eure*, 1807).

24

Eau (1 litre).

|                              | lit.  |
| ---------------------------- | ----- |
| Acide carbonique.            | 0,035 |
| Air atmosphérique.           | 0,013 |

|                              | gr.   |
| ---------------------------- | ----- |
| Chlorure de calcium.         | 0,183 |
| — de sodium.                 | 0,159 |
| Sulfate de chaux.            | 0,042 |
| Carbonate de chaux.          | 0,097 |
| Alumine.                     | 0,014 |
| Silice et oxyde de fer.      | 0,027 |
| Matière animale.             | 0,024 |
|                              | 0,546 |

SAINT-SANTIN ( département de l'Orne ). — Bourg à une lieue de Laigle. On trouve dans une vallée une source minérale ferrugineuse.

SCHWALBACH ( duché de Nassau ). — Bourg à égale distance d'Ems et de Wisbade et à une lieue de Schlangenbad. On y trouve plusieurs sources minérales froides ; on remarque la *source de Fer*, la *source de Vin* et la *source Pauline*. Elles contiennent du carbonate de soude, de l'oxyde de fer, des carbonates de chaux et de magnésie, de l'hydrochlorate et du sulfate de soude, de l'acide carbonique. Leurs propriétés ressemblent à celles des eaux de Spa.

SEGRAY ( département du Loiret ). — Village près de Pithiviers, situé dans un vallon charmant, qui a été décrit par le poëte Colardeau dans son *Épître à Duhamel*. La source minérale, qui est assez fréquentée, est dirigée par un médecin inspecteur. L'eau a une saveur styptique, ferrugineuse, et laisse dégager l'odeur d'hydrogène sulfuré. On dit qu'elle contient des sulfates de fer, de magnésie et de chaux. Cette analyse a besoin d'être répétée.

SERMAISE ( département de la Marne ). — Bourg à 8 lieues

de Châlons ; à un quart de lieue de ce bourg, on rencontre une source minérale ferrugineuse qu'on nomme *fontaine des Sarrasins.*

SENEUIL ( département de la Dordogne ). — Village à une demi-lieue de Riberac ; on trouve dans un vallon marécageux une source minérale ferrugineuse.

SORÈDE ( département des Pyrénées-Orientales ). — Commune à 3 lieues de Perpignan. A un quart de lieue au sud-est du village surgit du lit même de la rivière une source minérale, qu'on nomme dans le pays *Fontagre,* et qui est assez fréquentée depuis quelques années. Elle a été analysée par M. Anglada.

Eau ( 1 litre ).

Acide carbonique libre. . . . .  quantité indéterminée.

| | gr. |
|---|---|
| Matière organique azotée. . . . | 0,021 |
| Carbonate de soude. . . . . . . | 0,053 |
| Sulfate de soude. . . . . . . . | 0,026 |
| Chlorure de sodium. . . . . . . | 0,022 |
| Carbonate de chaux. . . . . . . | 0,607 |
| — de magnésie. . . . . | 0,059 |
| — de fer. . . . . . . . | 0,050 |
| — de manganèse. . . . | traces. |
| Silice. . . . . . . . . . . . . | 0,101 |
| Alumine. . . . . . . . . . . . . | 0,003 |
| Perte. . . . . . . . . . . . . | 0,025 |
| | 0,967 |

TARASCON ( département de l'Ariége ). — Ville à 3 lieues de Foix. A peu de distance de la ville, près de la rive gauche de l'Ariége, on trouve une source minérale qu'on appelle *fontaine Rouge* ou *de Sainte-Quiterie ;* elle a donné à M. Magnes :

Eau ( 1 litre ).

|  |  | lit. |
|---|---|---|
| Acide carbonique libre. . . . . | | 0,013 |

|  |  | gr. |
|---|---|---|
| Chlorure de sodium. . . . . . | | 0,0201 |
| — de magnésium. . . . | | 0,0463 |
| Sulfate de chaux. . . . . . . | | 0,3340 |
| — de magnésie. . . . . | | 0,1000 |
| Carbonate de fer. . . . . . . | | 0,1270 |
| Matière grasse résineuse. . . . | | 0,0201 |
| Silice. . . . . . . . . . . | | 0,0050 |
| Perte. . . . . . . . . . . | | 0,0360 |

0,6885

TONGRES ( Belgique ). — Ville à 5 lieues de Maëstricht ; à un quart de lieue de la ville, on trouve deux sources ferrugineuses qui ont été analysées par M. Payssé (*Annales de Chimie*, tome XXXVI, page 161).

Eau ( 1 litre ).

| PREMIÈRE FONTAINE, OU FONTAINE DE PLINE. | | DEUXIÈME FONTAINE. | |
|---|---|---|---|
|  | gr. |  | gr. |
| Carbonate de fer. . . . . | 0,113 | Carbonate de fer. . . . . | 0,145 |
| — de magnésie. . | 0,168 | — de magnésie. . | 0,151 |
| Perte. . . . . . . . . | 0,016 | Perte. . . . . . . . . | 0,021 |
|  | 0,297 |  | 0,317 |

VERBERIE ( département de l'Oise ). — Village à 3 lieues de Compiègne ; à 200 pas de ce village, on trouve la source de *Saint-Corneille,* qui a eu autrefois beaucoup de célébrité à Paris, avant la découverte des eaux de Passy. Cette source est ferrugineuse.

WATWEILER ( département du Haut-Rhin ). — Bourg au pied des Vosges. A 400 pas du village, on rencontre deux sources minérales ferrugineuses, dont une est peu fréquentée.

# CLASSE QUATRIÈME.

## Considérations générales.

Envisagées d'une manière générale, toutes les eaux minérales sont plus ou moins salines, car toutes contiennent plus de sels que l'eau commune. Mais on donne particulièrement le nom de *salines* à celles des eaux minérales qui, n'étant ni sulfureuses, ni ferrugineuses, ni acidules, ont pour principes prédominants quelques sels. Parmi les eaux salines, il en est plusieurs qui sont purgatives : la plupart ne possèdent pas cette propriété, de telle sorte que cette classe n'offre pas de caractère bien tranché ; nous avons été obligés d'y placer toutes les eaux que les autres divisions n'ont pu admettre, tant il est vrai que la nature ne s'astreint pas à nos classifications. Aussi nos considérations générales ne peuvent s'appliquer qu'à la majorité des eaux salines.

*Propriétés physiques.* La saveur des eaux minérales salines est très-variable, tantôt fraîche, tantôt amère, tantôt piquante. Il est rare qu'elles aient une odeur particulière, à moins qu'elles ne contiennent un peu d'hydrogène sulfuré. Elles sont thermales ou froides.

*Propriétés chimiques.* On trouve dans les eaux salines des chlorures de sodium, calcium et magnésium, du sulfate de soude, des carbonates alcalins, de la silice, des traces de fer ; rarement du sulfate d'alumine, des iodures, des brômures,

et une matière grasse comparable à la barégine ; souvent de
l'acide carbonique et quelquefois de l'acide hydro-sulfurique.
Il est probable que plusieurs sources salines ( Saint-Amand ,
Barbotan, Évaux, Bagnoles ( Orne) etc. ), lesquelles exhalent
une odeur hépatique, sont des sources *sulfureuses dégénérées* ,
c'est-à-dire des sources qui dans les entrailles de la terre
étaient réellement sulfureuses et ont perdu dans leur trajet
une grande partie de leur ingrédient sulfureux. M. Anglada
n'est pas éloigné de croire que les eaux de Plombières, qui
recèlent beaucoup de matière végéto-animale , sont des eaux
sulfureuses dégénérées.

*Propriétés médicales.* Prises en boisson , les eaux minérales
salines conviennent aux sujets phlegmatiques, à fibre molle ,
dans tous les cas où l'ordre des sécrétions est dérangé ou per-
verti , sans qu'il y ait pléthore sanguine. Elles portent une
douce stimulation sur la membrane muqueuse de l'estomac,
déterminent une sécrétion plus abondante du suc gastrique,
modifient la nature de ce liquide et en corrigent les qualités
vicieuses ; en même temps elles impriment une plus grande
activité à l'estomac ; en relèvent peu à peu le ton et remédient à plusieurs vices de la digestion déterminés par l'atonie
de cet organe. Dans les intestins, elles augmentent aussi la
sécrétion des follicules muqueux et produisent un effet laxatif
assez marqué. Si elles sont prises à une assez forte dose ,
l'influence minérale ne tarde pas à s'étendre aux autres organes du bas-ventre ; la sécrétion des reins , du foie , du
pancréas, commence à se faire avec plus d'activité. Les liquides sécrétés, en même temps qu'ils deviennent plus abondants, sont moins âcres, moins irritants, parce qu'ils sont
moins saturés. Les reins se ressentent les premiers de l'action des eaux ; la quantité des urines se trouve considérablement augmentée , et cet effet diurétique est plus constant
que l'effet laxatif. D'un autre côté , le système lymphatique
témoigne son surcroît d'action par un travail de résorption

beaucoup plus énergique. Ce changement dans les sécrétions, d'une part, et la grande activité des vaisseaux absorbants, de l'autre, déterminent un effet résolutif très-marqué, en vertu duquel les engorgements chroniques qui ont leur siége dans les viscères du bas-ventre, ou dans le système lymphatique, diminuent ou disparaissent, pourvu qu'ils soient encore susceptibles de résolution (1).

On conçoit, d'après le mode d'action des eaux salines, qu'elles doivent être utiles dans les affections de l'estomac qui dépendent d'une sécrétion trop abondante de bile ou de mucosités, dans les engorgements des viscères abdominaux, la jaunisse, les calculs biliaires, les fièvres quartes opiniâtres, les coliques néphrétiques, le catarrhe vésical, la suppression des règles, la leucorrhée, la stérilité, et dans les maladies nerveuses qui semblent dépendre de la lenteur et de l'atonie des fonctions digestives. Mais on doit s'abstenir des eaux salines lorsqu'il existe une trop grande susceptibilité nerveuse ou une irritation des organes gastriques; elles réussissent d'autant mieux que ces organes sont moins irrités, ou dans un état d'atonie; elles nuisent aux personnes qui ont la poitrine délicate, aux asthmatiques et à ceux qui sont sujets aux crachements de sang.

En bains et en douches, les eaux salines thermales ont été beaucoup recommandées dans les paralysies, même dans celles qui sont la suite de l'apoplexie; mais dans ce dernier cas on ne doit y recourir qu'autant qu'il n'existe plus de congestion active vers la tête, et encore ne doit-on donner que des demi-bains à une température peu élevée. Les bains d'eaux légèrement salines sont employés avec succès dans quelques maladies de la peau, telles que les éruptions sèches accompagnées de démangeaisons, le lichen, les diverses variétés

---

(1) M. Kuhn, *Eaux minérales de Niederbronn.*

du prurigo, dans certains eczémas chroniques ; c'est le moyen le plus prompt et le plus sûr, dit M. Cazenave (1), de faire tomber ces incrustations épaisses qu'on remarque dans l'*impetigo figurata*, et mieux encore dans ces *porrigo favosa* répandus sur presque toute la surface extérieure du corps. Quelquefois les eaux salines augmentent la cuisson et le prurit : si cet accroissement de douleurs n'est pas trop considérable, il annonce la chute prochaine des squames et une modification des vaisseaux exhalants ; sinon, il aggrave l'éruption, et, dans ce dernier cas, il faut suspendre les bains minéraux et les remplacer par des bains émollients.

De même que toutes les eaux thermales, les eaux minérales salines chaudes sont salutaires dans les contractures des muscles, les maladies des os et des articulations, et dans les affections rhumatismales chroniques. Quant à cette dernière maladie, il n'est pas inutile de signaler ici une remarque importante que plusieurs praticiens ont eu occasion de faire comme nous : c'est que les bains chauds d'eau commune ne conviennent pas pour la guérison du rhumatisme, parce que ces bains en diminuant singulièrement l'énergie de la peau, la rendent très-impressionnable au froid, à l'humidité de l'atmosphère, tandis que les bains minéraux, les salins particulièrement, stimulent le système cutané et, en augmentant sa vitalité, le rendent apte à réagir contre les influences atmosphériques.

*Mode d'administration.* On boit les eaux salines à une dose plus ou moins forte, suivant l'indication qu'on veut remplir. Si l'on désire obtenir un effet laxatif, il faut en prendre le matin à jeun un litre et demi à deux litres dans l'espace d'une heure : cette dose doit varier suivant le tempérament, l'âge des malades. Ces eaux ont un effet purgatif plus prompt à la source qu'après avoir été transportées ; elles ont l'avantage

---

(1) *Bulletin général de Thérapeutique*, tome III, page 109.

de ne point irriter les organes de la digestion, comme beaucoup de purgatifs ordinaires; elles ne provoquent point de
coliques, et, loin d'affaiblir, elles donnent du ton aux organes
digestifs, en raniment les fonctions languissantes et donnent
de l'appétit. On les boit ordinairement chaudes, et on aide à
leur action par l'addition d'un sel neutre, quand les personnes sont très-difficiles à purger. Lorsqu'étant froides elles
sont digérées difficilement, on les fait chauffer au bain-marie.
On ne doit permettre l'usage de ces eaux, comme laxatives,
que pendant peu de jours de suite, car si on les continuait
trop longtemps, elles épuiseraient les malades et causeraient
des diarrhées opiniâtres.

S'il est facile d'expliquer la guérison que l'on obtient par les
eaux salines employées comme purgatives, il n'en est pas de
même lorsqu'on les prescrit comme *altérantes*, c'est-à-dire
comme pouvant modifier la constitution actuelle des solides et
des humeurs. Les eaux doivent être alors administrées à petite
dose; elles maintiennent la régularité des évacuations alvines
sans purger, augmentent la sécrétion urinaire et produisent
une certaine dépuration humorale, au moyen de laquelle les
principes délétères sont éliminés (Kreysig). C'est ainsi que leur
emploi longtemps continué détermine la guérison ou le soulagement de beaucoup d'affections abdominales chroniques. La cure
s'opère quelquefois sans efforts critiques appréciables; le malade n'éprouve aucun mouvement insolite; seulement il va
mieux et fait chaque jour un pas vers la guérison, sans que
le médecin puisse se rendre compte de l'efficacité des eaux.

On associe ordinairement, et avec avantage, la boisson de
l'eau minérale saline aux bains; mais quelquefois l'excitation simultanée de deux surfaces aussi étendues que celles de
la peau et de la membrane muqueuse gastro-intestinale, fatigue, agite les malades, détermine des irritations intérieures,
et même des phlegmasies : dans ce cas, il faut renoncer à la
boisson ou aux bains. Il est en général prudent de ne se bai-

gner que lorsque le corps est habitué à la boisson de l'eau
minérale.

La boue grasse et onctueuse que déposent plusieurs sources
salines est utilisée en cataplasmes et en bains dans quelques
maladies externes. Mais il ne faut pas employer inconsidéré-
ment ces topiques, parce qu'ils produisent souvent une surexcitation dangereuse dans les parties malades.

Les eaux salines dont les propriétés consistent dans des
principes fixes peuvent être transportées et se conserver un
certain temps, sans qu'elles s'altèrent d'une manière notable.

### BALARUC (département de l'Hérault).

Bourg près de la grande route de Montpellier à Narbonne,
à trois quarts de lieue de Frontignan, une lieue et demie de
Cette, et 4 de Montpellier. Les eaux thermales que l'on y
rencontre ont joui autrefois d'une assez grande célébrité, qui
va sans doute renaître, puisqu'on a construit récemment un
établissement thermal où l'on trouve des cabinets de bains
fort propres, garnis de baignoires en cuivre, des douches à
tous les degrés de hauteur, de chaleur et de froid, une étuve
bien éclairée, des logements agréables, commodes, un beau
salon, un billard et un parc d'une vaste étendue. Il existe à
Balaruc un hospice pour les soldats et les indigents. La première saison des eaux s'ouvre le 1er mai, et la seconde le
1er septembre : la coutume est de prendre les eaux pendant
dix jours. Il y a un médecin inspecteur.

*Source.* Elle est située dans une plaine près de l'étang salé
de Thau, qui communique avec la mer Méditerranée ; elle est
constamment très-abondante ; son volume augmente toutes
les fois que les vents du sud amènent dans l'étang une plus
grande quantité d'eau marine que de coutume : ce qui semble-
rait prouver que c'est l'étang d'eau salée qui alimente la

source. Celle-ci fournit aux baignoires de l'établissement, aux bains de la cuve, aux bains de l'hôpital et au bain de vapeur.

*Propriétés physiques.* L'eau thermale de Balaruc est limpide, a une odeur qui tient un peu de celle de la mer ; sa saveur est salée, mêlée d'amertume ; sa surface est couverte d'une grande quantité de bulles, et présente une espèce de pellicule qui ressemble assez à des gouttes d'huile, lorsque l'eau est restée quelque temps sans être agitée. La pesanteur spécifique de l'eau comparée à celle de l'eau distillée est comme 1,000 à 1,023. La température de la source est ordinairement de 47 à 50° cent. ; elle a diminué d'une manière si remarquable le 12 septembre 1832, après dix à douze jours de vent nord-ouest, que l'eau ne marquait plus que 35° cent., et que les bains de l'hôpital, qui n'avaient plus que 28° 7, furent désertés par les malades, qui trouvaient l'eau trop froide. La source perdit en même temps une partie de sa température et de son volume, phénomène qui doit être attribué à la diminution de l'eau dans l'étang de Thau, eau que la force et la constance des vents du nord-ouest avaient fait refluer dans la mer. La même observation a été faite en 1775 et en 1818.

La chaleur de la source de Balaruc, quelque grande qu'elle paraisse en y mettant la main, ne peut point cuire les œufs, comme s'en est assuré Leroy de Montpellier. Mais il paraît qu'elle est aussi propre à faire éclore les œufs que la chaleur même des poules qui les couvent, et à peu près dans le même nombre de jours. On pourrait donc fonder à Balaruc, comme à Chaudes-Aigues, un établissement pour l'incubation artificielle.

*Analyse chimique.* Elle a été faite par plusieurs chimistes de Montpellier ; M. Balard a constaté récemment la présence du brôme dans l'eau qui nous occupe. Voici le résultat des analyses faites par MM. Figuier, Saint-Pierre et Brongniart.

Eau ( 1 litre ).

| SUBSTANCES contenues DANS LES EAUX. | Analyse de M. FIGUIER. | Analyse de M. SAINT-PIERRE | Analyse de M. BRONGNIART. |
|---|---|---|---|
| | litre. | | |
| Acide carbonique. . . . . | 0,119 | 0,128 | quantité indét. |
| | gr. | | |
| Chlorure de sodium. . . | 7,40 | 5,190 | 6,250 |
| — de magnésium. | 1,38 | 0,850 | 1,400 |
| — de calcium. . . | 0,91 | 0,660 | 0,610 |
| Carbonate de chaux. . . | 1,16 | 0,500 | 0,370 |
| — de magnésie.. | 0,09 | 0,020 | 0,040 |
| Sulfate de chaux. . . . . | 0,70 | 0,360 | 0,580 |
| Fer. . . . . . . . . . . . | quantité imp. | 0,000 | 0,000 |
| Perte. . . . . . . . . . . | 0,00 | 0,180 | 0,000 |
| TOTAUX. . . . . | 11,64 | 7,760 | 9,250 |

Les différences que présentent ces analyses dans la proportion des principes minéralisateurs sont dues sans doute au mélange plus ou moins considérable de l'eau de l'étang avec celle de la source thermale, au moment où le travail analytique a été fait.

*Propriétés médicales.* Ce n'est pas seulement au voisinage de la faculté de médecine de Montpellier, mais bien à leur efficacité réelle, que les eaux de Balaruc doivent leur réputation. Prises en boisson, à la dose de quelques verres, elles ne produisent aucun effet fâcheux sur une personne en bonne santé ; dans l'état de maladie, elles donnent du ressort à l'estomac, font cesser les symptômes qui sont le résultat d'un état bilieux ou muqueux des premières voies ; à la dose de deux à trois litres par jour, elles deviennent purgatives. Administrées en bains à la température de 35° cent., elles fortifient l'action musculaire, mais au-dessus de cette température, elles accélèrent le pouls, causent de la céphalalgie ;

les bains, associés aux douches, provoquent d'abondantes sueurs qui semblent affaiblir les malades, mais qui plus tard ont des effets salutaires chez les individus d'un tempérament lymphatique. Les eaux de Balaruc conviennent dans toutes les maladies qui reconnaissent pour cause le relâchement et l'atonie des tissus. Elles sont particulièrement fréquentées par les paralytiques, même par ceux dont la maladie est due à une altération cérébrale. Cependant Leroy, Fouquet, Baumes, Delpech, M. Lallemand, en interdisent l'usage dans cette circonstance, parce qu'ils ont remarqué qu'à l'amélioration éprouvée par les hémiplégiques à la suite des premiers bains, succède presque toujours une nouvelle attaque d'apoplexie.

On emploie avec succès les eaux de Balaruc dans les affections scrofuleuses, les embarras bilieux ou muqueux de l'appareil digestif, les engorgements des viscères du bas-ventre, les fièvres intermittentes rebelles, si communes dans cette contrée, dans les rhumatismes chroniques, la sciatique, la raideur, l'engorgement des articulations, la contracture et la débilité des membres qui se remarquent à la suite des fractures, des luxations, des entorses. Quelques observations tendent à prouver que la surdité, dépendant d'un catarrhe du conduit auditif, peut être diminuée et même guérie par l'injection des eaux de Balaruc.

Celles-ci, à raison de l'énergie qu'elles possèdent, doivent être interdites aux personnes prédisposées à l'apoplexie, à l'épilepsie et aux hémorragies; elles sont nuisibles dans les cas d'hystérie, d'hypocondrie, dans les affections de la poitrine, l'asthme, etc., et dans les irritations des organes digestifs.

*Mode d'administration.* On se sert des eaux de Balaruc sous toutes les formes; si on les prend pour se purger, il faut en boire deux à trois litres par jour, et ne les continuer que pendant quatre à cinq jours seulement. Si on les emploie comme toniques et apéritives, leur dose ne doit pas dépasser un litre chaque matin.

Les personnes robustes atteintes de rhumatismes, de sciatique, peuvent se baigner dans le bassin de la source; mais elles ne doivent y séjourner que quelques minutes à cause de la haute température de l'eau. On les retire aussitôt que la face devient très-rouge et se couvre de sueurs. Mais on prend le plus souvent les bains dans des baignoires munies de trois robinets l'un pour l'eau thermale, l'autre pour l'eau thermale refroidie, le troisième pour l'eau douce, de sorte qu'on peut graduer à volonté l'énergie et la température du bain.

Les douches ne doivent durer que quelques minutes, surtout si on les dirige sur la tête. On applique avec avantage les boues sur les articulations atteintes d'ankyloses incomplètes.

Les eaux de Balaruc s'altèrent peu par le transport; on en exporte une assez grande quantité dans les départements.

La source appartient à un particulier : le prix de la ferme est de 9,200 francs; l'argent laissé dans le pays a été évalué à plus de 30,000 francs pour 1835.

*Observations sur les eaux de Balaruc*, par M. Leroy (*Mémoires de l'Académie royale des Sciences*, 1752, page 625). Ce mémoire mérite d'être consulté.

*Traité des eaux minérales de Balaruc*, par M. Pouzaire; 1771, in-8. Cet ouvrage contient dix-sept observations de guérisons opérées par les eaux de Balaruc.

*Annales de médecine pratique de Montpellier*, tome XIX.

*Analyse des eaux de Balaruc*, par M. Brongniart (*Journal de Montpellier*, tome Iᵉʳ).

*Notice sur les eaux de Balaruc*, par M. Fouquet (*Journal de Montpellier*, tome Iᵉʳ, page 99). L'auteur rapporte plusieurs observations sur des vomissements chroniques guéris par la boisson de l'eau de Balaruc.

*Essai sur l'analyse des eaux minérales*, etc., par M. Saint-Pierre (*Thèse*; Montpellier, 1809).

BOURBONNE-LES-BAINS (département de la Haute-Marne).

Petite ville de 4,000 habitants, à 10 lieues de Langres, 20 de Nancy, 18 de Besançon, 72 de Paris; on y arrive de tous les points par de très-belles routes pourvues de diligences suspendues. Elle offre toutes les ressources désirables pour le logement, la nourriture, et peut recevoir quinze cents étrangers; on se plaint généralement qu'elle est stérile en agréments et en distractions, et si Bourbonne était aussi fertile en moyens d'agrément que ses eaux le sont en moyens de guérison, peu de sources minérales seraient plus célèbres et plus fréquentées. Cependant, pendant la saison des bains, il se forme quelques réunions à l'Hôtel-de-Ville. — L'hôpital militaire fondé par Louis XV, agrandi par Louis XVI, et amélioré sous la Restauration, est vaste et peut contenir 500 militaires, dont 100 officiers; la direction du service de santé est confiée à des officiers de santé militaires distingués, les docteurs Férat, médecin en chef, et Thérin, chirurgien en chef. — La saison des bains dure depuis le 1er juin jusqu'au 1er octobre: la cure est de 21 jours. Médecin inspecteur, M. Athanase Renard.

*Sources.* Elles sont au nombre de trois: la première, désignée sous le nom de *fontaine de la Place*, presque contiguë aux bains civils dont elle dépend, est renfermée dans un petit bâtiment, et donne de l'eau destinée à la boisson des malades; la seconde, dite *Puisard* ou *fontaine des Bains civils*, contenue dans des puits très-profonds, fournit à l'ascension de l'eau dans les réservoirs supérieurs, au moyen d'une machine hydraulique, pour la consommation générale de l'établissement; la troisième, connue autrefois sous le nom de *Bain Patrice*, alimente les bains de l'hôpital militaire. On y a construit en 1780 deux bassins qui peuvent contenir deux cents hommes; en 1817, on a formé une salle de bains et de douches pour les officiers.

L'*établissement civil* est renfermé dans un bâtiment élégant divisé en un grand nombre de cabinets propres et commodes, où les baigneurs trouvent des bains ordinaires, des douches, une étuve et deux piscines. Les deux sources qui appartiennent à l'établissement ne sont probablement que deux embranchements de la même, car l'épuisement de l'une réagit sur l'autre.

*Propriétés physiques.* L'eau des trois sources est incolore, d'une transparence parfaite; elle n'a point d'odeur appréciable, quoique les bassins exhalent celle de l'hydrogène sulfuré; sa saveur est amère, fortement salée et nullement nauséabonde : l'eau paraît d'abord douce et onctueuse, puis elle cause à la peau un peu de rigidité; sa pesanteur spécifique est de 1,006, l'eau distillée prise pour 1,000; elle marque 2° 1/2 à l'aréomètre de Baumé. C'est une des eaux minérales les plus riches en substances salines. La température de la fontaine de la Place est de 58° 75 cent., celle des bains civils, 57° 50, celle des bains militaires, 50° Le produit de toutes les sources en vingt-quatre heures est de 120 mètres cubes.

*Analyse chimique.* Elle a été faite par plusieurs chimistes qui ont obtenu des résultats différents :

Eau ( 1 litre ).

| ANALYSE DE MM. BOSQ ET BEZU (1808). | gr. | ANALYSE DE M. ATHÉNAS (1822). | gr. |
|---|---|---|---|
| Chlorure de calcium. . . . | 0,928 | Chlorure de calcium. . . | 0,81075 |
| — de sodium. . . . | 5,388 | — de sodium. . . . | 4,76325 |
| Carbonate de chaux. . . . | 0,106 | — de magnésium. | 0,13925 |
| Sulfate de chaux. . . . . | 0,956 | Sulfate de chaux. . . . | 1,02750 |
| Matière extractive mêlée | | — de magnésie. . | 0,35775 |
| de sulfate de chaux. . . | 0,053 | Carbonate de fer. . . . | 0,03125 |
| | ——— | Perte. . . . . . . . . | 0,02650 |
| | 7,431 | | ——— |
| | | | 7,15625 |

Eau ( 1 litre ).

| ANALYSE PAR MM. BASTIEN ET CHEVALLIER (1834). | | ANALYSE DE MM. DESFOSSES ET ROUMIER (1827). | |
|---|---|---|---|
| | gr. | | gr. |
| Bromure alcalin. . . . . . | 0,050 | Chlorure de calcium. . . | 0,0810 |
| Chlorure de sodium. . . . | 6,005 | — de sodium. . . . | 5,3520 |
| — de calcium. . . . | 0,740 | Sulfate de chaux. . . . . | 0,7210 |
| Carbonate de chaux. . . . | 0,287 | Sous-carbonate de chaux. | 0,1580 |
| Sulfate de chaux. . . . . . | 0,783 | Bromure , ou peut-être | |
| Perte. . . . . . . . . . . . | 0,135 | chlorure de potassium. | 0,0690 |
| | 8,000 | | 6,3810 |

ANALYSE DES BOUES MINÉRALES , PAR VAUQUELIN.

| | gr. |
|---|---|
| Matières animale et végétale. | 15,40 |
| Silice. . . . . . . . . . . . . . | 64,40 |
| Fer oxydé. . . . . . . . . . . | 5,80 |
| Chaux. . . . . . . . . . . . . | 6,20 |
| Magnésie. . . . . . . . . . . | 1,00 |
| Alumine. . . . . . . . . . . | 2,20 |
| Perte. . . . . . . . . . . . . | 5,00 |
| | 100,00 |

*Propriétés médicales.* Les eaux thermales de Bourbonne sont très-excitantes, et leur emploi exige beaucoup de prudence. En général elles ne conviennent qu'aux personnes d'un tempérament lymphatique, et dans les affections caractérisées par un certain degré de relâchement, de faiblesse et d'inertie dans la vitalité des organes ; leur efficacité sera d'autant plus manifeste, que les organes soumis à leur action seront moins irrités, et que les malades seront moins irritables.

Depuis longtemps, les médecins les plus célèbres envoient à Bourbonne pour les paralysies partielles ou générales, pour celles même qui sont la suite d'une affection du cerveau ; mais

25

les eaux thermales ne conviennent dans ce dernier cas qu'autant que le sang n'a plus tendance à se porter vers l'encéphale, et que pendant la cure on prend toutes les précautions pour éviter une congestion cérébrale. Elles sont fort utiles dans les rhumatismes chroniques, quelques névralgies, les débilités musculaires, les accidents suite de coups de feu, d'entorses, de luxations, les maladies scrofuleuses; elles réussissent quelquefois dans les engorgements des viscères du bas-ventre, dans la chlorose, les fleurs blanches, le relâchement des ligaments de la matrice, etc. M. le docteur Therrin en a obtenu de bons effets dans les accidents produits par la congélation.

Sous l'influence des eaux de Bourbonne, le système fibreux, les fibro-cartilages, acquièrent plus de mollesse; le tissu osseux lui-même participe aussi à ce ramollissement. « Les fractures, dit M. Magistel, s'opèrent plus facilement chez la personne qui prend les eaux que chez toute autre; quelquefois le cal des fractures mal réduites subit un nouveau travail; on est obligé de suspendre le traitement chez les personnes qui se sont fracturées récemment un os, et ce n'est que cinq à six mois après l'accident qu'elles peuvent prendre les eaux. » Il résulte de cette remarque faite depuis longtemps par M. Lefaivre, inspecteur honoraire, que les eaux de Bourbonne ne conviennent pas dans le rachitis, qui, comme l'on sait, consiste dans le ramollissement des os des membres et de la colonne vertébrale. Ces eaux sont nuisibles dans l'hémoptysie, la phthisie pulmonaire, les anévrismes, et dans toutes les maladies qui se rapprochent d'un état plus ou moins aigu, ou qui affectent des individus d'une constitution sanguine ou nerveuse.

On peut voir d'un seul coup d'œil dans le tableau suivant, dans quelles maladies les eaux de Bourbonne sont le plus favorables.

*TABLEAU statistique des maladies traitées à Bourbonne-les-Bains, de 1831 à 1836, par M. RENARD (Athanase).*

| NOMS des MALADIES. | NOMBRE de chaque espèce de maladie. | NOMBRE des malades guéris | NOMBRE des malades soulagés. | NOMBRE des malades ni guéris ni soulagés. |
|---|---|---|---|---|
| Rhumatismes musculaires, névralgies. . . . | 69 | 13 | 38 | 18 |
| Rhumatismes articulaires, arthritis, nodosités, goutte atonique. . . . . . . . . | 41 | 8 | 28 | 5 |
| Hydarthroses et tumeurs blanches des articulations. . . . . . . . | 19 | 1 | 10 | 8 |
| Luxations spontanées. . | 7 | 0 | 6 | 1 |
| Diastases, entorses. . . | 16 | 2 | 10 | 4 |
| Ankyloses. . . . . . . | 15 | 0 | 10 | 5 |
| Diverses lésions du tissu osseux. . . . . . | 15 | 2 | 11 | 2 |
| Accidens, suite de blessures, de coups, de chutes. . . . . . . | 15 | 1 | 7 | 7 |
| Hémiplégies. . . . . . | 41 | 4 | 25 | 12 |
| Paraplégies. . . . . . | 35 | 5 | 27 | 3 |
| Paralysies diverses. . . | 25 | 6 | 12 | 7 |
| Obstructions, aménorrhée, chlorose. . . | 23 | 5 | 11 | 7 |
| Affections scrofuleuses. | 7 | 1 | 6 | 0 |
| Accidents, suite de blessures par armes à feu (blessés de juillet)(1). | 72 | 14 | 48 | 10 |

En résumé, sur 400 malades, 62 ont été guéris, 248 soulagés, et 90 n'ont pas éprouvé d'amélioration.

(1) D'après un relevé de M. Chenu, chirurgien militaire, en 1831.

*Mode d'administration.* On prend les eaux en boisson, bains, douches, étuve; leur sédiment est rarement employé. On boit les eaux à jeun dans la matinée, jamais dans l'intervalle des repas; la quantité moyenne est d'environ un litre. Prises à la source, les eaux passent avec la plus grande facilité et n'occasionnent ordinairement aucune pesanteur ni trouble dans les fonctions digestives malgré leur température élevée. On peut modérer leur activité en les mêlant avec du lait, de l'eau de gomme, ou une infusion de tilleul, toutes les fois qu'on craint d'irriter l'estomac ou les nerfs. Elles produisent sur le canal intestinal une excitation plus ou moins vive, qui est généralement suivie d'un effet purgatif assez soutenu. En cas de constipation, laquelle est nuisible à l'action des eaux, on a recours aux boissons délayantes, aux pilules laxatives, et si elle persiste, on cesse la boisson de l'eau thermale. — Quelquefois on associe avec avantage à l'administration des bains une eau minérale ferrugineuse qu'on trouve dans un village voisin de Bourbonne, appelé *La Rivière*, et qui a une action spéciale sur les reins et la vessie; on s'en sert aux repas pour la mêler avec le vin.

On prend des bains, des demi-bains et des bains locaux; en général, il faut essayer la constitution des malades en commençant par des bains tempérés et de courte durée, afin de prévenir les congestions sanguines vers la tête, la poitrine, l'épigastre et l'exaltation trop vive du système nerveux. La température des bains généraux doit rarement excéder 35 à 36° cent.; la durée moyenne de l'immersion est de quarante minutes.

Les douches descendantes réunissent à Bourbonne toutes les conditions désirables. Leur usage est presque général soit en arrosoir, soit à tiers, demi ou plein piston, suivant le genre de maladie. On ne doit jamais laisser frapper la douche sur la tête, la poitrine, le ventre, et surtout vers la région du cœur ou celle du foie. Les parties du corps où son action peut s'exercer le plus avantageusement sont le cou, le dos, les lombes et la face interne des membres. On en obtient de si bons effets dans les rhumatismes et les accidents suite de blessures, qu'il n'est pas rare de voir des militaires qui arrivent à Bourbonne avec des béquilles, ou le bras en écharpe, s'en retourner parfaitement guéris après avoir pris les bains et les douches.

Il existe deux cabinets de bains de vapeur, qui sont employés avec succès contre les douleurs rhumatismales. — Les boues qui se rassemblent au fond des bassins, loin d'être émollientes, sont un puissant astringent, et lorsqu'on veut s'en servir dans les maladies des articulations, il faut les mêler à une décoction de plantes mucilagineuses.

Pendant les premiers jours du traitement, la plupart des malades éprouvent de la lassitude, à laquelle succède bientôt une excitation générale. C'est particulièrement dans les huit premiers jours que l'on doit redouter des attaques d'apoplexie, une irritation vers la poitrine, l'estomac, les intestins, suivant les prédispositions du malade. Si ces maladies surviennent, il faut renoncer à l'usage des eaux et les combattre par les antiphlogistiques. Pendant la cure, il se manifeste souvent quelques symptômes, qui, loin d'être dangereux, annoncent presque constamment des révulsions salutaires : telles sont une salivation abondante, une expectoration plus ou moins copieuse, des urines épaisses, la diarrhée, des sueurs et des éruptions à la peau.

Les propriétés des eaux de Bourbonne résident dans des principes fixes, non évaporables; on peut donc conserver ces eaux longtemps sans altération. Aussi en transporte-t-on beaucoup dans les départements.

Il vient annuellement à Bourbonne six à huit cents malades de tous rangs et de toutes conditions, non compris les personnes qui les accompagnent comme amis ou gens de service et pouvant s'élever au nombre de quatre à cinq

cents. Le produit annuel de la régie varie de 16 à 20,000 fr. ;
les charges générales ordinaires sont de 8 à 9,000 francs ; on
peut évaluer le numéraire laissé aux sources de 250 à 300,000 f.,
en comprenant dans cette somme les dépenses d'entretien des
établissements civil et militaire (M. Lemolt).

*Petit Traité des eaux et bains de Bourbonne*, par Thibault ; Langres,
1658, in-8.

*Traité des propriétés des eaux minérales de Bourbonne*, par Nicolas
Juy ; Chaumont, 1716, in-12. L'auteur donne une liste très-nombreuse
de guérisons opérées par les eaux de Bourbonne.

*Dissertation sur les eaux de Bourbonne*, par René Charles, 1749 ;
in-12.

*Traité des eaux minérales de Bourbonne-les-Bains*, par M. Baudry ;
Dijon, 1736, in-8.

*Dissertation contenant de nouvelles observations sur la fièvre quarte
et l'eau de Bourbonne*, par M. Juvet ; Chaumont, 1750, in-8. L'auteur
assure que les eaux de Bourbonne sont un très-bon fébrifuge, et sont préférables au quinquina. Il rapporte cinq observations de guérisons de fièvre
quarte opérées par ces eaux.

*Mémoire et observations sur les effets des eaux de Bourbonne-les-
Bains*, par M. Chevallier ; Paris, Vincent, 1772, in-8. C'est un recueil de
soixante-onze observations sur les effets des eaux de Bourbonne.

*Essai pratique sur les eaux de Bourbonne*, par Mongin-Montrol ;
Langres, 1810.

*Extrait d'un mémoire sur l'analyse des eaux minérales de Bourbonne*,
par MM. Bosq et Bezu ( *Bulletin de Pharmacie*, tome Ier, page 116).

*Notice sur les eaux minérales de Bourbonne-les-Bains*, et observa-
*tions sur l'hôpital militaire de cette ville*, par M. Therrin ; 1813, in-12.
Cette notice rassemble, dans un espace assez circonscrit, plusieurs notions
variées et intéressantes.

*Recherches et observations sur la composition naturelle de l'eau mi-
nérale de Bourbonne-les-Bains*, par M. Athenas ( *Recueil de mémoires
de médecine militaire*, tome XII).

*Notice sur Bourbonne-les-Bains*, par M. Petitot ; 1822.

*Notice sur l'état actuel des bains civils de Bourbonne*, par M. Lefaivre
( *Journal universel des Sciences médicales*, juin, 1820, page 371).

*Bourbonne et ses eaux thermales*, par M. Renard (Athanase) ; Paris,
1826, 1 vol. in-18. Cet ouvrage mérite d'être consulté.

*Essai sur les eaux minérales de Bourbonne-les-Bains*, par M. Ma-gistel ; Paris, 1828, broch. 65 pages. Cette dissertation est bien faite.

*Notice sur Bourbonne et ses eaux thermales*, par F. Lemolt ; 1830, broch. in-8, 30 pages.

## CARLSBAD (Bohême).

Ville dont le nom signifie *Bains de Charles*, située à 60 milles de Vienne, 16 milles de Prague. Elle est adossée à de hautes montagnes et se trouve entourée de bois, de forêts, de ro-chers, qui donnent au site un aspect pittoresque. C'est à ses eaux thermales, qui furent découvertes en 1370 par l'empe-reur Charles IV, qu'elle doit sa célébrité. Les maisons de Carlsbad sont généralement bien construites, tenues avec pro-preté et entourées de promenades délicieuses. L'édifice thermal est magnifique. Les eaux sont très-fréquentées depuis le 15 juin jusqu'au 15 octobre par des malades de toutes les contrées de l'Europe. Le séjour y est dispendieux.

*Sources.* On en voit un grand nombre sur les deux bords du Tépel, ruisseau qui traverse une vallée étroite et profonde ; nous n'indiquerons que les principales, qui ne sont séparées que par de très-petites distances : 1° le *Sprudel* ; c'est la source la plus ancienne, la plus abondante et la plus chaude : elle est couverte d'un beau pavillon avec des colonnes ; 2° l'*Hy-gie* ; 3° le *Neubrunnen* ; 4° le *Mühlbrunnen* ; 5° le *Theresien-brunnen* ; 6° le *Schlossbrunnen*, lequel avait disparu en 1809 et reparut spontanément en automne 1823 ; 7° le *Bernhards-brunnen*, qui est peu employé.

*Propriétés physiques.* Les eaux de Carlsbad sont limpides et mousseuses au sortir de la source. Le *Sprudel* forme une co-lonne d'eau qui s'élève par secousses et avec bruit ; les autres sources sont plus faibles, non bruyantes, mais leurs eaux cou-lent aussi par intermittences et comme par pulsations. La sa-veur des eaux de Carlsbad est légèrement saline, alcaline, mais ni astringente, ni désagréable ; on la compare à celle de l'eau de poulet légère. La quantité d'eau que fournissent les sources est très-considérable; le Sprudel en donne environ 330 livres par minute. Voici la température des sources : le Sprudel, 73°,7 cent.; le Neubrunnen, 62°,5; le Mühlbrunnen, 53°,7 ; le Theresienbrunnen, 54°. Une grande partie de la ville est bâtie sur l'espèce de croûte formée par les sédiments des eaux graduellement accumulés; les différents objets qu'on laisse séjourner dans les sources, tels que poissons, oiseaux, fruits, bouquets, etc., se couvrent promptement d'incrustations, phénomène qui a lieu également à la fontaine de Sainte-Allyre. (*Voyez* Clermont.)

*Analyse chimique.* L'eau de Carlsbad a été analysée en 1770 par David Becher, en 1789 par Klaproth, et en 1822 par M. Berzélius, dont le travail peut être regardé comme un modèle d'analyse. Voici le résultat obtenu par ce savant chimiste :

Eau (1 litre).

|  | lit. |
|---|---|
| Acide carbonique. . . . . . . | 0,40 |

|  | gr. |
|---|---|
| Sulfate de soude desséché. . | 2,58713 |
| Carbonate de soude *id.* . . . | 1,26237 |
| Chlorure de sodium. . . . . . | 1,03852 |
| Carbonate de chaux. . . . . | 0,30860 |
| — de magnésie. . . | 0,17834 |
| Silice. . . . . . . . . . . . . | 0,07515 |
| Carbonate de fer. . . . . . . | 0,00362 |
| — de manganèse. . . | 0,00084 |
| — de strontiane. . . | 0,00096 |
| Fluate de chaux. . . . . . . | 0,00320 |
| Phosphate de chaux. . . . . . | 0,00022 |
| — d'alumine avec excès de base. . . . . . . | 0,00032 |
|  | 5,45927 |

*Propriétés médicales.* En général les eaux de Carlsbad, prises en boisson, excitent les organes digestifs, produisent une légère purgation avec des selles assez liquides, mais sans colique; il est très-rare qu'elles déterminent des nausées, si ce n'est chez les personnes très-délicates, ou lorsque l'estomac est le siége d'une irritation. Elles favorisent d'une manière très-marquée les sécrétions urinaires et cutanées; mais en même temps elles accélèrent le pouls, causent souvent des palpitations, et disposent aux congestions vers la tête. Un seul verre du *Sprudel* occasionne quelquefois un sentiment de constriction dans la tête, des vertiges ou de la pesanteur. Pendant la durée du traitement, les malades se trouvent lourds; ils éprouvent des douleurs et de la pression dans l'abdomen, qui se gonfle si les évacuations alvines n'ont pas lieu. Toutefois la purgation n'est pas indispensable à la cure, et quelque avantageuse qu'elle soit, on voit souvent les plus heureuses crises s'effectuer par des urines abondantes ou par des sueurs, et quelquefois par le concours simultané de ces effets. Quelques malades éprouvent des accidents dus à l'état de pléthore; ils se sentent échauffés, leur sommeil est agité; la saignée est alors nécessaire. Lorsque la cure est achevée, l'abattement qu'avaient éprouvé beaucoup de malades, et qui est le résultat de l'excitation des eaux, cesse de lui-même et sans le secours d'aucun médicament.

Les eaux de Carlsbad sont utiles dans les diverses affections chroniques du bas-ventre, les embarras muqueux des voies digestives, les flatuosités, la constipation, les obstructions du foie, de la rate, du mésentère, de l'épiploon, les fièvres quartes opiniâtres, la jaunisse, les calculs biliaires, l'hypocondrie, les hémorroïdes sèches ou fluentes. On les emploie aussi dans les maux de tête et les vertiges qui dépendent d'une affection de l'estomac, contre la goutte atonique, les dartres, les scrofules, les vers, la leucorrhée, les pâles couleurs, les vices de la menstruation, la stérilité; elles déterminent souvent l'expulsion de petits calculs urinaires; enfin elles ont guéri fréquemment de graves maladies en vertu d'une action aussi obscure que le paraissait elle-même la cause de ces affections.

Les eaux de Carlsbad sont si énergiques, elles suscitent dans toutes les fonctions une telle perturbation, qu'il faut en défendre l'usage aux personnes d'un tempérament sanguin ou irritable; elles sont dangereuses dans tous les cas où il existe de la fièvre ou de l'éréthisme. Elles sont très-nuisibles dans la phthisie pulmonaire, quel qu'en soit le degré, dans la diarrhée, dans les affections syphilitiques, le cancer, le squirre, les hydropisies, les anévrismes, le scorbut.

*Mode d'administration.* Les eaux de Carlsbad sont employées en boisson et en bains. En boisson, elles paraissent d'abord un peu désagréables, mais on s'habitue bientôt à leur saveur. Les eaux du Sprudel sont si chaudes qu'elles ne peuvent être portées à la bouche que par petites portions; quoiqu'elles purgent dans la plupart des cas, elles affaiblissent ordinairement si peu l'estomac qu'elles augmentent l'appétit plutôt que de le diminuer. Kreysig a vu souvent les eaux du Sprudel calmer les douleurs d'estomac. Il faut administrer les eaux de Carlsbad avec précaution et à petites doses et surveiller l'état des organes digestifs. Quand les eaux ne purgent pas, on ajoute un ou deux gros de sulfate de soude dans le premier verre. Pour employer convenablement les différentes sources de Carlsbad, il faut régler le choix des sources pour chaque individu d'après sa constitution, ses dispositions morbides, le degré de développement de la maladie; dans les cas douteux, on doit commencer par les eaux moins fortes et en venir peu à peu à celles qui sont plus énergiques; leur activité est généralement en proportion de leur température; peu de malades supportent le Sprudel dès le commencement de la cure; beaucoup d'entre eux diminuent graduellement le nombre de verres d'eau minérale dans la dernière semaine.

On prend les bains dans des maisons particulières qui reçoivent l'eau des sources par des conduits souterrains; mais les établissements les plus fréquentés se trouvent au Mühlbrunnen et au Sprudel; pour tempérer la chaleur et l'énergie de l'eau thermale, on la mélange avec celle de la rivière. Les bains durent ordinairement une heure; leur température est en général de 31 à 35° cent. On a organisé près de la source d'Hygie des bains de vapeur.

L'eau naturelle de Carlsbad n'est pas transportable; enfermée dans un vase quelconque, elle ne tarde pas à déposer un épais sédiment, et à contracter un goût et une odeur désgréables.

*De l'usage des eaux minérales de Carlsbad*, etc., par Louis-Frédéric Kreysig; Paris, 1829, in-18, 330 pages.

## TOEPLITZ ( Bohême ).

Bourg d'environ 2,500 habitants, à 6 lieues de Leitmeritz. Cette localité est fort agréable, et présente plusieurs établissements thermaux.

*Sources.* Il y en a plusieurs, parmi lesquels on distingue le *bain des Hommes*, le *bain des Dames*, le *bain des Juifs*, le *bain des Princes*, et la source du *Jardin de l'hôpital*. Le bain des Hommes est le plus considérable, et fournit à presque tous les autres. Les eaux jaillissent avec une force extraordinaire.

*Propriétés physiques.* L'eau des sources est limpide, inodore, prend dans les bassins une couleur verdâtre; sa saveur est légèrement salée; sa quantité est si grande, que le bain des Hommes fournit en une minute plus de quatre cents livres d'eau. La température des différentes sources est de 60 à 65° cent.

*Analyse chimique.* M. Berzélius a analysé l'eau de la source chaude de Steinbad; voici les résultats qu'il a obtenus:

Eau ( 1 litre).

gr.

| | |
|---|---|
| Sulfate de potasse. . . . . . . . | 0,001 |
| — de soude. . . . . . . . . | 0,071 |
| Carbonate de soude. . . . . . . | 0,348 |
| — de chaux. . . . . . | 0,063 |
| Chlorure de sodium. . . . . . . | 0,055 |
| Phosphate de soude. . . . . . | 0,002 |
| Carbonate de magnésie. . . . | 0,037 |
| Oxyde de fer. . . . . . . . . . | |
| Sous-phosphate d'alumine. . . | 0,003 |
| Silice. . . . . . . . . . . . . | 0,042 |

0,622

*Propriétés médicales.* Les eaux de Tœplitz sont recommandées dans les affections atoniques de l'estomac et des intestins, les maladies scrofuleuses, et dans les mêmes maladies que celles de Carlsbad.

On boit les eaux le matin, et on se baigne le soir.

### LUCQUES ( Italie ).

Grande et belle ville, capitale d'une principauté, située dans une vaste plaine, magnifique et très-fertile, à 17 lieues de Florence, 4 de Pise, et 8 de Livourne. Les eaux thermales que l'on y trouve jouissent d'une grande réputation en Italie ; Montaigne les a fréquentées.

*Sources.* Il y en a plusieurs. 1° La *Villa* jaillit d'une roche quartzeuse. 2° La *Trastullina*; ce nom est commun à six autres sources qui viennent se rendre dans le même bâtiment. 3° La *Mariée.* Cette source, connue très-anciennement sous le nom d'*Amoureuse*, a changé son nom contre celui de *Maritana*, parce qu'on a prétendu qu'elle détruit la stérilité. 4° La *del Fontino* est assez abondante, et alimente quatre petits bains. 5° La *Douche Rouge* est renfermée dans un grand bâtiment;

elle est très-abondante. 6° La *Doccione* fournit, une grande quantité d'eau pour l'usage des douches; près d'elle se voit l'étuve. 7° La *Désespérée*, ainsi dénommée, parce qu'on a prétendu sans motif qu'elle fait des merveilles, lorsque les autres sources échouent. 8° La *Coronale*, que l'on a crue sans raison spécialement convenable aux maladies de la tête. 9° *Saint-Jean*. Cette source alimente sept bains en marbre, plus vastes que ceux de la ville : ils sont destinés à différentes classes d'individus; l'un aux *cavaliers*, l'autre aux *dames;* celui-ci aux *hommes*, celui-là aux *femmes;* le cinquième est consacré aux juifs; le sixième aux femmes de la même nation; le septième enfin sert aux domestiques; ils sont entourés de cabinets de toilette. 10° La *Bernabo;* elle tire son nom d'un habitant de Pistoia.

*Propriétés physiques.* Elles diffèrent peu dans les différentes sources, dont les eaux sont limpides, inodores. La saveur de la *Villa* est doucereuse, légèrement salée; cette source, ainsi que la *Bernabo*, dépose un sédiment ocracé, d'un rouge obscur; outre ce sédiment, la *Douche Rouge* fournit une étonnante quantité d'incrustations salino-terreuses. La chaleur et le volume de toutes les sources sont identiques dans toutes les saisons. Voici la température de chaque source : la Villa, 41° 2 cent.; la Trastullina, 40°; la Mariée, 43° 7; del Fontino, 46° 7; la Douche Rouge, 47° 5; Doccione, 53° 7; la Désespérée, 45°; la Coronale, 43° 7; Saint-Jean, 38°; Bernabo, 43°,7 cent. La pesanteur spécifique de l'eau des sources est supérieure à celle de l'eau distillée.

*Analyse chimique.* La nature des eaux de Lucques a été l'objet des recherches de plusieurs médecins célèbres, tels que Fallope et Donati; mais la seule analyse que l'on puisse rapporter ici est celle de Moscheni, dont on voit les résultats dans le tableau suivant.

*TABLEAU de l'analyse des dix sources de Lucques*, par M. MOSCHENI.

## ( Eau 1 Litre. )

| SUBSTANCES contenues DANS LES SOURCES. | Source de la Villa. | Source Trastullina. | Source de la Mariée. | Source del Fontino. | Source de la Douche Rouge. | Source de la Docclone. | Source de la Désespérée. | Source de la Coronale | Source Saint-Jean. | Source Bernabo. |
|---|---|---|---|---|---|---|---|---|---|---|
| | litre. | | | | | | | | | |
| Acide carbonique libre. . . . | 0,162 | 0,146 | 0,146 | 0,137 | 0,146 | 0,151 | 0,130 | 0,151 | 0,185 | 0,185 |
| | gr. | | | | | | | | | |
| Sulfate de chaux. . . . . . | 1,00 | 0,85 | 0,74 | 1,16 | 1,46 | 1,46 | 1,16 | 1,22 | 0,84 | 1,06 |
| — de magnésie. . . . . | 0,20 | 0,38 | 0,35 | 0,33 | 0,50 | 0,38 | 0,37 | 0,30 | 0,37 | 0,27 |
| — d'alumine et de potasse | 0,02 | 0,09 | 0,08 | 0,03 | 0,03 | 0,03 | 0,06 | 0,06 | 0,05 | 0,07 |
| Chlorure de sodium. . . . . . | 0,17 | 0,23 | 0,25 | 0,21 | 0,47 | 0,36 | 0,20 | 0,31 | 0,23 | 0,47 |
| — de magnésium. . . . | 0,01 | 0,03 | 0,08 | 0,06 | 0,02 | 0,13 | 0,07 | 0,04 | 0,03 | 0,06 |
| Carbonate de chaux. . . . . . | 0,05 | 0,05 | 0,13 | 0,04 | 0,02 | 0,07 | 0,03 | 0,04 | 0,02 | 0,04 |
| — de magnésie. . . . | 0,04 | 0,02 | 0,08 | 0,03 | 0,02 | 0,05 | 0,03 | 0,04 | 0,01 | 0,03 |
| Silice et matière extractive. . | 0,14 | 0,05 | 0,10 | 0,04 | 0,05 | 0,02 | 0,08 | 0,05 | 0,03 | 0,08 |
| Alumine. . . . . . . . . . | 0,05 | 0,02 | 0,10 | 0,03 | 0,04 | 0,04 | 0,03 | 0,04 | 0,02 | 0,03 |
| Fer. . . . . . . . . . . . . | 0,14 | 0,07 | 0,10 | 0,09 | 0,08 | 0,09 | 0,10 | 0,06 | 0,08 | 0,06 |
| TOTAUX. . . . | 1,82 | 1,79 | 2,01 | 2,02 | 2,69 | 2,63 | 2,13 | 2,16 | 1,68 | 2,17 |

*Propriétés médicales.* Les médecins italiens recommandent les eaux de Lucques dans toutes les maladies asthéniques, et spécialement contre les scrofules, la chlorose, la leucorrhée, la gastralgie, les engorgements des viscères abdominaux, les maladies des voies urinaires, dans les rhumatismes chroniques et les ulcères des jambes.

*Mode d'administration.* On prend les eaux en boisson, bains, douches, et en étuves. On se sert, comme préparatoires à la cure, des eaux de la Trastullina, pour en venir ensuite à l'usage de sources plus énergiques.

## PLOMBIÈRES (département des Vosges).

Petite ville située à 421 mètres au-dessus du niveau de la mer, à 5 lieues d'Épinal, 4 de Luxeuil, 3 de Bains et 105 de Paris : trois routes y aboutissent. Placée dans une vallée profonde, arrosée par une petite rivière appelée *Eaugronne,* Plombières renferme quatorze à quinze cents habitants et environ trois cents maisons, qui sont en général propres, commodes et presque toutes groupées autour des établissements thermaux. Outre les maisons particulières où peuvent loger les étrangers, il y a dans la ville plusieurs hôtels très-bien tenus : la vie animale est assez bonne; au Bain-Royal on a disposé un beau salon de lecture qui sert quelquefois de salle de bal et de concert. La route de Remiremont, le chemin de la Filerie qui conduit à un bois très-agréable, la fontaine Stanislas, le moulin Joli, la Feuillée, le beau vallon de Valdajol, etc., offrent des buts de promenades aussi variées que charmantes. — Plombières possède une église et un petit hôpital, lequel a été fondé par Stanislas, roi de Pologne. — L'établissement thermal est le plus important que nous ayons dans l'est, et depuis plusieurs siècles il est frequenté par des malades de tous les pays depuis le 15 mai jusqu'au 15 octobre. Médecin inspecteur, M. Garnier.

*Sources.* Elles sont très-nombreuses ; on les distingue en froides et en thermales : parmi les premières, l'une, ferrugineuse, est appelée source de la *Bourdeille*. Les autres sont savonneuses ; trois d'entre elles sont utilisées.

Les *sources thermales* sont en assez grand nombre : les principales sont la source du Bain des Romains, la fontaine du Crucifix, la source de l'Enfer, la source Muller, la source Simon, la source de l'Étuve de Bassompierre, la source du Bain des Capucins, celle du Bain des Dames.

Le *Bain tempéré* offre quatre jolies piscines dont la température est différente, et qui peuvent contenir chacune quinze baigneurs à la fois. Près de ces bassins se trouvent quinze baignoires, quatre vestiaires, six cabinets de douches, etc.

Le *Bain des Capucins* communique avec le Bain tempéré par un couloir ; il est séparé en deux cases, l'une à 35° cent., l'autre à 40°. C'est dans ce bassin, quand il est vide, que l'on voit le trou, dit de la *stérilité*, sur lequel les femmes stériles vont prendre quelquefois des bains de vapeur ; mais la chaleur subite et vive qui frappe les organes génitaux peut provoquer leur inflammation.

La piscine du *Bain-Royal*, de forme carrée, est séparée en deux parties, l'une pour les hommes, l'autre pour les femmes ; chacune peut contenir vingt-cinq personnes. Seize baignoires se placent autour de ces bassins ; trois vestiaires et trois cabinets de douches servent à l'usage des malades. Une porte conduit aux étuves générales.

Le *Bain des Princes* se compose d'une pièce qui renferme deux petites piscines et un cabinet de douches.

Le *Grand Bain* ou *Bain des Romains*, *Bain des Pauvres*, présente dans son milieu un vaste réservoir, et à l'entour cinq cabinets à deux baignoires, cinq douches, trois vestiaires et une étuve.

Le *Bain des Dames* renferme une piscine près de laquelle on voit trois baignoires, six cabinets de douches descendantes, un pour la douche ascendante, plusieurs vestiaires, etc.

La *Source du Crucifix* est placée sous les arcades ; elle n'est employée qu'en boisson.

*Propriétés physiques.* Les eaux de Plombières sont parfaitement limpides, onctueuses et inodores ; leur saveur est nulle, à l'exception de la source ferrugineuse ; si elles restent exposées pendant vingt-quatre heures à l'air libre et à la lumière, elles prennent un goût fade, nauséeux, très-désagréable ; il ne se forme de dépôt que dans la source ferrugineuse, dont le sédiment est floconneux, jaunâtre. Les sources produisent deux cent cinquante mètres cubes en vingt-quatre heures. On trouve dans le Grand Bain beaucoup de conferves. Voici la température des principales sources : *Grand Bain*, 63°,75 cent. *Étuves*, 54°,40 ; les *Capucins*, 52°,50 ; le *Crucifix*, 49°,50 ; *Bain des Dames*, 52°,50 ; savonneuse du Grand Bain, 18° ; du jardin du Bain Royal, 15° ; ferrugineuse Bourdeille 15°.

*Analyse chimique.* Voici le résultat de l'analyse de M. Vauquelin :

Eau ( 1 litre).

|  | gr. |
|---|---|
| Carbonate de soude. . . . . | 0,1269 |
| — de chaux. . . . . | 0,0287 |
| Sulfate de soude. . . . . . . | 0,1358 |
| Chlorure de sodium. . . . . | 0,0734 |
| Silice. . . . . . . . . . . . | 0,0737 |
| Matière animale. . . . . . . | 0,0624 |
|  | 0,5009 |

Les eaux dites savonneuses ont, d'après l'analyse de Nicolas, la même composition que les eaux thermales. Le prétendu savon qui a fait nommer ces eaux *savonneuses* se trouve également dans les rochers d'où sortent les eaux chaudes. C'est une substance terreuse qui happe à la langue et qui est douce au toucher, comme la plupart des argiles. Cette matière est de diverses couleurs, tantôt parfaitement blanche, tantôt de couleur ocreuse, souvent noire ou veinée de noir.

La source ferrugineuse contient du carbonate de fer, d'après Nicolas.

*Propriétés médicales.* Quoique contenant peu de principes minéralisateurs, les eaux de Plombières jouissent cependant d'une grande efficacité ; elles accélèrent la circulation, ne sont pas laxatives, mais elles agissent particulièrement par les sueurs ou les urines. Elles paraissent avoir une action spéciale dans les maladies chroniques du tube digestif, dans les vices de la digestion, tels que les gastralgies, l'anorexie, la dyspepsie, les flatuosités, les vomissements chroniques, les aigreurs, les renvois nidoreux, les éructations, quelques maladies du foie et de la rate dans lesquelles les eaux de Vichy seraient trop stimulantes, les engorgements glanduleux, les lésions de la matrice, la cystite, surtout celle qui est produite par une rétrocession rhumatismale. Elles sont encore utiles dans les maladies des systèmes locomoteur et nerveux, dans les rhumatismes musculaires et articulaires, les ankyloses incomplètes, les névralgies sciatique et maxillaire principalement, dans diverses paralysies, dans quelques maladies de la peau, la chlorose, etc.

On doit s'en abstenir dans toutes les maladies où l'irritation prédomine, dans le crachement de sang, la phthisie pulmonaire, les squirres.

*Mode d'administration.* On emploie les eaux de Plombières sous toutes les formes ; on boit ordinairement l'eau thermale du Crucifix ou du Bain des Dames à la dose de deux à six verres ; on la mêle quelquefois avec du lait, du petit-lait, du sirop de gomme, de la tisane de chiendent, etc. ; refroidie, elle peut être bue aux repas, mais pour cet usage on emploie plus souvent l'eau ferrugineuse, l'eau dite savonneuse, ou l'eau de Bussang.

Les bains de Plombières forment la partie la plus importante du traitement : ils donnent à la peau de la douceur,

de la souplesse, et ils affaiblissent moins que les bains d'eau
commune chauffés au même degré; les baigneurs éprouvent
quelquefois sur le corps des *ébullitions* qui disparaissent
même en continuant les bains. Le bain est pris dans les
bassins communs ou dans une baignoire. Sa durée est ordinairement d'une à deux heures, et sa température de 33
à 35° cent. La chaleur du bain doit être modifiée suivant
la constitution, l'état du malade et la température atmosphérique. Dans les bassins publics, la température est fixée
pour chacun d'eux; ainsi ceux du Bain tempéré sont de 32°
à 35° cent.; au Bain Royal, de même; au Bain des Capucins,
de 37° à 43° cent.

A Plombières, les douches sont descendantes, latérales et
ascendantes; leur durée ordinaire est de cinq à trente minutes.
Pendant tout ce temps, on promène la douche descendante,
tantôt sur toute l'habitude du corps, c'est la douche générale;
tantôt on la fixe sur l'organe malade pour opérer, par exemple,
une résolution; d'autres fois enfin, on la dirige sur les membres,
loin du siége de la maladie, dans un but dérivatif. On doit, autant
que possible, aider cette action par des frictions et le massage.

M. Garnier applique la douche latérale en arrosoir sur l'o-
reille externe, dans le conduit auditif, sur les mamelles, et
avec un petit piston sur le visage.

Pour affoiblir sa force de percussion, la douche est quelquefois dirigée à travers l'eau du bain; c'est surtout quand
elle est portée vers le col de la matrice que ce procédé est
avantageux. Un long tuyau terminé par un robinet arrive dans
la baignoire jusque près de la vulve; une canule s'y adapte,
et, selon le degré d'ouverture que la malade donne au robinet, la percussion du liquide est plus ou moins forte. L'extrémité de la canule doit être terminée par un trou d'une ou
deux lignes.

Les bains de vapeur sont généraux ou partiels; la température des étuves est variable; M. Grosjean fils l'a trouvée

de 57 à 64° cent., et de 41 à 45° cent., dans celle du Bain Royal. L'étuve la plus chaude se nomme l'Enfer.

Les eaux thermales de Plombières ne se conservent pas longtemps ; elles contractent une odeur et une saveur fétides, résultat de la décomposition du sulfate de soude par la matière végéto-animale qui existe dans ces eaux.

Les bains appartiennent à l'État, et sont affermés 7,100 fr., outre diverses dépenses d'entretien et d'éclairage qui sont à la charge du fermier ; le salon est affermé 2,060 francs. On peut estimer à 400,000 fr. l'argent laissé dans le pays en 1833.

*Discours des eaux chaudes et bains de Plombières*, par Dominique Berthemin ; 1609, in-8.

*Nouveau système des eaux chaudes de Plombières*, etc., par Camille Richardot ; 1722, in-8.

*Essai historique sur les eaux et bains de Plombières*, etc., par dom Calmet, 1748, in-8°.

*Dissertation chimique sur les eaux minérales de la Lorraine*, par M. Nicolas ; 1778, in-8°.

*Avis aux personnes qui font usage des eaux de Plombières*, par M. Didelot ; 1782, in-8.

*Nouvel essai sur les eaux minérales de Plombières*, par M. Grosjean ; 1799, in-8.

*Traité des maladies chroniques*, par J.-F. Martinet ; 1803, in-8. Cet ouvrage mérite d'être consulté.

*Analyse des eaux de Plombières*, par M. Vauquelin (*Annales de Chimie*, tome XXXIX, page 160).

*Une saison à Plombières*, par M. de Mangin ; 1825.

*Précis sur le mode d'action des eaux de Plombières*, par L. Turck ; 1828, in-8.

*Précis sur les eaux minérales de Plombières*, par M. Grosjean fils ; Paris, 1829, in-8, 114 pages.

*Plombières, ses eaux et leur usage*, par J.-B. Demangeon Paris, 1835, in-12, 227 pages.

LUXEUIL (département de la Haute-Saône).

Jolie petite ville de 3,600 âmes, située très-agréablement dans une plaine à 4 lieues de Plombières, 12 de Besançon, 6 de Vesoul, 86 de Paris. Elle est traversée par la grande route de Besançon à Nancy, ce qui rend ses communications très-faciles. On y trouve un bel établissement thermal qui renferme 60 baignoires et 6 piscines ; 300 personnes peuvent s'y baigner par jour. La portion de la ville connue sous le nom de *Corvée* présente plusieurs hôtels et de jolis appartements qui peuvent recevoir 300 malades. La nourriture y est bonne et à bon marché ; un beau salon de réunion sert à donner plusieurs bals par semaine. Les étrangers vont visiter Saint-Valbert, la fontaine des Romains, la fontaine des Bons-Cousins, la route de Faucogney et la fontaine d'Apollon. La saison des eaux commence le 1er mai et finit le 15 octobre. Il y a un médecin inspecteur.

*Sources et Bains.* Au pied d'une colline calcaire jaillissent plusieurs sources thermales, qui sont reçues dans un joli bâtiment entouré de jardins et construit sous le règne de Louis XV. Cet édifice contient 7 bains : 1° Le *Bain des Capucins* offre un bassin ovale pouvant contenir 20 personnes, et autour de la salle 8 baignoires en pierre. 2° Le *Bain des Cuvettes* sert de promenoir aux personnes qui viennent boire les eaux. 3° La salle du *Grand Bain* contient 2 sources et présente à son pourtour des cabinets de bains et de douches ; celles-ci sont si bien disposées qu'elles vont en augmentant de force : la première a environ 9 pieds d'élévation, la seconde 12, etc., de sorte que l'on peut augmenter ou diminuer à volonté l'énergie de cette médication. 4° Le *Bain gradué*, placé dans une vaste et belle salle, consiste en un bassin divisé en 4 compartiments recevant chacun une eau de température différente et en 9 cabinets garnis de baignoires. 5° Le *Bain des Fleurs* contient 8 cabinets de bains. 6° Le *Bain des Dames*, à cause de sa haute température, est peu utilisé. 7° Le *Bain des Bénédictins* offre un joli bassin dans lequel peuvent se baigner à la fois 20 personnes. Près de l'établissement thermal, on trouve : 1° la *fontaine d'Hygie* ou *Savonneuse;* 2° deux sources ferrugineuses.

*Propriétés physiques.* Les eaux de Luxeuil sont limpides, inodores, onctueuses au toucher ; elles impriment au goût un léger sentiment d'astriction. Elles déposent autour des bassins une substance noirâtre, onctueuse ; dans les canaux, on trouve des concrétions siliceuses stalactiformes très - considérables. Les sources produisent 200 mètres cubes en 24 heures. Voici leur température d'après M. Molin :

| | |
|---|---|
| Bain des Capucins. . . . . . | 32° cent. |
| Sources du Bain des Cuvettes | 46 |
| 1ᵉ Source du Grand Bain. . , | 55 |
| 2ᵉ Source    *id.* . . . . | 56 |
| 1ᵉ case du Bain gradué. . . | 30 |
| 2ᵉ case    *id.* . . . . . . | 32, 25 |
| 3ᵉ case    *id.* . . . . . . | 35 |
| 4ᵉ case    *id.* . . . . . . | 37, 50 |
| Bain des Fleurs. . . . . . . | 40 |
| Bain des Dames. . . . . . . | 46, 25 |
| Bain des Bénédictins. . . . | 34 |
| Source d'Hygie. . . . . . . | 30 |
| 1ᵉ source ferrugineuse. . . . | 10, 50 |
| 2ᵉ source. . . . . . . . . . . | 17, 50 .— 22, 25 (Longch.). |

M. Molin a expérimenté que cette température diminue d'un à plusieurs degrés pendant les pluies et l'hiver.

*Analyse chimique.* L'eau thermale a été analysée par M. Vauquelin ; M. Longchamp a examiné en 1836 la source ferrugineuse.

Voici ces deux analyses :

Eau ( 1 litre ).

EAU THERMALE SALINE.

|                                          | gr.                    |
|------------------------------------------|------------------------|
| Chlorure de sodium.                      | 0,990                  |
| Carbonate de soude.                      | 0,030                  |
| — de chaux mêlé d'un peu de magnésie.    | 0,090                  |
| Silice.                                  | 0,060                  |
| Matière bitumineuse végétale.            | quantité indéterminée. |
|                                          | 1,170                  |

SOURCE FERRUGINEUSE.

|                          | gr.       |
|--------------------------|-----------|
| Chlorure de sodium.      | 0,05910   |
| Sulfate de soude.        | 0,01250   |
| Carbonate de chaux.      | 0,10780   |
| Silice.                  | 0,03010   |
| Matière organique.       | 0,00670   |
| Oxyde ferroso-ferrique.  | 0,01290   |
| Sulfate de chaux.        | traces.   |
| Perte.                   | 0,00690   |
|                          | 0,23600   |

M. Longchamp fait remarquer que la matière organique qui se montre dans le réservoir de l'eau ferrugineuse de Luxeuil n'est pas de la barégine, qu'elle n'en a pas les caractères physiques, et que la portion qui se trouve dans les sels n'en a aucun des caractères chimiques ; mais il dit qu'il serait possible que celle qui fait partie du résidu insoluble dans l'eau fût bien réellement de la barégine.

*Propriétés médicales.* En boisson les eaux thermales de Luxeuil facilitent la sécrétion des urines et de la transpiration, excitent légèrement la membrane muqueuse de l'estomac et activent un peu la circulation ; toutefois elles sont moins stimulantes que celles de Plombières, et sous ce rapport conviennent mieux aux personnes d'une constitution frêle et délicate. On les administre avec avantage dans les maladies nerveuses, la gastralgie, les vomissements opiniâtres sans lésion organique, la stérilité, les maladies cutanées avec éréthisme, les rhumatismes nerveux, les paralysies locales, etc. La source d'Hygie fut très-utile en 1719 aux habitants des environs de Luxeuil, lesquels étaient tourmentés par une dyssenterie épidémique. On recommande aussi cette eau dans le crachement de sang. La source ferrugineuse est utilisée dans la chlorose, les fleurs blanches, la gravelle.

*Mode d'administration.* On administre les eaux de Luxeuil sous toutes les formes; on boit l'eau des Cuvettes soit pure, soit mêlée avec du lait ou avec les sirops de capillaire ou de guimauve.

On prend le plus ordinairement les bains dans les piscines; les personnes des deux sexes, couvertes d'une longue robe en toile grise, s'y rencontrent à la fois, sans qu'on observe rien de contraire à la décence.

Les douches et les étuves doivent être employées avec réserve à cause de leur énergie.

Les sources appartiennent à la ville et sont en régie. En 1835, le produit des eaux a été de 9,000 francs; il est venu à Luxeuil 567 malades, qui ont laissé dans le pays environ, 280,000 fr. La durée moyenne du séjour est de 25 jours.

*Essai historique sur les eaux de Luxeuil*, par M. Fabert; 1773, in-12.

*Notice sur Luxeuil*, par M. Molin; 1833, in-8, 120 pages. Cette notice est bien faite.

## BAINS (département des Vosges).

Petite ville de deux mille âmes, à 5 lieues d'Épinal, 3 de Plombières, 5 de Luxeuil, 94 de Paris; les routes d'Épinal, de Mirecourt et de Luxeuil y aboutissent. Cette ville est située dans un beau vallon dirigé de l'est à l'ouest, et traversée par un petit ruisseau appelé *Baignerot*. Le peu d'élégance de l'établissement thermal ne répond pas à l'abondance de ses sources et à la beauté de ses bassins; il en est de même des logements, qui, quoique assez nombreux pour recevoir trois cents étrangers, ne sont plus en rapport avec l'état actuel de la civilisation: aussi la plupart des baigneurs ne viennent que des départements voisins et appartiennent à la classe moyenne. Les environs présentent des bois et des promenades agréables. On prend ordinairement les eaux pendant vingt-un jours, depuis le 15 juin jusqu'au 15 septembre. Médecin inspecteur, M. Bailly.

*Sources.* Elles sont nombreuses et servent à alimenter les bains; on en compte huit principales, dont voici les noms et la température d'après M. Bailly (*rapport* 1835).

| | | | |
|---|---|---|---|
| La Savonneuse. . . . . | 38°, c. | La Féconde. . . . . . . | 45°, c. |
| La Grosse source. . . . | 51, | La Romaine. . . . . . | 46, 25 |
| Source tiède ou des Promenades. . . . . . . | 33, | Le Robinet de Fer. . . . | 46, 50 |
| La Tempérée. . . . . . | 36, 25 | La Vache. . . . . . . . | 34, |

Toutes ces sources fournissent en vingt-quatre heures deux cents mètres cubes.

L'établissement thermal se compose de trois bâtiments. 1° Le *Vieux Bain* offre deux bassins qui peuvent contenir trente à trente-cinq personnes, et dont la température varie entre 39° et 44° cent., six baignoires, deux douches, deux étuves et cinq vestiaires. 2° Le *Bain Neuf* a été construit en 1750; il présente dans une vaste salle trois bassins gradués, dont la température est de 32 à 36° cent., et qui peuvent recevoir chacun trente personnes, plus quatre douches descendantes, une douche *écossaise*, deux douches ascendantes, dix cabinets pour baignoires particulières, et seize vestiaires au pourtour des bassins. 3° La source de la *Vache*, renfermée dans un petit bâtiment, ne sert qu'à la boisson.

*Propriétés physiques.* L'eau de toutes les sources est incolore, sans odeur, lorsqu'elle est froide; chaude, elle dégage une légère odeur d'hydrogène sulfuré; sa saveur est fade et légèrement salée. Sa pesanteur spécifique est à peu près égale à celle de l'eau distillée.

*Analyse chimique.* Examinée par M. Vauquelin, la source du Robinet de Fer contient:

Eau ( 1 litre ).

|  | gr. |
|---|---|
| Sulfate de soude cristallisé. . . | 0,280 |
| — de chaux. . . . . . . . | 0,080 |
| Chlorure de sodium. . . . . . . | 0,080 |
| Silice et magnésie. . . . . . . . | traces. |
| | 0,440 |

M. Bailly a remarqué que l'eau thermale, au moment où elle sort de la terre, laisse dégager un gaz; que la fontaine de la Vache et la source la moins chaude du Bain Neuf sont chargées d'un huitième de plus des mêmes principes que les autres sources; et que quand elles n'ont pas été fréquentées depuis quelque temps, il se dépose sur les pierres qui les entourent des incrustations salines.

*Propriétés médicales.* La douceur des eaux thermales de Bains, l'action lente et presque insensible qu'elles exercent sur l'économie, y attirent chaque année un grand nombre de femmes (700 sur 915 baigneurs), de valétudinaires, et de personnes délicates, épuisées par de longues maladies ou des traitements variés et infructueux. Aussi ces eaux sont recommandées dans les convalescences pénibles, les affections nerveuses, telles que l'hystérie, l'hypocondrie, la chorée, les névroses gastro-intestinales, la dysménorrhée par éréthisme, les maladies cutanées récentes, les accidents qui surviennent à l'époque critique, les rhumatismes nerveux, et enfin, dans toutes les maladies où il faut calmer la douleur et opérer le relâchement des tissus.

*Mode d'administration.* En boisson, on emploie l'eau de la source de la Vache, qui est laxative, excite l'appétit, facilite la digestion, provoque les urines. On prétend que cette eau est nuisible à l'émail des dents : aussi a-t-on l'habitude de mâcher un peu de pain après l'avoir bue; on la coupe souvent avec du lait ou un sirop adoucissant. On associe presque constamment à la boisson les bains, les douches, les étuves, qui, en excitant le système cutané, déterminent des sueurs salutaires, et quelquefois une éruption miliaire qui n'est point dangereuse. On se baigne dans des baignoires ou dans des bassins communs. Ceux-ci sont remplis d'une eau minéro-thermale très-abondante, qui se renouvelle continuellement, dont la température est fixée, et graduée par le médecin inspecteur : les deux sexes y sont mêlés sans qu'on y ait jamais observé rien de contraire aux bienséances. Les vestiaires sont nombreux, situés au pourtour de la salle qui est vaste et bien éclairée ; en un mot, ces bassins sont tellement commodes par la décence qui y règne, les conversations qui s'y établissent, et une gaîté douce qui a toujours ses bornes, que les personnes du meilleur ton préfèrent se baigner en commun que d'aller s'ennuyer dans un cabinet où l'on ne voit que la personne de service.

Les sources appartiennent à des particuliers; le nombre des baigneurs a été en 1835 de 915, qui ont laissé dans le pays environ cent mille francs.

*Mémoire sur les eaux thermales de Bains en Lorraine*, par M. Morand (*Journal de médecine*, février 1757, page 114). L'auteur regarde les eaux de Bains comme plus efficaces que celles de Plombières.

*Dissertation chimique sur les eaux minérales de la Lorraine*, par M. Nicolas; 1778, in-8.

*Essai sur les eaux de Bains*, par M. Thiriat; 1808.

## NÉRIS ( département de l'Allier ).

Bourg de huit cents habitants, situé dans un vallon qui s'ouvre sur les bords du bassin du Cher, à 80 lieues de Paris, une de Montluçon, 18 de Moulins, 14 de Clermont; il est traversé par la belle route de Paris à Nîmes; plusieurs diligences entretiennent des communications faciles avec Clermont et Bourges. On y remarque un cirque romain autour duquel on a planté un très-beau jardin. Il n'est pas douteux, d'après l'existence de ce cirque et les ruines de l'ancien monument thermal qui a été déterré dans ces derniers temps, que Néris n'ait été une cité opulente lorsque les Romains dominaient dans les Gaules. — A Néris, le climat est doux, l'air salubre ; le pays est rempli de sites et de paysages agréables : on va visiter les ruines pittoresques du château de l'Ours, du château de Menat, etc. Un superbe établissement thermal sur le point d'être achevé permettra de prendre à volonté des bains dans des baignoires, dans des piscines, des bains et des douches à divers degrés de température. Néris offre plusieurs hôtels qui peuvent recevoir trois cents étrangers et dans lesquels on se procure facilement les objets nécessaires à la vie. — Un hôpital assez étendu est destiné aux indigents. La saison des eaux dure depuis le 20 mai jusqu'au 15 octobre, on a l'habitude de prendre les eaux pendant 20 à 25 jours. — Médecin inspecteur, M. Falvart de Montluc, qui administre les eaux de Néris avec autant d'habileté que de prudence.

*Sources.* Les fouilles qu'on a faites en 1832 ont fait découvrir six puits, construits probablement par les Romains et communiquant entre eux. On peut dire qu'il n'y a qu'une seule source, car les griffons, remarque M. Longchamp, sont si rapprochés qu'on ne peut pas douter qu'ils n'aient une même origine. Toutefois on distingue le puits de la Croix, qui sert à la boisson.

*Propriétés physiques.* Les eaux de Néris sont limpides, onctueuses ; chaudes, elles exhalent une odeur fade. Leur température, d'après M. de Montluc, est de 51° cent. dans toutes les saisons. Les sources produisent mille mètres cubes d'eau en vingt-quatre heures. On voit sur les parois des bassins une grande quantité de limon ou matière végéto-animale qui est formée par une plante thermale (*anabaina monticulosa*) qui se développe dans ces eaux par l'exposition au contact de l'air et de la lumière ; cette végétation augmente ou diminue avec la température atmosphérique.

*Analyse chimique.* L'eau de Néris a été l'objet des recherches de MM. Mossier, Vauquelin, Boirot-Desserviers, Berthier et Longchamp. Ce dernier chimiste croit qu'il se dégage à la source de l'azote parfaitement pur et que l'eau contient, mais en petite quantité, du carbonate de soude, du chlorure de sodium, du sulfate de soude, outre un peu de chaux et de silice. Voici l'analyse de M. Berthier.

Eau ( 1 litre ).

|  | SELS SECS. | | SELS CRISTALLISÉS. |
| --- | --- | --- | --- |
|  | gr. | | gr. |
| Bi-carbonate de soude. . . . | 0,37 | —— | 0,42 |
| Sulfate de soude. . . . . . . | 0,37 | —— | 0,84 |
| Chlorure de sodium. . . . . | 0,20 | —— | 0,21 |
| Carbonate de chaux et silice. | 0,17 | —— | 0,17 |
|  | 1,11 | | 1,64 |

En supposant la soude à l'état de carbonate neutre, on a les résultats suivants :

|  |  | | |
| --- | --- | --- | --- |
| Carbonate de soude neutre. . | 0,26 | —— | 0,70 |
| Sulfate de soude. . . . . . | 0,37 | —— | 0,84 |
| Chlorure de sodium. . . . . | 0,20 | —— | 0,21 |
| Carbonate de chaux et silice. | 0,17 | —— | 0,17 |
|  | 1,00 | | 1,92 |

Dans un séjour prolongé qu'il fit à Néris pendant l'été de 1834, M. Robiquet, membre de l'Institut, a analysé le gaz qui se dégage des sources : il a reconnu que l'azote renfermait deux à trois centièmes d'acide carbonique ; que l'air qui se dégage de l'eau de Néris par l'ébullition contient 38 pour 100 d'oxygène, proportion qui dépasse de beaucoup non-seulement celle de l'air atmosphérique, mais encore celle de l'air que l'on rencontre ordinairement dans les eaux pluviales, où ce gaz excède rarement 32 pour cent. Voici les causes auxquelles M. Robiquet croit pouvoir rapporter ce phénomène. « L'eau, dit-il, chassée des profondeurs du globe par suite de sa propre vapeur ou de toute autre cause, rencontre, chemin faisant, dans les routes sinueuses au travers desquelles elle se fraie un passage, des espèces de grottes ou réservoirs d'air, et une partie de cet air est entraînée par le mouvement d'impulsion ; les deux fluides marchent de concert et indépendants en quelque sorte l'un de l'autre jusqu'à ce que d'étroits sentiers se présentent et les obligent à se confondre pendant un certain temps. Il résulte de cette espèce de collision, qu'on me pardonne l'expression, que l'oxygène est retenu par l'eau, tandis que la majeure partie de l'azote conserve sa liberté. C'est ainsi en passant par cette espèce de filière, et en y subissant une grande compression, que doit se produire la combinaison azotée que nous retrouvons dans ces eaux. Il n'y a rien là, si je ne m'abuse, que puisse repousser une saine raison. »

*Propriétés médicales.* Les eaux de Néris jouissent d'une assez grande réputation ; leurs effets varient suivant le degré de température auquel on les administre ; en général elles accélèrent la circulation, augmentent la transpiration ou portent aux urines. C'est sans doute au limon abondant dont elles sont pourvues qu'elles doivent la vertu de calmer la douleur dans les maladies qu'elles ne guérissent point, et d'être efficaces dans les maladies nerveuses (névralgies, gastralgies, hystérie, sciatique, catalepsie), dans les raideurs musculaires et articulaires, les rhumatismes nerveux la goutte, les hydarthroses, la paralysie, les désordres de la menstruation, la leucorrhée, les maladies cutanées avec éréthisme, les convalescences à la suite de couches laborieuses. Les malades affectés de névroses, de rhumatismes et de la goutte forment les quatre cinquièmes de la population de ces eaux. Les goutteux ne guérissent pas à Néris, mais ils améliorent ordinairement leur santé pour une année, pendant laquelle les accès de goutte manquent ou sont légers. M. Falvart de Montluc, qui a bien voulu nous communiquer ces renseignements a remarqué que les eaux de Néris réussissent fort bien dans certaines phlegmasies chroniques des voies digestives, et surtout dans les affections qui ont été la suite du choléra.

Les eaux dont nous parlons n'ont aucune efficacité contre les maladies du foie, les engorgements des viscères abdominaux et les maladies de la poitrine. Elles sont nuisibles dans les congestions cérébrales et dans les palpitations dont la cause n'est pas rhumatismale.

*Mode d'administration.* Les habitants de Néris, même en santé, se baignent tous les samedis, en hiver comme en été, dans les piscines, et l'on remarque que parmi eux les rhumatismes, les affections nerveuses et les maladies de la peau sont très-rares; dans les cas d'indigestion ou de coliques nerveuses, ils en usent en guise de thé. Ces eaux sont recherchées par les bestiaux; elles cuisent bien les légumes et servent à la préparation du pain et des aliments.

Dans les maladies, on se sert en boisson des eaux du Puits de la Croix : on en boit depuis 3 ou 4 verres jusqu'à 15 ou 20 le matin ou dans la journée; depuis quelques années on en boit aux repas lorsqu'elles sont refroidies. Ces eaux se digèrent promptement, augmentent les urines et la transpiration. Malgré leur grande chaleur, elles ne causent point de douleur à l'estomac; on peut les couper avec du lait.

L'établissement thermal n'étant point terminé, on prend les bains aux piscines ou dans les hôtels. Ceux des piscines sont toujours réglés à 43° cent. et durent depuis 6 jusqu'à 15 minutes; dans les hôtels, les bains ordinaires ont une température de 35 à 36° cent., durent une heure et quelquefois plus longtemps.

Les douches descendantes ordinaires ont de 10 à 15 pieds d'élévation, 45° cent. de chaleur et durent un quart d'heure. Les douches chaudes ont 46 à 48° et durent 5 à 6 minutes ; les douches tempérées de 35 à 42° sont courtes et souvent en arrosoir.

Les vapeurs spontanées qui chauffent les étuves n'ont que 40°, c'est-à-dire 11 de moins que le réservoir qui les fournit. On espère dans les nouvelles étuves qu'on projette obtenir une plus grande chaleur.

Le limon ou matière végéto-animale est administré en frictions et en bains partiels, jamais en cataplasmes, parce que cette substance se refroidit promptement et se résout en eau.

M. de Montluc admet trois modes de traitement qu'il emploie suivant les maladies et la constitution des sujets. 1° Le traitement doux est indispensable dans les maladies nerveuses ou celles qui sont accompagnées d'une grande irritabilité; il consiste à prendre les eaux en boisson, des bains d'une heure à deux heures et même plus longtemps à 32 ou 33° cent., rarement des douches, ou bien on les administre faibles et courtes entre 33° et 42°. Ce traitement présente actuellement des difficultés à Néris par l'insuffisance de l'eau minérale refroidie et des baignoires, dont le nombre n'est plus en rapport avec celui des malades, qui s'est beaucoup accru; on ne peut que difficilement par conséquent donner aux bains le degré de température convenable. Pour remédier à ce double inconvénient, on se propose d'établir, ce qui est urgent pour la prospérité de l'établissement, des piscines tempérées, vastes et profondes, où plusieurs malades pourront passer deux ou trois heures à causer, jouer, nager, et y trouver les distractions propres à faire du remède un amusement.

2° Les rhumatismes chroniques et les maladies qui affectent des sujets robustes exigent un traitement plus actif; on donne alors des bains de piscines, des douches prolongées et chaudes à 46°; des bains de vapeur, quelquefois des douches dans les étuves, et on applique le limon à haute température. Administrées sous ces formes actives, les eaux de Néris accélèrent la circulation, déterminent des sueurs abondantes, rendent les urines bourbeuses et produisent une excitation générale.

3° Enfin il est des maladies qui, après avoir résisté à ces deux modes de traitement, ne cèdent qu'à une perturbation plus ou moins vive; ainsi M. de Montluc a vu des rhumatismes et des névralgies, rebelles aux moyens ordinaires, s'amender ou guérir par l'emploi de douches fraîches administrées dans les étuves, des accès de névralgies s'arrêter au moyen d'affusions froides.

La durée du traitement est ordinairement de vingt-deux jours, quelquefois de 32, chez les femmes surtout à cause de la suspension des eaux pendant l'époque menstruelle.

Pour la curation des maladies, M. de Montluc ne fait usage presque que des eaux thermales sous toutes les formes; quelquefois cependant il associe aux bains de Néris, suivant les indications, la boisson des eaux de Vichy, de Saint-Pardoux ou du Mont-d'Or.

Depuis dix ans le produit des eaux de Néris, qui appartiennent à l'État et qui sont en régie, a doublé comme le nombre des malades : en 1835, il a été de 10,600 francs ; mille étrangers sont venus à Néris en 1836, et ont laissé dans le pays environ 260,000 francs.

*Recueil d'antiquités égyptiennes, étrusques, romaines*, etc., par le comte de Caylus; 1761, in-4. On trouve, tome IV, page 370, une courte notice sur Néris.

*Description et analyse des eaux minérales de Néris*, par M. Michel (*Journal de Médecine*, août 1766).

*Mémoire sur les eaux thermales de Néris*, par M. Philippe (*Journal de Médecine*, janvier 1786).

*Recherches et observations sur les eaux thermales de Néris*, par Boirot-Desserviers; Paris, 1822, in-8.

*Analyse des eaux de Néris*, par M. Berthier (*Annales des Mines*, tome VI, page 311).

*Réflexions sur les eaux thermales de Néris*, par M. Robiquet (*Jour-

*nal de Pharmacie*, 1835, page 583). Ce mémoire contient des vues neuves et des remarques d'un haut intérêt pour l'hydrologie.

## EMS ( duché de Nassau ).

Village situé sur la rive droite de la Lahn, à 2 lieues de Coblentz. Les sources thermales qu'on y voit sont connues depuis l'an 1355; leur célébrité y attire tous les ans une société nombreuse, depuis le mois de juin jusqu'au mois de septembre. Elles offrent tous les agréments et les commodités que l'on peut désirer dans un établissement thermal.

*Sources.* On en distingue trois : l'une est froide, on l'appelle *Kranchen* ; les deux autres sont thermales ; l'une d'elles est connue sous le nom de *Kesselbrunnen*, l'autre appartient à la famille Thilenius et sert à alimenter leur hôtel des bains.

*Propriétés physiques.* Les eaux des différentes sources ne diffèrent guère que par leur température, qui varie de 23° à 55° cent. Elles sont très-limpides, d'une odeur légèrement alcaline, et d'une saveur un peu acidulée saline.

*Analyse chimique.* Elle a été faite en 1825 par Trommsdorff :

Eau (1 litre).

|  | lit. |
|---|---|
| Acide carbonique. . . . . . . . | 0,578 |

|  | gr. |
|---|---|
| Bi-carbonate de soude. . . . . | 2,06 |
| Sulfate de soude. . . . . . . . . | 0,05 |
| Chlorure de sodium. . . . . . | 0,15 |
| Carbonate de chaux. . . . . . | 0,07 |
| — de magnésie. . . . | 0,07 |
| Silice. . . . . . . . . . . . . | 0,02 |
| Chlorure de calcium et matière extractive. . . . . . . . . . | traces. |
|  | 2,42 |

M. Caventou a fait en 1835 une analyse qualitative des trois sources d'Ems, et il y a trouvé du fer, excepté dans celle de Kesselbrunnen.

*Propriétés médicales.* Les eaux d'Ems exercent une action douce, lentement graduée, sans provoquer de mouvement critique apparent. On les prescrit souvent comme préparatoires à l'usage des eaux ferrugineuses d'Eger. Elles sont en général bien supportées par l'estomac, excitent la secrétion urinaire ou la transpiration cutanée, et ne sont pas laxatives. Elles sont si douces, si calmantes, qu'elles sont recherchées par les femmes, par les hommes d'une constitution faible et délicate, et qu'elles sont très-salutaires dans les spasmes hystériques, la chorée et toutes les maladies nerveuses, dans la goutte, la chlorose, les affections hémorroïdales, les engorgements scrofuleux, les gonflements articulaires. Mais c'est surtout dans les maladies chroniques du poumon avec éréthisme, l'hémoptysie, la phthisie imminente ou commençante, que les eaux d'Ems ont acquis une grande réputation ; elles sont également fréquentées pour la stérilité : c'est même à cette propriété que l'une des sources doit son nom de *Bubenquelle*, c'est-à-dire *source aux Garçons ;* on y administre une douche d'eau thermale naturelle dont l'action sur les organes génitaux de la femme provoque une sorte d'excitation voluptueuse qui peut être nuisible : aussi est-il essentiel de surveiller avec soin l'administration de ces douches.

*Mode d'administration.* On boit les eaux d'Ems à la dose de quatre à six onces à la fois, qu'on répète à quinze ou vingt minutes d'intervalle ; on peut en prendre quatre, six, dix verres et même davantage, suivant les circonstances. Dans les maladies chroniques de la poitrine, on peut couper les eaux avec le tiers ou le quart de lait.

Les bains forment presque généralement à Ems le principal moyen de la cure ; ils ont une action si douce, pourvu qu'ils soient pris à la température de 30 à 35° cent., qu'ils réussissent aux personnes les plus faibles ou d'une grande susceptibilité nerveuse.

*De l'usage des eaux minérales de Carlsbad, Ems, etc.*, par Fred. Louis Kreysig; Paris, 1829 (traduction française).

*Aperçu sur les bains et eaux minérales du mont Tonnerre*, par le docteur Heyfelder; Stuttgard, 1834, broch. in-8.

*Note sur quelques eaux minérales des bords du Rhin*, par M. Caventou (*Bulletin général de Thérapeutique*, tome IX, page 289).

## SCHLANGENBAD (duché de Nassau).

Bourg situé dans la délicieuse vallée du Rhin, non loin de Mayence, entre Wisbade et Schwalbach. On y trouve des sources thermales dont la température est de 30° 50 cent. Elles contiennent, dit-on, du carbonate de soude, du talc, de l'hydrochlorate de soude, de l'acide carbonique. Elles sont onctueuses. On les emploie plus souvent en bains qu'en boisson; en bains, elles calment l'excitation nerveuse et sanguine, donnent de la souplesse à la peau, et sont plus douces que celles d'Ems. On les recommande dans les affections nerveuses, l'hystérie, l'hypocondrie, la dysménorrhée par éréthisme, les maladies cutanées compliquées d'inflammation. On est obligé d'échauffer l'eau thermale pour les bains que l'on prend d'abord à 32° 5 ou 36° cent., pendant dix minutes; plus tard, on peut en prolonger la durée et réduire la température du bain à 30°.

*Aperçu sur les bains et eaux minérales du mont Tonnerre*, par le docteur Heyfelder; Stuttgard, 1834, broch. in-8.

## BAGNÈRES-DE-BIGORRE ou BAGNÈRES-ADOUR
### (département des Hautes-Pyrénées).

Jolie petite ville de la vallée de Campan, sur l'Adour, située à 567 mètres au-dessus du niveau de la mer, à 23 lieues de Toulouse, 5 de Baréges, 4 de Tarbes, 212 de Paris. Des routes bien entretenues permettent des communications faciles avec Tarbes, Montrejean, Lourdes et Baréges. La ville, dont la population est de huit mille âmes, peut recevoir plus de quatre mille étrangers ; sa position au pied des Pyrénées, dans une riante plaine que fertilise l'Adour, la propreté des maisons et des rues sans cesse balayées par des courants d'une eau vive, l'abondance des vivres de toute espèce, la douceur du climat, la beauté des environs, le grand nombre de sources variées dans leur température et leurs vertus, en font un lieu que la nature semble avoir comblé de tous ses bienfaits. Les nombreux étrangers qui s'y rendent avant d'entrer dans les Pyrénées, ou qui viennent s'y distraire après avoir quitté les autres thermes, trouvent à Bagnères les agréments les plus variés, des logements commodes, meublés avec élégance, un cabinet de lecture, une salle de spectacle et de fort beaux salons dans lesquels ont lieu des bals très-brillants. La saison des eaux dure depuis le commencement de juin jusqu'au 15 octobre. Les établissements de bains sont nombreux. — Il existe une église. — Les indigents sont reçus dans un hôpital. Médecin inspecteur, M. Ganderax, qui a publié sur ces eaux un ouvrage intéressant auquel nous avons emprunté la plupart des détails qui suivent.

*Établissements de bains et sources.* Bagnères repose, pour ainsi dire, sur une rivière d'eau thermale, et offre toutes les facilités pour fonder de vastes piscines. Il suffit en effet pour avoir de l'eau thermale de percer verticalement le sol de la plaine ; on arrive promptement au centre souterrain de l'eau, et au moyen d'un tube ou canon de pompe qu'on place dans le trou, ce liquide minéral jaillit à la surface.

Les sources de la Reine, du Dauphin, de la Fontaine Nouvelle, de Roc de Lannes, de Foulon, de Saint-Roch et des Yeux ont été réunies dans un magnifique établissement (*Thermes de Marie-Thérèse*) que la ville a fait élever, et qui est remarquable par la profusion avec laquelle on a employé les plus beaux marbres des Pyrénées. Cet édifice majestueux, entouré de jardins, renferme vingt-neuf baignoires en marbre, quatre appareils à douche, une étuve, deux buvettes.

Il y a de plus à Bagnères plusieurs établissements particuliers assez bien entretenus; voici leurs noms, le nombre des sources et des bains :

| | | |
|---|---|---|
| Salut. . . . . . . . . | 10 bains, 1 buvette. | 5 sources (1). |
| Grand Pré. . . . . . . | 4 bains, 1 buvette. | 2 sources. |
| Carrère-Lannes. . . | 4 bains, 1 buvette. | 2 sources. |
| Thermes de Santé. . | 5 bains. | 1 source. |
| Versailles. . . . . . | 4 bains. | 2 sources. |
| Petit Prieur. . . . . | 2 bains. | 2 sources (appart. à l'Hôpital). |
| Belle-Vue. . . . . . . | 10 bains, 3 douches. | 1 source. |
| Petit Baréges. . . . | 2 bains. | 2 sources. |
| Cazaux. . . . . . . , | 6 bains, 2 douches. | 2 sources. |
| Théas. . . . . . . . | 3 bains, 2 douches. | 1 source. |
| Mora. . . . . . . . . | 2 bains. | 2 sources. |
| Lasserre. . . . . . . | 4 bains, 2 buvettes. | 5 sources. |
| La Gutière. . . . . | 10 bains, 2 douches. | 2 sources. |
| Pinac. . . . . . . . | 6 bains, 2 buvettes. | 6 sources (2). |

La fontaine de *Salies*, qui appartient à la ville et qui est la plus abondante de Bagnères, n'est utilisée dans aucun établissement. Il existe encore deux *sources ferrugineuses*, dont l'une est une propriété de la ville et se nomme *fontaine d'Angoutême*; l'autre appartient aux dames Carrère.

La source *sulfureuse de Labassère* est sur la rive gauche du Loussonnet, à 2 lieues de Bagnères; non loin de là, on

---

(1) Cet établissement nécessite de grandes réparations.

(2) Parmi ces sources, il y en a une ferrugineuse, et l'autre sulfureuse. Celle-ci sourd dans un endroit où l'on trouve une couche très-épaisse d'une excellente tourbe. Il est certain que cette eau acquiert ses qualités sulfureuses en traversant cette tourbe, et qu'elle les perdrait si on enlevait cette substance, et si on découvrait le lit de sable et de gravier dans lequel coulent les eaux thermales. L'analyse de cette source sulfureuse n'a point fourni à M. Fontan de sulfure de sodium. En 1836, on avait cru découvrir une véritable source sulfureuse à Bagnères, dans un terrain d'alluvion formé en grande partie de détritus de végétaux; mais ces détritus ayant été enlevés dans des fouilles qu'on exécuta, l'eau cessa d'être sulfureuse.

trouve une source de même nature, qu'on nomme *fontaine d'Aranon.*

*Propriétés physiques.* Les eaux de Bagnères sont limpides, très-transparentes; exposées à l'air, elles n'éprouvent pas la moindre altération. Cependant celles de la Reine et du Dauphin, après avoir séjourné quelque temps dans leur réservoir, présentent à leur surface une substance gélatiniforme. Elles donnent au marbre blanc sur lequel elles coulent une couleur rouille d'un brun léger; il se forme dans les tuyaux conducteurs, réservoirs, bassins et canaux de fuite des sources, un dépôt rouge, ferrugineux, plus ou moins abondant. Les sources sulfureuses de Labassère et de Pinac déposent une substance blanchâtre glaireuse. — La saveur des eaux de Bagnères est fade, puis légèrement astringente; celle de Labassère est douce et ne produit aucune impression au goût. Les sources ferrugineuses ont un goût métallique qui est bientôt remplacé par une saveur légèrement styptique et fraîche. En général, ces eaux n'ont point d'odeur, excepté les sources de Pinac et de Labassère, qui répandent constamment celle de l'hydrogène sulfuré.

Les tableaux qui suivent présentent : 1° la température des sources, leur volume et la pesanteur spécifique de chacune d'elles; 2° l'*analyse* des sources nombreuses de Bagnères, laquelle a été faite avec soin par le docteur Ganderax et M. Rosière, pharmacien à Tarbes. Quoique la plupart de ces eaux offrent peu de dissemblance, et n'aient fourni qu'une petite quantité de principes minéralisateurs néanmoins l'exactitude que nous avons mise jusqu'à présent à faire connaître les travaux analytiques nous a engagés à indiquer l'analyse de toutes les sources de Bagnères.

| SOURCES. | TEMPÉRATURE au thermom. centigrade. | VOLUME D'EAU que les sources fournissent par heure. | PESANTEUR spécifique, l'eau distillée prise p. 1,00000 |
|---|---|---|---|
| | | mètres. | |
| De la Reine. . . . . . . | 47°,5 | 19,740 | 1,00311 |
| Du Dauphin. . . . . . . | 48°,7 | 5,560 | 1,00304 |
| De la Fontaine Nouvelle. . | 41°,3 | 0,450 | 1,00212 |
| Du Roc de Lannes. . . . | 45°,0 | 1,270 | 1,00300 |
| De Foulon. . . . . . . | 35°,0 | 1,180 | 1,00212 |
| De Saint-Roch. . . . . | 41°,3 | 0,600 | 1,00251 |
| Des Yeux. . . . . . . . | 35°,0 | 1,050 | 1,00241 |
| De l'Intérieur. . . . . . | 31°,6 | 2,100 | 1,00170 |
| De l'Extérieur. . . . . | 33°,8 | 7,170 (1) | 1,00159 |
| Bains de la Peyrie (2 sources). . . . . . . . | 27°,5 | » » | 1,00147 |
| Bains du Grand Pré. . . | 35°,0 | 2,025 | 1,00212 |
| — de Santé (3 sources). | 32°,5-30°-22°,5 | 8,909 (2) | 1,00131 |
| — de Carrère-Lannes (3 sources). . . . . | 36°,2-32°,7-22°,5- | 1,831 (3) | 1,00240 |
| Bains de Versailles (2 sources). . . . . . . . | 36°,2-23°,7- | 1,018 (4) | 1,00158 |
| Bains du Petit Prieur (2 sources). . . . . . . | 36°,2-25°,0 | 1,070 (5) | 1,00176 |
| Bains de Cazaux (2 sources). . . . . . . . | 51°,2-36°,2- | 3,840 | 1,00259 |
| Bains de Théas (3 sources) | 51°,2° | 2,220 | 1,00240 |
| — de Mora (2 sources). | 50°-30°- | 2,378 | 1,00300 |
| — de Lasserre (3 sources). . . . . . . . | 39°-48°,7 | 3,293 | 1,00304 |
| Bains de Pinac (6 sources). . . . . . . . | 33°,8-36°,4-31°,2- 18°,7-42°,5-32°,5 } | 3,991 } | 1,00211 |
| Bains de la Gutière (3 sources. . . . . . . . | 38°,9-37°,6-46°,2- | 7,402 (6) | 1,00200 |
| Source du Petit Bain. . . | 46°,2 | 3,720 | 1,00288 |
| Fontaine de Salies. . . | 51°,2 | » » | 1,00270 |
| Source sulfureuse de Pinac. . . . . . . . | 18°,7 | » » | 1,00158 |
| Source sulfureuse de Labassère. . . . . . . | 13°,8 | » » | 1,00059 |

(1) Ce jaugeage a été pris en avril 1821 ; en octobre de la même année, il n'était que de 2 mètres, 120 millimètres.

(2) Jaugeage d'avril ; celui d'octobre ne donne que 6 mètres 085 millimètres.

(3) Jaugeage d'avril ; celui d'octobre ne donne que 1 mètre 790 millimètres.

(4) Jaugeage d'avril ; celui d'octobre ne donne que 941 millimètres.

(5) Jaugeage d'avril ; celui d'octobre ne donne que 980 millimètres.

(6) Source du Petit Bain comprise.

# ANALYSE DES EAUX SALINES DE BAGNÈRES-DE-BIGORRE.

Eau (1 litre).

| SUBSTANCES contenues DANS LES EAUX. | Source de la REINE. | Fontaine NOUVELLE. | Source du DAUPHIN. | Roc de LANNES. | Source de FOULON. | Source de L'INTÉRIEUR. | Source de SAINT-ROCH. | Source de L'EXTÉRIEUR. | Source des YEUX. | Bains de la PEYRIE. | Bains du GRAND PRÉ. | Bains de VERSAILLES. |
|---|---|---|---|---|---|---|---|---|---|---|---|---|
| Acide carbonique. . . | q. ind. | q. ind. | q. ind. | q. inap. | q. inap. | q. ind. | q. inap | q. inap. | q. ind. | q. ind. | q. inap. | q. inap. |
| | gr. | | | | | | | | | | | |
| Chlorure de magnésium. . . . . . . | 0,130 | 0,158 | 0,104 | 0,222 | 0,142 | 0,145 | 0,224 | 0,072 | 0,196 | 0,132 | 0,204 | 0,228 |
| Chlorure de sodium. | 0,062 | 0,060 | 0,040 | 0,070 | 0,326 | 0,430 | 0,109 | 0,308 | 0,060 | 0,103 | 0,084 | 0,074 |
| Sulfate de chaux. . . | 1,680 | 1,818 | 1,900 | 1,942 | 0,158 | 0,960 | 1,995 | 0,800 | 1,876 | 0,788 | 1,560 | 1,596 |
| — de soude. . . | 0,396 | 0,000 | 0,400 | 0,000 | 0,000 | 0,000 | 0,000 | 0,308 | 0,490 | 0,236 | 0,380 | 0,328 |
| — de magnésie. | | 0,270 | 0,000 | 0,278 | 0,127 | 0,000 | 1,257 | 0,000 | | 0,248 | 0,396 | 0,508 |
| S.-carbonate de chaux | 0,266 | 0,182 | 0,142 | 0,136 | 0,124 | 0,138 | 0,000 | 0,240 | 0,312 | | | |
| S.-carbonate de magnésie. . . . . . | 0,044 | 0,058 | 0,019 | 0,017 | 0,072 | 0,010 | 0,054 | 0,018 | 0,012 | 0,068 | 0,052 | 0,064 |
| S.-carbonate de fer. . | 0,080 | 0,000 | 0,114 | 0,014 | 0,000 | 0,040 | 0,078 | 0,022 | 0,044 | 0,000 | 0,028 | 0,028 |
| Substance grasse résineuse. . . . . . | 0,006 | 0,007 | 0,009 | 0,006 | 0,012 | 0,008 | 0,006 | 0,009 | 0,010 | 0,004 | 0,005 | 0,004 |
| Substance extractive végétale. . . . . | 0,006 | 0,004 | 0,008 | 0,008 | 0,005 | 0,010 | 0,005 | 0,018 | 0,012 | 0,007 | 0,006 | 0,005 |
| Silice. . . . . . . . | 0,036 | 0,044 | 0,044 | 0,031 | 0,040 | 0,034 | 0,040 | 0,028 | 0,043 | 0,018 | 0,040 | 0,032 |
| Perte. . . . . . . . | 0,054 | 0,039 | 0,020 | 0,036 | 0,034 | 0,025 | 0,024 | 0,011 | 0,052 | 0,016 | 0,025 | 0,005 |
| **TOTAUX.** | 2,760 | 2,640 | 2,800 | 2,760 | 1,040 | 1,800 | 2,792 | 1,834 | 3,107 | 1,620 | 2,780 | 2,872 |

EAUX MINÉRALES

# SUITE DE L'ANALYSE DES EAUX SALINES DE BAGNÈRES-DE-BIGORRE.

Eau (1 litre).

| SUBSTANCES contenues DANS LES EAUX. | Bains de SANTÉ. | Bains du PETIT PRIEUR. | Bains de Carrère LANNES. | Bains de CAZAUX. | Bains de MORA. | Bains de THÉAS. | Bains de LASSERRE. | Bains de la GUTTÈRE. | Bains de PINAC. | Source du PETIT BAIN. | Fontaine de SALIES. |
|---|---|---|---|---|---|---|---|---|---|---|---|
| Acide carbonique. . . . . | q. inap. | q. inap. | q. inap. | q. inap. | q. ind. | q. ind. | q. inap. | q. inap. | q. ind. | q. ind. | q. ind. |
| | gr. | | | | | | | | | | |
| Chlorure de magnésium. . . | 0,214 | 0,292 | 0,222 | 0,250 | 0,218 | 0,196 | 0,172 | 0,340 | 0,249 | 0,276 | 0,236 |
| — de sodium. . . . | 0,075 | 0,085 | 0,067 | 0,112 | 0,082 | 0,114 | 0,046 | 0,062 | 0,190 | 0,077 | 0,086 |
| Sulfate de chaux. . . . . . | 1,504 | 1,712 | 1,576 | 1,716 | 1,563 | 1,852 | 1,832 | 1,876 | 1,396 | 1,708 | 1,821 |
| — de soude . . . . . . | 0,000 | 0,000 | 0,000 | 0,000 | 0,000 | 0,376 | » | » | » | » | » |
| — de magnésie. . . . | 0,396 | 0,316 | 0,324 | 0,478 | 0,284 | 0,000 | 0,408 | 0,036 | 0,287 | 0,344 | 0,362 |
| Sous-carbonate de chaux. . | 0,260 | 0,344 | 0,260 | 0,160 | 0,580 | 0,156 | 0,230 | 0,160 | 0,436 | 0,276 | 0,292 |
| — de magnésie. | 0,059 | 0,050 | 0,058 | 0,050 | 0,036 | 0,022 | 0,062 | 0,036 | 0,076 | 0,052 | 0,050 |
| — de fer. . . . | 0,000 | 0,000 | 0,000 | 0,098 | 0,028 | 0,088 | 0,018 | traces | 0,060 | 0,068 | » |
| Substance grasse résineuse. | 0,008 | 0,004 | 0,004 | 0,006 | 0,006 | 0,010 | 0,004 | 0,005 | 0,008 | 0,006 | 0,004 |
| — extractive végétale | 0,008 | 0,006 | 0,008 | 0,012 | 0,007 | 0,009 | 0,007 | 0,007 | 0,010 | 0,007 | 0,032 |
| Silice. . . . . . . . . . . . | 0,030 | 0,054 | 0,056 | 0,032 | 0,052 | 0,048 | 0,040 | 0,048 | 0,043 | 0,028 | 0,032 |
| Perte. . . . . . . . . . . . | 0,029 | 0,034 | 0,033 | 0,044 | 0,041 | 0,045 | 0,021 | 0,032 | 0,045 | 0,038 | 0,018 |
| Totaux. . . . . | 2,583 | 2,897 | 2,608 | 2,958 | 2,897 | 2,916 | 2,840 | 2,602 | 2,800 | 2,880 | 2,933 |

### SOURCE SULFUREUSE DE PINAC.

| | |
|---|---|
| Acide carbonique. . . . . . . . . . } | q. ind. |
| — hydrosulfurique. . . . . . . } | |

| | gr. |
|---|---|
| Chlorure de magnésium. . . . . . . . | 0,172 |
| — de sodium. . . . . . . . . . | 0,136 |
| Sulfate de chaux. . . . . . . . . . . | 0,796 |
| — de magnésie. . . . . . . . . | 0,228 |
| Sous-carbonate de chaux. . . . . . . | 0,448 |
| — de magnésie. . . . . . | 0,068 |
| Substance grasse résineuse. . . . . . | 0,010 |
| — extractive végétale. . . . . | 0,007 |
| Silice. . . . . . . . . . . . . . . . | 0,036 |
| Perte. . . . . . . . . . . . . . . . | 0,044 |
| | 1,945 |

### SOURCE SULFUREUSE DE LABASSÈRE (1).

| | |
|---|---|
| Acide carbonique. . . . . . . . . | q. inap. |

| | lit. |
|---|---|
| — hydrosulfurique. . . . . . . . | 0,062 |

| | gr. |
|---|---|
| Chlorure de sodium. . . . . . . . . . | 0,206 |
| Hydrosulfate de soude. . . . . . . . | 0,042 |
| Sous-carbonate de soude. . . . . . . | 0,044 |
| Matière végéto-animale. . . . . . . | 0,046 |
| Silice. . . . . . . . . . . . . . . . | 0,018 |
| Perte. . . . . . . . . . . . . . . . | 0,008 |
| | 0,364 |

### FONTAINE FERRUGINEUSE D'ANGOULÊME.

M. Vauquelin a analysé en 1817 l'eau de la fontaine d'Angoulême ; il y a trouvé : de l'oxyde de fer, du carbonate de potasse, une matière végétale brune, une petite quantité de carbonate de chaux, du chlorure de potassium et un peu de silice.

---

(1) M. Fontan a trouvé dans un litre d'eau de cette source 0,0455 de sulfure de sodium.

*Propriétés médicales.* Bagnères peut être considéré, à raison de ses nombreux établissements, comme la métropole des cités minérales. La réunion de ses sources salines, sulfureuses et ferrugineuses offre beaucoup de ressources à la thérapeutique et permet d'y traiter un grand nombre de maladies diverses, principalement celles qui sont accompagnées d'atonie. C'est à Bagnères-de-Bigorre que doivent se rendre les gens de lettres, les jurisconsultes, les hommes livrés à des fonctions sédentaires qui, fatigués par les veilles et les travaux intellectuels, éprouvent des douleurs vagues et des irritations dans les organes du bas-ventre; c'est là que doivent venir les hypocondriaques, les personnes tourmentées par l'idée du suicide, les femmes hystériques, celles qui sont affaiblies par des couches plus ou moins fréquentes, par des flux immodérés ou par des peines morales; les guerriers couverts d'honorables blessures qui les font continuellement souffrir, y trouveront toujours du soulagement et quelquefois leur guérison.

Les eaux salines de Bagnères peuvent être employées avec avantage dans les langueurs d'estomac avec perte d'appétit occasionnée par la présence de matières saburrales, dans la plupart des engorgements du foie, de la rate, du mésentère, la jaunisse, les embarras muqueux des voies urinaires, les hémorroïdes dues à une constipation habituelle, les rhumatismes chroniques, les paralysies, et dans les affections chroniques de la peau qui dépendent d'une lésion hépatique.

Les eaux de Bagnères sont nuisibles dans le scorbut, les maladies scrofuleuses; elles aggravent, d'après M. Sarabeyrouse, les infirmités causées par l'excès des plaisirs vénériens.

On a attribué à quelques sources des vertus particulières: ainsi les bains de Foulon ont été vantés contre les maladies de la peau; ceux de Salut conviennent aux personnes

tourmentées par quelque irritation nerveuse ou inflammatoire ;
ceux de la Gutière, de Carrère-Lannes, de Versailles, du
Grand Pré ont quelque chose de plus doux, de moins stimulant que ceux de la Reine, de Bellevue, du Dauphin, de
Salies et de Lasserre. Mais c'est plutôt le tempérament du
malade que la nature de l'affection qui doit faire préférer une
source à une autre.

Quant aux sources *sulfureuses*, celle de Pinac est recommandée par le médecin de ce nom dans les rhumatismes chroniques, les dartres, la gale, les fleurs blanches, les ulcères
fistuleux, quelques affections chroniques de la poitrine, et
dans les maladies vénériennes pour détruire les accidents du
mercure. — La source de Labassère convient dans les catarrhes pulmonaires chroniques, l'asthme, et dans l'atonie des
voies digestives. On coupe cette eau avec du lait chaud ou de
l'eau d'orge.

Les eaux *ferrugineuses* d'Angoulême et de Carrère sont
prescrites dans la débilité de l'estomac et la chlorose. On
associe cette boisson aux bains de Bagnères.

*Mode d'administration.* Les eaux de Bagnères sont administrées en boisson, bains, douches, et en fumigations. On les
boit à toutes les sources depuis une livre jusqu'à quatre ; il
faut être sobre sur leur usage, commencer par les plus
douces et passer graduellement aux plus fortes. Leur action
principale se porte sur le système digestif : aussi sont-elles
considérées comme légèrement purgatives, surtout celles de
la Reine et de Lasserre. Pour les rendre plus actives, on
ajoute quelquefois un peu de sel neutre. Les éléments sulfureux que renferment les eaux de Salut doivent ajouter à
leurs propriétés. On boit dans quelques circonstances les eaux
ferrugineuses aux repas.

L'usage intérieur des eaux est d'autant plus efficace qu'il
est aidé par celui des bains. Ceux-ci impriment à la peau
une certaine rudesse ; il faut varier leur température selon la

maladie et la constitution du sujet ; les eaux de la plupart des sources ont besoin d'être refroidies, avant de les diriger dans les baignoires.

Les eaux minérales de Bagnères ne s'exportent guère, excepté celles de Labassère, qui peuvent être transportées à des distances fort éloignées, sans éprouver la moindre altération.

Le produit de la ferme des eaux de Bagnères a été de 29 à 30,000 francs pour 1836, y compris les établissements particuliers et outre les frais qui restent à la charge des fermiers. Le nombre des étrangers a été de deux mille cent quatorze, qui ont laissé dans le pays environ 400,000 francs.

*Du bon usage des eaux de Bagnères*, par La Guthère ; 1659, in-4.

*Traité de la propriété et des effets des eaux de Bagnères et de Baréges*, par Descaunets ; 1729.

*Lettres sur les eaux minérales du Béarn*, etc., par Théophile Bordeu ; 1746. Les 17e et 18e lettres concernent les eaux de Bagnères.

*Mémoire sur la nature et les propriétés des eaux de Bagnères*, par M. Labaig ; 1750.

*Eaux minérales de Bagnères*, par Xavier Salaignac ; 1752.

*Observations sur les eaux minérales de Pinac*, *anciennement d'Artigue-Longue*, par Bertrand Pinac ; an VI.

*Observations sur la nature et les effets des eaux de Bagnères-Adour*, par P. Sarabeyrouse cadet ; 1818.

*Recherches sur les propriétés physiques*, *chimiques et médicinales des eaux de Bagnères-de-Bigorre*, par Charles Ganderax ; Paris, 1827, 1 vol., 624 pages.

Duclos, Secondat, Thierry, le président d'Ormesson, d'Arquier, Marcorelle, Campmartin, ont parlé des eaux de Bagnères dans des écrits divers.

BOURBON-LANCY ( département de Saône et-Loire ).

Petite ville agréablement située que traverse la grande route de Moulins à Autun, à une lieue de la Loire, 7 de Moulins, 12 d'Autun, 20 de Mâcon, 80 de Paris. Une diligence qui part tous les jours de Moulins et d'Autun rend très-faciles les communications de Bourbon-Lancy avec Paris, Lyon et toute la Bourgogne. — Les eaux thermales qu'on y trouve sont célèbres depuis longtemps, comme le démontrent les vestiges de quelques édifices élevés par les Romains. A Bourbon-Lancy, le climat est doux, l'air très-pur ; les environs sont coupés de bois, de prés et de petits ruisseaux ; la vie animale y est abondante et à bon marché ; cent cinquante à deux cents étrangers pourraient se loger facilement dans la ville. L'établissement thermal se compose actuellement de huit cabinets de bains creusés dans le sol, de plusieurs appareils de douches et de deux piscines. Le grand nombre de malades qui s'y rendent depuis quelques années devrait engager l'administration de l'hospice civil, qui est propriétaire de cet établissement, à agrandir le bâtiment, à multiplier les bains et à établir surtout de vastes piscines à eau courante. — La saison des eaux commence le 15 mai et finit le 1er octobre. Il y a un médecin inspecteur.

*Sources.* Elles sont situées dans le faubourg dit de Saint-Léger ; on remarque au bas d'un roc coupé à pic de la longueur de 60 mètres, situé au midi, une vaste cour, d'où sortent sept sources, six chaudes et une froide. La première, qui est la plus considérable, est appelée le *Lymbe* ou *Grand Puits ;* elle fournit une grande quantité d'eau ; une tentative faite en 1750 pour curer et réparer cette source n'a été que superficielle, la trop grande chaleur ayant rebuté les ouvriers. Les autres sources moins considérables sont connues sous les noms de la *Reine*, des *Écures* et *de Saint-Léger ;* les trois autres n'ont pas reçu de nom. Toutes produisent environ 300 mètres cubes en vingt-quatre heures ; ce qui permettrait de donner six cents bains ou douches par jour. — Dans l'enceinte de la cour, on voit un grand réservoir de forme circulaire, appelé *Bain Royal :* il a quarante-deux pieds de diamètre ; le fond est pavé en marbre ; son architecture porte à croire qu'il est un ouvrage des Romains.

*Propriétés physiques.* Les eaux de la principale source dite le *Lymbe* sont très-limpides, onctueuses au toucher, sans odeur ni saveur bien déterminées; refroidies, elles contractent une odeur pénétrante et nauséabonde. Elles bouillonnent continuellement, phénomène qu'on doit attribuer au dégagement du gaz acide carbonique. Dans le conduit de décharge, on observe une sorte d'incrustation pierreuse. Autour du bassin, on voit une espèce de conferve.

Voici la température des sources : Lymbe, 57°,5 cent.; source des Écures, 60°; fontaine Saint-Léger, 41°,2 cent.; fontaine de la Reine, 55°; Bain Royal, 43°,7. Dans les saisons chaudes, la température des sources augmente de 4 à 5 degrés.

*Analyse chimique.* On doit à M. Berthier et à V. Jacquemont l'analyse de l'eau de Bourbon-Lancy; voici le résultat de leurs recherches :

Eau ( 1 litre ).

| ANALYSE DE M. BERTHIER. | | ANALYSE DE JACQUEMONT. | |
|---|---|---|---|
| | lit. | | lit. |
| Acide carbonique libre. . | 0,135 | Acide carbonique libre. . | 0,034 |
| | | Oxygène. . . . . . . . . . | 0,000 |
| | gr. | Azote. . . . . . . . . . | 0,013 |
| Chlorure de sodium. . . | 1,170 | | |
| — de potassium. . | 0,150 | | gr. |
| Sulfate de soude. . . . . | 0,130 | Chlorure de sodium. . . | 1,4691 |
| — de chaux. . . . . | 0,075 | Sulfate de soude. . . . . | 0,0480 |
| Carbonate de chaux. . . . | 0,210 | — de chaux. . . . . | 0,0228 |
| — de magnésie et | | Carbonate de chaux. . . . | 0,0590 |
| oxyde de fer. . | trac. | Oxyde de fer. . . . . . . | 0,0108 |
| Silice. . . . . . . . . . | 0,020 | Silice. . . . . . . . . | 0,0420 |
| | | Acide carbonique uni à | |
| | 1,755 | l'oxyde de fer, et perte. | 0,0693 |
| | | | 1,7210 |

Ainsi, dit M. Berthier, les principes qui minéralisent les eaux de Bourbon-Lancy ne s'élèvent pas à deux millièmes de la masse de ces eaux. La potasse et le sulfate de soude sont en si petite proportion, que ces substances ne peuvent pas avoir d'influence sur les propriétés médicales des eaux.

*Propriétés médicales.* C'est à leur température élevée que les eaux de Bourbon-Lancy doivent une grande partie de leurs vertus. Elles excitent les systèmes cutané et capillaire, et leur impriment une énergie remarquable, d'où résulte une diaphorèse abondante, sans chaleur incommode. Elles ont une action spéciale contre les rhumatismes chroniques, les paralysies, les sciatiques, les ankyloses fausses, les engorgements lymphatiques des articulations, les contractures des membres à la suite de blessures, d'entorses, de luxations et de fractures. On les emploie avec quelque succès dans les irritations nerveuses des voies digestives, les engorgements des viscères du bas-ventre, les maladies cutanées avec éréthisme, les fleurs blanches et la stérilité qui dépend d'un excès d'irritabilité de la matrice (1).

*Mode d'administration.* En boisson, on prend les eaux de Bourbon-Lancy à la dose de trois ou quatre verres le matin à jeun; la température des bains est de 37° à 40° cent.; celle de la douche, de 47° à 50°. On se sert de l'étuve. La durée du traitement est de vingt à vingt-cinq jours.

On assure que le marquis de Saint-Aubin, père de madame de Genlis, fit apporter à Saint-Domingue un baril plein d'eau thermale de Bourbon-Lancy, laquelle arriva sans être altérée.

---

(1) Catherine de Médicis, épouse de Henri II, dut sa fécondité aux eaux de Bourbon-Lancy. Son médecin, Fernel, lui ayant conseillé ces eaux en boisson, bains et douches, elle eut, au bout de neuf mois, François II, ensuite Charles IX et Henri III, qui ont tous régné successivement. Elle donna le jour aussi à plusieurs princesses. En reconnaissance, elle faisait don, toutes les fois qu'elle accouchait, de 10,000 écus à son médecin, ce qui était une somme considérable à cette époque.

Les sources appartenaient autrefois à la province de Bourgogne; elles sont aujourd'hui la propriété de l'hospice civil, auquel l'État les a abandonnées en 1805. L'hospice n'est point assez riche pour faire les dépenses que nécessiterait la construction d'un nouvel établissement, et celui qui existe est, comme nous l'avons dit, bien loin de répondre à l'importance des sources. L'état actuel est une véritable calamité. Les sources sont affermées 3,100 francs par an, outre diverses charges que doit acquitter le fermier (M. Longchamp).

*Annuaire de la nature des bains de Bourbon*, par Isaac Cattier, 1650, in-8°.

*Dissertation sur les eaux minérales de Bourbon-Lancy*, par Jean-Marie Pinot; 1752, in-12.

*Notice sur les eaux minérales en général, et sur celles de Bourbon-Lancy*, par Jacques Verchère. Thèse, Montpellier, 1809.

*Note sur les eaux de Bourbon-Lancy*, par M. Dufour ( *Compte rendu des travaux de la société des Sciences de Mâcon*, 1823, page 22 ).

*Note sur les eaux de Bourbon-Lancy*, par M. Puvis ( *Compte rendu des travaux de la société des Sciences de Mâcon*, 1825, page 82 ).

*Analyse des eaux de Bourbon-Lancy*, par M. Berthier ( *Annales de chimie et de physique*, tome XXXVI, page 289 ).

## CHAUDES-AIGUES (département du Cantal).

Cette petite ville de 2,500 habitants, sur la petite rivière de Remontalou, à 5 lieues de Saint-Flour, 114 de Paris, a reçu son nom des eaux thermales qui y jaillissent; elle est traversée par la grande route de Clermont à Toulouse, et renferme trois cents maisons qui peuvent recevoir six cents étrangers. La vie animale est très-abondante et à bon marché; les environs offrent des sites assez pittoresques. Les eaux thermales étaient négligées; c'est depuis douze ans que M. Barlier, maire de Chaudes-Aigues, les a tirées de l'oubli. Trois établissements de bains appartenant à des particuliers se sont formés; le plus ancien, et le mieux tenu, est celui de M. Felgère, lequel est situé dans son hôtel : tous offrent un assez grand nombre de baignoires avec douches et étuves. Le volume considérable et la haute température des sources doivent encourager la construction d'un bâtiment thermal avec vastes piscines à eau courante, qui, placées au centre de la France, ne manqueraient pas d'être très-fréquentées. En attendant, le nombre des baigneurs s'accroît chaque année. Il y a un médecin inspecteur.

*Sources.* On en distingue quatre. 1° La *source du Par*, située au bas d'une montagne, presque au centre de la ville, est la plus abondante, et fournit par heure neuf mille six cents litres. 2° La *source du Moulin du Ban* ou *du Bain* a des jets nombreux dont les eaux sont recueillies et conduites à l'aide de canaux en bois dans les maisons du quartier Labarthe. 3° La *source de la Grotte du Moulin* prend naissance dans un bassin placé dans une grotte. 4° Les *sources de la maison Felgère*, au nombre de deux, peuvent donner par heure quinze cents litres d'eau.

*Propriétés physiques.* L'eau du Par est claire, onctueuse, et presque insipide ; son odeur est nulle ; elle laisse sur les pierres où elle coule un léger dépôt ocracé ; ce dépôt, plus abondant dans les conduits, a été reconnu par MM. Longchamp et Caventou pour du sulfure de fer, dont M. Chevallier, qui a expérimenté sur les lieux, n'a pas reconnu de traces dans l'analyse des eaux thermales du Par. La température de celles-ci est de 80° cent. — L'eau de la source du Moulin du Ban n'a pas l'odeur d'hydrogène sulfuré qui lui a été attribuée par divers auteurs ; exposée à l'air libre, elle se recouvre assez souvent d'une pellicule irisée, oléagineuse, d'une odeur de bitume. Sa saveur est fade, mais ne cause point de nausées. Sa température est de 72° cent. Les eaux de la source de la Grotte, et celles de la maison Felgère, sont claires, limpides, sans odeur et sans saveur. La température des premières est de° 62 cent. ; parmi celles de la maison Felgère, l'une a

70°, l'autre 57° cent. Toutes ces sources thermales laissent échapper beaucoup de gaz. M. Chevallier a constaté qu'ils étaient formés d'un mélange d'acide carbonique en très-grande quantité avec de l'oxygène et de l'azote.

*Analyse chimique.* Elle a été faite par M. Chevallier.

Eau (1 litre).

| SUBSTANCES contenues DANS LES EAUX. | FONTAINE thermale du PAR. | SOURCE de la bonde du MOULIN. | SOURCE de la grotte du MOULIN. | PRINCIPALE source de la maison FELGÈRE. |
|---|---|---|---|---|
| | gr. | | | |
| Hydro-sulfate qui se forme à l'aide de la chaleur. . . . . . . | tracés. | traces. | traces. | traces. |
| Matière organique. . . | traces. | traces. | traces. | traces. |
| Matière bitumineuse. . | 0,0060 | 0,0065 | 0,0060 | 0,0060 |
| Chlorure de magnésium | 0,0069 | 0,0069 | 0,0067 | 0,0069 |
| Chlorure de sodium dissous par l'alcool. . . | 0,0055 | 0,0052 | 0,0055 | 0,0055 |
| Silice dissoute par l'alcali. . . . . . . . | 0,0230 | 0,0275 | 0,0285 | 0,0282 |
| Sulfate de soude. . . . | 0,0325 | 0,0000 | 0,0000 | 0,0000 |
| Chlorure de sodium. . | 0,1263 | 0,1250 | 0,1270 | 0,1300 |
| Sous-carbonate de soude. . . . . . . . . | 0,5020 | 0,5930 | 0,5920 | 0,5915 |
| Oxyde de fer. . . . . | 0,0060 | 0,0055 | 0,0057 | 0,0060 |
| Carbonate de chaux. . | 0,0460 | 0,0470 | 0,0460 | 0,0460 |
| Carbonate de magnésie. | 0,0080 | 0,0077 | 0,0079 | 0,0080 |
| Silice. . . . . . . . | 0,0800 | 0,0805 | 0,0800 | 0,0845 |
| Chaux combinée à la silice. . . . . . . . | 0,0020 | 0,0017 | 0,0020 | 0,0013 |
| Traces de sel de potasse et perte. . . | 0,0036 | 0,0333 | 0,0325 | 0,0310 |
| | 0,9378 | 0,9398 | 0,9398 | 0,9449 |

*Usage économique des eaux de Chaudes-Aigues.* On se sert des eaux de la grande source du Par pour tremper la soupe, pour faire cuire les œufs et pour préparer les aliments sans combustible; elles dégraissent parfaitement la laine, à laquelle elles donnent une blancheur éclatante; mais elles sont principalement employées du 1ᵉʳ novembre à la fin d'avril à chauffer au moyen de canaux ingénieusement pratiqués les rez-de-chaussée des maisons appelées *maisou Choudo*, maisons chaudes. Pendant l'été cette eau est dirigée dans la rivière. M. Berthier fait remarquer avec raison que les eaux thermales de Chaudes-Aigues tiennent lieu à ses habitants d'une forêt de chênes qui aurait au moins cinq cent quarante hectares. Ces eaux sont d'autant plus précieuses que le combustible est très-cher dans le pays. M. Felgère les a utilisées pour produire l'incubation artificielle, et ses résultats ont été si heureux que la société d'encouragement lui a décerné une médaille.

*Propriétés médicales.* Les eaux de Chaudes-Aigues, d'après leur composition, ont, comme le remarque M. Chevallier, une grande analogie avec les eaux thermales de Plombières; elles sembleraient même avoir plus d'activité, la quantité des sels qu'elles contiennent étant un peu plus grande, et leur température bien supérieure. Il résulte des observations de MM. Grassal, Verdier, Bremont, etc., que les eaux de Chaudes-Aigues sont fort utiles dans les rhumatismes chroniques, la sciatique, les paralysies locales, les ankyloses incomplètes, les rétractions musculaires; on les a employées dans la gastrite chronique, la leucorrhée, les engorgements des viscères abdominaux. — Sur deux cent quatre-vingt-quinze malades traités en 1829 par M. Grassal, on compte cent vingt-six rhumatismes, trente sciatiques, onze névralgies épicraniennes, six rétractions musculaires avec atrophie des membres, etc.

*Mode d'administration.* On prend les eaux en boisson, bains, douches et en étuves. On boit les eaux de la source Felgère et celles du Moulin du Ban depuis un litre jusqu'à trois; elles sont quelquefois laxatives les premiers jours. On peut s'en servir aux repas ; M. Podevigne a expérimenté sur lui-même que, prises après dîner, elles accélèrent la digestion. En bains et en douches, elles ont besoin d'être mitigées avec de l'eau froide, pour rendre leur température supportable. Leur onctuosité rend le bain très-agréable.

*Essai sur Chaudes-Aigues, et analyse chimique de ses eaux thermales*, par A. Chevallier ; 1828, in-4, 82 pages. Cet opuscule, très-bien fait, nous a servi de guide dans cet article.

*Dissertation sur les eaux minérales de Chaudes-Aigues*, par M. Podevigne. Thèse, Paris, 1833.

*Analyse des eaux de Chaudes-Aigues*, par M. P. Berthier (*Annales des mines*, tome V, page 498).

*Dissertation sur les eaux minérales de Chaudes-Aigues*, par M. Bonniol. Thèse, Paris, 1833.

## LA CHALDETTE (département de la Lozère).

Petit hameau de la commune de Briou, canton de Fournel, arrondissement de Marvejols, à 2 lieues de Chaudes-Aigues. Les eaux thermales que l'on y trouve sont connues depuis environ huit ans ; on a construit en 1833 un bâtiment thermal séparé en deux sections, l'une pour les hommes, l'autre pour les femmes. Chaque section se compose d'une salle publique avec quatre baignoires, de trois cabinets de bains particuliers et d'un cabinet de douches : il y a de plus une buvette. On a élevé quelques habitations pour loger les malades, mais ceux-ci sont obligés d'apporter avec eux les objets nécessaires à la vie, inconvénient grave qui sans doute disparaîtra lorsque les eaux seront plus fréquentées. Médecin inspecteur, M. Roussel.

*Source.* Elle jaillit par une fissure d'une roche granitique ; ses eaux sont reçues dans un vaste réservoir fermé, et de là conduites dans l'édifice thermal.

*Propriétés physiques.* Ces eaux sont limpides, ont une sa-

veur un peu styptique et salée qui n'est point désagréable
au goût ; M. Chevallier dit qu'elles ont un léger goût de tripe.
Elles charrient quelques flocons de matière glaireuse ; leur
température, habituellement de 30° cent., s'éleva à 34° le
12 août 1835 (M. Roussel).

*Analyse chimique.* Elle a été faite par le docteur Boisso-
nade et répétée par M. Chevallier. Ils ont trouvé que l'eau
de la Chaldette contenait du carbonate, du muriate et du
sulfate de soude, des carbonates de chaux et de magnésie, et
des traces d'une matière bitumineuse.

*Propriétés médicales.* M. Roussel regarde les eaux de la
Chaldette comme analogues à celles de Vichy ; il en a obtenu
des effets avantageux dans l'atonie de l'appareil digestif, les
engorgements des viscères abdominaux, la suppression de la
menstruation lorsqu'elle dépend de l'inertie ou du spasme de
l'utérus, les rhumatismes chroniques, les affections psoriques
et herpétiques répercutées, etc. Elles sont nuisibles dans les
maladies inflammatoires et les lésions organiques des gros
vaisseaux.

*Mode d'administration.* On boit trois ou quatre verres de
ces eaux le matin à jeun. Pour l'usage des bains, on est
obligé de chauffer l'eau avec un appareil calorifère. On associe
ordinairement les douches aux bains.

Un régisseur est chargé de percevoir au nom de l'administration départementale le produit des eaux, qui a été en 1835
de 1,000 francs environ.

*Note sur les eaux minérales de la Chaldette*, par M. Chevallier (*Journal de chimie médicale*, mars 1834).

### AIX (département des Bouches-du-Rhône).

Grande et belle ville à 5 lieues de Marseille, 16 d'Avignon,
185 de Paris. Les eaux thermales d'Aix sont connues depuis
longtemps ; on croit généralement que c'est Caïus Sextius

Calvinus, proconsul romain, qui le premier a fait usage de ces eaux, et qui, par reconnaissance, y construisit des bains. La source thermale porte encore le nom de *Sextius*. L'établissement thermal, élevé en 1705 sur un des boulevards de la ville, est vaste, commode, et offre plusieurs appartements. On prend les eaux depuis le mois de mai jusqu'au mois d'octobre ; il y a un médecin inspecteur.

*Sources.* On en connaît deux : 1° la source de Sextius ; 2° la source de Barret. La première source était jadis si abondante que dans les deux derniers mois de l'an 1705, elle pourvut aux besoins de plus de mille baigneurs. Les eaux coulaient à plein jet par neuf tuyaux d'une fontaine et par neuf robinets de bains. Dès l'année 1707, une diminution commença à se manifester ; en peu de mois elle fit de tels progrès que l'établissement fut totalement abandonné. Diverses sources chaudes existant dans la ville diminuèrent comme celle de *Sextius*, et même tarirent complètement. Pendant que s'opérait l'appauvrissement et même la perte complète de plusieurs fontaines d'Aix, quelques individus mettaient à profit pour leur usage particulier des sources extrêmement abondantes qu'ils avaient découvertes en creusant à une petite profondeur dans des propriétés situées à un quart de lieue de la ville, au territoire du grand et petit *Barret*. En 1721, on fit boucher les trous creusés sur le territoire de Barret, et *vingt-deux jours après l'opération*, les eaux des bains Sextius augmentèrent des trois quarts, et plusieurs autres sources entièrement taries recommencèrent à couler. Les propriétaires dépossédés percèrent plusieurs fois le sol de Barret, et chaque fois on vit les sources chaudes de la ville diminuer ou tarir entièrement. Pour faire acte définitif de propriété, la ville fit ériger en 1829 sur le terrain où l'intérêt privé livrait un combat si persévérant à l'intérêt général une pyramide en pierre de taille. D'après ce qui précède, il paraît constaté que les eaux chaudes d'Aix sont en *majeure partie* alimentées par les eaux froides de Barret; nous disons *en majeure partie*, parce qu'il est probable que l'eau froide de Barret, dans son trajet aux bains de Sextius par des voies souterraines inconnues, est rencontrée et échauffée par une source thermale voisine d'Aix. En dérivant les eaux de Barret pendant quelques jours seulement, il serait facile de résoudre la question; en effet, dès que la source thermale intermédiaire entre Barret et Aix arriverait seule à Sextius, il y aurait en effet et simultanément diminution considérable dans la quantité de liquide, et augmentation de la température des bains. M. Freycinet a fait, pour résoudre cette question, plusieurs expériences qu'il doit publier.

*Propriétés physiques.* Limpide et transparente comme l'eau la plus pure, l'eau thermale ne présente ni odeur ni saveur particulières; elle se rapproche par sa densité de l'eau distillée. Son volume augmente pendant les pluies. Sa température varie de 34°,16 cent. à 36°,87; celle du bassin de Barret varie de 20°,06 à 21°,50. M. Freycinet pense que lorsque les eaux du bassin de Barret sont taries en totalité, la température des bains de Sextius est notablement plus forte que dans les circonstances ordinaires. C'est un fait d'expérience qu'à Aix, pendant les sécheresses, ce sont les eaux froides qui tarissent d'abord, et que les eaux chaudes diminuent ensuite de volume sans tarir. M. Freycinet croit qu'un épuisement même complet du bassin de Barret, par un moyen mécanique quelconque, ne pourrait conduire qu'à la même conclusion.

On remarque sur le point où surgissent les eaux des bains de Sextius, et à la surface extérieure du bassin de la source, deux sortes de dépôts, l'un de couleur blanche, l'autre de couleur grisâtre.

*Analyse chimique.* M. Robiquet a fait en 1837 l'analyse des eaux de Sextius et de Barret; voici leur composition :

Eau ( 1 litre ).

| EAU DE SEXTIUS. | | EAU DE BARRET. | |
|---|---|---|---|
| Acide carbonique. . . . | q. ind. | Acide carbonique. . . . | q. ind. |
| Air atmosphérique. . . | q. ind. | Air atmosphérique. . . | q. ind. |
| | gr. | | gr. |
| Carbonate de chaux. . . | 0,1072 | Carbonate de chaux. . . | 0,2416 |
| — de magnésie. . | 0,0418 | — de magnésie. | 0,1080 |
| Chlorure de sodium. . . | 0,0073 | Chlorure de sodium. . . | 0,0070 |
| — de magnésium. | 0,0120 | — de magnésium. | 0,0286 |
| Sulfate de soude. . . . . | 0,0325 | Sulfate de soude. . . . . | 0,0880 |
| — de magnésie. . . | 0,0080 | — de magnésie. . . | 0,0230 |
| Silice et matière organique azotée bitumineuse | 0,0170 | Silice et matière organique azotée. . . . . . . | 0,0214 |
| Fer. . . . . . . . . . . | traces. | Fer. . . . . . . . . . . | traces. |
| | 0,2258 | | 0,5176 |

L'analyse ayant été faite sur de l'eau transportée à Paris, M. Robiquet n'a pas pu déterminer d'une manière précise les quantités de gaz que l'eau doit contenir à la source.

*Propriétés médicales.* Quoique les eaux thermales d'Aix contiennent peu de principes minéralisateurs, quoique leur température soit peu élevée, cependant l'expérience démontre leur efficacité dans plusieurs maladies. Comme eaux tièdes, elles assouplissent la peau, relâchent les tissus qui sont dans un état de tension et de rigidité morbide; elles conviennent dans les rétractions musculaires, les ankyloses fausses, les rhumatismes chroniques, les paralysies récentes, les dartres, la gale, la couperose. Dans le traitement des maladies cutanées, très-communes en Provence, le docteur Valentin, pour donner plus d'activité à l'eau thermale, ajoute au bain une forte solution de sulfure de potasse. — En boisson, les eaux d'Aix sont utiles dans les engorgements des viscères abdominaux, la suppression des règles, les fleurs blanches, la gravelle. Parmi les autres propriétés qu'on leur accorde, celle de détruire la stérilité des femmes paraît surtout avoir été la plus célébrée et avoir attiré pendant quelque temps une foule de baigneuses, ce qui a donné lieu à une épigramme d'un poëte comique, mais trop libre pour que nous puissions nous permettre de la rapporter ici. — En lotions, les eaux d'Aix sont regardées par M. Robert comme propres à rafraîchir le teint des dames et à entretenir longtemps l'éclat de leur beauté.

L'usage intérieur des eaux d'Aix est nuisible aux personnes âgées, bilieuses, faibles, aux jeunes gens maigres et secs, aux hypocondriaques; elles sont avantageuses aux personnes replètes, d'un tempérament lymphatique.

*Mode d'administration.* On prend les eaux d'Aix sous toutes les formes. On en boit depuis cinq verres jusqu'à quinze; elles sont apéritives, diaphorétiques; on peut en faire usage aux repas.

En bains, la douce chaleur de l'eau est très-agréable. M. Davin a combiné avec succès le traitement électrique aux bains dans les cas de paralysie. Il y a deux douches descendantes et une ascendante.

Les sources appartiennent à la commune; en 1820, leur produit a été de 3,050 francs.

*Traité des bains de la ville d'Aix en Provence*, par Castelmont; 1600, in-8.

*Histoire naturelle des eaux chaudes d'Aix*, par Honoré-Marie Lautier; 1605, in-8.

*Traité des eaux minérales d'Aix en Provence*, par Louis Armand; 1705, in-12. Cet ouvrage contient trente-cinq observations.

*Analyse des eaux minérales d'Aix en Provence*, par Ant. Aucane Emerich; 1705.

*Notice sur les eaux d'Aix*, par M. Valentin (*Journal de médecine de* Corvisart, etc., tome XXI, page 198).

*Analyse des eaux d'Aix*, par M. Laurens (*Annales de chimie*, novembre 1813, page 214).

*Essai historique et médical sur les eaux thermales d'Aix*, par M. Robert; 1812, in-8. Cet ouvrage est un extrait judicieux de la plupart des traités précédents.

*Notes sur les eaux thermales d'Aix*, par MM. Arago et Freycinet (*Comptes rendus hebdomadaires des séances de l'Académie des Sciences*, 1836, numéros 11, 15, 17, 19).

### SAINT-LAURENT-LES-BAINS (département de l'Ardèche).

Village du canton de Saint-Étienne, près d'Arès, arrondissement de Largentière, situé à 882 mètres au-dessus de la Méditerranée, dans une gorge étroite ouverte seulement au midi; on y arrive par une belle route qui va aboutir à la route royale de Montpellier à Clermont. Il existe en ce lieu trois établissements de bains, qui sont fréquentés depuis le mois de juillet jusqu'au mois de septembre. On y trouve des logements nombreux, plusieurs piscines, quarante baignoires, des douches et des étuves. Il y a un médecin inspecteur.

*Source.* Placée au centre du village, elle coule au pied d'une haute montagne granitique; les eaux sont conduites par des canaux souterrains dans les trois établissements; cette source fournit dans les vingt-quatre heures 54,000 litres. Chaque établissement reçoit par jour 13,000 litres, et ne peut en employer au plus que 6,000.

*Propriétés physiques.* L'eau thermale est claire, insipide, inodore, ne dépose aucun sédiment; sa température est de 53°,50 cent. Les saisons, les variations atmosphériques, les pluies abondantes ou la sécheresse ne changent ni la température, ni l'abondance, ni la limpidité de la source.

*Analyse chimique.* Elle a été faite par M. Bérard, professeur de chimie à Montpellier; en voici les résultats:

Eau ( 1 litre ).

| | gr. |
|---|---|
| Carbonate de soude. . . . . | 0,505 |
| Chlorure de sodium. . . . . . | 0,085 |
| Sulfate de soude. . . . . . . | 0,040 |
| Silice et alumine. . . . . . | 0,052 |
| | 0,682 |

M. Fuzet dit qu'un chimiste anglais a trouvé dans ces eaux une pe-tite quantité de fer et d'acide hydrosulfurique.

*Propriétés médicales.* Les eaux de Saint-Laurent, loin d'être purgatives, constipent le plus ordinairement; elles excitent la sécrétion des urines et plus souvent celle de la peau. Elles sont salutaires dans la débilité de l'estomac, la gastralgie, les dar-tres, les vieux ulcères, dans les affections rhumatismales, et contre les scrofules, qui sont, dit M. Fuzet, comme endémi-ques dans le Vivarais. Elles sont nuisibles aux phthisiques.

*Mode d'administration.* On boit les eaux de Saint-Laurent pures ou coupées à la dose de plusieurs verres le matin à jeun; on les emploie aussi en douches et en étuves. Les bains se prennent dans des baignoires ou dans des piscines. Tous les jours à six heures du soir, les bains et les piscines, bien net-toyés, sont remplis; les hommes y entrent depuis quatre heures du matin jusqu'à sept heures; les femmes les rempla-cent jusqu'à onze heures. A une heure après midi, les hommes retournent aux piscines jusqu'à quatre heures, et les femmes s'y rendent ensuite jusqu'à six heures; on se propose d'établir des bains séparés pour les hommes et pour les femmes.

Les eaux de Saint-Laurent forment pour les habitants une boisson douce, légère, et tiennent lieu de savon pour blan-chir le linge et nettoyer le corps.

Les sources ne sont point affermées; les propriétaires des trois établissements perçoivent 25 cent. de chaque baigneur. Il vient annuellement huit cents malades à Saint-Laurent : on peut évaluer à 20,000 fr. l'argent laissé dans le pays par les malades en 1834.

*Assemblée publique de la Société royale des sciences de Montpellier*, tenue le 25 avril 1743 ; parmi les pièces qui composent ce recueil, on trouve un Mémoire très-bien fait, de Comballusier, sur les eaux de Saint-Laurent.

*Analyse des eaux minérales de Saint-Laurent, Vals,* etc., par Boniface; 1779, in-12.

## MONESTIER DE BRIANÇON (département des Hautes-Alpes).

Bourg d'environ 2,600 âmes, chef-lieu de canton, à 2 lieues de Briançon, sur la route de Grenoble à Turin. Les eaux thermales que l'on y trouve jaillissent dans une vallée couverte de riches prairies et entourée à droite et à gauche de montagnes élevées qui offrent au naturaliste d'importantes productions. On a remarqué que les habitants de Monestier, qui usent gratuitement des eaux thermales en boisson et en bains, n'éprouvent jamais de maladies épidémiques, et sont sujets à moins d'infirmités que ceux des autres cantons du département. Il n'y a point de maison d'habitation destinée aux baigneurs, qui sont obligés de se loger chez les habitants du bourg; un établissement thermal, et surtout un meilleur encaissement des sources, sont indispensables, si le gouvernement continue à y envoyer des soldats malades. Médecin inspecteur, M. Nunnia.

*Sources.* Il y en a deux : l'une, appelée *source du Nord* ou *de la Rotonde*, est destinée à la boisson ; l'autre, nommée *source du Midi*, sert aux bains. Les eaux sont reçues dans trois bassins creusés dans le tuf, sans revêtement en pierre, de sorte que l'eau de pluie se mêle sans obstacle avec l'eau thermale, qui par ce mélange est sujette à présenter beaucoup de variations dans sa température et sa composition chimique. Il est urgent de mieux encaisser les bassins et les sources, pour conserver à l'eau minérale toute sa pureté.

*Propriétés physiques.* Les eaux des deux sources sont limpides, inodores; leur saveur est d'abord douceâtre, puis aci-

dule ; leur surface est couverte de bulles ; leur température ,
variable suivant l'état de pluie ou de sécheresse , est de 22 à
30° cent., dans la source de la Rotonde, et de 39 à 45° pour la
source des bains. On remarque dans les bassins un enduit terreux, ocracé.

*Analyse chimique.* Elle a été faite successivement par
MM. Chancel, Nunnia, Chevallier, Tripier, qui n'ont point
trouvé les mêmes proportions d'éléments minéralisateurs dans
le même volume d'eau ; ainsi vingt litres de la source des
bains ont fourni

gr.

A M. Tripier, un résidu pesant. 62,72
A M. Nunnia. . . . . . . . . . 66,50
A M. Chevallier. . . . . . . . 43,20

Vingt litres de l'eau de la Rotonde ont donné :

A M. Tripier, un résidu pesant. 23,16
A M. Nunnia. . . . . . . . . 33,50
A M. Chevallier. . . . . . . . 24,00

Il n'est pas douteux pour nous que ces différences sont
dues au mélange plus ou moins considérable des eaux étrangères avec l'eau thermale au moment de l'analyse.

Nous nous bornerons à citer les résultats de l'analyse faite
par M. Tripier, pharmacien des hôpitaux militaires, lequel a
fait son travail sur les lieux :

Eau ( 1 litre ).

| SOURCE DU MIDI. | | SOURCE DU NORD OU DE LA ROTONDE. | |
|---|---|---|---|
| Pour bains. | | Pour boisson. | |
| | lit. | | lit. |
| Acide carbonique. . . . . | 0,051 | Acide carbonique. . . . . | 0,066 |
| Azote. . . . . . . . . . | 0,004 | Azote. . . . . . . . . . | 0,014 |
| | | Oxygène. . . . . . . . . | 0,002 |

| | gr. | | gr. |
|---|---|---|---|
| Chlorure de sodium. . . | 0,51065 | Chlorure de sodium. . . | 0,14299 |
| — de magnésium. | 0,07179 | — de magnésium | 0,05029 |
| — de calcium. . . | 0,02614 | — de calcium. . | 0,03148 |
| Sulfate anhydre de chaux | 1,56569 | — de potassium. | 0,00316 |
| — de soude | 0,35926 | Sulfate anhydre de chaux | 0,46267 |
| — de magnésie. . . . . . . | 0,04303 | — de soude | 0,16284 |
| Carbonate de chaux. . . | 0,40546 | — de magnésie. . . . . . . | 0,00729 |
| — de magnésie. . | 0,08713 | Carbonate de chaux. . . | 0,19738 |
| — d'ammoniaque. | traces. | — de magnésie. | 0,00178 |
| Phosphate de chaux. . . | 0,03690 | — de protoxyde de fer. . . . . . . | 0,00479 |
| Matière organique. . . | 0,03000 | — d'ammonia-que. . . . . . . . . | traces. |
| | 3,13605 | Phosphate de chaux. . | 0,00710 |
| | | Oxyde de manganèse. . | traces. |
| | | Silice. . . . . . . . . | 0,03659 |
| | | Matière organique. . . . | 0,05000 |
| | | | 1,15836 |

La matière ocreuse des bassins est composée d'oxyde de fer, de manganèse, de silice, de carbonates terreux et d'une substance organique azotée, qui a de l'analogie avec les acides crenique et opocrenique.

*Propriétés médicales.* Prise en boisson, l'eau thermale de Monestier détermine chez l'homme en santé comme chez l'homme malade de la pesanteur à l'estomac, du trouble dans les intestins, provoque les évacuations alvines, et augmente la sécrétion urinaire; en bains et en douches, elle excite des sueurs, produit la constipation, une soif très-grande, et parfois un état fébrile, salutaire dans le plus grand nombre des cas.

On l'emploie en boisson dans la gastralgie, la jaunisse, l'engorgement chronique des viscères abdominaux, le catarrhe vésical, la dysménorrhée, etc. Mais c'est principalement à l'extérieur qu'elle est utile dans les rhumatismes chroniques, les maladies cutanées, les ankyloses fausses, les engorgements articulaires, l'atrophie des membres, les plaies fistuleuses et les accidents qui suivent les plaies d'armes à feu. M. Nunnia rapporte l'histoire d'un capitaine, qui était obligé de marcher avec des béquilles à cause de rhumatismes et de cicatrices, suites de blessures. Ce militaire avait été à Baréges sans succès; ayant pris les bains de Monestier pendant un mois, il put s'en retourner chez lui avec un bâton seulement.

On boit les eaux de la source de la Rotonde; on se baigne dans les bassins, qui peuvent contenir sept à huit personnes à la fois.

En 1835, le produit des bains a été de 700 francs; les baigneurs ont laissé dans le pays environ 5,000 francs.

## BAGNOLES (département de l'Orne).

Village situé à une lieue de la grande route d'Alençon à Domfront, à 7 lieues d'Alençon, 3 de Domfront, 7 d'Argentan et de Falaise, 40 de Rouen, 50 de Paris. M. Lemachois y a formé un bel établissement dont le séjour est aussi agréable que salutaire. Les routes pour y parvenir sont en bon état. Les logements sont propres et élégants, la nourriture saine; on y jouit des plaisirs de la chasse, de la pêche, et la vallée de Bagnoles, qui est une miniature des vallées de la Suisse, offre des promenades fort agréables. — On y trouve un hôpital destiné à recevoir des militaires traités aux frais du ministère de la guerre, et des pauvres jouissant de quelques lits fondés par l'administration du département de l'Orne. On prend les eaux depuis le mois de mai jusqu'au mois d'octobre; elles sont particulièrement fréquentées dans les mois de juillet et d'août. — Il y a un médecin inspecteur.

*Sources.* Il y en a deux qui sourdent sur la rive gauche de la Vée. La principale source est renfermée dans un édifice carré assez élégant; elle fournit environ soixante à quatre-vingts litres d'eau par minute, qui alimentent les baignoires de l'établissement et trois bassins en granit où cinquante militaires peuvent se baigner à la fois.

*Propriétés physiques.* Les eaux des deux sources présentent
à leur surface beaucoup de bulles qui semblent les faire bouillonner; elles sont limpides, incolores, onctueuses, presque
sans saveur, et d'une odeur comparable à celle de l'hydrogène
sulfuré. Cette odeur est très-faible dans un verre, elle est
forte dans les salles des bains particuliers et très-désagréable
aux approches de la pluie et des orages. Exposée à l'air libre,
cette eau perd promptement son odeur. Sa pesanteur spécifique diffère peu de celle de l'eau commune. La température
de la grande source est de 27°,5 cent.; dans le bassin commun,
elle est de 25° cent.

*Analyse chimique.* Il résulte de l'analyse chimique faite en
octobre 1813 par MM. Vauquelin et Thierry, que l'eau de
Bagnoles exhale une odeur hépatique, sans qu'on ait pu, à
l'aide des réactifs ordinaires, y démontrer l'hydrogène sulfuré; que lorsqu'on élève sa température, il s'en dégage
beaucoup de bulles composées en partie d'acide carbonique;
que cette eau contient en outre du muriate de soude et des
quantités presque insensibles de sulfate de chaux, de muriate
de chaux et de muriate de magnésie; qu'elle dissout parfaitement le savon et adoucit sensiblement la peau; qu'on remarque dans la fontaine une effervescence continuelle occasionnée par le dégagement rapide d'un fluide élastique dans
lequel on a reconnu l'acide carbonique, et où prédomine en
grande quantité un gaz qui a présenté le caractère du gaz
azote, mais qui mérite un examen ultérieur. Le limon de
la fontaine, qui est très-abondant, contient du soufre et
du fer, et tout porte à croire qu'il recèle aussi une matière
organique, dont on soupçonne l'existence dans l'eau elle-
même.

*Propriétés médicales.* Les médecins qui jugent des propriétés
médicales des eaux minérales d'après leurs éléments minéralisateurs croiront difficilement aux vertus des eaux de Bagnoles. Cependant l'observation clinique apprend que ces eaux

prises en boisson excitent les sueurs, produisent plus souvent
la constipation que la diarrhée, qu'elles n'augmentent pas la
sécrétion urinaire; qu'en bains elles provoquent une éruption
à la peau de petits boutons rouges et souvent accompagnés
d'un prurit incommode, et qu'elles sont utiles dans les rhumatismes, les douleurs ostéocopes, les sciatiques, les engorgements articulaires, les ankyloses incomplètes, les plaies,
les ulcères atoniques, quelques maladies de la peau, les engorgements scrofuleux des glandes du cou, les gastralgies, l'a-
ménorrhée, etc. Elles sont nuisibles aux personnes atteintes
d'hémoptysie.

*Mode d'administration.* Les eaux de Bagnoles sont prescrites
en boisson, bains, douches et étuves. On les boit depuis deux
ou trois verres jusqu'à un litre. On ne doit pas dépasser cette
dose. — Quant aux bains, il est des salles séparées pour les
deux sexes. La température de l'eau thermale étant peu élevée,
on est obligé de chauffer dans une chaudière autoclave de
quinze cents litres de capacité le liquide minéral, qui est ensuite
distribué au moyen de tuyaux en plomb et en cuivre étamé
dans les baignoires et le bassin commun. La chaleur des bains
est réglée à 35° cent. Ces bains tempérés plaisent généralement aux malades, qui éprouvent une impression agréable et
douce. On emploie aussi les douches ascendantes, descendantes et les bains de vapeur. On a fixé à trois jours la boisson
de l'eau thermale, et à vingt et un jours l'usage des bains et
des douches.

On associe souvent aux bains la boisson de l'eau ferrugineuse de Courtomer. On s'en sert aux repas.

L'eau de Bagnoles s'altère beaucoup par le transport.

Les sources sont une propriété particulière. On estime à
60,000 francs l'argent laissé annuellement dans le pays par
les baigneurs.

*Traité des eaux minérales de Bagnoles;* 1740, in-8. Cet ouvrage ne
contient rien d'intéressant.

*Lettre sur les eaux minérales de Bagnoles*, par M. Geoffroy (*Journal de Verdun*; juin 1750, page 442).

*Nouvelle hydrologie*, par Monnet; 1772. L'auteur parle, page 128, des eaux de Bagnoles.

*Analyse de l'eau de Bagnoles*, par MM. Vauquelin et Thierry (*Annales de chimie*, avril 1814).

*Notice topographique et médicale sur Bagnoles* (Orne), par Étienne (*Recueil de mémoires de méd. milit.*, tome XIII).

## SAINT-AMAND ( département du Nord ).

Ville sur la Scarpe, à 3 lieues de Valenciennes, 6 de Lille, et 50 de Paris. Cette ville est célèbre par ses eaux, et principalement par ses boues minérales, qui n'ont été bien fréquentées que depuis la conquête de la Flandre sous le règne de Louis XIV. La saison des eaux dure depuis le 1er juin jusqu'au 1er septembre. On a l'habitude de les prendre pendant quinze à vingt jours. Il y a un médecin inspecteur.

*Sources.* Elles sont situées à une demi-lieue de la ville, dans le hameau de la Croisette; il y en a trois: 1° la fontaine du *Bouillon*, 2° le *Pavillon Ruiné*, 3° la fontaine de *Vérité*. L'établissement thermal se compose d'un vaste bâtiment en mauvais état, divisé en soixante-quinze chambres disposées pour les malades; il y a douze salles de bains, soixante-douze cases de boues. Les cases ont la profondeur d'un à deux mètres; les boues qu'elles renferment sont alimentées par un nombre considérable de petites sources thermales qui sourdent à leur surface, dont la nature est la même que les précédentes, et qui proviennent probablement du même réservoir. Les boues sont contenues dans un bassin recouvert d'un grand bâtiment en forme de hangar, et disposé de manière à laisser échapper l'eau surabondante. Elles se composent de trois couches; la plus extérieure est une tourbe argileuse, la deuxième est argileuse, et la troisième est un mélange de quartz très-fin, uni à du carbonate calcaire.

On trouve dans l'établissement six salles de douches qui sont descendantes, ascendantes et latérales.

*Propriétés physiques.* L'eau des sources est limpide, répand une légère odeur d'hydrogène sulfuré, qu'elle perd bientôt si on l'expose à l'air libre; sa saveur est celle d'œufs pourris. — Les boues exhalent une odeur sulfureuse et marécageuse à laquelle on s'accoutume aisément. La température de la fontaine du Bouillon est de 28° cent., celle des boues de 25°, la température atmosphérique étant de 21°.

*Analyse chimique.* L'eau de la fontaine Bouillon a été analysée en 1805 par M. Drapiez et en 1822 par M. E. Pallas; voici le résultat comparatif de leur examen :

Eau ( 1 litre).

|  | DRAPIEZ. | PALLAS. |
|---|---|---|
|  | litre. | litre. |
| Acide carbonique libre. . . . . | 0,086 | 0,278 |
|  | gr. | gr. |
| Sulfate de magnésie. . . . . . | 0,7300 | 0,4370 |
| — de chaux. . . . . . . . | 0,0600 | 0,6162 |
| Chlorure de calcium. . . . . . | 0,0550 | pas. |
| — de sodium. . . . . | 0,4250 | 0,0380 |
| — de magnésium. . . . | 0,0800 | 0,0500 |
| Carbonate de chaux. . . . . . | 0,3900 | 0,1935 |
| — de magnésie. . . . | pas. | 0,0590 |
| Silice. . . . . . . . . . . . . | 0,0250 | 0,0100 |
| Fer. . . . . . . . . . . . . . | pas. | 0,0250 |
| Matière résineuse . . . . . . . | pas. | traces. |
| Perte. . . . . . . . . . . . . | pas. | 0,0212 |
|  | 1,7650 | 1,4499 |

| Eau ( 1 litre ). | Boues ( 100 grammes ). |
|---|---|
| ANALYSE DE LA FONTAINE MOYENNE PAR M. PALLAS. | ANALYSE DES BOUES PAR M. PALLAS. |

| Eau ( 1 litre ). | | Boues ( 100 grammes ). | |
|---|---|---|---|
| | lit. | | gr. |
| Acide carbonique. . . . . | 0,166 | Acide carbonique. . . . . | 0,010 |
| | gr. | Hydrogène sulfuré. . . . | 0,033 |
| Sulfate de chaux. . . . . | 0,5380 | Eau. . . . . . . . . . . | 55,000 |
| — de magnésie. . . . | 0,2175 | Matière extractive. . . . | 1,220 |
| — de soude. . . . . | 0,1220 | — végéto-animale. . | 6,805 |
| Chlorure de magnésium. | 0,0410 | Carbonate de chaux. . . | 1,569 |
| — de sodium. . . | 0,2015 | — de magnésie. | 0,568 |
| Carbonate de chaux. . . | 0,1085 | Fer. . . . . . . . . . . | 1,450 |
| — de magnésie. . | 0,2265 | Soufre. . . . . . . . . | 0,200 |
| Silice. . . . . . . . . . | 0,0200 | Silice. . . . . . . . . . | 30,400 |
| Fer. . . . . . . . . . . | 0,0200 | Perte. . . . . . . . . . | 2,745 |
| Matière résineuse. . . . . | 0,0000 | | |
| Perte. . . . . . . . . . | 0,1800 | | 100,000 |
| | 1,6750 | | |

*Propriétés médicales.* Les eaux thermales de Saint-Amand ne jouissent pas d'une grande efficacité ; cependant les médecins du pays les conseillent dans la chlorose, les scrofules, la gravelle, etc. Il n'en est pas de même des *boues*, qui exercent une action très-marquée sur l'économie, excitent l'activité de la peau, laquelle devient rouge et se couvre fréquemment d'une éruption miliaire ; l'immersion dans les boues produit un sentiment de froid, un frisson qui, chez les personnes assez robustes, est bientôt suivi d'une réaction qui rappelle le sang et la chaleur à la périphérie du corps. Il est facile de pressentir que ce refoulement du sang de la circonférence au centre est nuisible aux malades qui sont atteints de lésions à la poitrine, à l'abdomen, ou qui sont disposés aux congestions cérébrales ; en effet, plusieurs baigneurs qui ont pris ces bains sans consulter le médecin ont succombé à une attaque d'apoplexie.

Néanmoins, prescrits avec précaution, les bains de boues produisent d'excellents effets dans l'atrophie des membres, la gêne occasionnée par des cicatrices vicieuses, la raideur des articulations, les ankyloses incomplètes, les rétractions musculaires, et surtout dans les rhumatismes contractés au bivouac. Après la conquête de la Hollande, qui eut lieu en 1794 au milieu d'un hiver très-rigoureux, on envoya à Saint-Amand un grand nombre de militaires atteints de rhumatismes si violents que chez plusieurs la paralysie et l'atrophie des membres en furent la suite. D'après le rapport de M. Armet, la plupart de ces militaires ont été guéris ou soulagés, et ceux qui, parmi ces derniers, sont revenus l'année suivante, ont été complétement guéris. Ce médecin ajoute qu'il a vu des soldats dont les rhumatismes avaient été aggravés par l'usage des eaux thermales d'Aix-la-Chapelle, de Bourbonne, de Baréges, être guéris par les boues de Saint-Amand.

On emploie les boues tantôt en les appliquant sur la partie malade, sous la forme d'un cataplasme chauffé par l'addition d'eau thermale ; tantôt on les emploie sous la forme d'un bain général dans lequel on plonge le corps tout entier. Ces bains généraux de boues agissent par la pression qu'ils exercent sur les membres, et par leur douce et permanente température ; celle-ci étant peu élevée, ce n'est que lorsque les boues sont échauffées par la chaleur atmosphérique qu'on peut se plonger dans les bassins. Nous pensons qu'en leur communiquant artificiellement un excès de chaleur on déterminerait la constriction des parties, comme on le voit à Aix-la-Chapelle.

*Mode d'administration.* Prise en boisson, l'eau thermale de Saint-Amand excite l'appétit, cause pendant les premiers jours une légère diarrhée. Les malades doivent la boire à la source même, car son contact avec l'air lui enlève promptement ses principes volatils et la rend semblable à l'eau commune ; aussi les personnes de l'établissement thermal et les habitants du hameau en font usage pour la boisson ordinaire, parce qu'il n'y a point d'autre eau dans le pays ; on s'en trouve bien, et personne ne la trouve désagréable à boire. — Pour les bains, on est obligé de la chauffer.

Les animaux boivent l'eau des sources ; le trop-plein de celles-ci alimente un réservoir dans lequel on les baigne quand ils sont malades ou atteints d'engorgements aux jambes.

L'établissement thermal a été cédé en 1836 par le gouvernement au département du Nord, à la condition que celui-ci ne réclamerait jamais de subsides, et qu'il pourvoirait gratuitement à l'entretien des baigneurs pauvres, quel que soit le département qui les envoie.

L'argent laissé dans le pays par les malades en 1835 est évalué à 45,000 fr.

*Traité des eaux minérales de Saint-Amand*, par Migniot ; 1699. L'auteur cite trente observations pratiques.

*Mémoire sur les eaux minérales de Saint-Amand*, par M. Morand ( *Mémoires de l'Académie royale des Sciences*, 1743 ).

*Essai historique et analytique des eaux et boues de Saint-Amand*, par Desmilleville ; 1767, in-12.

*Mémoire sur les eaux et boues de Saint-Amand*, par Armet ( *Journal compl. du dict. des sc. méd.*, t. VI, p. 215 ).

*Analyse des eaux et boues de Saint-Amand*, par E. Pallas (*Journal de pharmacie*, mars 1823 ).

### BARBOTAN ( département du Gers ).

Village à un quart de lieue de Casaubon, 2 de Cause et 4 de Mésin. L'établissement thermal jouit d'une assez grande réputation dans le département ; il est fréquenté depuis le mois de juin jusqu'au mois de septembre par quatre à cinq cents malades, dont la plupart sont peu fortunés. Il y a un médecin inspecteur.

*Sources.* Elles sont nombreuses et éparses dans la vallée ; parmi celles qui sont exploitées, on remarque : 1° la fontaine destinée à la boisson ; 2° la *Piscine* ou bain *des Pauvres*, où huit à dix personnes peuvent se baigner à la fois ; 3° les *Bains chauds*, dont un grand bassin alimente douze baignoires ; 4° les *Bains frais*, au nombre de trois, ayant chacun un bassin ; 5° la source qui alimente trois douches ; 6° le bassin *des boues*, qui peut recevoir vingt personnes ; il est situé à trois mètres des douches, de sorte que les malades, à la sortie du bourbier, sont nettoyés promptement par la douche.

*Propriétés physiques.* Les eaux de toutes les sources sont claires, limpides, exhalent une légère odeur d'hydrogène sulfuré qui se dissipe promptement par le contact de l'air ; leur saveur n'est pas hépatique. Toutes les sources présentent à leur surface un dégagement presque constant de gaz acide carbonique. Voici leur température : 1° Buvette, 32°,5 cent. ; Piscine, 33°,7 ; Bains chauds, 35° ; Bains frais, 31°,2 ; Source des douches, 38°,7 ; Boues, 36° dans le fond, 26° à la surface.

*Analyse chimique.* Elle a été faite récemment par M. Mermet, professeur de chimie à Pau, et par M. Alexandre, pharmacien de Mont-de-Marsan. Voici ces deux analyses, qui offrent dans leurs résultats la plus grande analogie.

Eau (1 litre).

| | MERMET. | | ALEXANDRE. |
|---|---|---|---|
| Acide hydro-sulfurique. . . | quantité indét. | | quantité indét. |
| | lit. | | lit. |
| Acide carbonique. . . . . . | 0,152 | —— | 0,122 |
| | gr. | | gr. |
| Carbonate de chaux . . . . | 0,02030 | —— | 0,0210 |
| — de magnésie. . . | 0,00150 | —— | 0,0020 |
| — de fer. . . . . . | 0,03026 | —— | 0,0312 |
| Sulfate de soude. . . . . . | 0,03180 | —— | 0,0312 |
| — de chaux. . . . . . | 0,00000 | —— | 0,0020 |
| Chlorure de sodium. . . . | 0,02120 | } —— | 0,0190 |
| — de magnésium. . | 0,00000 | | |
| Silice. . . . . . . . . . . | 0,02650 | } —— | 0,0290 |
| Barégine. . . . . . . . . . | 0,00010 | | |
| | 0,13166 | —— | 0,1354 |

*Propriétés médicales.* M. Dufau recommande l'usage intérieur des eaux de Barbotan dans les irritations chroniques de l'estomac et des intestins; la suppression des flux menstruel et hémorroïdal, les fleurs blanches, les engorgements des viscères, les maladies des voies urinaires. Ces eaux sont nuisibles aux personnes dont la poitrine est irritable, aux individus bilieux, sanguins.

Les boues, qui font la célébrité de l'établissement de Barbotan, sont employées avec avantage dans les rhumatismes chroniques, les dartres, la gale, l'œdème, les ulcères atoniques, l'atrophie des membres et la gêne des mouvements qui résulte de fractures ou de luxations. Elles sont pernicieuses dans la goutte, les migraines, les obstructions des viscères, et aux malades disposés à l'apoplexie. On ne les fréquente que pendant les chaleurs de l'été. (*Voyez* Saint-Amand.)

Les sources appartiennent à un particulier; on peut évaluer à 4 ou 5,000 francs le produit des eaux, et à 25,000 francs l'argent laissé dans le pays.

*Discours et abrégé des vertus et propriétés des eaux de Barbotan*, par Nicolas Chesneau; 1629, in-8.

*Recherches théoriques et pratiques sur les eaux minérales de Barbotan*, par A.-J. Dufau; 1784.

### ÉVAUX (département de la Creuse).

Petite ville à 9 lieues de Guéret, 80 de Paris. L'établissement thermal, assez élégant, contient au rez-de-chaussée vingt-quatre baignoires, quatorze douches, une étuve, et dans les étages supérieurs quarante appartements fort propres. Deux autres petits établissements en mauvais état possèdent chacun huit baignoires et une douche. La saison commence le 15 mai et finit le 1er octobre. Il y a un médecin inspecteur.

*Sources.* Elles sont au nord et à un quart de lieue de la ville, dans un vallon peu spacieux; il y en a trois connues sous les noms de *Puits de César, Fontaine du Jardin* et *Petit Cornet;* leurs eaux sont réunies dans deux vastes bassins, pour être ensuite distribuées dans les baignoires des édifices thermaux.

*Propriétés physiques.* L'eau minérale est limpide, a un goût fade, nauséabond quand elle est chaude, et un peu salé quand on la boit froide. Elle a une odeur d'œufs couvis très-marquée quand elle est chaude, et insensible quand elle est refroidie. La température du Puits de César est de 58°,75 cent. ; celle du Petit Cornet, de 45°; celle de la Fontaine du Jardin varie de 30 à 45°. Cette variation doit être attribuée à l'infiltration des eaux pluviales. Ainsi, le lendemain d'une pluie abondante, la température de l'eau minérale baisse, en hiver surtout, de 10 à 12°.

*Analyse chimique.* M. Baraillon, dans une notice qu'il a publiée sur les eaux thermales d'Évaux, les dit chargées de sulfate de soude. Il résulte de l'analyse citée par M. Gougnon et faite sur l'eau transportée à Paris qu'un litre d'eau minérale contient :

| | |
|---|---|
| Acide hydro–sulfurique. . . | quantité indét. |
| | lit. |
| Acide carbonique libre. . . . | 0,090 |
| | gr. |
| Carbonate de soude. . . . . | 0,678 |
| — de chaux. . . . . | 0,035 |
| — de magnésie. . . | 0,030 |
| Sulfate de soude. . . . . . . | 0,706 |
| Chlorure de sodium. . . . . | 2,100 |
| Silice. . . . . . . . . . | 0,053 |
| | 3,602 |

*Propriétés médicales.* Les eaux d'Évaux sont employées dans les gastralgies, les engorgements des viscères abdominaux, la gravelle, les scrofules, les affections nerveuses, les dartres, les rhumatismes chroniques, les fausses ankyloses, et les vieux ulcères. Cependant nous lisons dans un rapport (1835) de M. Tripier, médecin inspecteur, que les eaux thermales d'Évaux ont été sans succès dans neuf paralysies, dans huit affections nerveuses ; que les gastrites, les catarrhes, les affections utérines ont été également réfractaires, tandis que les rhumatismes chroniques, les maladies cutanées ont été sensiblement améliorés par l'usage des bains et des douches.

_Mode d'administration._ On boit les eaux d'abord à la dose de deux ou trois verres jusqu'à deux litres. On a recours avec succès aux bains et aux douches dans les rhumatismes chroniques, qui sont, dit M. Tripier, comme endémiques dans le département de la Creuse, à cause des variations brusques de la température atmosphérique. Les habitants d'Évaux emploient fréquemment les bains d'eau thermale comme moyen hygiénique ; ils en sont rarement indisposés, pourvu qu'ils les prennent à 33°,7 ou 35° cent.

Les sources d'Évaux appartiennent à des particuliers réunis en société ; le produit net de la ferme est de 6,745 francs : on évalue à 20,524 fr. l'argent laissé dans le pays par les malades en 1835.

_Dissertation sur les eaux minérales d'Évaux_, par M. Gougnon. (Thèse, Paris, 1810.)

_Dissertation sur les eaux minérales d'Évaux_, par François Tripier. (Thèse, Montpellier, 1830.)

### LOUESCHE ou LEUK ( Suisse ).

Village du canton du Valais, situé dans un vallon à 4,600 pieds au-dessus du niveau de la mer, à 2 lieues et demie du bourg de Louesche, 4 de Sierre, 7 de Sion, 40 de Genève, 20 de Berne. Deux chemins y conduisent, l'un par cette dernière ville, l'autre par le chemin du Valais ; mais ils ne sont pas praticables pour les voitures, et l'on ne peut se rendre aux bains qu'à cheval, à mulet ou dans une chaise à porteurs. A

Louesche, l'air est vif et pur, la température variable comme l'est en général celle des montagnes ; aussi doit-on se pourvoir d'habillements chauds. Les environs du village offrent plusieurs promenades agréables et variées. Les hôtels ne présentent que des logements petits, mal distribués ; la nourriture est saine et abondante. La saison des bains commence au mois de juin et dure jusque vers le mois de septembre. Pendant ce temps, et principalement aux mois de juillet et d'août, on trouve à Louesche une nombreuse société. Plusieurs médecins des villes voisines viennent à Louesche donner leurs soins aux malades.

*Sources.* Elles sont nombreuses ; celles qu'on utilise sont : 1° La source de *Saint-Laurent*, la plus importante de toutes ; elle surgit sur la place du village. 2° La *source d'Or*, laquelle coule à quelques pas de la précédente. 3° Les trois sources du *bain des Lépreux*, situées au milieu d'une prairie. 4° Au dehors du village, une source moins considérable alimente un fort petit bassin.

Il y a quatre établissements de bains : 1° *le bain Neuf*, construit en 1818, est divisé en quatre bassins qui peuvent contenir chacun 30 à 40 personnes ; il est alimenté par la source Saint-Laurent. 2° *Le bain des Messieurs* est une vieille baraque obscure, malpropre, divisée aussi en quatre bassins. 3° *Le bain des Zurichois* n'est fréquenté aujourd'hui que par des malades dont les infirmités sont repoussantes. 4° *Le bain des Pauvres*, composé de deux bassins qui reçoivent chacun 20 à 30 personnes, est réservé à la classe indigente.

*Propriétés physiques.* L'eau de toutes les sources est parfaitement limpide, inodore et sans saveur ; elle communique une couleur dorée aux pièces d'argent qu'on y laisse séjourner pendant deux ou trois jours ; cet enduit, qui est formé par de l'oxyde de fer, se conserve longtemps et disparaît par le frottement. La source Saint-Laurent fournit environ deux millions de livres d'eau par jour ; cette source et celle d'Or se troublent quelquefois à la suite des longues pluies et par les temps d'orage, mais surtout au printemps; elles déposent alors un sédiment grisâtre et ne reprennent leur limpidité qu'après 24 ou 36 heures. La température des différentes sources est invariable; elle est de 51°,2 cent. à la source Saint-Laurent; elle est de 33 à 37° cent. pour les autres sources.

*Analyse chimique.* Les eaux de Louesche ont été examinées par Rouelle, Razoumowski, qui n'y ont trouvé ni sulfures ni gaz hydrogène sulfuré. Plus tard, MM. Payen et Dublanc firent l'analyse de l'eau de la source Saint-Laurent, qui avait été transportée à Paris dans des bouteilles bouchées avec soin, et y signalèrent la présence d'une petite quantité de gaz hydrogène sulfuré, qui probablement n'était qu'accidentelle et provenait sans doute de la décomposition d'une matière organique, ou de l'action de cette dernière sur les sulfates contenus dans l'eau. En 1827, sur la demande de la société helvétique des Sciences Naturelles, M. Brunner, professeur de chimie à Berne, et M. Pagenstecher, pharmacien de la même ville, se rendirent à Louesche et procédèrent sur les lieux à l'analyse de l'eau de Saint-Laurent. Voici les résultats des deux analyses :

Eau (1 litre).

| Analyse de MM. PAYEN et J.-B. DUBLANC, faite à Paris en 1828. | | Analyse de MM. BRUNNER et PAGENSTECHER, faite sur les lieux en 1827. | |
|---|---|---|---|
| Acide carbonique.... | | | lit. |
| Azote........... | quantité | Acide carbonique.... | 0,009 |
| Oxygène.......... | indét. | Oxygène.......... | 0,007 |
| Hydrogène sulfuré.... | | Azote........... | 0,012 |
| | g. | | gr. |
| Sulfate de chaux..... | 1,4020 | Sulfate de chaux..... | 1,2106 |
| *A reporter*... | 1,4020 | *A reporter*... | 1,2106 |

| | | | | |
|---|---|---|---|---|
| *Report.* . . | 1,4020 | | *Report.* . . | 1,2106 |
| Sulfate de magnésie. . . | 0,2508 | | Sulfate de magnésie. . . | 0,1842 |
| — de soude. . . . . | 0,0930 | | — de soude. . . . . | 0,0480 |
| Chlorure de sodium. . . | 0,0000 | | — de strontiane. . . | 0,0031 |
| — de potassium. | 0,0100 | | Chlorure de sodium. . . | 0,0051 |
| — de magnésium. | 0,0057 | | — de potassium. . | 0,0021 |
| Carbonate de chaux . . . | 0,0307 | | — de magnésium. . | 0,0025 |
| — de magnésie. | 0,0040 | | — de calcium. . . . | traces. |
| — de fer. . . . . | 0,0090 | | Carbonate de chaux. . . . | 0,0330 |
| Perte. . . . . . . . . . | 0,0128 | | — de magnésie. | 0,0002 |
| | ——— | | Carbonate de protoxyde | |
| | 1,8180 | | de fer. . . . . . . . . | 0,0022 |
| | | | Silice. . . . . . . . . . | 0,0099 |
| | | | Nitrate. . . . . . . . . | traces. |
| | | | | ——— |
| | | | | 1,5009 |

*Propriétés médicales.* Les trois quarts des personnes qui se rendent à Louesche sont atteintes de maladies de la peau, telles que dartres, couperose, boutons, rougeurs du front, de la face, ainsi que toutes les affections de nature psorique. Ces eaux sont aussi fort utiles dans les scrofules, les engorgements glanduleux du cou, des aisselles, surtout du mésentère; dans les tumeurs blanches des articulations, les fistules, les ulcères atoniques et strumeux; dans l'ozène et le coryza chronique; dans les engorgements du foie, de la rate; dans plusieurs cas d'irritation chronique de l'estomac, des intestins; dans les maladies qui surviennent aux époques de la première menstruation, du temps critique, et enfin dans les rhumatismes anciens.

Ces eaux doivent être interdites aux individus pléthoriques, disposés à l'apoplexie; elles sont très-nuisibles aux phthisiques, aux névralgiques, aux goutteux, et à tous ceux qui sont doués d'une excessive sensibilité.

*Mode d'administration.* On prend les eaux de Louesche en boisson, bains et douches. On les boit à la dose d'un verre jusqu'à six ou huit, pures ou coupées avec du lait, pendant le bain.

L'eau nécessaire aux bains est conduite le soir dans les bassins et y reste pendant la nuit, pour se refroidir jusqu'à 36 à 37°,5 cent., parce que, à une température plus élevée, elle produit des maux de tête. Les baigneurs sont tous ensemble dans le bain Neuf, le bain des Messieurs et le bain des Pauvres. Quoique les deux sexes ne soient pas séparés dans les quatre bassins des deux premiers, il y règne cependant beaucoup de bienséance et de retenue. Chaque baigneur est enveloppé d'un manteau de flanelle qui est attaché au-dessus des épaules et qui descend jusqu'aux talons. Dans les quatre bassins, qui sont séparés les uns des autres par des ponts munis de balustrades, il y a des bancs, et le baigneur assis se trouve dans l'eau jusqu'au menton ; sur la surface de l'eau, on voit surnager de petites tables couvertes de vases de fleurs ou de fruits, de mouchoirs, de livres, de cartes, de verres, etc., et sur lesquelles on peut déjeuner, jouer ou lire. Dans le bain Neuf, on peut aussi se baigner seul ; il y a plusieurs chambres destinées à cet usage. Le bain Neuf et le bain des Messieurs sont les plus fréquentés ; la conversation y est ordinairement gaie et amusante. On y voit des individus de tous les pays.

La *cure* est communément de trois semaines. On débute ordinairement par un bain d'une heure ; on augmente tous les jours d'une heure jusqu'à ce qu'on soit parvenu à cinq ou six heures de bain ; ce *maximum* des heures de bain s'appelle *haute baignée* ; on la continue, si rien ne s'y oppose, pendant douze à quatorze jours. On commence alors la *débaignée,* c'est-à-dire qu'on diminue graduellement la durée des bains. Au bout de huit à dix jours, il survient ce qu'on nomme la *poussée*, qui consiste en une éruption de plaques rouges à la peau, semblables à la rougeole, à la scarlatine ou à l'urticaire. Si cette éruption est abondante et très-douloureuse, on suspend les bains pendant quelques jours ; mais le plus ordinairement elle se dissipe d'elle-même en continuant les bains. Si elle laisse après elle des démangeaisons, on a coutume de les combattre par des ventouses scarifiées qu'on applique dans un bain appelé pour cette raison *bain des Ventouses*.

Il se rend annuellement à Louesche quatre cents malades.

*Essai sur les eaux minérales et thermales de Louesche, en Suisse*, par M. Payen. Thèse, Paris, 1828.

*Notice sur les eaux minérales de Louesche*, par Bonvin. Genève, 1834 ; brochure in-8, 104 pages.

*Notice sur les propriétés médicales de Louesche*, par M. Foissac ; Paris, 1836, in-8. Cette notice est rédigée avec soin.

## BADE ou BADEN ( Suisse.).

Petite ville du canton d'Argovie, située à 1,090 pieds au-dessus du niveau de la mer, à 4 lieues de Zurich, 11 de Lucerne, 5 d'Arau et 11 de Bâle. Chaque jour des voitures particulières vont de Zurich à Bade. On trouve sur les deux rives de la Limmat, à six cents pas de la ville, des bains célèbres dont parle Tacite et qui ont été très-florissants au quinzième siècle, surtout pendant le concile de Constance. — Le climat est doux et sain, surtout en été ; sur les deux côtés de la Limmat, on voit de belles promenades et des hôtels où les voyageurs trouvent des logements pour toutes les fortunes. La saison des bains commence vers le milieu du mois de mai et se prolonge jusqu'à la fin de septembre. Les bains sont extrêmement fréquentés pendant les mois de juin, juillet et août ; durant ce temps, on y trouve souvent jusqu'à mille personnes ; les amusements n'y manquent pas alors : il y a des bals, un théâtre, etc.

*Sources.* Elles jaillissent sur les deux rives de la Limmat, et en partie même du lit de cette rivière. On en compte dix-huit, savoir : treize sur la rive gauche et cinq sur la rive droite ; elles sont peu éloignées les unes des autres. Ces sources alimentent les *Grands Bains*, qui sont sur la rive gauche de la Limmat, et les *Petits Bains*, qui sont en face sur la rive droite. On y remarque une vaste piscine, appelée *bain de Sainte-Vérène*, laquelle a 30 pieds de long, 20 pieds de large, et peut contenir à peu près cent personnes. Sur la rive droite de la Limmat, il y a trois bains publics destinés aux indigents. Dans les hôtels, on trouve des bains particuliers fort propres et assez grands pour contenir une famille de six à douze personnes.

*Propriétés physiques.* L'eau thermale est claire, transparente; son goût est salé, désagréable; son odeur est légèrement sulfureuse. Elle rougit le linge; l'eau du bain de Sainte-Vérène prend ordinairement une couleur laiteuse à l'approche de la pluie ou des orages. La température du bain de Sainte-Vérène est de 52°,50 cent.; celle des Petits Bains est de 41°,2.

*Analyse chimique.* Elle a été faite par M. Pfugger.

Eau ( 1 litre ).

|  | lit. |
|---|---|
| Acide carbonique. . . . . . | 0,094 |

|  | gr. |
|---|---|
| Chlorure de sodium. . . . . | 1,053 |
| — de manganèse. . . | 0,288 |
| Sulfate de soude. . . . . . . | 0,612 |
| — de chaux. . . . . . | 1,019 |
| — de magnésie. . . . . | 0,462 |
| Carbonate de chaux. . . . . | 0,176 |
| — de magnésie. . . . | 0,027 |
| — de fer. . . . . . . | 0,003 |
|  | 3,640 |

*Propriétés médicales.* Les eaux de Bade sont recommandées dans les irritations chroniques des voies digestives, les rhumatismes, les paralysies, les maladies des voies urinaires, les engorgements scrofuleux, les maladies cutanées, la stérilité, les affections nerveuses, etc.

*Mode d'administration.* Ce n'est que depuis le commencement de ce siècle qu'on boit l'eau de Bade ; on commence par deux verres, et on arrive graduellement jusqu'à huit. Il faut la boire à la température de la source, parce qu'elle produit alors un effet plus salutaire, surtout dans le cas d'obstruction. — Ordinairement on se baigne une ou deux heures par jour ; vers la fin de la cure, on reste pendant plusieurs heures de la matinée et de l'après-midi dans l'eau. La *poussée* survient après dix ou quinze jours. On prend des bains de gaz à la température de 28°,7 cent. ; ils réussissent dans les rhumatismes et la goutte.

*L'excursion aux bains de Bade*, par M. Hess.
*Les eaux minérales et les bains de Baden*, par M. Wetzler.
*Les cures des bains de Baden*, par M. Rusch.

## PFEFFERS (Suisse).

Les bains de Pfeffers se trouvent dans l'arrondissement de Ragatz, district de Sargans, canton de Saint-Gall, à 2 lieues du bourg de Ragatz, d'où l'on ne parvient aux bains qu'en suivant un chemin étroit, praticable à cheval, en passant par le village de Valens. Ces bains sont situés dans un ravin étroit et sauvage, au fond duquel mugit un torrent furieux, la Tamina ; ils sont comme séparés du monde. Il y a 4 bâtiments de bains qui contiennent soixante-dix à quatre-vingt chambres, munies à peine des meubles les plus nécessaires, ce qui n'empêche pas qu'on rencontre souvent à ces bains jusqu'à trois cents personnes, surtout pendant les mois de juillet et d'août. Il y a un médecin.

*Sources.* L'eau jaillit d'un rocher par différentes veines et se rassemble dans deux réservoirs ; elle est assez abondante pour faire tourner un moulin.

*Propriétés physiques.* L'eau est claire, transparente, onctueuse au toucher ; sa saveur est douce ; sa température à la source est de 37°,5 cent. et de 35° dans le réservoir. Cette eau dépose un limon tenace, d'une couleur jaune clair.

*Analyse chimique.* En 1819, M. Capeller, pharmacien à Coire, a fait l'analyse de l'eau de Pfeffers.

Eau ( 1 litre ).

|  | gr. |
|---|---|
| Sulfate de soude . . . . . | 0,066 |
| — de magnésie. . . . | 0,039 |
| Carbonate de chaux. . . . | 0,036 |
| —. de magnésie. . | 0,092 |
| Chlorure de sodium. . . . | 0,022 |
| — de magnésium et matière extractive. . . | 0,018 |
| Matière résineuse. . . . . | 0,006 |
|  | 0,279 |

*Propriétés médicales.* Les eaux de Pfeffers excitent la transpiration, produisent quelquefois des vertiges et rarement la diarrhée ; les personnes bien portantes après en avoir bu éprouvent un bien-être et une plus grande facilité à digérer. Ces eaux semblent être une panacée : on les vante dans les maux d'estomac, les vomissements nerveux, les maladies du foie, les affections nerveuses, les rhumatismes, les éruptions à la peau, les lésions du système lymphatique et des voies urinaires, etc.

*Mode d'administration.* On boit l'eau de Pfeffers depuis quatre à six verres, jusqu'à quinze ou vingt ; quant aux bains, on en augmente graduellement la durée jusqu'à ce qu'on y passe huit à douze heures par jour. On diminue de la même manière le temps qu'on y passe, quand la poussée commence à disparaître. Le traitement dure ordinairement trois à quatre semaines. — Il faut prendre avec précaution les douches et les bains de vapeur.

On peut consulter sur ces bains l'ouvrage suivant : *Conseils sur le juste emploi des bains*, par le docteur Rusch (en allemand).

## SAINT-GERVAIS ( Savoie ).

Village dans la province de Faucigny, à 1 lieue de Sallenches, 4 de Chamouny, 11 de Genève ; pendant la saison des eaux, il part trois fois par semaine une diligence de Genève pour Saint-Gervais. Le climat de ce dernier lieu est doux, sain, mais un peu humide ; les environs offrent des promenades agréables, et des sites pittoresques. L'établissement thermal se compose de nombreuses constructions ; il offre des logements bien meublés, plusieurs salons de compagnie, une bibliothèque, une salle de billard, etc. Les eaux minérales sont très-fréquentées depuis le mois de mai jusqu'au mois d'octobre. Il y a un médecin inspecteur.

*Sources.* On en distingue sept : 1° la source du *Bonnant ;* 2° la source du *Bonhomme ;* 3° la source *Gontard ;* 4° la source du *Mont-Blanc ;* 5° la source du *Mont-Joli ;* 6° la source de la *Bonneville ;* 7° la source de *Bonnefoi.*

*Propriétés physiques.* La source Gontard est très-abondante et suffit presque seule au besoin de l'établissement ; sa saveur est saline, accompagnée d'une légère amertume ; son odeur est un peu sulfureuse ; des bulles de gaz sortent par bouffées et à intervalles presque égaux du fond du bassin ; la pesanteur spécifique de l'eau comparée à celle de l'eau distillée est comme 10,043 cent. est à 10,000. La température est de 41° 2 cent.

*Analyse chimique.* Elle a été faite à la source même par M. Pictet ; en voici les résultats :

Eau ( 1 litre ).

Acide carbonique. . . . . . . . . .    quantité indét.

gr.
Sulfate de chaux mêlé de carbonate.   1,21
— de soude. . . . . . . . .            2,15
Chlorure de sodium. . . . . . . .     1,04
— de magnésium. . . . . . .           0,35
Pétrole. . . . . . . . . . . . .      des traces.
                                      ――――
                                      4,75

*Propriétés médicales.* Il résulte des observations cliniques rapportées par MM. Jurine, Odier, Mathey, médecins distingués de Genève, que les eaux thermales de Saint-Gervais, prises en boisson et en bains, sont très-efficaces contre les maladies de la peau, les dartres particulièrement, et contre les affections rhumatismales, les paralysies, les engorgements des organes du bas-ventre, les catarrhes pulmonaires chroniques, et contre les affections variées du système nerveux, lorsqu'elles dépendent d'un trouble des fonctions digestives, de la suppression de la transpiration ou de quelque éruption cutanée.

*Mode d'administration.* En boisson, la dose des eaux minérales de Saint-Gervais est depuis trois verres jusqu'à deux litres. Elles sont purgatives à la dose de cinq à six verres; certaines personnes, pour aider cette action, y ajoutent quelques gros de sulfate de soude. Outre les bains d'eau thermale, on trouve à Saint-Gervais des bains de vapeur, des bains d'air, des bains de lait, des douches écossaises, etc.

*Analyse de la source thermale de Saint-Gervais.* ( *Bibliothèque britannique*, tome XXXIV.)

*Les bains de Saint-Gervais, près du mont Blanc*, par le docteur Mathey, 1818.

## WISBADE ou WIESBADEN ( duché de Nassau).

Ville à 2 lieues de Mayence, 7 de Francfort. On y trouve un établissement thermal, une riche bibliothèque et des promenades fort agréables. Les eaux sont très-fréquentées depuis le mois de juin jusqu'à la fin de septembre.

*Sources.* Près de l'édifice thermal, jaillissent seize sources, dont deux sont froides.

*Propriétés physiques.* Les eaux laissent dégager au contact de l'air des bulles nombreuses d'acide carbonique; elles se recouvrent au bout de quelques heures d'une pellicule jaunâtre, ocracée; leur saveur, légèrement saline, est assez semblable à celle d'un mauvais bouillon de viande; leur température est de 68° cent. Elles sont si abondantes, qu'elles fournissent en vingt-quatre heures 84,092 pieds cubes. Elles forment un dépôt limoneux avec lequel le docteur Peez, médecin du duc de Nassau, a formé un savon vanté contre les affections rhumatismales, cutanées et lymphatiques.

*Analyse chimique.* Elle a été faite par M. Kastner, qui a trouvé qu'il se dégage à la source un gaz composé d'acide carbonique et d'azote dans le rapport de 54 à 46; il résulte de son analyse que l'eau thermale de *Kochbrunnen*, principale source de Wisbade, contient :

Eau ( 1 litre ).

|  | gr. |
|---|---|
| Carbonate de chaux. . . . . | 0,170 |
| — de fer. . . . . . . | 0,010 |
| Sulfate de soude. . . . . . . | 0,080 |
| — de chaux. . . . . . . . | 0,041 |
| Chlorure de calcium. . . . . | 0,540 |
| — de magnésium. . . | 0,075 |
| *A reporter.* . . . . | 0,916 |

|                              |        |
| ---------------------------- | ------ |
| *Report.* . . .              | 0,916  |
| Chlorure de potassium. . . . | 0,012  |
| — de sodium. . . . . .       | 4,690  |
| Silicate de magnésie. . . . . | 0,060  |
|                              | 5,678  |

Suivant M. Caventou, il faudrait ajouter à ces principes 0,090 gr. de substance organique qui paraît de même nature que celle contenue dans les eaux de Bade. Plus tard M. Kastner a découvert dans ces eaux une certaine quantité de bromure, et M. Léopold Gmelin a trouvé dans le dépôt spontané qu'elles forment un fluate et un sel de manganèse.

*Propriétés médicales.* Prises en boisson et en bains, les eaux de Wisbade ont une action si énergique, elles excitent tellement toute l'économie, qu'on doit les prescrire avec une extrême circonspection; les cas où elles sont réellement utiles ne sont pas encore bien déterminés. Les médecins allemands recommandent ces eaux dans la goutte par atonie, dans les complications de goutte et de scrofule, de goutte et de syphilis, dans les métastases goutteuses sur des organes internes, dans les anciennes cicatrices, les exanthèmes chroniques, surtout ceux qui dépendent du vice strumeux, dans les tumeurs blanches du genou, la gravelle et la cachexie mercurielle, etc. — Les eaux de Wisbade sont nuisibles dans l'état de pléthore, d'éréthisme nerveux, dans les affections du cœur et du poumon, aux individus prédisposés aux congestions sanguines ou aux hémorragies.

M. Kastner assure que l'eau de Wisbade, renfermée dans des cruches bouchées et goudronnées, peut se conserver longtemps sans se corrompre et se troubler. Après dix-huit mois, il a encore remarqué une petite explosion de gaz acide carbonique, en ouvrant un cruchon. Cette eau pourrait être exportée au loin sans inconvénient.

Ces eaux sont administrées plutôt en bains et en douches qu'en boisson.

*Note sur quelques eaux minérales des bords du Rhin*, par M. Caventou. (*Bulletin général de Thérapeutique*, tome IX, page 284.)

En 1799, M. F. Lehr a publié, à Darmstadt, une monographie sur la nature et les vertus des eaux thermales de Wisbade.

On trouve un article sur ces eaux dans le *Journal de Chimie médicale*, t. III, p. 137.

*Aperçu sur les bains et eaux minérales du mont Tonnerre*, par le docteur Heyfelder; Stuttgard, 1834, brochure in-8.

## BADE ou BADEN ( grand-duché de Bade ).

Ville à 8 lieues de Strasbourg. On trouve à un quart de lieue de la ville, dans un endroit pittoresque, des eaux minérales qui attirent chaque année un grand concours d'étrangers.

*Sources.* Il existe à Bade deux espèces d'eaux bien distinctes, des eaux salines et des eaux ferrugineuses; nous ne parlerons que des premières, qui sont les plus abondantes, et presque les seules usitées, soit en boisson, soit en bains et en douches.

*Propriétés physiques.* Ces eaux sont limpides, incolores, et répandent à la source principale une odeur qui a quelque analogie avec celle de la décoction bouillante de fibrine animale. On trouve sur les bords de la source quelques concrétions salines blanches, d'une grande sapidité, et représentant à un haut degré la saveur de l'eau minérale elle-même. Cette saveur est tout-à-fait celle du chlorure de sodium, qui paraît être le principal minéralisateur de ces eaux. Lorsqu'elles ont éprouvé le contact prolongé de l'air atmosphérique, elles laissent déposer une matière organique verdâtre, que l'on aperçoit sur les bords des ruisseaux par où elles s'écoulent; mais dans le bassin de la grande source, on trouve un dépôt floconneux très-abondant, de couleur ocracée et de nature muqueuse, qui passe dans le pays pour jouir de propriétés émollientes. Cette eau ne laisse dégager aucun gaz d'une manière sensible (M. Caventou). La température des différentes sources s'élève de 45 à 65° cent.

*Analyse chimique.* L'analyse des eaux de Bade a été faite par MM. Otto et Wolf, Selzer, Kastner et Kolreuter ; voici les résultats qu'ils ont obtenus :

Eau ( 1 litre ).

Acide carbonique. . . . .     quantité indéterminée.

| | OTTO et WOLF. | SELZER. | KASTNER. | KOLREUTER. |
|---|---|---|---|---|
| | gr. | gr. | gr. | gr. |
| Chlorure de sodium. . . . | 2,12 | 1,86 | 1,86 | 1,69 |
| — de magnésium. . | 0,10 | 0,05 | 0,05 | 0,02 |
| — de calcium. . . | 0,20 | 0,20 | 0,19 | 0,20 |
| Sulfate de chaux. . . . . | 0,13 | 0,30 | 0,30 } | |
| Carbonate de chaux. . . . | 0,23 | 0,17 | 0,00 } | 0,53 |
| Silice. . . . . . . . . . . | » | » | » | ». |
| Fer. . . . . . . . . . . . | » | 0,02 | 0,01 | ». |
| | 2,78 | 2,60 | 2,41 | 2,44 |

*Propriétés médicales.* Les eaux de Bade sont recommandées dans les rhumatismes chroniques, les paralysies, les contractures des membres, les maladies cutanées, les engorgements des viscères abdominaux, les dérangements des règles, les fleurs blanches, etc. On doit les prescrire avec beaucoup de précaution dans les paralysies cérébrales. M. Fodéré a remarqué que les eaux de Bade, pour lesquelles on a une sorte de *fureur* à Strasbourg, sont tous les ans funestes à quelques hémiplégiques.

*Mode d'administration.* On boit les eaux de Bade à la dose de cinq à six verres le matin à jeun ; pour augmenter leur effet laxatif, on y ajoute parfois quelques gros d'un sel neutre. Mais c'est particulièrement en bains et en douches qu'on en fait usage.

*Note sur quelques eaux minérales des bords du Rhin*, par M. Caventou. (*Bulletin général de Thérapeutique*, t. IX, p. 284.)

## BATH (Angleterre).

Ville du comté de Somerset, située au milieu d'une gorge étroite, à 3 lieues de Bristol, 36 de Londres. Ses eaux minérales, qui paraissent avoir été connues des Romains, sont fréquentées annuellement par un grand nombre de malades, qui y trouvent des bains salutaires et beaucoup d'agréments. On prend les eaux dans toutes les saisons, mais surtout en été. —On y remarque trois sources, qu'on nomme : 1° *bain du Roi,* 2° *bain de la Croix,* 3° *bain Chaud.* — L'eau est transparente, sans odeur ; sa saveur est ferrugineuse ; exposée à l'air, elle se trouble et laisse déposer un sédiment d'un jaune pâle. La température des sources est de 44°, 4 cent.

*Analyse chimique.* L'analyse de l'eau de Bath a été faite par M. Philips et corrigée par M. Murray ; voici le résultat de leur travail :

Eau ( 1 litre ).

| SUBSTANCES contenues DANS LES EAUX. | PHILIPS. | MURRAY. |
|---|---|---|
| | litre. | |
| Acide carbonique. . . . . . . . | 0,042 | 0,042 |
| | gr. | |
| Sulfate de chaux. . . . . . . . . | 1,2317 | 0,7117 |
| Chlorure de calcium. . . . . . . | » » | 0,4243 |
| — de sodium. . . . . . | 0,4516 | » » |
| Sulfate de soude. . . . . . . . | 0,2053 | 0,7527 |
| Carbonate de chaux. . . . . . | 0,1095 | 0,1095 |
| Silice. . . . . . . . . . . . | 0,0274 | 0,0274 |
| Oxyde de fer. . . . . . . . . | 0,0020 | 0,0020 |
| | 2,0275 | 2,0276 |

M. Dauberry (*Transactions philosophiques*, 1830) a démontré dans les eaux de Bath la présence de l'iode.

*Propriétés médicales.* D'après le docteur Falconer, l'eau minérale de Bath accélère la circulation, augmente la chaleur, favorise les sécrétions, principalement celle de l'urine, et facilite la digestion. Les médecins anglais la recommandent contre l'hypocondrie, l'engorgement des viscères abdominaux, la jaunisse, la chlorose, la goutte, les rhumatismes, les maladies scrofuleuses et la colique des peintres. Cheyne observe que cette eau est nuisible dans toutes les affections où l'éréthisme sanguin ou nerveux prédomine, dans l'hystérie, l'épilepsie, les congestions cérébrales et les maladies de la poitrine.

On administre les eaux de Bath sous toutes les formes; on les boit depuis deux à trois verres jusqu'à un litre et demi; on les coupe quelquefois avec une infusion tonique et amère. Elles ne purgent point à moins qu'on en prenne une trop grande quantité. On combine ordinairement les bains avec la boisson.

*A pratical Dissertation on the medicinal effects of the Bath Waters*, Falconer (W.); Londres, 1790, in-8. On peut aussi consulter l'ouvrage de Scudamore.

### LAMOTTE (département de l'Isère).

Bourg à 3 lieues de Grenoble. On y trouve une source minérale qui jaillit au pied d'une montagne, sur la rive droite du Drac. — Les eaux sont claires, limpides: leur saveur salée est analogue à celle d'une lessive de soude; leur température est de 56°, 2 cent. Analysées en 1780 par M. Nicolas, elles ont fourni :

Eau (1 litre).

|                          | gr.    |
|--------------------------|--------|
| Carbonate de chaux. . . . | 0,203  |
| Sulfate de chaux. . . . . | 1,386  |
| — de magnésie. . . .      | 1,016  |
| Chlorure de sodium. . . . | 2,728  |
| Matière extractive. . . . | 0,028  |
|                          | 5,361  |

On conseille les eaux de Lamotte dans l'atonie de l'estomac, les fleurs blanches, l'aménorrhée, les affections rhumatismales, etc.

On emploie ces eaux en boisson, bains et douches.

*Parallèle des eaux minérales d'Allemagne, etc.*, par Raulin, 1777, in-12.

*Histoire des maladies épidémiques de la province du Dauphiné*, par Nicolas; 1780, in-8. On y trouve un précis d'analyse sur les eaux de Lamotte.

## SAINT-HONORÉ ( département de la Nièvre ).

Bourg à 13 lieues de Nevers, 8 d'Autun, 4 de Château-Chinon; les routes pour y parvenir sont assez bonnes. Les eaux thermales que l'on y rencontre paraissent avoir joui d'une assez grande célébrité du temps des Romains; elles semblaient condamnées à un éternel oubli, lorsque dans ces derniers temps elles ont été remises en usage par plusieurs médecins. — Le séjour de Saint-Honoré est agréable, la température est douce, l'air est vif et pur, les aliments sont de bonne qualité. Le propriétaire des eaux a fait construire quelques maisons où l'on trouve des appartements commodes. — On prend les eaux depuis le mois de juin jusqu'au 15 septembre. Il y a un médecin inspecteur.

*Source.* Elle sort par différents endroits très-rapprochés au pied d'une montagne granitique; les eaux sont rassemblées dans un bassin.

*Propriétés physiques.* Les eaux de Saint-Honoré sont claires, sans couleur; leur odeur est sulfureuse; elles n'ont point de saveur marquée; leur température, qui est de 33°, 7 cent., ne change point par les variations atmosphériques. On peut évaluer à quatre pouces le volume du jet d'eau que la source fournit.

*Analyse chimique.* Elle a été faite par M. Vauquelin et récemment par M. Soubeiran; voici ces deux analyses :

Eau ( 1 litre ).

| Analyse de M. SOUBEIRAN. | | Analyse de M. VAUQUELIN. | |
|---|---|---|---|
| | lit. | | |
| Azote. . . . . . . . . . . | 0,027 | Gaz hydrogène sulfuré. . | q. in. |
| Oxygène. . . . . . . . . . | 0,003 | | |
| Acide carbonique. . . . . | 0,020 | Carbonate de potasse sec. | 0,0625 |
| | gr. | — de chaux. . . | 0,4150 |
| Chlorure de sodium. . . . | 0,260 | — de magnésie. . | 0,0335 |
| Carbonate de soude. . . . | 0,027 | — de fer. . . . . | 0,0315 |
| Sulfate de soude. . . . . | 0,433 | Sulfate de soude. . . . . | 0,0135 |
| Carbonate de chaux. . . . | 0,280 | Chlorure de sodium. . . | 0,2545 |
| — de magnésie. . | 0,020 | Silice. . . . . . . . . . . | 0,0575 |
| Matière organique. . . . . | 0,066 | Matière organique. . . . | 0,0000 |
| | | Perte. . . . . . . . . . . | 0,0200 |
| | 1,086 | | |
| | | | 0,5145 |

On voit que M. Soubeiran n'a trouvé ni potasse ni fer, signalés par M. Vauquelin.

*Propriétés médicales.* M. Pillien préconise les eaux de Saint-Honoré dans un grand nombre de maladies, et particulièrement contre les affections cutanées, les engorgements des viscères de l'abdomen, les catarrhes pulmonaires chroniques, les pâles couleurs, les fleurs blanches, l'hystérie, la contracture des membres, etc.

*Mode d'administration.* On boit les eaux seules ou coupées avec du lait et diverses infusions ; la dose est depuis six onces jusqu'à deux litres par jour ; les eaux de Saint-Honoré sont aussi administrées en bains, douches, vapeurs et lotions ; on peut également user des boues, qui sont très-abondantes près de la source.

*Essai topographique, historique et médical sur les eaux thermales de Saint-Honoré*, par M Pillien; Auxerre, 1815, in-8, 35 pages.

### DAX ( département des Landes ).

Ville très-ancienne située sur la rive gauche de l'Adour, à 10 lieues de Bayonne, 34 de Bordeaux et 14 d'Aire. Cette ville offre un séjour agréable. On prend les eaux minérales toute l'année, mais surtout au printemps.

*Sources.* Elles sont très-nombreuses ; on en trouve presque partout en creusant le sol de quatre à dix mètres de profondeur : on distingue la *Fontaine chaude*, les *Sources des Fossés de la Ville*, les sources des *Baignots* et les *Sources Adouriennes*.

*Propriétés physiques.* L'eau thermale de Dax est limpide, et offre des bulles de gaz à sa surface ; sans avoir de saveur marquée, elle n'est pas agréable à boire ; son odeur, faible et difficile à comparer, se perd à mesure que l'eau se refroidit. La Fontaine chaude présente dans son bassin le *tremella thermalis*, et dans le canal de décharge le *conferva tremelloïdes*. La température des diverses sources de Dax varie de 31° à 61°, 2 cent.

*Analyse chimique.* L'eau de la Fontaine chaude a été analysée par MM. Jean Thore et Meyrac.

Eau ( 1 litre ).

|                                    | gr.    |
|------------------------------------|--------|
| Chlorure de sodium. . . . .        | 0,032  |
| — de magnésium sec.                | 0,095  |
| Sulfate de soude. . . . . . .      | 0,151  |
| — de chaux. . . . . . .            | 0,170  |
| Carbonate de magnésie. . . .       | 0,027  |
|                                    | 0,475  |

*Propriétés médicales.* C'est particulièrement en bains et en douches qu'on emploie les eaux de Dax, qui sont recommandées par M. Dufau dans les maladies provenant de la suppression de la transpiration, dans les rhumatismes chroniques, les douleurs vagues, les paralysies, la contracture des muscles et dans toute espèce de difficulté de mouvement.

On fait peu d'usage des eaux de Dax à l'intérieur.

*Essai sur les eaux minérales de Dax*, par M. Dufau; 1746, in-12.

*Mémoire sur les eaux et boues de Dax*, etc., par Jean Thore et Meyrac; 1809, in-8.

### TERCIS ( département des Landes ).

Village à une petite lieue et à l'ouest de Dax, à 9 lieues de Bayonne, situé à mi-côte d'un joli vallon arrosé par le Luy. On y voit un édifice assez bien distribué et meublé qui sert au logement des malades et à l'établissement des bains.

*Source.* Elle fournit trois pieds cubes d'eau par minute. Les eaux sont conduites dans un pavillon partagé en cabinets, et alimentent plusieurs baignoires.

*Propriétés physiques.* L'eau est limpide, douce, onctueuse au toucher; elle présente à sa surface une substance blanche, floconneuse, qui séchée répand en brûlant une odeur de soufre; sa saveur est légèrement salée et piquante; son odeur est un peu hépatique, sa température est constamment de 41°,2 cent.

*Analyse chimique.* Analysée par MM. Thore et Meyrac, l'eau de Tercis a fourni :

Eau ( 1 litre ).

|  | gr. |
|---|---|
| Chlorure de sodium. . . . . | 2,124 |
| — de magnésium. . . . | 0,223 |
| Carbonate de magnésie. . . | 0,085 |
| — de chaux. . . . . | 0,042 |
| Sulfate de chaux. . . . . . | 0,021 |
| Soufre. . . . . . . . . . . | 0,011 |
| Matière terreuse insoluble. . | 0,032 |
|  | 2,538 |

*Propriétés médicales.* Prises en bains et en douches, les eaux de Tercis ont à peu près les mêmes propriétés que celles de Dax. On les emploie dans les maladies cutanées, les engorgements lymphatiques, la paralysie, la sciatique, et surtout contre les rhumatismes chroniques. M. Dabadie, médecin à Hastingues, a prescrit avec succès la boisson de ces eaux dans plusieurs cas d'obstructions, dans la chlorose, la gastrite chronique.

Les eaux de Tercis doivent être bues avec modération; deux à quatre verres suffisent dans la matinée; une plus grande dose irriterait les intestins.

*Lettres contenant des essais sur les eaux minérales du Béarn*, etc., par Théophile Bordeu; 1746, in-12. Il est question dans la 19ᵉ lettre des eaux de Tercis.

*Observations sur la nature et la propriété des eaux thermales de Tercis*, par Dufau; 1747, in-8.

*Mémoire sur les eaux de Tercis, de Dax*, etc., par MM. Thore et Meyrac; 1809, in-8.

*Notice sur les eaux de Tercis*, par Lamathe; 1819, 13 pages.

### AVÈNE ( département de l'Hérault ).

Village à 4 lieues et demie de Lodève et à 4 lieues de Be-
darieux. On y arrive en voiture par une belle route qui vient
d'être récemment terminée. L'établissement thermal peut recevoir cent étrangers; on l'agrandit chaque année à mesure
que le nombre des baigneurs augmente. Une promenade
plantée d'arbres de haute futaie, et la vaste prairie de *Beau-
Désert*, offrent d'agréables ombrages aux malades. La saison
s'ouvre au commencement de juin et se prolonge jusqu'à la
fin de septembre; les mois de juillet et d'août sont les plus
convenables à cause de la température élevée qu'on y éprouve.
La durée de la saison est ordinairement de douze ou quinze
jours. Médecin inspecteur, M. Savy, qui a publié plusieurs
mémoires sur ces eaux.

*Source.* Placée dans un vallon agréable et fertile, entourée
de montagnes escarpées, elle va se jeter dans la rivière d'Orbe.
Elle est abondante; les différents filets qui naissent dans les
bassins forment un volume de près de 11 centimètres. Trente-
cinq minutes suffisent pour vider et remplir les bassins.

Le bain se prend dans deux réservoirs ayant la forme
d'un carré long et pouvant contenir seize personnes chacun.
Celui de la droite est destiné aux hommes et l'autre aux
femmes; à côté de ce dernier, on a pratiqué un petit bassin
où deux personnes peuvent aisément se baigner; il est destiné
aux individus qui, par délicatesse ou à cause de la nature de
leur maladie, veulent prendre le bain en particulier.

*Propriétés physiques.* L'eau est limpide, inodore, d'un goût
fade, un peu onctueuse au toucher; des bulles éclatent à sa
surface; un sédiment terreux garnit le fond du bassin. Sa
température est de 28°,7 cent.; on assure qu'elle varie peu
suivant les saisons.

*Analyse chimique.* Elle a été faite par M. Saint-Pierre et récemment par M. Bérard, professeur de chimie à Montpellier. Voici cette dernière analyse :

Eau (1 litre).

|  | gr. |
|---|---|
| Chlorure de sodium. . . . . | 0,0462 |
| Sulfate de magnésie. . . . . | 0,0687 |
| Carbonate de soude. . . . . | 0,1028 |
| —— de chaux. . . . . | 0,0995 |
| Silice. . . . . . . . . . . . | 0,0045 |
| Alumine. . . . . . . . . . | 0,0062 |
| Oxyde de fer. . . . . . . . | traces. |
|  | 0,3279 |

Il est remarquable que les substances salines contenues dans l'eau d'Avène sont à peu près les mêmes que celles que M. Anglada a trouvées dans toutes les eaux sulfureuses des Pyrénées-Orientales. Cette observation porterait à penser que l'eau d'Avène doit être classée parmi les eaux *sulfureuses dégénérées.*

*Propriétés médicales.* Le nombre assez considérable de malades qui se rendent chaque année aux bains d'Avène est une preuve que ces eaux jouissent d'une assez grande efficacité. Bertrand de la Grésie, Fouquet et la plupart des médecins de Montpellier les recommandent contre les maladies cutanées qui affectent des individus irritables ou qui sont compliquées de phlogose à la peau. Des observations faites pendant seize ans sur plusieurs milliers de dartreux ont démontré à M. Savy que les eaux d'Avène jouissent de quelque chose de spécifique dans les dartres vives, humides, les crustacées et les pustuleuses ; leur action est moins heureuse sur les furfuracées : elle est puissante dans les gales rentrées (1),

_____

(1) Dans la statistique du département de l'Hérault, M. Creuzé de Lesser dit que Napoléon, qui était tourmenté d'une gale rentrée, était sur le point en 1812 de se rendre à Avène, d'après les conseils de ses médecins et de Chaptal. La campagne de Russie l'empêcha d'exécuter ce projet.

les croûtes produites par un principe laiteux, les teignes humides, les ophthalmies chroniques qui dépendent d'un vice dartreux, et dans les anciens ulcères des jambes. Chez les femmes, elles provoquent les menstrues, et régularisent leur cours chez les jeunes personnes. Dans les deux saisons de 1832 et 1833, M. Savy a observé quarante-cinq leucorrhées; neuf dépendaient d'une atonie générale, vingt-huit d'un vice dartreux, psorique ou scrofuleux; toutes ont été guéries ou notablement soulagées; les autres, qui coïncidaient avec le virus syphilitique ou un engorgement du col de la matrice, n'ont pas obtenu d'amélioration.

La chaleur des eaux d'Avène est trop faible pour combattre avec succès les paralysies, les rhumatismes, les ankyloses; elles nuisent également dans les maladies de poitrine.

*Mode d'administration.* On emploie les eaux d'Avène en boisson, bain et douche. On se baigne seulement dans des piscines, dont la température n'est que de 28° cent. En s'y plongeant, on ressent une impression de fraîcheur qui se dissipe bientôt. Les hommes forts à tempérament sanguin se plaisent beaucoup à cette température; à la sortie du bain, la même fraîcheur se fait sentir et disparaît par l'exercice ou en s'approchant du feu. En adoucissant la peau, en la ramollissant, ce bain calme en peu de jours les vives démangeaisons qui accompagnent la plupart des dartres et des gales répercutées : dans les ulcères des jambes, on se sert de la douche, dont on gradue la force à volonté; à côté se trouve un lieu destiné à prendre les bains de jambes.

M. Savy assure avoir guéri avec l'eau d'Avène plusieurs chiens atteints de la gale sèche appelée *rouget*, qui est regardée, dit-il, comme incurable.

Les eaux minérales appartiennent à un particulier; il s'y rend annuellement environ trois cents malades qui laissent dans le pays à peu près 16,000 francs.

*Essai sur l'analyse des eaux minérales*, etc., par M. Saint-Pierre. (Thèse, Montpellier, 1809.) On trouve, page 63, un article sur les eaux d'Avène.

*Eaux minérales d'Avène*, par M. Savy; trois mémoires, 1818, 1824, 1834. Ces mémoires méritent d'être consultés.

## CAPVERN ( département des Hautes-Pyrénées ).

Petit village sur la grande route de Toulouse à Bagnères-de-Bigorre, à une lieue et demie de Lannemezan. L'établissement thermal, qui est en mauvais état, renferme quatorze baignoires en marbre, une douche. La saison commence le 15 juin, et finit le 1er octobre. Il y a un médecin inspecteur.

*Source.* Elle est située à un quart de lieue du village, et se trouve entourée de sept maisons qui peuvent réunir quatre-vingts personnes. Elle produit deux cent cinquante mètres cubes en 24 heures. Il existe encore dans les environs de Capvern une autre source, appelée *la Bouridé*, qui, malgré sa température peu élevée, est fréquentée par les rhumatisants.

*Propriétés physiques.* L'eau est claire, limpide, inodore, d'une saveur fade, laissant à la gorge un peu de sécheresse. Sa température est de 24° cent.

*Analyse chimique.* D'après M. Longchamp, l'eau de Capvern contient de l'acide carbonique en assez grande quantité, du carbonate de fer, et une très-petite quantité de sulfate de magnésie. M. Save a prétendu au contraire qu'elle ne contient pas la moindre parcelle de fer. Voici le résultat de son analyse.

Eau (1 litre).

Acide carbonique. . . . . . quantité indét.

gr.

Sulfate de chaux. . . . . . . 0,92

*A reporter.* . . . 0,92

|                          |        |
|--------------------------|--------|
| *Report.* . . . . . . . .     | 0,92   |
| Sulfate de magnésie. . . . . | 0,59   |
| Chlorure de magnésium. . . | 0,01   |
| Carbonate de chaux. . . . . | 0,20   |
| —     de magnésie. . . | 0,01   |
| Perte. . . . . . . . . . . . | 0,01   |
|                          | 1,74   |

MM. Rozière et Latour ont analysé récemment les eaux de Capvern, et ils y ont trouvé, pour les substances gazeuses, de l'acide carbonique, de l'oxygène et de l'azote; pour les substances fixes, de la matière organique, des muriates de magnésie, de soude, de chaux, du sulfate de magnésie, de soude, du sous-carbonate de magnésie, de chaux, du sulfate de chaux, du carbonate de fer, et de la silice.

*Propriétés médicales.* Les eaux de Capvern sont un peu laxatives; elles augmentent l'appétit et la sécrétion urinaire : on les dit fort utiles pour régulariser les flux hémorroïdal et menstruel, et dans les dérangements des voïes digestives.

Elles sont très-employées en boisson; on en fait usage aussi en bains et en douches; mais pour cela, il faut les faire chauffer.

Les eaux sont affermées, depuis le 20 décembre 1836, 2,900 francs. On évalue à 15 ou 18,000 francs l'argent laissé chaque année dans le pays.

*Analyse de l'eau de Capvern*, par M. Save, pharmacien. (*Bulletin de pharmacie*, tome I, page 146.)

### BILAZAI ( département des Deux-Sèvres ).

Village à 2 lieues de Thouars, 8 de Poitiers, 6 de Saumur. D'après Raulin, on y trouve trois sources minérales : le bassin de l'une d'elles est désigné sous le nom de bassin *Sulfureux;* il est contigu à un lavoir dont les eaux se mêlent avec celles de la source. Il y a un médecin inspecteur.

*ropriétés physiques.* L'eau du bassin dont nous venons de
rler est abondante, et répand au loin l'odeur de gaz hydrogène sulfuré; sa saveur est désagréable; sa chaleur est de
23 à 25° cent.

*Analyse chimique.* Voulant s'assurer si le mélange de l'eau
du lavoir avec la source voisine était la cause de la nature
sulfureuse de cette dernière, M. O. Henry analysa l'eau minérale avant et après son mélange. Voici les résultats qu'il a
obtenus :

Eau ( 1 litre ).

| Eau de la source avant son mélange avec l'eau du lavoir. | | Eau de la source après son mélange avec l'eau du lavoir. | |
|---|---|---|---|
| Acide carbonique libre. . | traces | Azote. . . . . . . . . | quant. ind. |
| | | Acide carbonique libre. | » |
| | gr. | Hydrogène sulfuré li- | |
| Bi-carbonate de chaux. . | 0,263 | bre. . . . . . . . . | » |
| —      de magnésie. | 0,021 | | |
| Sulfate de chaux. . . . . | 0,280 | | gr. |
| —    de soude. . . . . | 0,097 | Bi-carbonate de chaux. . . | 0,430 |
| —    de magnésie. . . | 0,060 | —        de magnésie. | 0,024 |
| Chlorure de sodium. . . | 0,165 | —        de soude an- | |
| —      de magnésium. . | 0,030 | hydre. . . . . . . . . | 0,207 |
| Proto-carbonate de fer. . | 0,020 | Chlorure de sodium. . . . | 0,167 |
| Silice et alumine. . . . . | 0,080 | —      de magnésium. . | trac. |
| Matière organique brune. | traces | Sulfure de sodium. . . . | 0,063 |
| Sable et débris de végé- | | —    de calcium. . . . | 0,039 |
| taux. . . . . . . . . | » | Sulfate et phosphate de | |
| | | soude. . . . . . . . . | trac. |
| | 1,016 | Sulfure de fer. . . . . . . | q. in. |
| | | Sulfate de chaux. . . . . | 0,050 |
| | | Silice et alumine. . . . . | 0,120 |
| | | Matière organique de na- | |
| | | ture albumineuse. . . . | 0,200 |
| | | | 1,300 |

Il n'est pas douteux, d'après ces analyses, que la conversion des sulfates en sulfures ou hydro-sulfates est due à la présence des matières organiques renfermées dans l'eau du lavoir. Par conséquent, l'eau de Bilazai n'est qu'accidentellement sulfureuse.

*Propriétés médicales.* Une ancienne tradition a appris aux habitants de Bilazai que les sources minérales de leur village étaient excellentes contre les maladies de la peau, ce qui est confirmé par les observations de Dubois et de Linacier, médecins près de Bilazai.

*Traité analytique des eaux minérales*, par Raulin; 1774, in-12. Le chapitre 7 du second volume traite des eaux de Bilazai; l'auteur rapporte plusieurs observations pratiques.

### LABARTHE-RIVIÈRE (département de la Haute-Garonne).

Village près de Saint-Gaudens. On y trouve une source fort ancienne, renfermée dans un petit bâtiment. — L'eau est claire, limpide, n'a aucune odeur; sa saveur est un peu fade; sa température est de 21°,2 cent., celle de l'atmosphère étant à 13°,7 cent.; on est obligé de chauffer cette eau pour les bains. M. Saint-André s'est assuré que cette eau ne contient pas de soufre. — L'établissement qu'on a formé à Labarthe-Rivière a reçu en 1829 trois cent trente-un malades; quatre mille bains ont été administrés, d'après le rapport du médecin inspecteur. — Les maladies traitées avec le plus de succès par ces eaux sont des dartres, l'hystérie, la leucorrhée, l'aménorrhée, et les accidents qui surviennent à l'époque critique. Le produit de l'établissement est évalué à 1,500 fr. pour 1829; le numéraire laissé dans le pays n'a pas dépassé 4,500 fr.

### NIEDERBRONN (département du Bas-Rhin).

Bourg de 2,500 âmes, situé dans une vallée à 192 mètres

au-dessus du niveau de la mer, à 9 lieues de Strasbourg, 4 de Haguenau, et 26 de Metz. Des routes bien entretenues permettent de communiquer avec toutes les parties de l'Alsace et de la Lorraine ; un service régulier de diligences est établi entre Strasbourg et Niederbronn pendant toute la saison des eaux. Les eaux minérales dont nous parlons sont connues depuis longtemps ; elles sont fréquentées tous les ans par un assez grand nombre de malades qui viennent de l'est de la France et de la Bavière Rhénane. On compte près de cinquante maisons qui reçoivent des baigneurs ; il y a plusieurs restaurants et des tables d'hôte où l'on vit bien à des prix modérés. A Niederbronn, l'air est salubre, le site pittoresque, et les environs offrent des excursions pleines d'agrément et d'intérêt. Près des sources, on voit une belle promenade et un wauxhall qui au rez-de-chaussée constitue un grand promenoir couvert pour les buveurs, et présente au premier étage une grande salle de danse, un café, un cabinet de lecture et un salon de réunion. On se rend aux eaux depuis le mois de juin jusqu'à la fin de septembre, mais principalement depuis le 15 juin jusqu'au 15 août. Il y a un médecin inspecteur.

*Sources.* Il en existe deux situées au milieu de la promenade, distantes l'une de l'autre d'environ vingt pas. Elles sont renfermées chacune dans un réservoir ou bassin en pierres de taille ; le grand bassin est couvert d'un pavillon élégant soutenu par huit colonnes.

*Propriétés physiques.* A sa sortie de terre, l'eau minérale est très-limpide ; dans le bassin, elle prend une nuance louche, jaunâtre, et devient plus ou moins claire et transparente dans les temps orageux. Elle a une saveur saline assez agréable suivie d'un arrière-goût un peu fade ; l'odeur est faible, presque inappréciable ; on l'a comparée à celle de l'argile humectée. Cette eau laisse échapper de petites bulles, et dépose, dans les lieux où elle coule, une matière jaune floconneuse ; elle ne dissout pas le savon, et donne au linge une teinte jaunâtre.

Sa température est constamment de 17°,5 cent. La quantité d'eau fournie par les sources est très-grande ; la source principale fournit à peu près six pieds cubes ou deux cent vingt-un litres d'eau par minute.

*Analyse chimique.* Elle a été faite en 1809 par MM. Gerboin et Hecht, et en 1835 par M. Robin. Voici cette dernière analyse :

**Eau (1 litre).**

| | lit. |
|---|---|
| Azote. . . . . . . . . . . . . . . | 0,018 |
| Acide carbonique. . . . . . . . . | 0,010 |

| | gr. |
|---|---|
| Chlorure de sodium. . . . . . . | 3,1582 |
| — de calcium. . . . . . . | 0,7849 |
| — de magnésium. . . . . | 0,2242 |
| Sulfate de magnésie. . . . . . . | 0,1135 |
| Carbonate de protoxyde de fer. . | 0,0089 |
| — de chaux. . . . . . . . . | 0,2420 |
| — de magnésie. . . . . . . | 0,0062 |
| — de manganèse. . . . . . | traces. |

4,5379

*Propriétés médicales.* Les eaux de Niederbronn, prises en boisson, excitent doucement la membrane muqueuse de l'estomac, et sont laxatives. Elles jouissent depuis longtemps de la réputation d'être salutaires dans les affections du bas-ventre, soit que ces affections résident dans le tube digestif lui-même, ou dans quelqu'une de ses dépendances, comme le foie, la rate, etc. Leur usage convient toutes les fois que la maladie reconnaît pour cause une atonie, quelque altération dans les sucs digestifs, ou un désordre nerveux, et qu'aucun des organes malades n'est le siége d'un travail inflammatoire. Aussi elles conviennent dans la débilité et l'état muqueux de l'estomac, les engorgements chroniques du foie, de la rate, la jaunisse, les calculs biliaires, la constipation, le catarrhe vésical, la leucorrhée, la chlorose, les scrofules, les maladies de la peau et les affections nerveuses. Elles sont nuisibles aux individus pléthoriques, à ceux dont la poitrine est souffrante, ou qui sont menacés d'anévrismes du cœur ou des gros vaisseaux.

*Mode d'administration.* On boit les eaux de Niederbronn à la dose de trois ou quatre verres. Persuadée que la distraction et la gaîté contribuent au bon effet des eaux, l'administration locale a établi une musique agréable, variée, et c'est au son des instruments que la foule des buveurs se promène chaque matin.

Pour être prise en bains, l'eau minérale est chauffée dans des chaudrons en fonte; elle augmente la tonicité de la peau, la rend momentanément un peu âpre, un peu rude au toucher. Les malades prennent les bains dans leur chambre, où les gens de service portent l'eau minérale; il n'y a qu'un hôtel qui reçoive l'eau minérale par un souterrain, et qui ait une série de chambres uniquement destinées aux bains, et pourvues de robinets pour l'eau chaude et pour l'eau froide. Les douches sont employées avec succès dans les rhumatismes chroniques, les engorgements articulaires.

L'eau de Niederbronn peut se transporter facilement, et conserve toutes ses propriétés, si les bouteilles sont exactement bouchées.

Les sources appartiennent à la commune. La moyenne du séjour par personne est de seize jours; on estime que les baigneurs laissent dans le pays 90,000 fr.

*Traité des qualités, vertus et usages des eaux de Niederbronn,* par Coliny; 1762, in-12.

*Analyse historique des eaux minérales de Niederbronn,* par Roth; 1783, in-8.

*Traité analytique et médicinal des eaux salines de Niederbronn,* par M. Alexandre Gérard; 1787, in-8.

*Considérations générales sur les établissements des bains de Niederbronn*, par Reiner; 1826, in-8.

*Niederbronn, dans la Basse-Alsace*, par Cunier; 1827, in-8.

*Description de Niederbronn et de ses eaux minérales*, par J. Kuhn; Paris, 1835, in-8. Cet ouvrage est rédigé avec soin.

### SAINTE-MARIE ( département des Hautes-Pyrénées).

Commune située au pied d'une montagne assez élevée, à une lieue de Saint-Bertrand, à côté de la grande route qui conduit à Bagnères-de-Luchon. L'aspect du pays est agréable; l'air est pur; on s'y procure facilement ce qui est utile à la vie. Un bâtiment thermal offre des baignoires fort commodes. Il y a un médecin inspecteur.

*Sources.* Il y en a quatre; les deux sources connues sous le nom de *Grande Source* et de *Source Noire* sont enfermées dans le bâtiment thermal; les deux autres n'en sont éloignées que de quelques pas. Ces quatre sources ne tarissent jamais; les pluies ni la sécheresse ne leur font éprouver aucune altération.

*Propriétés physiques.* Elles sont identiques dans toutes les sources; l'eau de la Grande Source est limpide, inodore; sa saveur est d'abord douceâtre, puis amère. Sa température est de 17°,5 cent.

*Analyse chimique.* Elle a été faite par M. Save.

Eau ( 1 litre ).

|  | lit. |
|---|---|
| Acide carbonique. . . . . . . . | 0,160 |

|  | gr. |
|---|---|
| Sulfate de chaux. . . . . . . . | 1,430 |
| — de magnésie. . . . . . | 0,580 |
| Carbonate de magnésie. . . . . | 0,020 |
| — de chaux. . . . . . | 0,370 |
|  | 2,400 |

*Propriétés médicales.* Depuis près de cent ans, les médecins du pays prescrivent avec succès les eaux de Sainte-Marie dans les engorgements lents des viscères du bas-ventre, les longues convalescences, les maladies de la peau, et spécialement les éphélides hépatiques, les affections nerveuses, les dérangements des flux hémorroïdal et menstruel.

On use de ces eaux en boisson et en bains; dans ce dernier cas, on les fait chauffer.

*Mémoire sur l'analyse et les propriétés des eaux minérales de Sainte-Marie, par M. Save, pharmacien.* (*Bulletin de pharmacie*, juillet 1812.)

**SYRADAN** (département des Hautes-Pyrénées).

Village à 3 lieues de Bagnères-de-Luchon et 2 de Saint-Bertrand de Comminges; on y trouve une source dans un pré, sur le penchant d'une montagne appelée Hourmigué, laquelle renferme une mine abondante de calamine jaune.

L'eau n'a aucune odeur; son goût est un peu acidule; sa température est de 13 à 14° cent., celle de l'atmosphère étant à 20°.

Analysée par M. Save, cette eau a fourni :

Eau (1 litre).

|  | gr. |
|---|---|
| Chlorure de magnésium. . . . | 0,00250 |
| Sulfate de magnésie. . . . . . . | 0,03260 |
| — de chaux. . . . . . . . . | 0,02000 |
| Carbonate de chaux. . . . . . | 0,04260 |
| — de fer. . . . . . . . | 0,04270 |
| Silice. . . . . . . . . . . . . | 0,00250 |
| | 0,14290 |

Cette eau contient si peu de principes qu'elle ne peut pas être regardée comme minérale : aussi est-elle peu employée, quoiqu'elle ait un médecin inspecteur.

### BARBAZAN (département de la Haute-Garonne).

Village sur la rive droite de la Garonne, à une lieue de Saint-Bertrand de Comminges, 2 de Saint-Gaudens. On trouve dans un pré à l'ouest de ce village une source minérale qui est renfermée dans un petit bâtiment.

L'eau est fade d'abord, puis un peu saline; elle est inodore; sa température est de 19° cent., celle de l'atmosphère étant à 12°. — Analysée par M. Saint-André, elle a fourni :

Eau (1 litre).

|  | gr. |
|---|---|
| Sulfate de chaux. . . . . . . | 0,8180 |
| Carbonate de chaux. . . . . . | 0,1790 |
| Chlorure de magnésium. . . . | 0,2170 |
| Sulfate de magnésie. . . . . | 0,6590 |
|  | 1,8730 |

M. Dulac, médecin à Barbazan, dit que ces eaux sont purgatives, si on les prend à grande dose. Il les conseille dans la chlorose, les engorgements lents des viscères de l'abdomen, les fièvres intermittentes.

*Topographie du département de la Haute-Garonne*, par M. Saint-André; 1814, un vol. On trouve, page 131, un article sur la source de Barbazan.

### FONCIRGUE ( département de l'Ariége).

Les eaux minérales de Foncirgue se trouvent dans la commune du Peyrat, canton de Mirepoix, arrondissement de Pamiers. Ces eaux étant assez fréquentées par les habitants des environs, il a été fondé en 1834 un vaste hôtel où les bains sont administrés, et où l'on trouve des chambres meublées et une nourriture convenable. Ce lieu est à 304 mètres au-dessus du niveau de la mer; il est peu éloigné de la grande route qui va de Limoux à Foix; le climat est tempéré et très-sain.

*Source.* Elle sourd au pied d'une montagne calcaire; son volume est considérable.

*Propriétés physiques.* L'eau est diaphane, inodore; sa saveur est douce; sa température est constamment de 20° cent., malgré les variations atmosphériques. La surface de l'eau est sans cesse agitée par le dégagement tumultueux d'un gaz incolore et inodore qui traverse l'eau à gros bouillons.

*Analyse chimique.* Elle a été faite par M. Fau, pharmacien.

Eau ( 1 litre ).

|  | lit. |
|---|---|
| Acide carbonique. . . . . . . . | 0,027 |
| Azote. . . . . . . . . . . . . | 0,019 |
| Oxygène. . . . . . . . . . . . | 0,004 |
|  | 0,050 |

|  | gr. |
|---|---|
| Sulfate de magnésie. . . . . . | 0,0127 |
| — de soude. . . . . . . . | 0,0012 |
| — de chaux. . . . . . . . | 0,0333 |
| Chlorure de magnésium. . . . . | 0,0017 |
| — de calcium. . . . . . | 0,0036 |
| Carbonate de chaux. . . . . . | 0,1897 |
| — de magnésie. . . . | 0,0115 |
| Magnésie combinée à la matière organique. . . . . . . . . . | 0,0070 |
| Matière organique ressemblant à l'ulmine. . . . . . . . . . | 0,0352 |
| Oxyde de fer et phosphate de chaux. . . . . . . . . . . | 0,0077 |
| Silice. . . . . . . . . . . . . | 0,0024 |
| Perte. . . . . . . . . . . . . | 0,0071 |
|  | 0,3131 |

*Propriétés médicales.* Il résulte des observations cliniques des docteurs Fau père et fils qu'en bains et en boisson, les eaux de Foncirgue sont utiles dans les maladies nerveuses, les gastrites, les entérites chroniques, les catarrhes de la véssie, les désordres de la menstruation, les gonorrhées invétérées, la jaunisse, les hémorroïdes, les ophthalmies rebelles, les diarrhées opiniâtres, les maladies cutanées et les fistules même avec carie des os.

*Analyse chimique des eaux minérales de Foncirgue*, par A. Fau; Foix, 1835, in-8°, 28 pages.

## SOULTZ–LES–BAINS ( département du Bas–Rhin ).

La source minérale de Soultz–les–Bains, près de Molsheim, est située dans un vallon; sa température est de 18°.7 cent. Ses eaux sont de même nature que celles de Niederbronn; elles avaient autrefois une assez grande réputation, mais aujourd'hui elles attirent peu de baigneurs. On y trouve cependant un établissement composé de seize cabinets de bains et de logements en bon état qui peuvent recevoir trente personnes.

L'analyse a été faite par M. Berthier; en voici les résultats :

### Eau (1 litre).

| | |
|---|---|
| Acide carbonique. . . . . . . . . | quantité indéterminée. |
| | gr. |
| Chlorure de sodium. . . . . . . | 2,499 |
| — de potassium. . . . . | 0,193 |
| Sulfate de chaux anhydre. . . | 0,432 |
| — de magnésie anhydre. . | 0,130 |
| — de soude anhydre. . . | 0,345 |
| Carbonate de chaux. . . . . . . | 0,277 |
| — de magnésie. . . . . | 0,012 |
| Oxyde de fer et acide phosphorique. . . . . . . . . . . . . . | 0,006 |
| Silice. . . . . . . . . . . . . . | 0,005 |
| | 3,899 |

FORBACH ( département de la Moselle ).

Petite ville à 15 lieues de Metz, 3 de Sarreguemines, 2 de Sarrebruck. On trouve à un quart de lieue de la ville, dans une belle prairie, une source qui peut fournir deux à trois cent mille litres d'eau par vingt-quatre heures.

*Propriétés physiques.* Cette eau est limpide, exhale une odeur sulfureuse; son goût est saumâtre, légèrement amer. Sa température en tout temps est de 17°, 5 cent.

*Analyse chimique.* Elle a été faite par M. Henry :

Eau ( 1 litre ).

gr.

| | |
|---|---|
| Chlorure de sodium. . . . . . . | 5,42 |
| — de potassium. . . . . . | quelques traces. |
| — de magnésium. . . . . | 0,16 |
| Sulfate de soude. . . . . . . . | 0,30 |
| — de chaux. . . . . . . . | 0,15 |
| Carbonate de chaux. . . . . . . | } 0,32 |
| — de magnésie. . . . . | |
| Albumine, fer et matière organique. . . . . . . . . . . . | } 0,13 |

6,48

Ces eaux sont encore peu usitées; leur composition les rend propres à remplacer les bains de mer. Ce motif ainsi que l'abondance des eaux, leur situation dans un endroit charmant, le voisinage de la grande route de Metz à Francfort, laquelle traverse Forbach, devraient engager les capitalistes à fonder un établissement pour l'administration de ces eaux.

*Notice sur les eaux salino-sulfureuses froides de Forbach* ( Moselle ), par J.-B. Mege ( *Gazette médicale*, 1835, page 766 ).

## EAU ET BAINS DE MER.

L'eau de mer peut être considérée comme l'eau minérale saline froide par excellence, à cause du nombre et de la proportion des éléments chimiques qui la composent. Les bains de mer employés depuis longtemps en Angleterre et en Allemagne contre beaucoup de maladies chroniques, ont été longtemps négligés par les médecins français ; mais cette médication ayant obtenu chez nous depuis quinze ans une grande vogue, quelques médecins ont publié des recherches intéressantes sur ce point important de l'hygiène et de la thérapeutique.

Quoiqu'on puisse prendre les bains de mer sur toutes les côtes, cependant les endroits où les galets sont moins abondants et le sable plus fin sont les plus recherchés ; c'est ce qui a engagé plusieurs capitalistes à fonder à Dieppe, Boulogne-sur-Mer, Marseille, Royan, La Rochelle, etc., des établissements commodes et plus ou moins magnifiques où l'on peut faire usage de l'eau de mer sous toutes les formes.

On conseille ordinairement les bains de mer depuis le 15 juillet jusqu'au 1er septembre ; les Anglais ne commencent au contraire la saison qu'au mois de septembre et la prolongent en octobre et même en novembre : ils ont reconnu que l'eau de mer avait alors une action tonique et sédative plus marquée. La saison consiste à prendre vingt à vingt-cinq bains. Le Gouvernement a nommé des médecins inspecteurs dans les différents établissements élevés en France.

*Propriétés physiques.* L'eau de la mer a en apparence une couleur très-variable : tantôt elle présente un coup d'œil argenté mêlé de bleu, tantôt une teinte d'un bleu grisâtre, mais ces variations ne sont dues qu'à la réflexion de la lumière ; prise dans le milieu du port, sur la côte ou au milieu de l'Océan, à quelque profondeur que ce soit, l'eau de la mer est véritablement diaphane, incolore. Elle n'a point d'odeur lorsqu'on la prend à quelque distance du rivage ; mais l'exposition à l'air des varecs, des moules, des huîtres, des crustacés et autres produits maritimes répand une odeur particulière qui semble annoncer un léger dégagement d'acide hydrochlorique. L'eau de mer a une saveur salée, saumâtre, nauséabonde, résultant des divers sels qu'elle tient en dissolution. Sa pesanteur spécifique diffère selon qu'on essaie ce liquide puisé à la proximité des côtes, des fleuves, ou au milieu de la mer. Plongé dans l'eau, à un quart de lieue, à mer basse, pendant les mois de juillet, août et septembre, le thermomètre centigrade varie de 13 à 16 degrés, suivant la température de l'atmosphère et la chaleur du soleil.

*Analyse chimique.* Les principes constituants de l'eau de mer diffèrent un peu, suivant qu'on la prend à la surface ou à une plus ou moins grande profondeur. Le chlorure de sodium est le principe dominant ; il s'y trouve en quantité variable. L'eau de l'Océan est en général plus salée dans l'hémisphère boréal que dans l'hémisphère austral; elle est d'autant plus salée qu'elle est prise plus profondément. Les petites mers sont moins salées que les grandes : ainsi l'Océan l'est plus que la Méditerranée, les mers Noire et Caspienne. Outre le chlorure de sodium, on a trouvé dans l'eau de mer de la potasse et de l'ammoniaque ( Marcet), de l'iode (Kruger, Laurens), du brôme (M. Balard). D'après les nombreuses analyses qui ont été faites dans plusieurs pays, il est évident que le degré de saturation des eaux de la mer n'est pas le même sous les différentes latitudes. Nous nous bornerons à citer les résultats des analyses suivantes :

| SUBSTANCES CONTENUES DANS UN LITRE D'EAU. | OCÉAN ATLANTIQUE. | | | MER MÉDITERRANÉE. | |
|---|---|---|---|---|---|
| | Bergman. | Marcet. (1) | B. Lagrange et Vogel. | B Lagrange et Vogel. | Laurens. |
| | | | litre. | | |
| Acide carbonique. . . | » | » | 0,230 | 0,110 | 0,200 |
| | gr. | | | | |
| Chlorure de sodium. . | 32,155 | 26,600 | 26,646 | 26,646 | 27,220 |
| Chlorure de magnésium | 8,771 | 5,154 | 5,853 | 7,203 | 6,140 |
| Sulfate de magnésie. . | » | » | 6,465 | 6,991 | 7,020 |
| Sulfate de chaux. . . . | 1,039 | » | 0,150 | 0,150 | 0,150 |
| Carbonate de magnésie et de chaux. . . . . . | » | » | 0,200 | 0,150 | 0,200 |
| Chlorure de calcium. . | » | 1,232 | » | » | » |
| Sulfate de soude. . . . | » | 4,660 | » | » | » |
| Potasse. . . . . . . . | » | » | » | » | 0,010 |
| Iode (2). . . . . . . . | » | » | » | » | quant.ind. |
| | 41,965 | 37,646 | 39,314 | 41,140 | 40,740 |

(1) Sels supposés anhydres.
(2) Probablement à l'état d'iodure de potassium.

*Propriétés médicales.* L'eau de mer a une action différente suivant qu'elle est employée à l'intérieur ou en bains. En boisson elle est purgative et doit être prescrite avec beaucoup de prudence; elle ne convient qu'aux tempéraments lymphatiques, dans les affections qui tendent lentement à leur solution. Les anciens en ont connu les avantages; Pline dit : *Aquam maris efficaciorem discutiendis tumoribus putant medici quidam et quartanis dedêre eam bibendam in tenesmis.* Un médecin anglais, Russel, recommande l'usage intérieur de l'eau marine dans les engorgements chroniques du foie, la jaunisse, les scrofules, les obstructions des ganglions du mésentère, la chlorose.

Mais c'est surtout en bains que l'on fait usage de l'eau de mer : chez l'*homme sain*, ces bains froids, en absorbant l'excès de chaleur dont le corps peut être pourvu, sont à la fois rafraîchissants et toniques ; ils rendent à l'homme le courage, la force et l'énergie que lui enlèvent les chaleurs accablantes de l'été. C'est ainsi qu'à Marseille, d'après le rapport (1835) de M. Robert, pendant les années 1833 et 1834, dont la sécheresse extraordinaire avait tellement tari les puits et les fontaines de la ville que les bains publics manquaient d'eau, la population entière de Marseille se précipitait chaque jour dans la mer pour se rafraîchir et remplacer les bains domestiques. D'après cette remarque que l'on fait chaque jour dans les localités maritimes, il est constant que les bains de mer, si l'on n'en abuse pas, sont favorables à l'homme sain (1). Mais pourquoi dans l'*état de maladie*, ces bains doivent-ils être administrés avec précaution pour ne pas être nuisibles ? C'est probablement parce que dans l'état de santé, ils fortifient également tous les organes, tandis que dans les maladies chroniques, ils communiquent à l'organe malade une surexcitation qui modérée est utile à la guérison, mais qui trop forte peut être suivie d'accidents fâcheux. C'est pour ne pas pousser trop loin cette excitation qu'il est essentiel de prendre le bain de mer de courte durée.

Ce bain agit par la soustraction subite et instantanée de la chaleur du corps, et provoque en même temps dans tous les organes un assez haut degré d'excitation pour remplacer

---

(1) L'expérience apprend que les pêcheurs peuvent laisser sécher sur leur corps leurs vêtements imbibés d'eau de mer, sans avoir à craindre aucun rhumatisme, résultat que ne produit pas l'eau de pluie ; cet effet est-il dû à l'action de l'eau saline sur le système cutané? Ceux qui font le métier de ramasser des huîtres, des coquillages, quoique exposés tout le jour au contact de l'air de la mer, sont très-rarement atteints de catarrhes pulmonaires.

le calorique perdu. Cette réaction salutaire tend à rétablir l'équilibre de la chaleur dans les affections internes où elle est inégalement répartie : tous les points de l'organisme en reçoivent une nouvelle énergie, qui est encore augmentée, 1° par la pression qu'exerce à la surface du corps le volume considérable de l'eau et sa pesanteur spécifique plus forte que celle de l'eau de rivière; 2° par la percussion des *vagues* ou *lames* qui impriment à toutes les parties un ébranlement ou une secousse égale, sinon supérieure à celle de la douche; 3° par les principes salins de l'eau, qui, en même temps qu'ils réveillent la vitalité de la peau, pénètrent vraisemblablement dans le sang par l'absorption, car on assure que des baigneurs ont conservé pendant plusieurs jours un goût salé à la bouche.

La vue de l'Océan, dont l'immensité présente un spectacle imposant, les apprêts de l'immersion, procurent à celui qui ne s'est jamais plongé dans la mer une sorte d'effroi, d'anxiété, qui détermine chez quelques malades un ébranlement nerveux; ce n'est qu'en faisant sur soi-même un certain effort qu'on peut vaincre cette répugnance. L'acte de l'immersion cause des impressions diverses qui sont plutôt pénibles qu'agréables. Les effets immédiats de ce bain étant les mêmes que ceux indiqués pour les *bains froids*, nous engageons le lecteur à consulter cet article (page 64).

On peut se baigner indistinctement à la mer haute ou à la mer basse, quand la plage est sablonneuse; mais si elle est couverte de galets, il est plus agréable de se baigner à la mer basse, qui laisse le sable à découvert.

Des tentes portatives, qu'on éloigne ou qu'on rapproche des bords de l'eau suivant que la mer monte ou descend, sont placées le long du rivage; c'est là que les baigneurs ôtent leurs vêtements et endossent un costume particulier.

La durée du bain froid est extrêmement importante à déterminer; les médecins anglais, qui font un grand usage de ce moyen thérapeutique, recommandent un séjour de courte durée, souvent même une simple immersion et permettent rarement plus d'un bain par jour, tandis que les Allemands au contraire font baigner souvent deux fois dans la journée et conseillent d'attendre le second frisson dans le bain. Le séjour prolongé dans l'eau froide diminue les forces vitales, empêche la réaction et donne lieu à des maux de tête, des crampes, des douleurs à l'épigastre, etc. La durée du bain peut être fixée de deux à quatre minutes, jusqu'à un quart d'heure au plus; elle doit être d'autant plus courte que le baigneur est plus faible et que l'eau est plus froide.

On se baigne ordinairement le matin à jeun depuis sept heures jusqu'à onze; ceux qui craignent le bain, qui se réchauffent avec peine, peuvent le prendre dans le milieu de la journée.

Les malades qui savent nager se livrent dans la mer à cet exercice salutaire pendant l'espace de temps déterminé par le médecin. Ceux qui ne sont pas habitués à la natation, ou qui sont trop faibles, sont portés dans la mer jusqu'à une certaine distance sur les bras d'un guide qui fait passer tout leur corps sous l'eau en leur plongeant la tête la première, de sorte qu'ils parcourent un espace *entre deux eaux*. Cette manœuvre est répétée un plus ou moins grand nombre de fois, selon l'indication : on l'appelle *immersion;* une autre manière consiste à faire plonger le baigneur en appuyant sur ses épaules, tandis qu'il reste allongé sur le dos, *faisant la planche*. Si la mer est agitée, les vagues hautes et fortes, le baigneur, maintenu par son guide, présente à la lame qui arrive sur lui la partie latérale ou postérieure du tronc, en est submergé en un instant; jusqu'à ce qu'une autre lame vienne de nouveau passer au-dessus de sa tête : c'est ce qu'on appelle *bain à la lame*. A Boulogne-sur-Mer on a construit une voiture qui prend le baigneur à la descente de l'établissement et le conduit dans l'eau à la profondeur fixée; là une tente s'abaisse, et sous cet abri, le malade se baigne en évitant des regards indiscrets.

Pour les personnes délicates et timides, les Anglais ont recours à une machine nommée *baignoire d'ondées* (*shower-bath*). C'est une guérite semblable à celle des sentinelles, laquelle est close par un rideau que ferme la personne qui se baigne : au-dessus de sa tête est un réservoir de fer-blanc, percé comme un crible d'une multitude de trous : dans son milieu est suspendu un baquet rempli d'eau et tournant librement sur un essieu horizontal; à ce baquet est attachée une corde qui lui fait faire la bascule à la volonté de l'individu, lequel est ainsi complètement arrosé ; c'est une espèce *d'affusion* qui, quoique avantageuse, l'est beaucoup moins que le bain pris dans la mer, car c'est à la percussion du corps par les flots que le bain doit principalement ses succès : on a remarqué en effet que pris dans le port ce bain est moins profitable que sur le rivage.

Au sortir de l'eau, le baigneur rentre dans sa tente, frissonne pendant quelques instants; dans certains établissements on apporte un pédiluve chaud, méthode dont l'un de nous a éprouvé les bienfaits au Hâvre, et qui a l'avantage de laver les pieds pleins de sable, de faciliter la réaction, et surtout d'empêcher les congestions intérieures que tend à produire l'impression de l'eau froide. Le baigneur s'essuie, se fait frictionner les membres et s'habille ; c'est alors qu'il sent une vive chaleur s'introduire dans toutes les parties, ce qui doit être considéré comme la meilleure preuve de l'effet favorable du bain; l'appétit déjà excité par la respiration de l'air marin se fait vivement sentir.

Lorsqu'après le bain, le baigneur ne peut pas se réchauffer que la réaction ne s'établit pas, il faut en conclure que l'immersion a duré trop longtemps, que l'eau était trop froide, ou qu'elle ne convenait pas à l'état actuel du malade. Le défaut de réaction expose ceux qui veulent continuer les bains à des céphalalgies et à des phlegmasies internes. Après quelques jours de l'usage des bains de mer, les malades éprouvent de la constipation, maigrissent un peu, se plaignent de démangeaisons, de rougeurs à la peau; la transpiration devient plus abondante, une chaleur douce se répand sur toute l'habitude extérieure; il survient à la peau des éruptions semblables à la rougeole ou à la scarlatine, ou des taches de diverses couleurs.

Le bain de mer raffermit la peau, lui donne plus de consistance, fortifie les systèmes musculaire et lymphatique, rend la digestion et l'absorption plus actives et donne une nouvelle énergie à toutes les fonctions; il constitue une médication puissante qui excite dans toute l'économie une sorte de réaction fébrile propre à réveiller la force médicatrice de la nature dans un grand nombre de maladies chroniques. Mais cet agent thérapeutique ne doit pas être trop généralisé; employé d'une manière peu rationnelle, il a souvent rendu des maux incurables; il convient spécialement dans les maladies lymphatiques et nerveuses, *pourvu que les malades aient la force suffisante pour réagir contre l'impression du froid, et que la maladie ne soit compliquée d'aucun symptôme inflammatoire*, précepte fort important qu'il ne faut pas négliger. On doit en interdire l'usage aux enfants au-dessous de deux ans, aux vieillards, aux femmes enceintes, dans la pléthore sanguine, les anévrismes internes, et dans toutes les circonstances où le refoulement du sang à l'intérieur vers la tête ou la poitrine est à craindre. En effet, les exemples d'apoplexie ou de péripneumonie survenues par l'emploi des bains de mer ne sont pas rares. Ces bains sont encore nuisibles aux individus affectés de dartres humides, de goutte aiguë, à ceux dont les rhumatismes ont un caractère un peu inflammatoire, et à ceux qui sont très-sensibles à l'impression du froid.

L'efficacité des bains de mer se manifeste particulièrement dans le rachitis et les affections scrofuleuses, telles que les engorgements des ganglions cervicaux, le carreau, les ulcères fistuleux, la carie des os, l'ophthalmie, pourvu que ces maladies ne soient pas dans leur période inflammatoire, car on doit se rappeler qu'il est dans les écrouelles un état aigu qui réclame plutôt des adoucissants que des toniques. Les enfants atteints de maladies strumeuses, après avoir respiré l'air de la mer et pris quelques bains, acquièrent en peu de temps de la coloration, un caractère de vie et de force qu'ils avaient perdu ; l'engorgement des glandes, la diarrhée, la carie même des os, se dissipent ; les ligaments, les cartilages, les muscles, prennent assez de consistance pour prévenir la récidive des difformités de la taille et des membres : aussi les bains de mer forment le complément du traitement orthopédique.

Ils ne sont pas moins utiles dans la chlorose, dans l'état de langueur qui succède quelquefois aux couches, dans les déplacements de l'utérus, les engorgements chroniques du col de cet organe, les fleurs blanches, la stérilité, l'aménorrhée, la dysménorrhée, la métrorrhagie, lorsque toutefois ces affections peuvent être attribuées à un état de faiblesse générale ou locale.

M. Gaudet, médecin inspecteur à Dieppe, assure qu'il ne connaît pas de moyen plus sûr que les bains de mer réunis aux affusions pour guérir les céphalées, les hémicranies, les névralgies de la tête ; cette association des affusions aux bains marins est indispensable, car l'emploi isolé de l'un de ces moyens, ou du moins sans l'immersion totale du corps, augmente la douleur quand elle existe, ou bien la rappelle quand elle est dissipée. M. Gaudet a constaté aussi qu'un accès de névralgie, quelque violent qu'il soit, peut être arrêté par un bain de mer.

Ce bain réussit souvent dans les gastralgies avec constipation habituelle, dans les douleurs intestinales avec ou sans diarrhée, dans les affections hystériques, hypocondriaques, la chorée, etc.

Le médecin que nous venons de citer ne craint pas d'admettre que la toux qui n'est liée à aucune cause héréditaire, ni à une conformation vicieuse du thorax, ni à une lésion pulmonaire confirmée, doit cesser le plus souvent par l'usage bien entendu du bain de mer. Malgré les faits qu'il cite à l'appui de son opinion, nous pensons que c'est avec une extrême réserve qu'il faut employer une pareille médication, parce qu'on n'est jamais certain de produire une réaction assez prompte pour s'opposer à la congestion pulmonaire : on sait de plus que l'air marin est très-pernicieux aux personnes atteintes de maladies de poitrine.

Si les bains de mer sont avantageux dans la paraplégie, ils ne nous paraissent pas également utiles dans la paralysie cérébrale ; parce que le saisissement occasionné par le froid du bain peut provoquer un coup de sang.

M. Gaudet cite plusieurs observations qui tendent à prouver que les bains de mer peuvent réussir dans certaines névroses de la vue, la blennorrhée, les pertes séminales involontaires, l'atonie de la peau, la débilité musculaire, dans quelques rhumatismes, dans les dartres farineuses, les éphélides, les varices des jambes et la faiblesse des articulations qui succède aux entorses, luxations ou fractures.

*Mode d'administration.* En boisson, l'eau de mer est prescrite à la dose d'un ou deux verres pour purger les adultes et de deux à trois cuillerées pour les enfants ; malgré sa saveur saumâtre, elle excite rarement le vomissement.

Des lavements d'eau de mer sont un moyen sûr pour obtenir des évacuations alvines.

Les injections et les douches vaginales avec l'eau de mer sont employées avec avantage dans la leucorrhée, les déplacements de l'utérus et les engorgements du col de cet organe, pourvu qu'il n'y ait point d'irritation dans ces parties.

Nous avons dit que les *affusions* d'eau de mer étaient une ressource précieuse dans les névralgies faciales. Cette opération consiste à verser avec une certaine lenteur sur la tête une quantité déterminée de seaux d'eau de mer. Les affusions sont administrées seules ou concurremment avec les bains *à la lame* ou bien pendant qu'on prend le bain de mer chauffé.

Ces bains d'*eau marine chauffée* peuvent être comparés aux eaux salines thermales; ils sont prescrits toutes les fois que certaines conditions de l'âge, de la maladie, de la susceptibilité, du moral des baigneurs et l'état atmosphérique, empêchent de pratiquer la mer. Ils sont administrés ordinairement à la température de 31 à 32°,5 cent., qu'on abaisse jour par jour jusqu'à celle de 25 ou 22°,5 cent.

Il en est des bains de mer comme des eaux minérales; leurs effets avantageux ne sont souvent que consécutifs, c'est-à-dire ne se manifestent que plus ou moins de temps après la saison. Ce résultat a lieu très-souvent chez les enfants scrofuleux et chez les femmes affectées de maladies utérines.

M. Gaudet a remarqué que les individus qui quittent les établissements thermaux pour venir se baigner à la mer éprouvent toujours des effets nuisibles de l'air marin; il rapporte l'histoire d'une dame très-nerveuse qui, déjà excitée par les eaux de Néris, se baigna peu après son arrivée à Dieppe; elle fut atteinte immédiatement d'une violente névralgie faciale.

L'eau de mer se décompose promptement et s'altère par le transport.

*De tabe glandulari, sive de usu aquæ marinæ in morbis glandularum*, par Russel.

*Observations pratiques sur les bains d'eau de mer*, par Buchan; ouvrage traduit de l'anglais, par Rouxel. Paris, 1812.

*Dissertation sur l'emploi externe et interne de l'eau de mer*, par M. Le François. (Thèse; Paris, 1812.)

*Manuel hygiénique et thérapeutique des bains de mer*, par Assegond; in-12.

*Manuel des bains de mer, leurs avantages et leurs inconvénients*, par
M. Blot ; 1828, in-12.

*Journal des bains de mer de Dieppe, ou Recherches et Observations
sur l'usage hygiénique et thérapeutique des bains de mer*, par Mourgué,
ancien médecin inspecteur à Dieppe ; 1823.

*Considérations générales sur l'utilité des bains de mer dans le trai-
tement des difformités du tronc et des membres*, par Mourgué.

*Recherches sur les effets et le mode d'action des bains de mer* ( *Gazette médicale de Paris*, 1830 ).

*Nouvelles recherches sur l'usage et les effets des bains de mer*, par
le docteur Gaudet, 2ᵉ édition; Paris, 1836 ; 172 pages.

## ROSHEIM ( département du Bas-Rhin ).

Ville située sur la Nagel, dans un vallon charmant, peuplée
de 4,000 habitants, à environ 6 lieues de Strasbourg et 7 de
Sélestat. Les environs présentent de riches paysages, et
un grand nombre de promenades où l'on voit des ruines
de plusieurs anciens châteaux. C'est dans la partie la
plus élevée de la ville qu'on a formé un établissement de
bains, qui consiste en un vaste bâtiment à deux étages et qui
est fréquenté par les malades des environs depuis plusieurs
années. On y trouve une table bien servie et des logements
commodes, à des prix modérés.

*Source.* Elle est renfermée dans une espèce de pavillon couvert; ses eaux sont reçues dans un bassin en pierre de taille.

*Propriétés physiques.* L'eau est limpide, inodore, développe
une saveur âpre, astringente, et laisse à la bouche une impression particulière qui persiste pendant plusieurs heures.
La quantité d'eau fournie par la source est de 1 mètre cube
par 24 heures. Sa température est de 15° cent.

*Analyse chimique.* On doit à M. Caze, professeur à la Faculté
de médecine de Strasbourg, et à MM. Persoz et Fargeaud,
professeurs à la Faculté des sciences de la même ville, l'analyse des eaux de Rosheim ; voici le résultat de leurs expériences :

Eau (1 litre).

| | III. |
|---|---|
| Acide carbonique. . . . . . . . . | 0,015 |

| | gr. |
|---|---|
| Carbonate de chaux. . . . . . . | 0,1594 |
| — de magnésie. . . . | 0,0736 |
| — de lithine. . . . . . | 0,0114 |
| Sulfate de lithine. . . . . . . | 0,0028 |
| — de magnésie. . . . . | 0,0177 |
| Nitrate de magnésie. . . . . . | 0,0093 |
| — de potasse. . . . . . . | |
| Chlorure de sodium. . . . . . | 0,0085 |
| Silice. . . . . . . . . . . . | 0,0090 |
| Matière organique. . . . . . . | 0,0012 |
| Carbonate de soude. . . . . . | traces. |
| | 0,2929 |

Cette analyse est remarquable par la présence de la *lithine* et par celle des nitrates de potasse et de magnésie, qui se rencontrent rarement dans les eaux minérales, si l'on excepte toutefois certaines eaux de la Hongrie et celle de Saint-Alban qui contient du nitrate de chaux. L'habileté bien connue des professeurs à qui elle est due ne nous permet pas de douter de l'exactitude de ses résultats.

*Propriétés médicales.* On voit tous les ans affluer dans l'établissement un assez grand nombre de personnes atteintes d'affections nerveuses, rhumatismales et calculeuses; ces maladies sont le plus souvent soulagées par l'emploi des eaux prises en boisson et en bains. On trouve dans l'établissement trente-six baignoires en zinc, ainsi que des appareils pour les douches et les bains de vapeur.

### AVAILLES ou ABSAC ( département de la Charente ).

Petite ville sur la rive gauche de la Vienne, à 2 lieues de Confolens, 11 de Poitiers. On y trouve des eaux minérales qui sont assez fréquentées pour avoir un médecin inspecteur. Situées au pied d'une petite montagne à mille pas de la ville, elles sont renfermées dans trois bassins, dont l'un contient des boues noires, épaisses et fétides, qu'on emploie en topiques. On évalue à 80 hectolitres le volume d'eau fourni par les sources dans l'espace de douze heures.

L'eau est froide, limpide, pétillante, inodore; sa saveur est légèrement salée et amère. Analysée par M. O. Henry, elle a fourni :

Eau ( 1 litre ).

| | |
|---|---|
| Acide carbonique. . . . . . . . } | quant. indéterminée. |
| Air atmosphérique riche en azote. } | |

gr.

| | |
|---|---|
| Bi-carbonate de chaux. . . . . } | 0,032 |
| — de magnésie. . . } | |
| Chlorure de calcium. . . . . . } | 0,671 |
| — de magnésium. . . . } | |
| — de sodium. . . . . . | 2,250 |
| Sulfate de chaux. . . . . . . . | 0,095 |
| — de soude. . . . . . . . | 0,025 |
| Matière organique soluble et in-soluble. . . . . . . . . . . | 0,017 |
| Silice et oxyde de fer. . . . . | traces. |

3,090

Ces eaux sont diurétiques et laxatives; on les regarde comme propres au traitement des fièvres quartes, des engorgements des viscères du bas-ventre, des fleurs blanches, des pâles couleurs, des maladies des voies urinaires, de l'atonie de l'estomac, etc. On boit les eaux d'Availles le matin à jeun, à la dose de deux verres d'abord, jusqu'à deux litres. —Elles s'altèrent par le transport.

*Dissertation sur les eaux minérales d'Availles*, par M. de Launay ; 1771, in-12.

### PRÉCHAC ( département des Landes ).

Village à 3 lieues de Dax, une lieue de Poyane. Cet endroit est insalubre. On n'y trouve qu'un établissement en mauvais état : aussi n'est-il fréquenté que par la classe la moins aisée du peuple. — Les eaux minérales sont situées sur la rive gauche de l'Adour, à une demi-lieue de Préchac ; elles sont conduites dans l'édifice thermal, et sont reçues dans un bassin commun où les malades se baignent.

*Propriétés physiques.* L'eau a un goût piquant, désagréable, nauséabond ; elle est très-limpide et répand une odeur d'hydrogène sulfuré.

*Analyse chimique.* Elle est due à MM. Thore et Meyrac :

Eau ( 1 litre ).

|  | gr. |
|---|---|
| Chlorure de magnésium. . . . | 0,116 |
| — de sodium. . . . . . | 0,334 |
| Sulfate de soude. . . . . . . | 0,318 |
| — de chaux. . . . . . . | 0,292 |
| Carbonate de chaux. . . . . | 0,011 |
| Silice. . . . . . . . . . . | 0,016 |
|  | 1,087 |

*Propriétés médicales.* M. Dufau recommande les eaux de Préchac dans les rhumatismes chroniques, etc. Il considère les boues comme propres à achever les guérisons que les bains auraient laissées imparfaites.

*Abrégé des propriétés des eaux minérales de Préchac*, par Dufau ; 1761.

*Mémoire sur les eaux de Dax, Préchac*, etc., par MM. Thore et Pierre Meyrac ; 1809, in-8.

POUILLON ( département des Landes ).

Bourg à 2 lieues de Dax, 7 de Bayonne ; on trouve à 400 pas de la métairie dite *Sallenave*, sur le bord d'un ruisseau, une source minérale qui jaillit dans un bassin, et qui dépose dans son trajet un limon ocreux. — L'eau est claire, inodore, pétillante, d'une saveur très-salée et amère ; exposée à l'air, elle ne se trouble pas ; sa température est constamment de 20° cent. La source fournit une grande quantité d'eau ; cette abondance ne varie pas.

*Analyse chimique.* Elle a été faite par Venel, Mitouart et Costel, et plus récemment par M. Meyrac, qui a obtenu les résultats suivants :

Eau ( 1 litre ).

|  | gr. |
|---|---|
| Chlorure de sodium. . . . . . . | 1,359 |
| — de magnésium. . . . . | 0,043 |
| Carbonate de chaux. . . . . . . | 0,057 |
| Sulfate de chaux. . . . . . . | 0,492 |
|  | 1,951 |

*Propriétés médicales.* Massies, ancien intendant des eaux de Pouillon, les recommande contre les fièvres intermittentes, les maux de tête habituels, les maladies chroniques de l'estomac, l'anasarque, l'asthme humide, les affections hypocondriaques, la jaunisse, les pâles couleurs. D'après M. Dufau, on doit s'abstenir de ces eaux dans l'asthme convulsif, les palpitations, les engorgements invétérés des viscères, les coliques néphrétiques. Elles sont nuisibles à ceux qui ont la poitrine délicate et à ceux qui ont un tempérament sanguin.

Raulin fait un parallèle de ces eaux avec celles de Sedlitz et de Seidschutz, et ce parallèle le conduit à donner la préférence aux eaux de Pouillon ; M. Dufau ne partage pas ce sentiment.

A la dose de trois verres chaque matin, les eaux de Pouillon sont *altérantes* et stomachiques; elles facilitent la digestion. On peut déjeûner une heure après les avoir bues; souvent l'état des malades exige qu'on les coupe avec partie égale d'eau commune. A la dose d'un litre, ces eaux sont laxatives, et les évacuations qu'elles provoquent ne sont pas suivies de faiblesse.

*Traité analytique des Eaux minérales*, par Raulin; 1774, in-12. Le sixième chapitre concerne les eaux de Pouillon.

*Analyse des eaux de Pouillon*, par M. Meyrac (*Journal de Pharmacie*, tome Ier).

### SAUBUSE ( département des Landes ).

Les eaux et les boues thermales de Saubuse, connues sous le nom de *bains de Joannin*, sont situées sur la rive droite et à une demi-lieue de l'Adour, au milieu d'une lande marécageuse, à 2 lieues de Dax, et à quelques centaines de pas d'un moulin dit *Joannin*. Quoiqu'on ne trouve dans cet endroit aucun établissement, les bains sont néanmoins très-fréquentés, durant l'été et une partie de l'automne, par les habitants des pays voisins.

*Source.* La source où l'on se baigne est un bourbier, où il existe à peine un mètre d'eau; le reste est une vase très-onctueuse, qui n'est que de la tourbe délayée dans l'eau thermale.

*Propriétés physiques.* L'eau n'a pas de mauvais goût, ni d'odeur désagréable; son abondance et sa limpidité varient beaucoup; sa chaleur et celle des boues est de 31°, 2 cent.

*Analyse chimique.* Elle a été faite par MM. Thore et Meyrac.

Eau (1 litre).

| | gr. |
|---|---|
| Chlorure de magnésium. . . . | 0,047 |
| — de sodium. . . . . . | 0,080 |
| — de calcium. . . . . . | 0,095 |
| Sulfate de chaux. . . . . . . | 0,048 |
| Substance gélatineuse attirant l'humidité atmosphérique. . | 0,010 |
| | 0,280 |

*Propriétés médicales.* On ne fait usage de ces eaux qu'à l'extérieur, dans les rhumatismes chroniques, les douleurs vagues, les engorgements articulaires. Hommes et femmes, jeunes et vieux, tous les valétudinaires s'enfoncent dans les boues thermales jusqu'aux épaules. Les baigneurs assurent que la chaleur de ce bain est douce, agréable, et calme leurs souffrances.

*Mémoire sur les eaux de Dax, de Saubuse,* etc., par MM. Thore et Meyrac; 1809, in-8.

JOUHE ( département du Jura ).

Village à une lieue de Dôle. On fréquente les eaux minérales que l'on y rencontre depuis le mois de juin jusqu'au mois de septembre; on les prend pendant quinze jours ou trois semaines.

*Source.* Elle est dans un pré voisin du village, près du chemin d'Auxonne. On l'appelait autrefois *puits de la Muyre.* Elle est remplie de joncs et de roseaux.

*Propriétés physiques.* L'eau est très-limpide, a une faible odeur de marécage; sa saveur est fade, légèrement salée, laissant un arrière-goût métallique; sa température est 10°, 50 cent., celle de l'atmosphère étant à 8°, 50 cent.

*Analyse chimique.* On la doit à M. Massonfour, pharmacien à Auxonne.

Eau (1 litre).

Acide carbonique. . . . . . . .　quantité indéterminée.

| | gr. |
|---|---|
| Chlorure de sodium. . . . . . | 0,7969 |
| — de magnésium. . . . | 0,4780 |
| Soude excédante. . . . . . . | 0,0424 |
| Magnésie. . . . . . . . . . | 0,0531 |
| Carbonate de chaux. . . . . . | 0,1593 |
| Sulfate de chaux. . . . . . . | 0,3824 |
| | 1,9121 |

*Propriétés médicales.* Prises en boisson, les eaux de Jouhe produisent quelquefois les premiers jours des vomissements ou la diarrhée. On les emploie dans les maladies cutanées, les engorgements des viscères, etc.

*Analyse des eaux de Jouhe*, etc., par C.-J. Normand; 1740, in-12. L'auteur préconise les eaux de Jouhe dans un très-grand nombre de maladies.

*Analyse des eaux de Jouhe*, par M. Massonfour (*Bulletin de Pharmacie*, juillet 1809).

### MIERS (département du Lot).

Village à 9 lieues de Cahors, près de la Dordogne. L'établissement n'offre ni baignoires, ni appareil pour les douches; aussi n'est-il fréquenté que par les habitants des cantons voisins. Il y a un médecin inspecteur. — La source est située au pied d'une montagne; l'eau est froide. Analysée à Paris, elle a fourni à M. O. Henry :

Eau (1 litre).

Acide carbonique. . . . . . .　quantité indéterminée.

| | gr. |
|---|---|
| Bi-carbonate de chaux. . . . . . | 0,213 |
| — de magnésie. . . . | 0,120 |
| — de soude. . . . . . | 0,071 |
| Sulfate de chaux. . . . . . . . | 0,954 |
| — de soude. . . . . . . | 2,675 |
| Chlorure de magnésium. . . . . | 0,750 |
| — de sodium. . . . . . | 0,020 |
| Silice. . . . . . . . . . . . . | 0,480 |
| Alumine. . . . . . . . . . . . | 0,037 |
| Oxyde de fer. . . . . . . . . . | 0,030 |
| Matière organique. . . . . . . | 0,015 |
| | 5,365 |

*Propriétés médicales.* L'eau de Miers est laxative; elle est employée avec succès dans les affections chroniques des organes abdominaux, et particulièrement dans les maladies anciennes du foie, de la rate, l'atonie des organes gastriques, les fièvres intermittentes rebelles. Elle est nuisible, lorsqu'il existe des signes d'inflammation.

On use de l'eau de Miers seulement en boisson à la dose d'un à deux litres dans la matinée. On peut la chauffer au bain-marie.

Le nombre des malades qui se rendent annuellement à Miers est, terme moyen, de cinq cent cinquante; le propriétaire à qui appartient la source perçoit par an 5,000 francs, soit de la consommation locale, soit des envois qui ont lieu au-dehors.

### SALCES (département des Pyrénées-Orientales).

Village à 2 lieues de Perpignan. On trouve près de la grande route de Narbonne deux sources aussi remarquables par leur volume que par leur richesse en principes salins : l'une se nomme *Font-Estramé*, l'autre *Font-Dame*. Elles surgissent à un

quart de lieue l'une de l'autre : leur abondance est si considérable qu'elles alimentent des usines. L'eau de la fontaine
Estramé est limpide, sans odeur, d'une saveur fortement salée
et amère; on ne remarque ni dégagement gazeux à son bouillon
ni sédiment dans son cours; sa température est de 19° cent.,
celle de l'atmosphère étant à 21°. Analysée par M. Anglada,
elle a fourni :

Eau (1 litre).

Acide carbonique. . . . . . . . .   quantité indéterminée.

|  |  |
|---|---|
|  | gr. |
| Chlorure de magnésium. . . . | 0,516 |
| — de sodium. . . . . . | 1,727 |
| Sulfate de soude. . . . . . . . | 0,096 |
| — de magnésie . . . . . . | 0,075 |
| — de chaux. . . . . . . . | 0,169 |
| Carbonate de chaux. . . . . . | 0,066 |
| Silice. . . . . . . . . . . . . | 0,010 |
|  | 2,659 |

D'après les principes que contient l'eau de Salces, on ne
peut méconnaître sa grande analogie avec l'eau de la mer.
Il n'est pas prudent d'aller boire cette eau à la source, à cause
du voisinage des étangs, mais elle est du nombre de celles
que l'on peut transporter au loin, sans que leurs vertus en
soient dénaturées.

*Traité des eaux minérales des Pyrénées-Orientales*, par J. Anglada;
1833. On trouve dans le tome II, page 329, un article sur les eaux de
Salces et sur les eaux salines de Tautavel, de Saint-Paul-de-Fenouillèdes
et de Neffiach.

**SANTENAY** (département de la Côte-d'Or).

Petit bourg situé au pied de la montagne d'Urselle, à 4 lieues de Beaune et sur la grande route de Dijon à Châlons-sur-Saône. On trouve une source minérale à mille pas du bourg, dans un pré, près du pont de Chély. —L'eau est incolore, diaphane, inodore; sa saveur est manifestement salée, ensuite légèrement amère, un peu nauséeuse; les environs de la source offrent un dépôt ocracé. — Analysée par M. Massonfour, cette eau a fourni :

Eau (1 litre).

|  | gr. |
|---|---|
| Chlorure de calcium. . . . . . | 0,2618 |
| — de magnésium. . . . | 0,1342 |
| — de sodium. . . . . . | 4,4185 |
| Sulfate de soude sec. . . . . . | 3,2463 |
| Carbonate de chaux. . . . . | 0,4400 |
| Sulfate de chaux. . . . . . | 0,2200 |
| Matière animale et perte. . . . | 0,0800 |
|  | 8,8008 |

L'eau de Santenay est peu employée; la grande quantité de chlorure de sodium et de sulfate de soude qu'elle contient doivent la rendre purgative.

*Notice sur la fontaine minérale de Santenay*, par M. Massonfour (*Journal de Pharmacie*, juillet et août 1823, page 369).

**BÉTAILLE** ( département de la Corrèze ).

Village situé à environ 3 lieues de la ville d'Argentat et à 5 lieues de Tulle. Au nord et à 100 toises de ce village, on a découvert en 1818, dans un vallon, une fontaine qui exhale une odeur d'hydrogène sulfuré très-marquée et qui donne constamment un filet d'eau de 10 lignes de diamètre. L'eau est froide, limpide, a un goût de sulfure et dépose dans le bassin une matière muqueuse de couleur ocracée. Son analyse a été faite par M. O. Henry.

Eau ( 1 litre ).

|                                | lit.   |
| ------------------------------ | ------ |
| Acide carbonique libre. . . . . . | 0,040  |
| Azote. . . . . . . . . . . . . | traces. |

|                                    | gr.    |
| ---------------------------------- | ------ |
| Bi-carbonate de chaux. . . . . . | 0,048  |
| Sulfate de soude. . . . . . . . |        |
| — de chaux. . . . . . . . |        |
| Chlorure de sodium. . . . . . | 0,014  |
| — de magnésium. . . . |        |
| Oxyde de fer. . . . . . . . . | 0,032  |
| Matière végétale organique. . . . | 0,020  |

0,114

On assure que cette eau porte à la peau; on lui prête la guérison d'ophthalmies rebelles, de gastrite chronique, d'obstructions à la suite des fièvres intermittentes, etc. Trois cents malades sont venus prendre les eaux en 1822.

## MARTIGNÉ-BRIANT ( Département de Maine-et-Loire ).

Bourg à une lieue de Chevagne et 5 d'Angers. On trouve dans un vallon voisin des eaux minérales assez fréquentées pour avoir un médecin inspecteur.

Les sources, connues autrefois sous le nom de *Joannette*, présentent dans leurs environs des couches d'ocre, des pierres poreuses exhalant une odeur de foie de soufre, et plusieurs substances végétales noirâtres ayant la même odeur. Elles sont au nombre de quatre, d'après Linacier; mais on en distingue particulièrement deux, dont l'une se nomme *source Martiale* et l'autre *source Chaude*. Les deux autres, qui sont salines et froides, ne paraissent pas être utilisées.

La première, froide, limpide, a un goût austère, ferrugineux et salin; la seconde a une légère odeur sulfureuse et une saveur nauséabonde ; sa température est de 21°, 2 cent., celle de l'atmosphère étant à 16°, 2 cent.

D'après une note que nous a remise M. Ollivier (d'Angers), la source Martiale paraît contenir du sulfate de fer, du sulfate de soude, etc. ; la source Chaude tient en dissolution un sulfure alcalin assez abondant.

Les eaux de la source Martiale sont prescrites dans les différents dérangements de l'estomac, l'inappétence, les vomissements nerveux, les fièvres intermittentes, les fleurs blanches, les diarrhées invétérées. Linacier a employé avec succès l'eau sulfureuse dans les catarrhes pulmonaires chroniques et dans les affections cutanées anciennes.

*Traité analytique des Eaux minérales*, par Raulin ; 1774. Le chap. xi^e du second volume traite des eaux de *Joannette*.

### PROPIAC (département de Vaucluse).

Nous ne possédons aucun renseignement sur cette source, dont l'eau a été analysée par M. O. Henry. Cette eau envoyée à l'académie de Médecine était devenue dans les bouteilles très-hydrosulfatée par suite de la réaction de la matière organique sur le sulfate de chaux. En voici l'analyse :

Eau ( 1 litre ).

| | |
|---|---|
| Acide carbonique. . . . . . . . | quantité indéterminée. |
| | gr. |
| Bi-carbonate de chaux. . . . . | 0,150 |
| Sulfate de chaux. . . . . . . . | 1,000 |
| — de magnésie. . . . . . } | 0,350 |
| — de soude. . . . . . . . } | |
| Chlorure de magnésium. . . . | 0,170 |
| — de sodium. . . . . . | 0,050 |
| Alumine, silice, oxyde de fer. . | 0,150 |
| Matière organique. . . . . . . . | 0,130 |
| | 2,000 |

### BIO ( département du Lot ).

On trouve dans cette commune deux sources nommées *La-garde*, appartenant à deux particuliers. Analysées par M. O. Henry, elles ont offert beaucoup d'analogie dans leur composition.

Eau (1 litre).

|  | lit. |
|---|---|
| Acide carbonique. . . . . . . . | 0,078 |
| — hydrosulfurique. . . . . | 0,012 |

|  | gr. |
|---|---|
| Bi-carbonate de chaux. . . . . | 0,401 |
| — de magnésie. . . . | 0,097 |
| Sulfate de chaux. . . . . . . . | 1,732 |
| — de soude. . . . . . . . | 0,688 |
| — de magnésie. . . . . . . | 0,286 |
| Chlorure de calcium. . . . . . } | traces. |
| — de potassium. . . . . } | |
| — de magnésium. . . . | 0,078 |
| — de sodium. . . . . . | 0,104 |
| Silice et oxyde de fer. . . . . . | 0,028 |
| Matière organique azotée. . . . | 0,076 |
| Soufre. . . . . . . . . . . . | traces inappréciables. |
|  | 3,490 |

### CHELTENHAM ( Angleterre ).

Ville du comté de Glocester, à 39 lieues de Londres. Il y existe trois espèces de sources froides; les unes sont salines sulfureuses, les autres purement salines, les troisièmes salines ferrugineuses.

Voici, d'après MM. Parkes et Brandes, l'analyse de ces sources :

Eau ( 1 litre ).

| SUBSTANCES contenues DANS LES EAUX. | EAU SALINE. | EAU FERRUGINEUSE | EAU SULFUREUSE. |
|---|---|---|---|
| | | litre. | |
| Acide carbonique. . . . . . . | » | 0,087 | 0,052 |
| — hydro-sulfurique. . . . | » | » | 0,087 |
| Chlorure de sodium. . . . . . | 6,844 | 5,654 | 4,791 |
| Sulfate de soude. . . . . . . | 2,053 | 3,107 | 3,2,7 |
| — de magnésie . . . . . | 1,506 | 0,821 | 0,688 |
| — de chaux. . . . . . . | 0,616 | 0,342 | 0,165 |
| Carbonate de soude. . . . . . | » | 0,068 | » |
| Oxyde de fer. . . . . . . . . | » | 0,109 | 0,041 |
| | 11,019 | 10,101 | 8,902 |

Ces eaux, dont le chlorure de sodium est le principe dominant, sont essentiellement purgatives : les eaux salines ont le plus d'activité ; on les boit à la dose d'un à trois litres, mais, en général, une livre ou même une demi-livre de cette eau suffit pour produire l'effet purgatif.

Ces eaux sont employées dans plusieurs maladies chroniques, particulièrement dans les engorgements du foie et des autres viscères abdominaux.

On fait en Angleterre beaucoup de *sels factices* de Cheltenham qui sont préparés différemment, comme le prouvent les analyses de M. Planche. Le sel de Henry Thomson ne contient que du sulfate et du muriate de soude ; dans un autre sel de Cheltenham, qui a joui d'une grande vogue, il a été trouvé du sulfate de soude, du muriate de soude et du sulfate de magnésie en quantité notable.

*Notice sur différents sels de Cheltenham usités en Angleterre, et sur les eaux de Cheltenham, par M. Planche (Journal de Pharmacie, tome VI, page 497).*

## SEDLITZ ( Bohême ).

Village à 9 milles de Prague; il est devenu célèbre par la source minérale qu'Hoffmann fit connaître en 1721.

*Propriétés physiques.* Les eaux de Sedlitz sont limpides, transparentes; leur odeur est nulle; leur goût est amer et salé. Leur température est de 15° cent.; leur pesanteur spécifique, de 1,016.

*Analyse chimique.* Elle a été faite par M. Bouillon-Lagrange.

### Eau ( 1 litre ).

|  | lit. |
|---|---|
| Acide carbonique. . . . . . . . | 0,068 |

|  | gr. |
|---|---|
| Sulfate de magnésie. . . . . . | 31,820 |
| — de soude. . . . . . . . | 0,730 |
| — de chaux. . . . . . . . | 0,581 |
| Carbonate de chaux. . . . . . | 0,220 |
| — de magnésie. . . . | 0,141 |
| Matière résineuse. . . . . . . | 0,084 |
|  | 33,576 |

*Propriétés médicales.* Les eaux de Sedlitz sont fréquemment employées dans tous les cas où l'on veut produire une purgation légère. Hoffmann les recommande dans les engorgements des viscères du bas-ventre, les fièvres intermittentes rebelles; il les conseille surtout aux hypocondriaques, et dans les cas de constipation opiniâtre.

La dose ordinaire était, du temps d'Hoffmann, d'un demi-

litre ou d'une livre ; il paraît , d'après l'effet actuel de ces eaux ,
que depuis cette époque elles ont perdu de leur vertu purgative , puisqu'il en faut un litre pour les tempéraments ordinaires , et encore on ajoute souvent à cette dose quelques
gros de sel de Sedlitz. On fait quelquefois chauffer l'eau
au bain-marie, avant d'en faire usage.

## SEIDSCHUTZ (Bohême).

Bourg peu éloigné de Sedlitz. Hoffmann considérait les eaux
qui sourdent en ce lieu comme appartenant à la même source
que celles de Sedlitz. — Leurs propriétés physiques sont semblables. Analysée par Bergman, l'eau de Seidschutz contient :

Eau (1 litre).

|  |  |
|---|---|
|  | lit. |
| Acide carbonique. . . . . . . . | 0,040 |
|  | gr. |
| Sulfate de magnésie. . . . . . | 20,226 |
| — de chaux. . . . . . . . | 0,576 |
| Chlorure de magnésium. . . . | 0,512 |
| Carbonate de chaux. . . . . . | 0,144 |
| — de magnésie. . . . | 0,294 |
|  | 21,752 |

Les eaux de Seidschutz conviennent dans les mêmes cas
que les eaux de Sedlitz.

## PULLNA (Bohême).

Petit village situé auprès de Brux , à quelques lieues de
Sedlitz et de Seidschutz ; la source minérale est abondante ;
sa température , à son point d'émergence , est de 8°, 25 cent.
L'eau, au moment où elle vient d'être puisée , est claire , et
offre une teinte verdâtre. Elle a été analysée par M. Barruel.

Eau ( 1 litre ).

Acide carbonique. . . . . . . ⌐ quantité indéterminée.

| | gr. |
|---|---|
| Sulfate de magnésie. . . . . . | 33,556 |
| — de soude. . . . . . . . | 21,889 |
| — de chaux. . . . . . . | 1,184 |
| Carbonate de chaux. . . . . . | 0,010 |
| — de fer. . . . . . . . | 0,001 |
| — de magnésie. . . . . | 0,540 |
| Chlorure de sodium. . . . . . | 3,000 |
| — de magnésium. . . . | 1,860 |
| Matière analogue au mucus. . | 0,400 |
| | 62,440 |

L'eau de Pullna contient plus de principes actifs que celles de Sedlitz et de Seidschutz. Elle renferme en plus du carbonate de fer, des chlorures de sodium, de magnésium, et une matière analogue au mucus. Elle agit d'une manière plus active sur l'économie, et deux à trois verres suffisent pour purger.

## HEILBRUNN ( Bavière ).

Village près de Tolz, dans l'Oberland bavarois ; on y voit une source minérale dans laquelle M. Vogel ( de Munich ) a découvert en 1825 de l'hydriodate de soude. Cette analyse a été répétée par M. Dingler d'Augsbourg, et récemment par M. Barruel. Voici le résultat obtenu par ce dernier chimiste :

Eau ( 1 litre ).

| | lit. |
|---|---|
| Hydrogène carboné. . . . . . . | 0,025 |
| Acide carbonique. . . . . . . . | 0,005 |

|  | gr. |
|---|---|
| Chlorure de sodium. . . . . . . . | 3,928 |
| Iodure de sodium. . . . . . . . . | 0,098 |
| Bromure de sodium. . . . . . . . | 0,032 |
| Carbonate de soude. . . . . . . | 0,506 |
| — de chaux. . . . . . . | 0,054 |
| Sulfate de soude. . . . . . . . | 0,048 |
| Carbonate de magnésie. . . . . | 0,025 |
| Peroxyde de fer, représentant du carbonate de protoxyde. . | 0,006 |
| Silice. . . . . . . . . . . . . . . | 0,013 |
| Matière organique. . . . . . . . | traces. |
|  | 4,710 |

Les habitants des cantons voisins d'Heilbrunn emploient avec avantage cette eau minérale dans les engorgements glanduleux, dans les affections scrofuleuses, et notamment dans le goître. Les succès qu'on en a obtenus contre cette maladie sont si marqués que celle-ci n'est pas connue dans l'endroit où se trouve la source, tandis qu'elle est extrêmement fréquente dans les environs.

L'eau d'Heilbrunn est bue depuis un verre jusqu'à quatre. Il est utile de la faire chauffer au bain-marie. Elle a l'avantage de supporter le transport sans altération. On en trouve un dépôt à Paris.

# TROISIÈME PARTIE.

## PRÉCIS SUR LES EAUX MINÉRALES ARTIFICIELLES.

Après avoir étudié les propriétés physiques, chimiques et le mode d'action des eaux minérales naturelles, il n'est pas inutile de jeter un coup d'œil sur les eaux minérales factices, qui ont été considérées par quelques personnes comme égales, et même comme supérieures en vertus à celles que nous prodigue la nature. Si l'analyse nous faisait toujours connaître d'une manière exacte les éléments qui se trouvent dans les eaux naturelles; si les chimistes pouvaient reproduire fidèlement certains composés qui s'y rencontrent, il est évident que ces eaux seraient facilement imitées; mais, il faut l'avouer, la chimie est encore loin d'être parvenue à ce degré de précision. En effet, les sels que l'on obtient dans les opérations analytiques ne sont pas toujours ceux qui étaient tenus en dissolution dans l'eau. Si l'on en doutait, il suffirait de rappeler qu'une même eau ne fournit pas constamment les mêmes substances salines, selon qu'on varie ou modifie les procédés d'analyse (1). Il existe, en outre, dans beaucoup d'eaux minérales une matière organique végéto-animale connue sous le nom de glairine, barégine, que l'art ne peut pas imiter, et qui est loin d'être indifférente au succès des eaux. Ces raisons et beaucoup

_____

(1) Murray ( *Annales de Chimie et de Physique*, tome VI, page 159 ).

d'autres, sur lesquelles il est inutile d'insister, sont tellement convaincantes, que plusieurs chimistes recommandables (1) conviennent que, dans la plupart des cas, il est impossible d'imiter les eaux naturelles.

Toutefois, quoique les eaux factices ne soient pas comparables aux naturelles sous le rapport de leur composition et de leurs vertus, nous sommes loin de nier leur efficacité et les services éminents qu'elles rendent chaque jour à la thérapeutique. Nous pensons, au contraire, qu'elles constituent un médicament particulier dont l'action sur l'économie animale a besoin d'être étudiée, et qui peut être d'autant plus utile qu'on peut le préparer au moment où il est nécessaire, augmenter ou diminuer la proportion de ses principes, et le rendre par conséquent, à volonté, plus ou moins énergique.

Depuis la publication de l'ouvrage de Duchanoy en 1780, l'art de fabriquer les eaux minérales a subi des modifications importantes; amélioré en 1800 par MM. Paul, Tryaire et Jurine, il est parvenu de nos jours, grâce aux progrès récents de la chimie, à un grand degré de perfection, et est devenu un art tout à fait pharmaceutique. Les eaux minérales artificielles sont en effet des médicaments délicats, dont la préparation réclame beaucoup de soins, et ne peut être confiée qu'à des pharmaciens capables d'apporter à ce travail l'exactitude éclairée qu'il exige. C'est dans ce but que plusieurs pharmaciens distingués de Paris, MM. Planche, Boullay, Boudet, Cadet et Pelletier, ont entrepris eux-mêmes cette fabrication.

---

(1) Parmentier (*Dict. d'hist. natur.*, article Eaux minérales).
Figuier (*Analyse des eaux d'Ussat*).
Vauquelin (*Annales de chimie et de physique*, tome XXVIII).
M. Orfila (*Dict. de méd.*, 1re édit., article Eaux minérales).
M. Caventou (*Considérations sur l'eau de Seltz*, 1826).
M. Longchamp (*Annuaire des eaux minérales*, 1832).
M. Soubeiran (*Mémoire sur les eaux minérales artificielles*, 1836).

Le bel établissement qu'ils ont fondé à Paris, au Gros-Caillou, est remarquable par la simplicité des appareils, l'exactitude des procédés et la bonté des produits. Il serait peut-être convenable que tous les établissements qui s'occupent de ce genre de fabrication adoptassent un mode uniforme de préparation; les médecins pourraient alors mieux apprécier et comparer les effets de ces remèdes, dont la composition serait la même, de quelque fabrique qu'ils vinssent à sortir.

Sans entrer dans des détails sur la manière de composer les eaux minérales factices, détails que ne comportent pas les bornes de ce *Manuel*, nous allons jeter un coup d'œil sur les eaux minérales sulfureuses, acidules, ferrugineuses et salines artificielles, et sur les eaux qui n'ont point leur type dans la nature, telles que les eaux magnésiennes, le soda-water, etc.

I. *Eaux sulfureuses*. Naguère on n'admettait dans les eaux minérales, pour principes sulfureux, que de l'hydrogène sulfuré libre de toute combinaison, et il suffisait de charger l'eau d'une quantité plus ou moins grande de ce gaz et de substances salines pour composer des eaux sulfureuses destinées à la boisson. Les bains sulfureux se préparaient et se préparent souvent encore en versant dans un bain entier, au moment où le malade est prêt à y entrer, une solution de sulfure alcalin et une quantité convenable d'acide hydrochlorique étendu d'eau, liqueurs qui sont chacune renfermées dans une bouteille séparée; mais ces préparations ont l'inconvénient de rendre l'eau du bain trouble et jaunâtre par la précipitation du soufre, et de donner lieu à un dégagement assez considérable d'hydrogène sulfuré, souvent fort incommode. Ces bains sont en outre très-stimulants, dessèchent, irritent la peau, provoquent chez les malades de l'agitation et de l'insomnie; néanmoins, employés à propos, ils rendent des services importants dans les maladies cutanées avec inertie de la peau, les rhumatismes chroniques, la paralysie, les scrofules, la débilité générale, etc.

Mais depuis que M. Anglada a démontré que les eaux sulfureuses des Pyrénées sont minéralisées par l'hydrosulfate de soude, on a modifié heureusement la composition des bains sulfureux artificiels. C'est à M. Félix Boudet (1) que l'on doit le procédé pour introduire cette substance dans la composition des eaux sulfureuses factices pour boisson et pour bains.

Les eaux sulfureuses pour boisson, préparées avec ce sel et de l'eau distillée privée d'air, sont incolores, transparentes, présentent une composition toujours identique, et peuvent être chauffées sans inconvénient, ce qui permet à quelques malades de les digérer plus facilement (2). Mais pour les bains qu'on est obligé de préparer avec l'eau commune, la solution concentrée de l'hydrosulfate de soude, en précipitant la petite quantité de sels calcaires que cette eau contient toujours, donne au liquide du bain un aspect plus ou moins louche, qui ne diminue pas cependant les bons effets de cette préparation. En effet, ces nouveaux bains sulfureux répandent une odeur si faible que les malades peuvent les prendre à domicile sans être incommodés par l'odeur d'œufs couvis, et sans avoir la crainte de voir noircir les métaux et les papiers de tenture. Ces bains, qui sont moins énergiques que ceux dont nous avons parlé plus haut, donnent plus de souplesse à la peau, et, sous ce rapport, sont plus appropriés aux personnes irritables, et conviennent dans tous les cas où l'on redoute de produire une surexcitation trop vive.

II. *Eaux acidules.* De toutes les eaux minérales naturelles,

(1) *Journal de pharmacie*, 1831.

(2) A Paris, on fait rarement usage, pour boisson, de l'eau sulfureuse factice; on la remplace avec avantage par l'eau naturelle d'Enghien, qui, étant peu éloignée de la capitale, et supportant facilement le transport, peut être renouvelée fréquemment.

les acidules sont celles que la chimie est parvenue à imiter le plus exactement, avec d'autant plus de succès qu'elle peut modifier leur saturation à la volonté du médecin, et composer tantôt une eau plus douce que l'eau naturelle, tantôt une eau plus effervescente et plus active. On pourrait se contenter de charger l'eau de gaz acide carbonique sous la pression ordinaire; mais l'habitude qu'ont les consommateurs de boire des eaux mousseuses et sursaturées a fait imaginer des appareils de compression plus ou moins perfectionnés: tels sont ceux de MM. Planche, Bramah, et l'appareil de Genève.

Les eaux acidules, qui sont simplement chargées de gaz acide carbonique sans addition de substances salines, étant peu excitantes, peuvent calmer les spasmes de l'estomac, les vomissements nerveux, etc.

Les qualités et la saveur de l'eau de *Seltz factice* dépendent de la pureté de l'eau qui en fait la base, des soins que l'on apporte à sa préparation, de la quantité de gaz qu'on y fait dissoudre, et de l'union plus ou moins intime qu'elle contracte avec lui. L'eau de Seltz la plus usitée contient cinq fois son volume de gaz acide carbonique, qui exerce contre les bouchons des bouteilles une pression très-considérable. Aussi, lorsqu'on vient à couper la ficelle qui maintient le bouchon, celui-ci est ordinairement chassé avec force, et l'eau elle-même, violemment agitée par le gaz, s'élance avec impétuosité hors de la bouteille, si on ne la verse pas adroitement dans le verre. Pour vider l'eau d'une bouteille sans perdre de gaz, on peut se servir de l'instrument que nous avons indiqué (page 218).

Nous avons déjà dit (page 293) que l'eau de Seltz artificielle n'a pas les mêmes propriétés que l'eau naturelle. Cette différence, peu sensible chez l'homme sain, se fait particulièrement remarquer chez les personnes atteintes d'irritations gastriques. Toutefois, pendant l'épidémie désastreuse du choléra, cette eau minérale factice a rendu des services si incontestables, que son usage s'est popularisé surtout comme boisson d'agrément, et sa consommation s'étend sans cesse.

On sait que les eaux naturelles de Vichy sont remarquables par la grande quantité de bi-carbonate de soude qui entre dans leur composition, et qu'en rendant les urines alcalines, elles peuvent saturer l'acide urique de ce liquide, dissoudre les graviers et même les calculs vésicaux. Avant cette précieuse découverte, M. Robiquet avait déjà démontré qu'on obtenait les mêmes résultats sous l'influence d'une solution de bi-carbonate de soude. Sans nier l'utilité de l'eau de Vichy factice, nous devons faire observer que les malades supportent beaucoup mieux l'eau de Vichy naturelle que celle fabriquée par l'art. M. Charles Petit, en effet, a donné des soins à des goutteux et à des graveleux chez lesquels il a pu, sans qu'ils éprouvassent aucun inconvénient, et, au contraire, avec un grand avantage pour leur santé, porter la dose des eaux de Vichy jusqu'à vingt, vingt-cinq et même trente-cinq verres par jour; et si l'on réfléchit que chaque verre d'eau contient environ un gramme (dix-huit grains) de bi-carbonate de soude, on verra que quelques-uns de ces malades prenaient jusqu'à trente-cinq grammes (plus d'une once de ce sel), sans compter qu'ils en absorbaient par les bains qu'ils prenaient aussi régulièrement. L'expérience prouve qu'à des doses semblables le bi-carbonate de soude en dissolution dans l'eau ordinaire est pris avec répugnance par les malades, qui ne peuvent pas en outre en supporter une aussi grande quantité.

III. *Eaux ferrugineuses.* Nous avons déjà dit (*voy.* p. 318) que les eaux martiales naturelles conservées se décomposaient promptement, et que celles qui retiennent du fer en dissolution à la faveur d'un excès d'acide carbonique, l'abandonnent à mesure que le gaz s'échappe. Ce motif doit engager à préférer les eaux ferrugineuses artificielles aux eaux naturelles transportées, d'autant mieux que l'art peut à son gré augmenter la proportion des sels de fer, et approprier ces eaux, selon le désir du médecin, à la maladie et au malade.

IV. *Eaux salines.* On doit les distinguer en *altérantes* et en *purgatives.* Les premières, renfermant des substances gazeuses et salines unies à des matières végéto-animales, ne peuvent être que très-imparfaitement imitées. Il n'en est pas de même des eaux *purgatives* de Sedlitz, de Pullna, que l'art a si bien imitées, et même perfectionnées, qu'elles sont souvent préférables aux naturelles. En effet, des observations nombreuses ayant prouvé que le gaz acide carbonique masquait l'amertume de l'eau purgative et en rendait la digestion plus facile, les pharmaciens ont rendu cette eau effervescente, comme l'eau de Spa, de Seltz, etc. Aussi l'eau de Sedlitz factice est-elle devenue un des purgatifs les plus usités.

L'eau de mer n'est pas d'une imitation aussi facile, parce qu'elle contient des iodures, des bromures, des matières végétales et animales que rien ne peut remplacer. Les bains de mer artificiels ne sont cependant pas sans avantage pour les malades qui ne peuvent pas se transporter dans un port de mer; mais rien ne peut suppléer à l'air vif des localités maritimes, à la percussion des vagues sur tout le corps, etc., qui produisent de si heureux effets.

V. *Eaux minérales dont la nature n'offre pas de modèles.* Nous rangeons dans cet article, que nous empruntons à la notice de MM. Planche, Boullay et Boudet, les eaux magnésiennes saturée et gazeuse, le soda-water, l'eau alcaline gazeuse, etc.

L'eau *magnésienne saturée* est une dissolution limpide et non gazeuse de magnésie dans l'eau, à l'aide de l'acide carbonique. Elle offre le moyen le plus commode d'administrer la magnésie; chaque cuillerée à bouche représente trois à quatre grains de cette substance ; une bouteille entière en renferme deux gros. A la dose de deux verres, l'eau magnésienne est laxative. Cette médication convient aux personnes délicates, aux jeunes enfants ; pour corriger la légère amertume de l'eau magnésienne, on peut l'édulcorer avec du sirop de violette, qui ajoute en même temps à sa propriété purgative. L'eau magnésienne se conserve très-bien même en vidange. MM. Planche, Boullay et Boudet sont parvenus récemment à dissoudre six gros de magnésie dans vingt onces d'eau qu'ils rendent légèrement gazeuse, afin de masquer un peu sa saveur. Chaque verre de cinq onces contient un gros et demi de magnésie, de sorte que trois ou quatre verres de cette eau, pris dans la matinée, opèrent une purgation complète, sans irriter les intestins comme plusieurs autres purgatifs.

L'eau *magnésienne gazeuse simple* contient un gros de magnésie par bouteille ; la présence du gaz dans cette eau seconde l'action de la magnésie. Cette eau se prend par verres, soit pure, soit édulcorée ou coupée avec des tisanes.

*Eau de Seltz gommée.* Plusieurs médecins ont eu l'idée d'associer la gomme arabique à l'eau de Seltz ou à l'eau gazeuse simple. La dose de gomme est ordinairement de deux gros par bouteille.

*Limonade gazeuse.* La limonade chargée de gaz acide carbonique est une boisson agréable, rafraîchissante et d'une digestion facile, très-convenable pendant les chaleurs de l'été ; elle désaltère à petite dose et stimule en même temps légèrement l'estomac. Tous les sucs de fruits acides peuvent servir de base à des boissons analogues à la limonade gazeuse ; ainsi on en prépare à l'orange, à la groseille, à la framboise, etc.

Quant au *soda-water*, qui est une dissolution légère de bicarbonate de soude dans de l'eau chargée de gaz acide carbonique, nous en avons dit un mot page 226.

L'eau *alcaline gazeuse* ne diffère du soda-water que parce qu'elle contient trois fois autant de bi-carbonate de soude que lui, et que par conséquent elle est beaucoup plus active; aussi l'emploie-t-on comme lithontriptique.

Les *bains alcalins* consistent en une dissolution de sous-carbonate de soude; on les prescrit dans plusieurs maladies de la peau.

*Essai sur l'art d'imiter les eaux minérales*, par Duchanoy ; Paris, 1780.

*L'art de faire les eaux minérales*, par Laugier ; Paris, 1786.

*Notice sur les eaux minérales artificielles*, par MM. Planche, Boullay, Boudet, Cadet et Pelletier ; Paris, 1832, in-8, 48 pages.

*Mémoire sur les eaux minérales artificielles*, par M. Soubeiran ; Paris, 1836, in-8.

# QUATRIÈME PARTIE.

---

## ORDONNANCE ROYALE

QUI RÉGIT LES ÉTABLISSEMENTS D'EAUX MINÉRALES NATURELLES ET FACTICES.

Paris, le 18 juin 1823.

LOUIS, par la grâce de Dieu, ROI DE FRANCE ET DE NAVARRE,

A tous ceux qui ces présentes verront, SALUT :

Sur le rapport de notre ministre secrétaire d'état au département de l'intérieur,

Informé que l'exécution des lois et règlements sur l'administration et la police des eaux minérales est négligée ; que leurs dispositions ne sont point assez connues, faute d'avoir été rappelées et mises ensemble ; qu'il n'en a point été fait une suffisante application aux eaux minérales artificielles ;

Vu la déclaration du 25 avril 1772, les arrêts du conseil des 1er avril 1774 et 5 mai 1781, ainsi que l'article 11 de la loi du 24 août 1790, et l'article 484 du Code pénal, qui ont maintenu en vigueur ces anciens règlements ;

Vu les arrêtés du gouvernement des 18 mai 1799 (29 floréal an VII), 23 avril 1800 (3 floréal an VIII), 27 décembre 1802 (6 nivôse an XI), et la loi du 11 avril 1803 (21 germinal an XI) ;

Vu enfin ce qui concerne le traitement des inspecteurs, les lois des finances des 17 août 1822 et 10 mai 1823 ;

Considérant que les précautions générales à prendre et les garanties à exiger, dans l'intérêt de la santé publique, à l'égard des entreprises ayant pour but la fabrication ou le débit de médicaments quelconques, forment une des branches les plus importantes de la police administrative;

Que l'expérience n'a cessé de démontrer la nécessité des règles particulières qui concernent les eaux minérales, et les inconvénients inséparables de toute négligence dans leur exécution;

Que cette nécessité est surtout démontrée pour les eaux minérales artificielles, afin de prévenir non-seulement les dangers de leur altération et de leur faux emploi, mais les dangers plus grands qui peuvent résulter de leur préparation;

A CES CAUSES,

Notre Conseil d'état entendu,

NOUS AVONS ORDONNÉ ET ORDONNONS ce qui suit :

## TITRE PREMIER.

### DISPOSITIONS GÉNÉRALES.

ARTICLE Iᵉʳ. — Toute entreprise ayant pour effet de livrer ou d'administrer au public des eaux minérales, naturelles ou artificielles, demeure soumise à une autorisation préalable et à l'inspection d'hommes de l'art, ainsi qu'il sera réglé ci-après.

Sont exceptés de ces conditions les débits desdites eaux qui ont lieu dans des pharmacies.

ART. II. — Les autorisations exigées par l'article précédent continueront à être délivrées par notre ministre secrétaire d'état de l'intérieur, sur l'avis des autorités locales, accompagné, pour les eaux minérales naturelles, de leur analyse, et pour les eaux minérales artificielles, des formules de leur préparation.

Elles ne pourront être révoquées qu'en cas de résistance

aux règles prescrites par la présente ordonnance, ou d'abus qui seraient de nature à compromettre la santé publique.

ART. III. — L'inspection ordonnée par le même article Ier continuera à être confiée à des docteurs en médecine ou en chirurgie ; la nomination en sera faite par notre ministre secrétaire d'état de l'intérieur, de manière à ce qu'il n'y ait qu'un inspecteur par établissement, et à ce qu'un même inspecteur en inspecte plusieurs, lorsque le service le permettra.

Il pourra néanmoins, là où ce sera jugé nécessaire, être nommé des inspecteurs-adjoints à l'effet de remplacer les inspecteurs titulaires en cas d'absence, de maladie ou de tout autre empêchement.

ART. IV. — L'inspection a pour objet tout ce qui, dans chaque établissement, importe à la santé publique.

Les inspecteurs font dans ce but aux propriétaires, régisseurs ou fermiers, les propositions et observations qu'ils jugent nécessaires ; ils portent au besoin leurs plaintes à l'autorité et sont tenus de lui signaler les abus venus à leur connaissance.

ART. V. — Ils veillent particulièrement à la conservation des sources, à leur amélioration ; à ce que les eaux minérales artificielles soient toujours conformes aux formules approuvées, et à ce que les unes et les autres eaux ne soient ni falsifiées ni altérées. Lorsqu'ils s'aperçoivent qu'elles le sont, ils prennent ou requièrent les précautions nécessaires pour empêcher qu'elles ne puissent être livrées au public, et provoquent, s'il y a lieu, telles poursuites que de droit.

ART. VI. — Ils surveillent, dans l'intérieur des établissements, la distribution des eaux, l'usage qui en est fait par les malades, sans néanmoins pouvoir mettre obstacle à la liberté qu'ont ces derniers de suivre les prescriptions de leurs propres médecins ou chirurgiens, et même d'être accompagnés par eux, s'ils le demandent.

Art. VII. — Les traitements des inspecteurs étant une charge des établissements inspectés, les propriétaires, régisseurs ou fermiers seront nécessairement entendus pour leur fixation, laquelle continuera à être faite par les préfets et confirmée par notre ministre secrétaire d'état de l'intérieur.

Il n'est point dû de traitement aux inspecteurs-adjoints.

Art. VIII. — Partout où l'affluence du public l'exigera, les préfets, après avoir entendu les propriétaires et les inspecteurs, feront des règlements particuliers qui auront en vue l'ordre intérieur, la salubrité des eaux, leur libre usage, l'exclusion de toute préférence dans les heures à assigner aux malades pour les bains ou douches, et la protection particulière due à ces derniers dans tout établissement placé sous la surveillance spéciale de l'autorité.

Lorsque l'établissement appartiendra à l'État, à un département, une commune ou une institution charitable, le règlement aura aussi en vue les autres branches de son administration.

Art. IX. — Les règlements prescrits par l'article précédent seront transmis à notre ministre secrétaire d'état de l'intérieur, qui pourra y faire telles modifications qu'il jugera nécessaires.

Ils resteront affichés dans les établissements, et seront obligatoires pour les personnes qui les fréquenteront, comme pour les individus attachés à leur service. Les inspecteurs pourront requérir le renvoi de ceux de ces derniers qui refuseraient de s'y conformer.

Art. X. — Resteront pareillement affichés dans ces établissements et dans tous les bureaux destinés à la vente d'eaux minérales, les tarifs ordonnés par l'art. 10 de l'arrêté du gouvernement du 27 décembre 1802.

Lorsque ces tarifs concerneront des entreprises particulières, l'approbation des préfets ne pourra porter aucune modification dans les prix, et servira seulement à les constater.

ART. XI. — Il ne sera, sous aucun prétexte, exigé ni perçu des prix supérieurs à ces tarifs.

Les inspecteurs ne pourront également rien exiger des malades dont ils ne dirigeront pas le traitement, ou auxquels ils ne donneront pas des soins particuliers.

Ils continueront à soigner gratuitement les indigents admis dans les hospices dépendants des établissements thermaux, et seront tenus de les visiter au moins une fois par jour.

ART. XII. — Les divers inspecteurs rempliront et adresseront chaque année à notre ministre de l'intérieur des tableaux dont il sera fourni des modèles; ils y joindront les observations qu'ils auront recueillies, et les mémoires qu'ils auront rédigés sur la nature, la composition et l'efficacité des eaux, ainsi que sur le mode de leur application.

## TITRE II.

*Dispositions particulières à la fabrication des eaux minérales artificielles, aux dépôts et à la vente de ces eaux et des eaux minérales naturelles.*

ART. XIII. — Tous individus fabriquant des eaux minérales artificielles ne pourront obtenir ou conserver l'autorisation exigée par l'art. I$^{er}$ qu'à la condition de se soumettre aux dispositions qui les concernent dans la présente ordonnance; de subvenir aux frais d'inspection; de justifier des connaissances nécessaires pour de telles entreprises, ou de présenter pour garant un pharmacien légalement reçu.

ART. XIV. — Ils ne pourront s'écarter, dans leurs préparations, des formules approuvées par notre ministre secrétaire d'état de l'intérieur, et dont copie restera dans les mains des inspecteurs chargés de veiller à ce qu'elles soient exactement suivies.

Ils auront néanmoins, pour des cas particuliers, la faculté d'exécuter des formules magistrales sur la prescription écrite et signée d'un docteur en médecine ou en chirurgie.

Ces prescriptions seront conservées pour être représentées à l'inspecteur, s'il le requiert.

ART. XV. — Les autorisations nécessaires pour tous dépôts d'eaux minérales naturelles ou artificielles, ailleurs que dans des pharmacies ou dans les lieux où elles sont puisées ou fabriquées, ne seront pareillement accordées qu'à la condition expresse de se soumettre aux présentes règles et de sub-venir aux frais d'inspection.

Il n'est néanmoins rien innové à la faculté que les précédents règlements donnent à tout particulier de faire venir des eaux minérales pour son usage et pour celui de sa famille.

ART. XVI. — Il ne peut être fait d'expédition d'eaux minérales naturelles hors de la commune où elles sont puisées, que sous la surveillance de l'inspecteur; les envois doivent être accompagnés d'un certificat d'origine par lui délivré, constatant les quantités expédiées, la date de l'expédition, et la manière dont les vases ou bouteilles ont été scellés au moment même où l'eau a été puisée à la source.

Les expéditions d'eaux minérales artificielles seront pareillement surveillées par l'inspecteur, et accompagnées d'un certificat d'origine délivré par lui.

ART. XVII. — Lors de l'arrivée desdites eaux aux lieux de leur destination, ailleurs que dans des pharmacies ou chez des particuliers, les vérifications nécessaires pour s'assurer que les précautions prescrites ont été observées et qu'elles peuvent être livrées au public, seront faites par les inspecteurs. Les caisses ne seront ouvertes qu'en leur présence, et les débitants devront tenir registre des quantités reçues, ainsi que des ventes.

Art. XVIII. — Là où il n'aura point été nommé d'inspecteur, tous établissements d'eaux minérales naturelles ou artificielles seront soumis aux visites ordonnées par les art. 29, 30 et 31 de la loi du 11 avril 1803 (22 germinal an XI).

### TITRE III.

*De l'administration des sources minérales appartenant à l'État, aux communes ou aux établissements charitables.*

Art. XIX. — Les établissements d'eaux minérales qui appartiennent à des départements, à des communes ou à des institutions charitables, seront gérés pour leur compte. Toutefois les produits ne seront point confondus avec leurs autres revenus, et continueront à être spécialement employés aux dépenses ordinaires et extraordinaires desdits établissements, sauf les excédants disponibles après qu'il aura été satisfait à ces dépenses.

Les budgets et les comptes seront aussi présentés et arrêtés séparément, conformément aux règles prescrites pour ces trois ordres de services publics.

Art. XX. — Ceux qui appartiennent à l'État continueront à être administrés par les préfets, sous l'autorité de notre ministre secrétaire d'état de l'intérieur, qui en arrêtera les budgets et les comptes, et fera imprimer tous les ans, pour être distribué aux chambres, un tableau général et sommaire de leurs recettes et de leurs dépenses; sera aussi imprimé à la suite dudit tableau le compte sommaire des subventions portées au budget de l'État pour les établissements thermaux.

Art. XXI. — Les établissements, objet du présent titre, seront mis en ferme, à moins que, sur la demande des autorités locales et des administrations propriétaires, notre ministre de l'intérieur n'ait autorisé leur mise en régie.

ART. XXII. — Les cahiers des charges, dont feront nécessairement partie les tarifs exigés par l'art. X, devront être approuvés par les préfets, après avoir entendu les inspecteurs. Les adjudications seront faites publiquement et aux enchères.

Les clauses des baux stipuleront toujours que la résiliation pourra être prononcée immédiatement par le conseil de préfecture, en cas de violation du cahier des charges.

ART. XXIII. — Les membres des administrations propriétaires ou surveillantes, ni les inspecteurs, ne pourront se rendre adjudicataires desdites fermes, ni y être intéressés.

ART. XXIV. — En cas de mise en régie, le régisseur sera nommé par le préfet. Si l'établissement appartient à une commune ou à une administration charitable, la nomination ne sera faite que sur la présentation du maire ou de cette administration.

Seront nommés de la même manière les employés et servants attachés au service des eaux minérales, dans les établissements objet du présent titre.

Toutefois ces dernières nominations ne pourront avoir lieu, que de l'avis de l'inspecteur.

Si l'établissement appartient à plusieurs communes, les présentations seront faites par le maire de la commune où il sera situé.

Les mêmes formes seront observées pour la fixation du traitement des uns et des autres employés, ainsi que pour leur révocation.

ART. XXV. — Il sera procédé pour les réparations, constructions, reconstructions et autres travaux, conformément aux règles prescrites pour la branche de service public à laquelle l'établissement appartiendra, et à nos ordonnances des 8 août, 31 octobre 1821 et 22 mai 1822.

Toutefois ceux de ces travaux qui ne seront point demandés par l'inspecteur ne pourront être ordonnés qu'après avoir pris son avis.

ART. XXVI. — Notre ministre secrétaire d'état au département de l'intérieur est chargé de l'exécution de la présente ordonnance.

Donné en notre château des Tuileries, le 18 juin de l'an de grâce mil huit cent vingt-trois et de notre règne le vingt-neuvième.

*Signé* LOUIS.

# LISTE

DES MÉDECINS INSPECTEURS DES EAUX MINÉRALES DE LA FRANCE, EN 1837.

**ALLIER.** . . . . . . .
- *Vichy.* Médecin-inspecteur, M. Prunelle; inspecteur-adjoint, M. Charles Petit.
- *Néris.* Inspecteur, M. Falvard de Montluc; inspecteur-adjoint, M. Sibille.
- *Bourbon-l'Archambault.* Inspecteur, M. Faye; adjoint, M. Boisse.

**ALPES (BASSES).** . . .
- *Greoulx.* Inspecteur, M. Doux; adjoint, M. Alibert.
- *Digne.* Inspecteur, M. Frison.

**ALPES (HAUTES).** . . *Le Monestier.* Inspecteur, M. Nunnia.

**ARDÈCHE.** . . . . . . .
- *St-Laurent-les-Bains.* Inspecteur, M. Fuzet; adjoint, M. Fuzet fils.
- *Vals.* Inspecteur, M. Ruelle.
- *Selles.* Inspecteur, M. Barrier, propriétaire.

**ARIÉGE.** . . . . . . . .
- *Ussat.* Inspect., M. Vergé; adjoint, M. Ourgand.
- *Ax.* Inspecteur, M. Astrié; adjoint, M. Quod.
- *Audinac.* Inspecteur, M. Lacanal.

**AUDE.** . . . . . . . . *Rennes.* Inspecteur, Cazaintre; adjoint, M. Vié.

**AVEYRON.** . . . . . *Sylvanès et Camarès.* Inspecteur, M. Laur; adjoint, M. Auzouy.

**BOUCHES-DU-RHÔNE.** .
- *Aix.* Inspecteur, M. Jacquemin; adjoint, M. Arnaud.
- *Marseille (bains de mer).* Inspecteur, M. Robert.

**CANTAL.** . . . . . . .
- *Vic-sur-Cère.* Inspecteur, M. Desprats; adjoint, M. Cavaroc.
- *Chaudes-Aigues, Sainte-Marie.* Inspecteur, M. Grassal; adjoint, M. Mejansac.

CHARENTE. . . . . . . | *Availles* ou *Absac*. Inspecteur, M. Dassit.

CHARENTE-INFÉRIEURE. { *Royan (bains de mer)*. Inspecteur, M. Pouget ; adjoint, M. Brochot.

CORSE. . . . . . . . {
*Orezza*. Inspecteur, M. Grimaldi.
*Pietra-Pola*. Inspecteur, M. Vincentelli.
*St-Antoine-de-Guagno*. Inspect.,M. Deframchi.
*Guitera*. Inspecteur, M. Piezza.

CÔTES-DU-NORD. . . . | *Dinan*. Inspecteur, M. Bigeon.

CREUSE. . . . . . . { *Évaux*. Inspecteur, M. Tripier ; adjoint,M. Darchis.

DOUBS. . . . . . . . | *Guillon*. Inspecteur, M. Coillot.

DRÔME. . . . . . . . | *Propiac*. Inspecteur, M. Lubier.

GARD. . . . . . . . | *Fonsanche*. Inspecteur, M. Broquin.

GARONNE (HAUTE). . . {
*Bagnères-de-Luchon*. Inspecteur, M. Barrié fils ; adjoint, M. Bergasse.
*Encausse*. Inspecteur, M. Doneil.
*Sainte-Madeleine-de-Flourens*. Inspecteur, M. Audouy.
*Labarthe-Rivière*. Inspecteur, M. Milhet.

GERS. . . . . . . . {
*Castéra-Verduzan*. Inspecteur, M. Capuron ; adjoint, M. Bazin.
*Barbotan*. Inspecteur, M. Peyrocave.

HÉRAULT. . . . . . {
*Balaruc*. Inspecteur, M. Rousset.
*Lamalou*. Inspecteur, M. Saisset.
*Avène*. Inspecteur, M. Savy.
*Cette (bains de mer)*. Inspecteur, M. Viel.

ISÈRE. . . . . . . . { *Uriage et Lamotte*. Inspecteur, M. Billerey ; adjoint, M. Gachet.

LOIRE. . . . . . . . {
*Sail-sous-Cousan*. Inspecteur, M. Raimbaud ; adjoint, M. Béringer.
*Saint-Alban*. Inspecteur, M. Gouy ; adjoint, M. Courraut.
*Saint-Galmier*. Inspecteur, M. Ladevèze.

LOIRET. . . . . . . | *Segray*. Inspecteur, M. Gannard.

LOT. . . . . . . . {
*Miers*. Inspecteur, M. Daval.
*Gramat* et *Lagarde*. Inspecteur, M. Barras.

| | |
|---|---|
| LOZÈRE. . . . . . . . | *Bagnols.* Inspecteur, M. Blanquet; adjoint, M. Barbut. |
| | *La Chaldette.* Inspecteur, M. Roussél. |
| MAINE-ET-LOIRE. . . . | *Martigné-Briant.* Inspecteur, M. Baillergeau. |
| MARNE (HAUTE). . . . | *Bourbonne.* Inspecteur, M. Renard. |
| NIÈVRE. . . . . . . . | *Pougues.* Inspecteur, M. Martin. |
| | *Saint-Honoré.* Inspecteur, M. Garenne. |
| NORD. . . . . . . . . | *Saint-Amand.* Inspecteur, M. Delaunay. |
| ORNE. . . . . . . . . | *Bagnoles.* Inspecteur, M. Ledemé. |
| PAS-DE-CALAIS. . . . . | *Boulogne (bains de mer).* Inspecteur, M. Rouxel. |
| PUY-DE-DÔME. . . . . | *Mont-d'Or.* Inspecteur, M. Bertrand; adjoint, M. Bertrand fils. |
| | *Châteauneuf.* Inspecteur, M. Salneuve. |
| | *Châteldon.* Inspecteur, M. Desbret. |
| | *Saint-Nectaire.* Inspecteur, M. Marcou. |
| | *Montcornador.* Inspecteur, M. Vernière. |
| | *La Bourboule.* Inspecteur, M. Choussy. |
| | *Châtel-Guyon.* Inspecteur, M. Deval. |
| | *Saint-Mart.* Inspecteur, M. Lizet. |
| | *Saint-Myon.* Inspecteur, M. Désanges. |
| | *Sainte-Marguerite* et *le Tambour.* Inspecteur, M. Coubret. |
| PYRÉNÉES (BASSES). . | *Bonnes.* Inspecteur, M. Darralde. |
| | *Eaux-Chaudes.* Inspecteur, M. Samonzet; adjoint, M. Lafon. |
| | *Cambo.* Inspecteur, M. Delissade. |
| PYRÉNÉES (HAUTES). . | *Baréges.* Inspecteur, M. Sulpicy; adjoint, M. Balencie. |
| | *Cauterets.* Inspecteur, M. Buron; adjoint, M. Bordeu. |
| | *Bagnères.* Inspecteur, M. Ganderax; adjoint, M. Cany. |
| | *Saint-Sauveur.* Inspecteur, M. Fabas; adjoint, M. Lepecq de la Clôture. |
| | *Capvern.* Inspecteur, M. Peyriga. |
| | *Sainte-Marie* et *Syradan.* Inspecteur, M. Vaqué. |

PYRÉNÉES-ORIENTALES.
- *Molitg.* Inspecteur, M. Barrère.
- *Arles.* Inspecteur, M. Pujade.
- *Vernet.* Inspecteur, M. Mas.

RHIN (BAS). . . . . | *Niederbronn.* Inspecteur, M. Kuhn.

RHÔNE. . . . . . . | *Charbonnières.* Inspecteur, M. Finaz.

SAÔNE (HAUTE). . . | *Luxeuil.* Inspecteur, M. Revillont; adjoint, M. Sterlin.

SAÔNE-ET-LOIRE. . . | *Bourbon-Lancy.* Inspecteur, M. Pinot.

SEINE-INFÉRIEURE. . .
- *Rouen.* Inspecteur, le médecin de l'Hôtel-Dieu.
- *Forges.* Inspecteur, M. Cisseville.
- *Dieppe* (*bains de mer*). Inspecteur, M. Gaudet.

SEINE-ET-MARNE. . . | *Provins.* Inspecteur, M. Naudot.

SEINE-ET-OISE. . . . | *Enghien.* Inspecteurs, MM. Alibert et Biett.

SÈVRES (DEUX). . . . | *Bilazay.* Inspecteur, M. Pascalis.

TARN. . . . . . . . | *Trébas.* Inspecteur, M. Pujol.

VAUCLUSE. . . . . . | *Gigondas.* Inspecteur, M. Millet.

VIENNE. . . . . . . | *La Roche-Pozay.* Inspecteur, M. Destouches.

VOSGES. . . . . . .
- *Plombières.* Inspecteur, M. Garnier; adjoint, M. Petit-Mangin.
- *Bains.* Inspecteur, M. Bailly.
- *Contrexeville.* Inspecteur, M. Grosjean.
- *Bussang.* Inspecteur, M. Grandelande.

# TABLEAU

DU PRODUIT DES SOURCES ET DE L'ARGENT LAISSÉ DANS LES PRINCIPAUX
ÉTABLISSEMENTS D'EAUX MINÉRALES DE LA FRANCE.

Nous avons dit, dans l'avant-propos, que les eaux minérales ne devaient pas être considérées seulement comme un moyen sanitaire, mais qu'elles devaient aussi fixer la sollicitude du Gouvernement comme un moyen de prospérité générale et locale en raison des dépenses faites par les malades ou les étrangers, soit dans le voyage, soit dans les établissements thermaux. Une statistique des eaux serait donc importante pour l'administration; mais ce travail sera toujours difficilement exact : en effet, il n'est guère possible de connaître le nombre des personnes qui se rendent aux eaux, et on se tromperait beaucoup, si l'on ne consultait à cet égard que les registres des médecins inspecteurs, dans lesquels ne figurent ni les curieux, ni les oisifs, ni les voyageurs, ni les personnes qui accompagnent les malades, ordinairement plus nombreuses que ceux-ci. Il serait essentiel que tout individu arrivant dans une localité thermale fût obligé d'inscrire son nom sur un registre déposé à la mairie, pratique suivie à Bagnères-de-Bigorre et dans les établissements au delà du Rhin. Il est encore moins facile de déterminer la quantité de numéraire laissé dans le pays par les étrangers, parce que plusieurs propriétaires des sources ne veulent pas faire part de leurs bénéfices. Quoi qu'il en soit, le tableau suivant, rédigé d'après les rapports des médecins inspecteurs, présente un aperçu du produit des sources, du nombre des malades qui s'y rendent, et du numéraire approximatif laissé dans le pays.

Nous divisons les établissements thermaux en deux classes : dans la première, sont compris les établissements où les étrangers laissent au moins 100,000 francs; dans la seconde classe, nous plaçons les établissements qui reçoivent une somme moins considérable.

| NOMS des ÉTABLISSEMENTS. | ANNÉE. | NOMBRE des malades(1) | PRODUIT des eaux régie ou ferme | NUMÉRAIRE laissé dans le pays. |
|---|---|---|---|---|
| **Iʳᵉ CLASSE.** | | | fr. | fr. |
| Vichy. . . . . . . . . . | 1836 | 1,500 | 25,000 | 550,000 |
| Cauterets. . . . . . . . | 1834 | | 18,800 | 400,000 |
| Mont-d'Or. . . . . . . | 1835 | | 23,000 | 400,000 |
| Plombières. . . . . . | 1833 | 870 | 9,600 | 400,000 |
| Bagnères-de-Bigorre. . | 1836 | 2,114 (2) | 30,000 | 400,000 |
| Bagnères-de-Luchon. . | 1836 | | 22,100 | 361,000 |
| Baréges. . . . . . . . | 1835 | | 14,500 | 300,000 |
| Bonnes. . . . . . . . | 1835 | 900 | 8,100 | 300,000 |
| Bourbonne-les-Bains. . | 1835 | 800 | 20,000 | 300,000 |
| Luxeuil. . . . . . . . | 1835 | 567 | 9,000 | 280,000 |
| Néris. . . . . . . . . | 1836 | 1,000 | 10,600 | 260,000 |
| Bourbon-l'Archambault. | 1835 | | 5,000 | 150,000 |
| Bains (Vosges). . . . | 1835 | 915 | inconnu. | 100,000 |
| | | | 195,700 | 4,201,000 |
| **IIᵉ CLASSE.** | | | | |
| Niederbronn. . . . . . | 1834 | 1,500 | » | 90,000 |
| Bagnols (Lozère). . . . | 1835 | 1,497 | 8,059 | 80,000 |
| Castéra-Verduzan. . . . | 1835 | 1,500 | » | 80,000 |
| Rennes. . . . . . . . . | 1836 | » | 10,000 | 80,000 |
| Eaux-Chaudes. . . . . | 1834 | 1,640 | 7,200 | 72,800 |
| Ussat. . . . . . . . . | 1834 | 600 | 5,500 | 70,000 |
| Greoulx. . . . . . . . | 1834 | 250 | » | 60,000 |
| Saint-Nectaire. . . . . | 1835 | » | 3,000 | 60,000 |
| Bagnoles (Orne). . . . | 1836 | » | » | 60,000 |
| Cambo. . . . . . . . . | 1835 | » | 5,362 | 46,485 |
| Châteauneuf. . . . . . | 1835 | 600 | » | 46,000 |
| | | *Report.* | 39,121 | 745,285 |

(1) Plusieurs médecins-inspecteurs n'ont pas fait mention, dans leurs rapports, du nombre des malades ni du produit de la ferme.

(2) Dans ce nombre sont compris les voyageurs qui se font inscrire à la mairie.

| NOMS {des ÉTABLISSEMENTS. | ANNÉE. | NOMBRE des malades. | PRODUIT des eaux régie ou ferme | NUMÉRAIRE laissé dans le pays. |
|---|---|---|---|---|
| II<sup>e</sup> CLASSE (suite). | | *Report.* | 39,121 | 745,285 |
| Saint-Amand. . . . . . | 1835 | | | 45,000 |
| Sylvanès. . . . . . . | 1821 | 336 | | 38,000 |
| Lamalou. . . . . . . | 1834 | 400 | 6,000 | 30,000 |
| Saint-Alban. . . . . . | 1827 | 700 | 1,200 | 30,000 |
| Balaruc. . . . . . . | 1835 | » | 9,200 | 30,000 |
| Barbotan. . . . . . . | 1835 | » | 4,500 | 25,000 |
| Pietra-Pola. . . . . . | 1836 | 1,100 | » | 24,000 |
| Évaux. . . . . . . . | 1835 | » | 6,745 | 20,000 |
| Saint-Laurent. . . . . | 1834 | 800 | » | 20,000 |
| St-Antoine-de-Guagno. | 1835 | » | » | 16,000 |
| Vic-sur-Cère. . . . . | 1835 | 600 | 1,900 | 15,984 |
| Molitg. . . . . . . . | 1835 | » | 2,178 | 15,000 |
| Orezza. . . . . . . . | 1835 | 600 | » | 12,600 |
| Audinac. . . . . . . | 1835 | 350 | 7,000 | 11,000 |
| Digne. . . . . . . . | 1836 | 83 | 3,500 | 7,500 |
| Le Monestier. . . . . | 1835 | » | 700 | 5,000 |
| Sail-sous-Cousan. . . | 1821 | 600 | » | 4,600 |
| | | | 82,044 | 1,094,969 |

## RÉCAPITULATION.

Le numéraire laissé chaque année dans les établissements de première classe est évalué à 4,396,700 francs ;

Dans les établissements de seconde classe, il peut être évalué à 1,177,013 f.: total, 5,573,713 fr.

Il résulte du tableau précédent que les malades laissent dans les principaux établissements d'eaux minérales de la France plus de 5,500,000 fr. ; ils dépensent probablement au moins la même somme dans le voyage qu'ils font pour arriver aux eaux et retourner chez eux, de sorte que le mouvement du numéraire occasionné par la fréquentation des eaux peut être évalué pour le moins à 11 millions, somme bien peu considérable, si l'on envisage la population de la France et le nombre de nos établissements. C'est une nouvelle raison pour rendre ces derniers plus agréables, et de les pourvoir du *confortable*, afin d'y attirer les étrangers.

# TABLEAU STATISTIQUE

DES EAUX MINÉRALES DE LA FRANCE, CLASSÉES PAR DÉPARTEMENTS.

Les documents que nous ont fournis le *Catalogue raisonné* de Carrère (1785), la *Carte des eaux minérales de la France* par M. Bréon (1823), le *Dictionnaire de thérapeutique et de matière médicale* par MM. Mérat et de Lens, et ceux qui résultent de nos propres recherches, ont servi à former ce tableau, que nous sommes loin de regarder comme complet et même à l'abri d'erreurs. Le Gouvernement ayant la facilité de se procurer tous les renseignements nécessaires auprès des autorités locales, peut seul exécuter une pareille statistique, qui n'est pas seulement utile à la médecine, mais qui peut donner lieu à de précieuses découvertes, car il est possible que, dans les endroits où l'on rencontre beaucoup de sources ferrugineuses ou salines, il existe des mines de fer ou de sel gemme.

AIN.

Belley.
Ceyzériat.
Pont-de-Veyle.

AISNE.

Beaurain.
Braine.
Bruyères.
Château-Thierry.

ALLIER.

Bourbon-l'Archambault.
Hauterive.
Moulins.
Néris.

Saint-Pardoux.
Vichy.

ALPES (Hautes).

Argenson.
Laragne.
Le Monestier.
Mont-Dauphin.
Queys.
Saint-Étienne-en-Dévoluy.
Saint-Firmin.

ALPES (Basses).

Dauphin.
Digne.

Greoulx.
Manosque.

ARDÈCHE.

Ayzac.
Le Bourg-St-Andéol.
Le Chailard.
Desaigne.
Entraigues.
Genestelle.
Jaujac.
Joyeuse.
Mayres.
Montpézat.
Privas.
St-Laurent-les-Bains.

Saint-Marcel-de-Crussol.

Saint-Martin-de-Valamas.

Selles.

Soyons.

Tournon.

Vals.

Viviers.

### ARDENNES.

Laifour.

### ARIÉGE.

Audinac.

Ax.

Labastide ou Foncirgue.

Carcanières.

Pamiers.

Tarascon.

Ussat.

### AUBE.

La Chapelle-Godefroy.

### AUDE.

Aleth.

Fourtou.

Ginoles.

Issel.

Rennes.

Campagne.

Pasiols.

### AVEYRON.

Aguessac.

Albinhac.

Camarès.

Cransac.

Gabriac.

Laissac.

Milhau.

Mur-de-Barrès.

Rivière.

Roquetaillade.

Saint-Affrique.

Saint-Geniez.

Saint-Jean-du-Bruel.

Sévérac-le-Château.

Sylvanès.

Vabres.

### CALVADOS.

Anctoville.

Bayeux.

Brucourt.

Caen.

Clinchamps.

La Feinière.

Lisieux.

Littry.

Maisoncelles.

Presles.

Saint-Sever.

Touffreville.

Vire.

### CANTAL.

Aurillac,

Cappelle-en-Vézié.

Châliers.

Chaudes-Aigues.

Conches.

Fontanes.

Fontange.

Glenat.

Ides.

Jaleyrac.

La Condamine.

Magnac.

Mandailles.

Rouillac.

Saint-Cernin.

Saint-Cirgue.

Sainte-Marie.

Saint-Martin de Valmeroux.

Teissières-les-Bouliés.

Tiézac.

Vic-sur-Cère.

### CHARENTE.

Availles ou Absac.

Pancheminiers.

### CHARENTE-INFÉRIEURE.

Archingeay.

Montendre.

Pons.

Soubise.

### CHER.

Bourges,

### CORRÈZE.

Bétaille.

### CORSE.

Caldaniccia.

Fiumorbo.

St-Antoine-de-Guagno.

Guitera.

Orezza.

Pietra-Pola.

Puzzichello.

Tallano.

### CÔTE-D'OR.

Fixin.

Prémeaux.

Sainte-Reine.

Santenay.

### CÔTES-DU-NORD.

Chenay.

Dinan.

Fœil.

Lamballe.

Lannion,

Moncontour.
Paimpol.
Quillo.
Saint-Brieuc.

CREUSE.

Évaux.

DORDOGNE.

Seneuil.

DOUBS.

Chaudefontaine.
Guillon.

DRÔME.

Aouste.
Aurel.
Châtillon.
Dié.
Dieu-le-Fit.
Mérindol.
Montbrun.
Montélimar.
Pont-de-Baret.

EURE.

Les Andelys.
Le Bec.
Breteuil.
Cernières.
Conches.
La Guéroulde.
Hondouville.
Pont-Audemer.
St-Georges-du-Vièvre.
Verneuil.

EURE-ET-LOIR.

Chartres.
Pontgoin.

FINISTÈRE.

Châteaulin.
Koal,

GARD.

Alais.
Auzon.
Barjac.
Euzet ou Yeuzet.
Fonsanche.
Montfrin.
Nîmes.
Pomaret.
Saint-Hippolyte.
Servas.
Uzès.
Vergèse.

GARONNE (Haute).

Bagnères-de-Luchon.
Barbazan.
Encausse.
Labarthe-Rivière.
Ste-Madeleine de Flou-
rens.

GERS.

Barbotan.
Castéra-Verduzan.
Lavardens.

GIRONDE.

Bordeaux.

HÉRAULT.

Avène.
Balaruc.
Camplong.
Foncaude.
Gabian.
Lodève.

La Madeleine.
La Malou.
Maurelhan.
Pérols.
Rieu-Majou.
Roujan.
Saint-Gervais.
Vendres.
La Vernière.
Villeneuve - de - Ma-
guelonne.

ILLE-ET-VILAINE.

Dol.
Fougères.
Saint-Jouan.
Saint-Servan.
Saint-Suliac.
Vitré.

INDRE-ET-LOIRE.

Château-la-Vallière.
Semblançay.
Vallère.
Veigné.

ISÈRE.

Lamotte.
Mens.
Le Pont-de-Beauvoisin.
Pont-en-Royans.
Saint-Chef.
Uriage.

JURA.

Jouhe.

LANDES.

Bastennes.
Caupène.
Dax.

Donzac.

Gamarde.

Mont-de-Marsan.

Pouillon.

Préchac.

Rivière.

Saint-Loubouer.

Saubuse.

Sort.

Tercis.

### LOIRE.

Crémeaux.

Feurs.

Montbrison.

Sail.

Sail-Endonzy.

Sail-sous-Cousan.

Saint-Alban.

Saint-Galmier.

### LOIRE (Haute).

Auzon.

Azérat.

Bas.

Felines.

Langeac.

Prades.

Saint-Didier.

### LOIRE-INFÉRIEURE.

Barberie.

Derval.

Ébeaupin.

Forges.

Guérande.

La Plaine.

Pont-Château.

Pornic.

Vallet.

Vertou.

### LOIR-ET-CHER.

Saint-Denis-sur-Loire.

Saint-Dié.

### LOIRET.

Châteauneuf.

Ferrières.

Noyers.

Orléans.

Saint-Gondon.

Segray.

### LOT.

Bio-la-Garde.

Gramat.

Miers.

Bagnères-Saint-Félix.

### LOT-ET-GARONNE.

Grateloup.

### LOZÈRE.

Bagnols.

La Chaldette.

Florac.

Hispanhac.

Javols.

Quézac.

Saint-Léger-de-Peyre.

Saint-Pierre-le-Vieux.

### MAINE-ET-LOIRE.

Angers.

Chaudefond.

Chaumont.

Chemillé.

Durtal.

Montigné - Briant ou
   Joannette.

Montigné.

Saint-Germain.

Soncelles.

### MANCHE.

Avranches.

Beuvrigny.

Boisyron.

Briquebec.

Cerisy.

Chaulieu.

Cherbourg.

Coutances.

Dragey.

La Haye-d'Ectot.

Hebecrevon.

Menytove.

Montaigu.

Mortain.

Percy.

Saint-Lô.

Saint-Maur-des-Bois.

### MARNE.

Ambonay.

Berru.

Boursault.

Chenay.

Hermonville.

Moulin-le-Comte.

Reims.

Rosnay.

Sapicourt.

Sermaise.

Sillery.

Vitry-le-Français.

### MARNE (Haute).

Attancourt.

Bourbonne-les-Bains.

Chalindrey.
Essey.
La Ferté-sur-Amance.
Marnesse (forêt).
Rivière.

MAYENNE.

Chantrigné.
Château-Gontier.
Gerazay.
Saint-Jean-sur-Maine.

MEURTHE.

Agincourt.
Bézange.
Domèvre.
Eulmont.
Fontigny.
Fraine.
Halloville.
Lixheim.
Millery.
Nancy.
Phalsbourg.
Pont-à-Mousson.
Saint-Quirin.
Sarrebourg.
Toul.
Vannecourt.

MEUSE.

Savonnière.

MORBIHAN.

Hennebon.
Pontivy.
Boëtier
Loyat.
Pargo.

MOSELLE.

Chaudebourg.

Forbach.
Platteville.
Saint-Avold.
Sierck.
Sturlzelbronn.

NIÈVRE.

Pougues.
Saint-Honoré.
Saint-Parize.

NORD.

Féron.
Saint-Amand.

OISE.

Auteuil.
Beauvais.
Mareuil.
Trie-le-Château.
Verberie.

ORNE.

Bagnoles.
Bellême.
Courtomer.
Ferrière-Béchet.
Gauville.
Iray.
Moulins-la-Marche.
Rasnes.
Saint-Évroult.
Saint-Santin.
Vrigny.

PAS-DE-CALAIS.

Boulogne,
Desvres.
Fruges.
Gauchin.
Réques.

Saint-Pol.
Wierre-au-Bois.

PUY-DE-DÔME.

Ambert.
Arlant.
Bar.
Beaulieu.
Besse.
La Bourboule.
Chanonat.
Châteauneuf.
Châteldon.
Châtel-Guyon.
Clermont-Ferrand.
Job.
Martres-de-Vayre.
Medague.
Mont-d'Or.
Pont-Gibaud.
Saint - Amand - Roche S. A. V.
Saint-Jean-de-Glaines.
Saint-Mart.
Saint-Myon.
Saint-Nectaire.
Saurières.
Vernet.
Vic-le-Comte.

PYRÉNÉES (Basses).

Accous.
Aigues-Caudes.
Ascain.
Barétous (vallée).
Bedous.
Bonnes.
Borce.
Cambo.

Esscot.
Gan.
Lescun.
Lurbe.
Moneins.
Ogeu.
Oléron.
Orthez.
Salliès.
Sarre.
Villefranque.

### PYRÉNÉES (Hautes).

Bagnères.
Baréges.
Cadéac.
Capvern.
Cauterets.
Gazots.
Labassère.
Lourdes.
Sainte-Marie.
Saint-Sauveur.
Syradan.
Viscos.

### PYRÉNÉES-ORIENTALES.

Albéres.
Arles.
Le Boulou.
Canaveilles.
Collioure.
Conat.
Corneilla-de-la-Rivière.
Couchous.
Dorres.
Enn.
Err.
Escaldas.
Estoher.

Forceral.
Glorianes.
Laroque.
Llo.
Millas.
Molitg.
Mont-Louis.
Montner.
Neffiac.
Nohédes.
Nyer.
Perpignan.
La Preste.
Quez.
Reynez.
Sahila.
Saint-Martin-de-Fe-
nouilla.
Saint-Paul-de-Fe-
nouilhèdes.
Saint-Thomas.
Salces.
Sorède.
Tautavel.
Thuez.
Valmaque.
Vernet.
Vinça.
Urbanya.

### RHIN (Bas).

Artolsheim.
Avenheim.
Barr.
Bouquenom.
Châtenoy.
Holtzenbad.
Kittelsheim.
Lamperlosch.

Niederbronn.
Rosheim.
Soultz-les-Bains.
Strasbourg.
Soultzbad.

### RHIN (Haut).

Aspach.
Blotzheim.
Soultzbach.
Soultzmatt.
Watweiler.
Widensol.

### RHÔNE.

Charbonnières.
Oully.
Orliénas.
Quincié.

### RHÔNE (Bouches-du-).

Aix.
Arles.
Camoens.
Puscla.

### SAÔNE (Haute).

Luxeuil.
Vesoul.

### SAÔNE-ET-LOIRE.

Bourbon-Lancy.
Le Creusot.
Davayé.
Pierreclos.
Leyne.
Sailly.

### SARTHE.

Atnay.
Challes.
La Suze.

Pruillé-le-Chétif.
Ruillé.
Saint-George-du-Plain.
Saint-Remy-les-Bois.

SEINE.

Passy.

SEINE-INFÉRIEURE.

Aumale.
Bléville.
L'Épinay.
Forges.
Gournay.
Nointot.
Oherville.
Quièvrecourt.
Rançon.
Rolleville.
Rouen.
Sainte-Marguerite.
Sanroy.
Valmont.
Varangeville.
Villequier.

SEINE-ET-MARNE.

Château-Landon.
Condé-la-Ferté.
Merlange.
Provins.

SEINE-ET-OISE.

Abbecourt.
Bierville.
Blaru.
Bures.
Enghien.
Goussainville.
Moulignon.
Le Raincy.

St-Germain-en-Laye.
Saint-Remy.
Senlisse.
Le Val.
Vaupareux.

SÈVRES (DEUX).

Bilazay.
Combrand.

SOMME.

Abbeville.
Amiens.
Roye.
Saint-Christ.

TARN.

Cambonnès.
Mazamet.
Roquecourbe.
Trébas.

VAUCLUSE.

Gigondas ou Montmi-
rail.
Propiac.
Sault.

VENDÉE.

Boisse.
Brossardière.
Cugan.
Fontenelle.
Mortagne.
Pouzauges.
Réaumur.
Treize-Vents.

VIENNE.

Availles ou Absac.
Bournan.
Candé.

Cernay.
Mirebeau.
La Roche-Pozay.
Saint-Laon.
Trois-Moutiers.

VOSGES.

Bains.
Baudricourt.
Bruyères.
Bussang.
Contrexeville.
Frison.
Leucheloup.
Laval.
Martigny.
Moyen-Moutier.
Plombières.
Rambervilliers.
Remiremont.
Rapt.
Saint-Diey.
Sénones.
Velotte.

YONNE.

Appoigny.
Diges.
Écharlis.
Neuilly.
Pourrain.
Toucy.

ALGÉRIE.

El-Hammag.
Lif.
Mellouan.
Melkoutin.
Meriga.

Il résulte de ce tableau qu'il existe en France 596 localités où l'on trouve des eaux minérales, sans compter l'Algérie.

# ERRATA.

Page 18, ligne 10, *au lieu de* probité scientifique, *lisez* probité médicale.

Page 61, ligne 31, *au lieu de* trios, *lisez* trois.

Page 88, ligne 9, *au lieu de* plus cher qu'à Paris, *lisez* plus cher que les bains domestiques à Paris.

Page 103, ligne 16, *au lieu du* Teich, *lisez* du Teix.

Page 212, ligne 23, *au lieu de* Motbrun, *lisez* Montbrun.

Page 296, ligne 1, *au lieu de* Prusse rhénane, *lisez* Haut-Rhin.

Page 312, article *Fonsanche*. L'eau de la source a une chaleur de 25 à 27,5 cent. ; elle contient, d'après M. Demorcy-Delettre, un peu de silice, un carbonate alcalin, des muriates, des sulfates de soude et de magnésie, une matière extractive et une grande quantité d'hydrogène sulfuré. C'est donc parmi les eaux sulfureuses thermales qu'elle doit être classée. On l'emploie particulièrement dans les maladies de la peau.

Page 321, au tableau d'analyses, *au lieu de* Bain du Pont, Bain du Cercle, *lisez* Source du Pont, Source du Cercle.

Page 514, l'article *Saubuse*, dont les eaux sont thermales, doit être placé page 480.

# TABLE ALPHABÉTIQUE

## LIEUX OU SONT SITUÉES LES SOURCES D'EAUX MINÉRALES.

Absac. *Voyez* Availles.

Acqui. . . . . . . . . . . . 188

Aix ( Bouches–du–Rhône ). . . 439

Aix-la-Chapelle. . . . . . . 186

Aix en Savoie. . . . . . . . 190

Alais. . . . . . . . . . . . 356

Aleth. . . . . . . . . . . . *ib.*

Alfter. *Voyez* Roisdorff.

Ambonay. . . . . . . . . . *ib.*

Andelys. . . . . . . . . . . 356

Arles. *Voyez* Bains près Arles.

Attancourt. . . . . . . . . . 357

Audinac. . . . . . . . . . . 274

Aumale. . . . . . . . . . . 357

Availles. . . . . . . . . . . 510

Avêne. . . . . . . . . . . . 482

Ax. . . . . . . . . . . . . 163

## B.

Bade ( duché de Bade ). . . . 473

Bade ( Suisse ). . . . . . . . 465

Bade (Autriche ). . . . . . . 189

Bagnères-de-Bigorre. . . . . 420

Bagnères-de-Luchon. . . . . 141

Bagnères-Saint–Félix. . . . 357

Bagnoles ( Orne ). . . . . . . 449

Bagnols ( Lozère ). . . . . . 173

Bains. . . . . . . . . . . . 408

Bains près Arles. . . . . . . 158

Bains de Rennes. *Voy.* Rennes.

Balaruc. . . . . . . . . . . 378

Bar. . . . . . . . . . . . . 311

Barbazan. . . . . . . . . . 494

Barberie ( la ). . . . . . . . 358

Barbotan. . . . . . . . . . 456

Baréges. . . . . . . . . . . 111

Bath ( Angleterre ). . . . . . 475

Beauvais. . . . . . . . . . 358

Bellême. . . . . . . . . . . 358

Besse. . . . . . . . . . . . 311

Bétaille. . . . . . . . . . . 519

Bilazai. . . . . . . . . . . . 486

Bio. . . . . . . . . . . . . 522

Bléville. . . . . . . . . . . 358

Bonnes. . . . . . . . . . . 133

Boulogne ( Pas–de–Calais ). . . 358

Boulou. . . . . . . . . . . 365

Bourbon–Lancy. . . . . . . 430

Bourbon–l'Archambault. . . . 233

Bourbonne–les–Bains. . . . . 383

Bourboule ( la ). . . . . . . 252

Briquebec. . . . . . . . . . 359

Brucourt . . . . . . . . . . *ib.*

Brugeirou. *Voyez* Langeac.

Bussang. . . . . . . . . . . 286

Buxton ( Angleterre ). . . . . 277

# C.

# D.

# E.

# F.

# G.

# H.

# J.

# L.

# M.

# N.

# O.

# P.

# Q.

# R.

# S.

PARIS. — IMPRIMERIE DE CASIMIR, RUE DE LA VIEILLE-MONNAIE, N° 12.

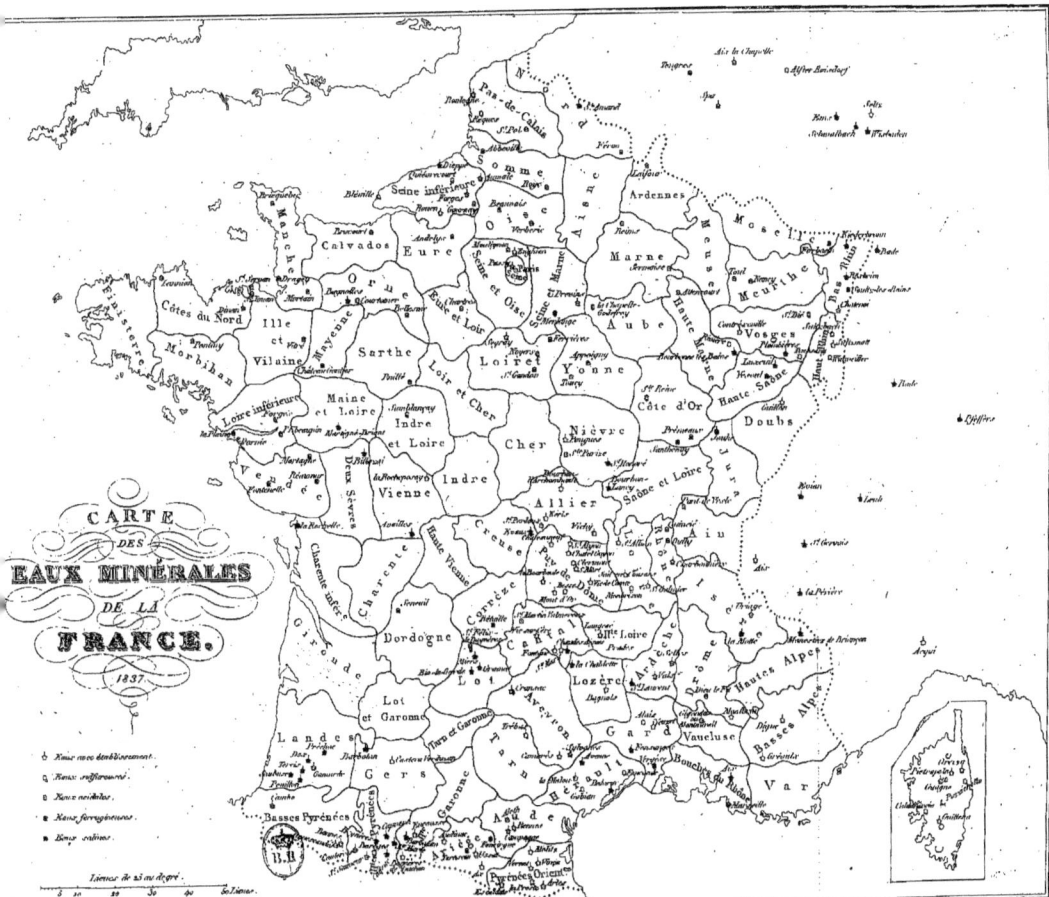

CARTE DES EAUX MINÉRALES DE LA FRANCE. 1837